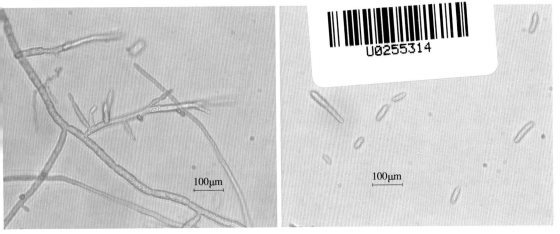

藤仓镰孢（*F. fujikuroi*）

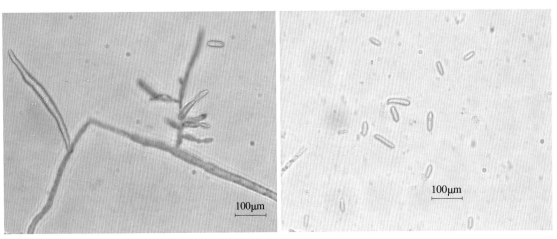

层出镰孢（*F. proliferatum*）

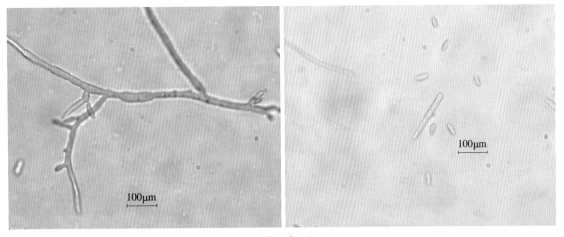

F. andiyazi

水稻恶苗病病原形态

水稻恶苗病田间症状

稻瘟病田间症状

叶瘟症状

穗颈瘟症状

水稻白叶枯病田间症状（上边两图由南京农业大学胡白石教授提供）

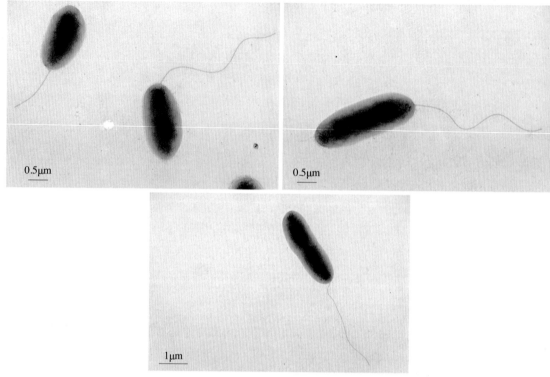

水稻细菌性条斑病病原（*Xanthomonas oryzae* pv. *oryzicola*）显微形态（中国农业大学魏超提供）

水稻细菌性条斑病症状

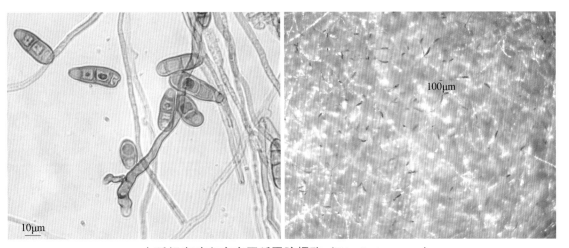

水稻胡麻叶斑病病原稻平脐蠕孢（*Bipolaris oryzae*）

水稻胡麻叶斑病田间症状

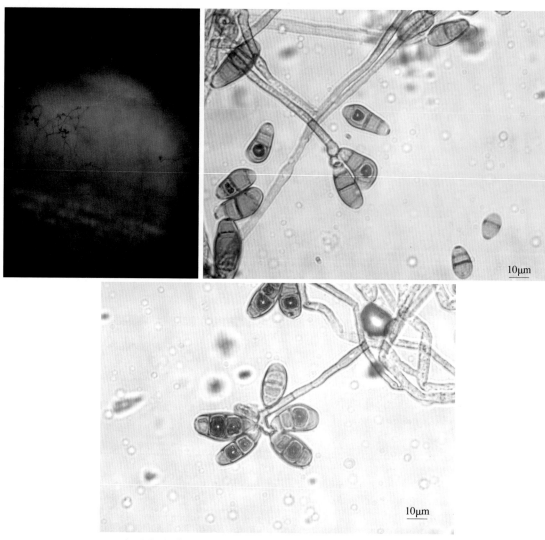

水稻弯孢叶斑病病原新月弯孢（*Curvularia lunata*）形态

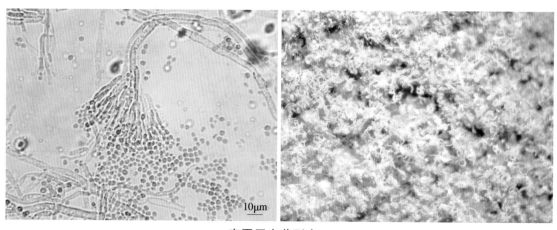

青霉属真菌形态

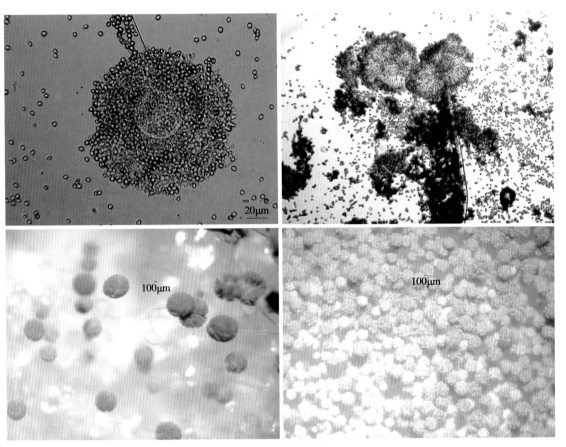

曲霉属真菌形态

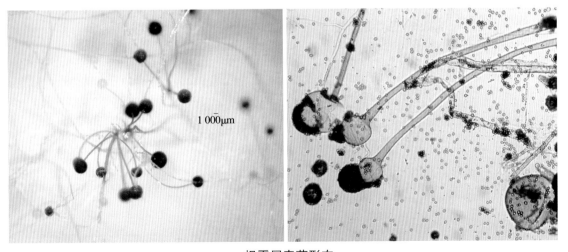

根霉属真菌形态

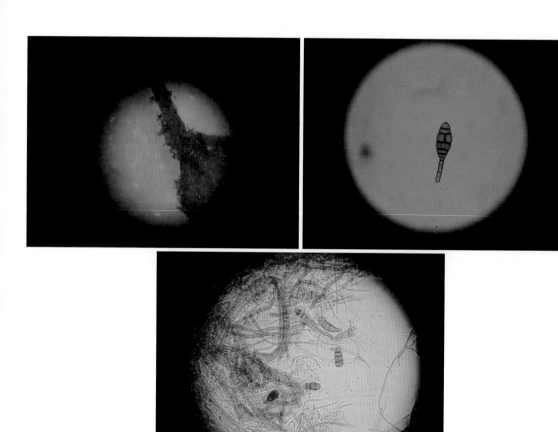

交链孢属真菌孢子形态

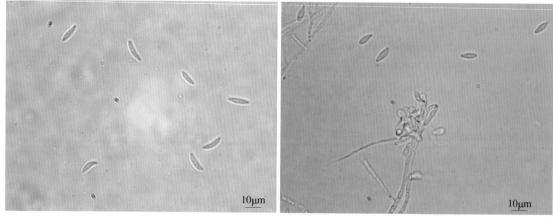

镰孢属真菌孢子形态

云南省水稻种传病害检测和保健处理技术

李小林　　谷安宇　　主编

中国农业出版社

北　京

图书在版编目（CIP）数据

云南省水稻种传病害检测和保健处理技术 / 李小林，谷安宇主编 . —北京：中国农业出版社，2021.9
ISBN 978-7-109-27643-7

Ⅰ. ①云… Ⅱ. ①李… ②谷… Ⅲ. ①水稻—植物病害—防治—研究—云南 Ⅳ. ①S435.111

中国版本图书馆 CIP 数据核字（2020）第 253977 号

中国农业出版社出版
地址：北京市朝阳区麦子店街 18 号楼
邮编：100125
责任编辑：郭　科　孟令洋
版式设计：王　晨　责任校对：吴丽婷
印刷：北京中兴印刷有限公司
版次：2021 年 9 月第 1 版
印次：2021 年 9 月北京第 1 次印刷
发行：新华书店北京发行所
开本：700mm×1000mm　1/16
印张：18.75　插页：4
字数：400 千字
定价：120.00 元

主　编　李小林（云南省农业科学院粮食作物研究所）

　　　　谷安宇（云南省农业科学院粮食作物研究所）

副主编　徐雨然（云南省农业科学院粮食作物研究所）

　　　　邓　伟（云南省农业科学院粮食作物研究所）

　　　　董　维（云南省农业科学院粮食作物研究所）

　　　　胡茂林（深圳市农业科技促进中心）

参　编　张锦文（云南省农业科学院粮食作物研究所）

　　　　吕　莹（云南省农业科学院粮食作物研究所）

　　　　安　华（云南省农业科学院粮食作物研究所）

　　　　奎丽梅（云南省农业科学院粮食作物研究所）

　　　　涂　建（云南省农业科学院粮食作物研究所）

　　　　李社萍（云南省农业科学院粮食作物研究所）

　　　　张建华（云南省农业科学院粮食作物研究所）

　　　　刘晓利（云南省农业科学院粮食作物研究所）

　　　　陈忆昆（云南省农业科学院粮食作物研究所）

　　　　管俊娇（云南省农业科学院粮食作物研究所）

　　　　吕永刚（云南省农业科学院粮食作物研究所）

　　　　李志强（深圳市农业科技促进中心）

　　　　岳鑫璐（深圳市农业科技促进中心）

　　　　程唤奇（深圳市农业科技促进中心）

　　　　梁　根（深圳市农业科技促进中心）

　　　　胡　强（云南省农业科学院）

　　　　方成刚（云南省农业科学院）

　　　　刘　洋（北京科技大学化学与生物工程学院）

前　言

　　"国以农为本，农以种为先"。我国是农业生产大国和用种大国，种业是国家战略性、基础性核心产业，是促进农业长期稳定发展、保障国家粮食安全和农产品有效供给的根本。粮食安全是国家安全的重要基础。习近平总书记强调：中国人要把饭碗端在自己手里，而且要装自己的粮食；越是面对风险挑战，越要稳住农业，越要确保粮食和重要副食品安全。对于我们这样一个有着14亿人口的大国来说，确保粮食安全是一项长期而艰巨的战略任务。云南省是全国水稻的重要产区之一，常年种植面积100万hm² 左右，面积和产量均排在全国第11位，是全国第三大粳稻优势产区。近年来由于季节性干旱、种植业结构调整、比较效益较低等的影响，水稻种植面积有所下降，要实现国家给云南定位的粮食自求平衡的压力非常大。在云南，病虫害、自然灾害是影响水稻安全生产的主要因素，其中种传病害因隐蔽性强、发病早、传播快、难以及时检测，对云南省水稻生产危害极大。但种传病害的研究、防治及种子保健处理技术在云南省乃至全国起步较晚，研究尚不深入，因此在今后相当一段时间内，种传病害可能成为云南省乃至全国农业和种业发展面临的巨大挑战。

　　本书重点阐述了云南省水稻生产中发生的主要种传病害的类型、检测技术及保健处理技术。全书分为5章，第一章介绍了水稻种传病害、检测技术和保健处理技术的基础概念。第二章详细阐述了云南省水稻生产中由真菌、细菌引起的种传病害的发病症状、发生规律以及病原物的分类地位、形态特征、生理小种等内容，同时对种子储藏期间的病害类型进行了简要介绍。第三章从取样方法及种传真菌、细菌、病毒三大病原物的检测技术入手，综述了经典种传病害检测技术的原理、操作方法，挑选了水稻重要种传病害的典型案例进行检测技术的详细说明，并简要介绍了具有发展潜力的现代化检测技术及发展趋势。同时结合编者团队的研究成果，介绍了云南省水稻种传病害检测技术的研究进展。第四章阐述了水稻种传病害的防治策略，从植物检疫、抗病育种应用、化学防治三方面介绍了种传病害的防治原理和技术措施，重点阐述种传病害化学防治的药剂类型、作用方式，并对常用种子处理剂剂型进行了简要介绍，分析了我国种子处理技术的发展现状，展望了未来的发展趋势。同时结合编者团队的工作情况，回顾了云南省水稻种子处理技术的发展历程，总结了编者团队多年来开展水稻种子处理研究的部分成果。第五章对云南省在"一带一路"倡议中，大力发展高原特色农业的背景下，水稻生产面临种传病害威胁的形势进行了分析，按照种传病害的发生规律，提出了相应的防治策略。

本书在编撰过程中，除参考文献列出的出版物外，还参考了一些其他研究成果资料，同时还得到来自同行的热情支持和帮助，其情可鉴，在此一并致以诚挚的谢意！由于时间仓促，加上编者才疏学浅，褚小怀大，虽苦心孤诣，不遗余力，但仍难免有操刀伤锦之嫌，因此恳请读者或同行不吝赐教，以使本书更加完善！

编　者
2020 年 8 月 18 日

目　　录

第一章 概　述

第一节　水稻种子

水稻原产于中国，8 000年前中国长江流域的先民们就已经开始种植水稻。水稻的谷粒在植物学上称为颖果，习惯上称为种子，从外到内依次包括颖壳、果皮、种皮、糊粉层、胚乳和胚几个部分。

谷粒着生在小穗梗上，谷粒的最外层是颖壳。颖壳分为内颖和外颖，外颖较大，内颖较小，两者的缘部互相勾合，是糙米的保护结构。颖壳的颜色有黄棕、黑褐、紫黑、条斑纹等。有些品种在外颖上还着生或长或短的芒，芒的有无、长短和色泽也因品种而异，是鉴定水稻品种的依据之一。谷粒剥掉颖壳后就是糙米，糙米可分为果皮、种皮、糊粉层、胚乳和胚几个部分，其中种皮的表面为果皮，系子房壁发育而来，其内部为胚乳组织，胚乳外层为糊粉层。糙米重量的98％是胚乳，胚乳含有丰富的淀粉和少量的蛋白质、脂肪等，是食用的主要部分，也是水稻种子发芽和秧苗生长初期的营养来源。在糙米的腹部和中部有一些松散的组织称为腹白和心白，统称垩白，垩白较多的大米米质较差，加工时容易形成碎米，所以垩白的多少是鉴别大米品质的主要指标。接下来是胚，胚的体积约占谷粒的3％，胚主要由盾片、胚芽、胚轴和胚根四部分组成，是发育成幼苗的雏体。种子发芽时，胚根向下生长发育成种子根，胚芽向上生长发育成秧苗的地上部分。

第二节　水稻种传病害

水稻种传病害是通过水稻种子携带病原并且传播病原的一类植物病害，有的病原体附着或者寄生于种子的表面、内部或内外兼存，有的则直接以病原体的形式混在种子与种子之间，借助种子进行病害传播。

水稻作为全球最主要的粮食作物，在世界农业生产中占有极其重要的地位，其产量和品质直接关系到人类的生存与发展。水稻种子上带有很多病原菌，常存在于种子表面或内部。种传病害发生后，对水稻植株的生长、发育、产量、品质都有不同程度的影响。稻种带菌（病），可形成水稻植株发病的初（始）侵染源，在生长季节，再引发病害的再侵染、发生、蔓延、为害，在种子调运、串换等过程中，若检疫不严，可引发病害的传播、蔓延，由疫区传至保护区，直接或间接影响"高产、优质、低耗、高效、无害"水稻及农业生产的健康持续发展。因此，水稻种子携带的种传病害对水稻的影响不容忽视。水稻种子上携带的种传病害种类主要有稻瘟病、恶苗病、胡麻叶斑病、白叶枯病、细菌性条斑病、水稻干尖线虫病等。

水稻种传病害具有以下特征：①发生范围广，危害程度大，病害涉及真菌、细菌、病毒、线虫等多种病原，有些病害在苗期发生，有些病害在作物整个生育期发生，造成品质、产量降低，导致经济损失；②病害的发生有初侵染和再侵染，种子带病往往是初侵染的来源，病害只需很少基数，就能流行和传播，造成大面积发病，如稻瘟病、水稻白叶枯病等病害，种子携带的病原物是田间作物的再侵染源，病原物在种子上越冬，播种发病后的病苗是田间大面积水稻发病的病源；③病害一旦传入并定殖成功，是后期发病的主要原因，根除较为困难；④种子是远距离传病的主要携带媒介。由于种子调运频繁，稻种调运中监管力度不够，检疫把关不严，播前消毒处理工作没有做好，一些种传病害如水稻恶苗病、水稻胡麻叶斑病、水稻细菌性条斑病等病害有发展、蔓延的趋势。

水稻种传病害一般可使水稻减产 10%～30%，严重的可造成绝收。病害的发生与品种、气候、栽培措施、农事操作等多种因素相关，具有不可预测性、暴发性等特点。病害防治效果受到药剂品种、天气条件、施药质量等多种因素的影响，多种不确定因素的综合作用决定了种传病害防治的难度。

第三节　水稻种传病害检测技术

一、水稻种传病害检测的基本概念

水稻种传病害检测是通过一系列的技术手段对种子是否携带病原物（如真菌、细菌、病毒、线虫等）进行定性或定量检测。

二、水稻种传病害检测的作用和意义

（一）水稻种传病害检测的作用

健康的种子是作物生产的重要基础和保障。高质量的种子应兼有优良的品种属性和良好的播种品质。其中播种品质是指种子的净度、水分、充实饱满度、发芽率、活力及健康状态（是否感染病虫害）等。而目前我国《农作物种

子质量标准》只对种子的纯度、发芽率、净度和水分 4 项质量指标进行了规定，并以此来判断种子质量的高低。由于没有把种传病害列入国家法定的种子质量检测项目，因此种子质量符合国家标准并不代表种子就一定没有问题。通过开展水稻种传病害检测，可以了解种子携带病原的情况，并根据检验结果采取有力措施，防止和控制水稻种传病害的发生和蔓延而避免给农业生产造成损失，是防止水稻种传病害传播的有效途径和手段，有着较高的经济和社会效益。

（二）水稻种传病害检测的意义

种子的健康状况与水稻生产密切相关，其质量是影响水稻产量的重要因素之一。种子携带病原物对水稻生产的最大威胁：一是很难有效检测，由于种子数量庞大、种传病害类型多，检测工作难免挂一漏万；二是危害大、防治难，病原随着胚芽一起生长，具有发病早、传播快的特点，种子表面消毒时如使用杀菌剂不恰当，可能对种子本身造成伤害，导致种子发芽率下降等副作用。因此，做好种子携带病原物的检测是保证种子质量的重要手段，有助于预防种传病害的发生与传播，对水稻生产具有积极意义。

第四节 水稻种子保健

健康的种子是作物生产的基石和基础保障，保证种子健康生产在作物生产中具有重要的作用和意义。种子不仅解决了人类所需求的食物问题，同时也推动了社会科技的发展。种子的健康及种子质量的高低直接影响农作物的产量和品质，关系到粮食安全和农业的可持续发展。降低种传病害传播的危害，已经成为国内外种业发展的重中之重。

围绕获得健康优质的水稻种子以及提高水稻种子的播种品质，确保水稻种子出苗率所采用的相关技术和措施，统称为水稻种子保健。水稻在生长时期各个阶段都可能会发生病害。稻谷是多种病原物的越冬场所、携带及传播载体，成为多种病害的初侵染源。目前对水稻种传病原的研究主要集中在种传病原物的鉴定及检测方法方面，水稻种子携带稻瘟病菌的比例为 0.2%～4% 时，就能引起稻瘟病的流行及暴发。在种子保健研究方面，19 世纪 60 年代，美国人 Blessing 就已经提出了种子包衣技术的概念，而最早的种子包衣技术则是从种子丸粒化技术开始的。20 世纪 30～80 年代，发达国家种子包衣技术从使用化学试剂到使用高分子聚合物与农药复合逐渐成熟，种衣剂的类型也由最早的农药型、药肥型发展为目前的生物型和特异型等。我国在种子保健处理包衣技术方面研究起源很早，从 20 世纪 50 年代就已经开始推广农药浸种、拌种等技术防治地下害虫，80 年代初北京农业大学成功开发了由克百威和多菌灵组成的第一代系列种衣剂产品,并在生产上推广使用。我国在水稻种子保健药剂处理方面开展了大量的研究工作,但我国的水稻保健处理技术研究和应用起步相对较晚。中国农业大学是国内首先开展种子保健处理技术研究的单位,1979年在沈其益教授及李金玉教授的领导下率先开展专用种衣剂产品的研究,1998年以来建立了中国农业大学种衣剂研究发展中心生产试验基地,在此基础上于2007年成立了中国农业大学种子健康中心,为全国种质交流和种子产业提供了重要保障和技术支撑。虽然我国的种子保健处理技术在种衣剂产品、品种、数量、种子丸化粒等方面取得了丰硕的成果,但总体水平与国外先进技术相比有较大差距,在水稻种子健康检测技术方面的研究较少,在现行国家种子质量检验规程中也没有做出详细的说明。因此,将种子健康研究与种子药剂处理进行协调统一的系统性研究成为我国目前种子保健技术的一个发展趋势。

参 考 文 献

陈长福,2017. 对防治柑橘溃疡病几个问题的思考 [J]. 南方农业,11(16):48-50.

陈鹤生,1983. 种子病害简明教程 [M]. 北京:农业出版社.

郭广君,等,2000. 植物抗黄瓜花叶病毒基因研究进展 [J]. 江苏农业学报,34(6):1430-1436.

李乐书,2015. 防治瓜类细菌性果斑病生物种衣剂的研制 [D]. 南京:南京农业大学.

陆凡,1997. 种子健康与水稻生产 [J]. 江苏农业学报,13(1):50.

吕青阳,等,2017. 基于致病基因序列的 LAMP 方法检测番茄种子携带的溃疡病菌 [J]. 植物病理学报,47(5):630-639.

彭化贤,2002. 种子病理学及检疫 [M]. 重庆:重庆出版社.

水清,2007. 水稻种传病害防治技术 白叶枯病,恶苗病,干尖线虫病,细菌性条斑病一浸了之 [J]. 农药市场信息(8):34-35.

王拱辰,等,1990. 水稻恶苗病病原菌的研究 [J]. 植物病理学报,20(2):93-97.

王建华,等,2002. 健康度检验在种子检验中的重要性及其发展 [J]. 种子(1):41-43.

王建华,等,2003. 中东欧国家的种子健康检验 [J]. 种子(3):53-54.

王进朝,2013. 种子的检验与贮藏原理 [J]. 现代农村科技(12):70-71.

王胜利,1988. 国外种子处理技术的历史、现状和展望 [J]. 种子(5):65.

魏亚东,2000. 美国的种子检疫管理及种子检验技术的现状 [J]. 天津农林科技,154:42-46.

颜启传,等,2002. 种子健康测定原理和方法 [M]. 北京:中国农业科学技术出版社.

于晓岳,2015. 江苏省稻、麦种子质量分析研究 [D]. 扬州:扬州大学.

余辛,等,2018. 从土耳其进境番茄种子上首次截获番茄斑萎病毒 [J]. 中国蔬菜(11):18-21.

谢家廉,等,2017. 近年水稻主要线虫病害的研究进展 [J]. 植物保护学报,44(6):940-949.

Block C C, et al., 2008. Long - term survival and seed transmission of *Acidovorax avenae* subsp. *citrulli* in melon and watermelon seed [J]. Plant Health Progress, 9 (1): 36.

Darrssse A, et al., 2007. Contamination of bean seeds by *Xanthomonas axonopodis* pv. *phaseoli* associated with low bacterial densities in the phyllosphere under field and greenhouse conditions [J]. European Journal of Plant Pathology, 119 (2): 203 - 215.

Gear E, et al., 2011. Seed transmission of verticillium wilt of cotton [J]. Phytoparasitica (3): 285 - 292.

Heng M H, et al., 2011. Molecular identification of *Fusarium* species in *Gibberella fujikuroi* species complex from rice, sugarcane and maize from Peninsular Malaysia [J]. Int J Mol Sci, 12 (10): 6722 - 6732.

Kumar A, et al., 2016. Bacterial diseases of ginger and their control [M]. Ginger: CRC Press.

Lee B M, et al., 2005. The genome sequence of *Xanthomonas oryzae* pathovar *oryzae* KACC10331, the bacterial blight pathogen of rice [J]. Nucl Acids Res, 33 (2): 577 - 586.

Mew T W, et al., 1994. A manual of rice seed health testing [M]. Manila: IRRI Press.

Roberts S, et al., 1999. Transmission from seed to seeding and secondary spread of *Xanthomonas campestris* pv. *campestris* in *Brassica* transplants: Effects of dose and watering regime [J]. European Journal of Plant Pathology, 105 (9): 879 - 889.

Schasd N W, et al., 1980. Relationship of incidence of seedborne *Xanthomonas campestris* to black rot of crucifers [J]. Plant Disease, 64 (1): 91 - 92.

Schippers B, 2013. Transmission of bean common mosaic virus by seed of *Phaseolus vulgaris* L. cultivar Beka [J]. Plant Biology, 12 (4): 433 - 497.

Wulff E G, et al., 2010. *Fusarium* spp. associated with rice bakanae: Ecology, genetic diversity, pathogenicity and toxigenicity [J]. Environ Microbiol, 12 (3): 649 - 657.

第二章　主要水稻种传病害

第一节　水稻恶苗病

水稻恶苗病（rice bakanae disease）又称徒长病、白秆病，在我国南方和东南亚一些国家还有公稻、公子稻、抢先稻等俗称。在亚洲、非洲和北美洲的水稻栽培区均有发生（KIM，2016），发病田块一般减产10％～20％，严重时田间损失可达50％以上。在我国则以广东、广西、湖南、江西、云南、辽宁、陕西、黑龙江等省（自治区）发生较多。其症状主要表现为幼苗徒长、黄化、矮化或死亡（Amoah，1995；Ou，1987），被称为"疯长"病。在苗期感染恶苗病菌后，水稻秧苗通常表现为苗高比正常秧苗高，瘦弱疲软、叶色黄绿，移栽前后会陆续死亡。在成株期水稻感染恶苗病菌后，则导致分蘖减少、结实率下降、秕谷增加。恶苗病主要通过水稻种子传播（Sun，1981；Webster，1992），可在水稻秧苗期、分蘖期及拔节孕穗期发生危害。同时，水稻恶苗病菌产生的伏马菌素等有毒代谢产物严重影响人畜健康（Kim，2012）。

一、水稻恶苗病病原

水稻恶苗病是由藤仓赤霉复合种（*Gibberella fujikuroi* species complex，GFSC）引起的，主要包括藤仓镰孢（*Fusarium fujikuroi*）、层出镰孢（*F. proliferatum*）、拟轮枝镰孢（*F. verticillioides*）和 *F. andiyazi* 四大类菌种（Ednar，2009）。恶苗病菌单独或复合侵染均可引起水稻恶苗病的发生（Dalprà，2010），其中：藤仓镰孢造成水稻典型的恶苗病徒长症状，拟轮枝镰孢造成水稻黄化和矮化，而层出镰孢则不会引起任何症状（季芝娟，2016）。但有研究报道（Wulff，2010），拟轮枝镰孢和层出镰孢的有些菌株也表现为与藤仓镰孢一样的侵染能力，而不只是寄主上的腐生菌的形式。

1. 形态　其有性型为 *Gibberella fujikuroi*（Swa.）Wollenw，属子囊菌亚门赤霉菌属，其子囊壳一般在即将成熟的水稻发病植株叶鞘上或下部茎节附近产生，呈卵形或蓝黑色球形，表面粗糙，大小（240～360）μm×（220～

420）μm。子囊圆筒形，基部细而上部圆，内生子囊孢子 4～8 个，排成 1～2 行，子囊孢子双胞无色，长椭圆形，分隔处稍缢缩，大小（5.5～11.5）μm×（2.5～4.5）μm。病菌在生长代谢过程中，能产生赤霉素或镰刀菌酸。赤霉素能引起稻苗徒长，镰刀菌酸可抑制稻苗生长。

其无性型为半知菌串珠镰孢（*Fusarium moniliforme* Sheld），属半知菌亚门镰孢属。无性期的分生孢子通常出现在发病的茎叶及叶鞘产生的霉层上，病菌分生孢子有大小两型，小型分生孢子卵形或椭圆形，无色单胞，呈链状着生，大小（4～6）μm×（2～5）μm。大型分生孢子多为纺锤形或镰刀形，顶端较钝或粗细均匀，具 3～5 个隔膜，大小（17～28）μm×（2.5～4.5）μm，多数孢子聚集时呈淡红色，干燥时呈粉红色或白色。

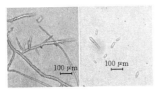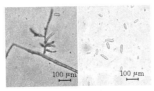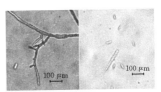

藤仓镰孢(*F. fujikuroi*)　　层出镰孢(*F. proliferatum*)　　*F. andiyazi*

图 2-1　水稻恶苗病病原形态

2. 生理　病菌菌丝生长温度范围为 3～39 ℃，以 25～30 ℃ 为最适宜。产孢温度范围为 5～30 ℃，以 30 ℃ 左右为最适宜。分生孢子在 25 ℃ 的水滴中，经 5～6 h 即可萌发。子囊壳的形成以 26 ℃ 左右为最适宜，10 ℃ 以下或 30 ℃ 以上均不能形成。子囊孢子在 25～26 ℃ 时，经 5 h 大部分可萌发。菌丝的致死温度为 62 ℃（10 min），分生孢子的致死温度为 58 ℃（10 min）。病菌入侵寄主的温度以 35 ℃ 为最适宜，并以 31 ℃ 时诱发徒长病状最明显。赵世麒（2009）研究表明，病菌在 PDA 培养基（马铃薯葡萄糖琼脂培养基）上能够正常生长和产孢，最适 pH 6～7。葡萄糖、可溶性淀粉、蔗糖作为碳源时，以蔗糖为最佳碳源。氯化铵、硝酸钾、甘氨酸、L-苯丙氨酸和 L-脯氨酸作为氮源时，以无机铵态氮为最佳氮源。

病菌在新陈代谢过程中分泌赤霉素、赤霉酸、镰刀菌酸、去氢镰刀菌酸、脉镰刀菌酸等物质，主要是环状醇类结构的赤霉素 GA_3。在不同条件下，这些物质的形成可因病菌的株系及温度、营养条件的不同而异。赤霉素是一种重要的植物生长物质（植物激素），其刺激作用无专化性，对许多大田作物和果树蔬菜等都具有刺激生长的效果。赤霉素能引起水稻秧苗徒长，并抑制叶绿素合成；镰刀菌酸有抑制秧苗生长的作用；去氢镰刀菌酸的作用与镰刀菌酸相似；赤霉酸的理化性状与赤霉素相异，但生物性状相同，发病后会引起植株徒长或矮缩。感病秧苗在赤霉菌分泌的赤霉素刺激下，细胞快速生长，细胞间隙增大，导致恶苗病菌分泌的其他毒性物质镰刀菌酸、去氢镰刀菌酸乘虚而入并产生毒害，抑制秧苗生长最终使秧苗死亡。

二、水稻恶苗病发病症状

水稻恶苗病从水稻的秧苗期到抽穗期都可发生。徒长是本病的主要特征，但也有发病植株矮化或外观正常的，这和病菌的株系有关。

秧苗期发病与水稻种子带菌有关。感病重的种子往往不发芽，或发芽率降低，萌发后幼苗不久即死亡。感病轻的种子长出的苗比健苗高而细弱，叶片和叶鞘窄长，比健康秧苗高 1/3 左右，植株呈淡黄绿色，根系发育不良，根毛稀少，部分病苗在移栽前死亡。在枯死苗上往往有淡红色或白色粉霉，即病菌的分生孢子。

本田期一般在移栽后 15～30 d 出现发病植株，发病植株分为徒长型和非徒长型。徒长型发病植株分蘖少或不分蘖，节间显著伸长，节部常常弯曲露出叶鞘之外，下部几个茎节生有许多倒生不定根。非徒长型发病植株包括矮化型和外观正常型：矮化型发病植株下部叶片发黄，上部叶片张开角度大，地上部茎节上长出倒生根，病株不抽穗，枯死病株在潮湿条件下表面长满淡红色或白色粉霜；外观正常型发病植株分蘖少或不分蘖，下部叶片发黄，上部叶片张开角度大，地上部茎节上长出倒生根。剥开发病植株叶鞘，有时可见节的上下组织呈暗色，茎上有暗褐色条斑。剥开茎秆，可见白色珠丝状菌丝体，以后茎秆逐渐腐朽。发病重的植株多在孕穗期枯死，发病轻的植株常提早抽穗，穗短小或籽粒不实。天气潮湿时，在枯死发病植株的表面长满淡红色或白色粉霉，后期有时散生或群生蓝黑色小粒，即病菌的子囊壳。

水稻抽穗期谷粒也可受害，发病严重的整个谷粒变为褐色，不能灌浆结实，或在颖壳合缝处生淡红色霉。发病轻的仅在谷粒的基部或尖端变为褐色，有的外表无症状表现，但内部有菌丝潜伏。

水稻恶苗病田间症状及室内接种试验病症见图 2-2 和图 2-3。

图 2-2　水稻恶苗病田间症状

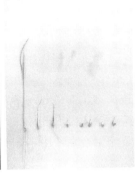

图 2-3　室内接种试验水稻恶苗病病症

三、水稻恶苗病侵染循环

水稻恶苗病的主要初侵染源是带菌的种子，次要初侵染源是带菌稻草。病菌以分生孢子附着在种子表面或以菌丝体潜伏在种子内部越冬。在浸种时分生孢子又可污染无病种子而传播。种子的带菌率，由高到低分别为：种子表面、种皮内部、胚乳和胚。潘以楼（2000）将 1%～10% 的带菌种子混在无病种子中，发现经 1～4 d 的浸种过程可使大部分无病种子附有病菌分生孢子。当浸种的水温在 30 ℃ 以内时，污染病菌种子随水温升高而增多，苗期发病也越严重。带菌稻草内的分生孢子和菌丝体在干燥条件下可分别存活 2 年和 3 年。在潮湿土面或翻入土中的病菌一般在短期内即死亡。

播种带菌种子或用病稻草覆盖催芽，病菌从芽鞘侵入幼苗，引发幼苗发病，严重的可引起苗枯。病死植株表面产生的分生孢子，可以从茎部伤口侵入健康秧苗，引起再侵染。

带菌秧苗移植到大田后，在适宜条件下随着水稻植株的生长发育陆续呈现症状。发病植株中的菌丝体蔓延扩展至全株，但不扩展到花器，并刺激茎叶徒长；在个别情况下也使发病植株矮缩不抽穗。在发病后期，即将成熟的发病植株在茎部和下部的叶鞘产生分生孢子，分生孢子在水稻扬花期借助风雨等传播到花器上进行再侵染，从内外颖壳部位侵入颖片组织和胚乳内。一般以抽穗开始的前 3 周最易感染，稻谷接近成熟时病菌不易侵入。发病后的种子在内外颖合缝处产生红色至淡红色团块，造成秕谷或畸形。如病菌侵入较迟，种子受害较轻的，虽外观无异常症状，但菌丝已侵入颖或种皮组织内而使种子带菌。在脱粒时，病部的分生孢子也会附着于无病种子表面，从而使无病种子带菌，成为次年的初侵染源。

四、水稻恶苗病流行规律

1. 气候条件　温度是影响水稻恶苗病发生的最主要因素，尤其在育秧阶段，高温有利于水稻恶苗病菌菌丝体和分生孢子的生长，加重病害的发生。水稻恶苗病菌侵害寄主以 35 ℃最为适宜，在 25 ℃下病苗大为减少。据程龙军（2012）报道，该病的发生与土温有较大关系，当土温为 30～35 ℃时，病苗出现最多，25 ℃时病苗大为减少，20 ℃时病苗不表现症状，但可以分离到病原菌。当土温升到 40 ℃时病原菌和水稻生长都受到抑制，不表现症状。移栽时若遇温度高或中午阳光强烈，则发病较多。

2. 品种抗病性　水稻因品种不同对恶苗病的抗性有所不同，目前尚未发现对该病完全免疫的品种。水稻品种对恶苗病的抗性越强，过氧化物酶（POD）、多酚氧化酶（PPO）和超氧化物歧化酶（SOD）含量越高。以孢子人工接种于种子上 72 h 后观察，在易感品种的根冠及其周围的叶鞘之间，菌丝生长茂密并侵入根冠组织；而抗性品种的根冠及其周围或叶鞘表面，菌丝生长微弱，很难侵入寄主组织（徐瑶，2015）。

3. 栽培管理　伤口有利于病菌侵入，脱粒时受伤的种子或移栽时受伤的秧苗都易发病；旱育秧比水育秧发病重；中午插秧或插隔夜秧的发病也较多；增施氮肥有刺激病害发展的趋向。

第二节　稻瘟病

稻瘟病（rice blast）又名稻热病、火烧瘟、吊颈瘟，是水稻三大重要病害之一。据石山哲尔（T. Ishiyama）1953 年报道，本病最早已于 1560 年在意大利有记载。我国也早在 1637 年明代后期宋应星著的《天工开物》中有类似稻热病的记载，1704 年日本也记录了这一病害（洪剑鸣，2006）。稻瘟病发病突然、传播迅速、发病频率高、适应能力强且难以控制，是影响世界水稻生产的最严重病害（刘占领等，2007）。稻瘟病的分布极为广泛，遍及世界各稻区。全世界目前已有 85 个国家报道过该病的发生，其中以亚洲、非洲和拉丁美洲危害较重，在病害流行高发季节，可能引起水稻减产 70%～80%（郑钊等，2009；易尔沙，2012）。1975—1990 年，全世界的水稻产量因稻瘟病损失 11%～30%（董继新等，2000）。我国第一次稻瘟病大发生是 1993 年，发生面积达 543.2 万 hm²，损失稻谷达 10 亿 kg（孙漱沅等，1996）。我国水稻栽培地区常年均有稻瘟病发生，年发生面积平均在 380 万 hm² 以上，稻谷损失达数亿千克，严重威胁国家粮食安全（温小红等，2013）。

云南地处低纬度高原区，素有"十里不同天，一山分四季"的立体气候及农业特点；绝大多数稻区，具有冬季不冷、夏季温凉、冬春干旱、夏秋多雨、水稻生产存在两头低温的共同特点。稻瘟病菌生理小种多，在云南发现有多种群（类），约 10 种。稻瘟病是云南水稻产区的主要病害，全省常年发生面积 20 万 hm² 左右，年损失稻谷 2 000 万～3 000 万 kg（吕建平等，2015）。2008 年云南省有 24 个县受稻瘟病为害，发生面积超过 667 hm²（张加云等，2009）。云南省稻瘟病在主要水稻产区中等偏重发生，在优质稻种植区、杂交稻感病品种种植区偏重发生，叶瘟发生盛期在分蘖至抽穗期，穗颈瘟发生盛期在 7～8 月抽穗至灌浆期。主要在曲靖、保山、楚雄、德宏、文山全部，玉溪红塔、江川、澄江、通海、易门、峨山、元江、新平、迪庆维西、香格里拉，红河开远、个旧、弥勒、泸西、蒙自、建水、石屏、元阳、绿春、丽江永胜、宁蒗、玉龙、古城，昭通彝良、大关、鲁甸、镇雄、盐津、永善、绥江、昭阳，普洱孟连、墨江，临沧凤庆、永德、双江、耿马、镇康、沧源等 76 个县（市、区）发生。

一、稻瘟病病原

稻瘟病是由稻瘟病菌（稻巨座壳）[*Magnaporthe oryzae*（Hebert）Barr] 引起的真菌性病害。其无性型为稻梨孢菌（*Pyricuiaria oryzae* Cav.），属半知菌亚门丝孢目梨孢属。

1. 形态　稻瘟病菌的有性型，子囊壳具有长颈，壳部球形，褐色至暗褐色，直径通常为 57～150 μm；孔口部先端透明，下部褐色，内部有缘丝。子囊呈棍棒形至圆柱形，大小通常为（8～12）μm×（50～70）μm。大多数子囊内有 8 个子囊孢子，少数有 1～6 个，子囊孢子呈不规则排列，子囊壁单层，囊壁后期消解。子囊孢子呈纺锤形至半月形，无色透明，有 1～3 个隔膜，大小通常为（4～6）μm×（14～24）μm。

稻瘟病菌的无性型，分生孢子梗从植株染病部位的气孔或表皮伸出，从气孔伸出的一般 3～5 根形成束状，从表皮伸出的多是单根。分生孢子梗不分枝，细长，有 2～8 个隔膜，基部稍大，略带淡褐色，越往上端颜色越淡，顶端屈曲，大小通常为（112～456）μm×（3～4）μm。分生孢子梗上一般可产生 5～6 个分生孢子，多的可陆续产生 20 余个分生孢子，产生分生孢子后屈曲处有孢子脱落疤痕。分生孢子呈梨形，有 2 个隔膜，分隔处稍微缢缩，顶部细胞略尖，基部细胞肥钝圆，底部有小突起。单个分生孢子无色透明，密集时呈淡灰色，大小常随不同的环境条件而有较大差异，通常为（16～34）μm×（6～12）μm。分生孢子萌发时，从一端或两端产生芽管，并在芽管顶端膨大形成附着胞，附着胞呈球形或椭圆形，淡褐色，直径通常为 8～12 μm，紧贴在寄主组织表面，再从其底部长出侵染丝，入侵寄主组织。

2. 生理

（1）温度。稻瘟病菌菌丝体生长的温度范围为 8～37 ℃，以 26～28 ℃ 为最适宜；在干燥条件下，用水稻茎节培养的菌丝体可以在 10 年以上不丧失活力。产孢的温度范围为 10～35 ℃，以 25～28 ℃ 为最适宜；在 28 ℃ 时孢子产生很快，但持续时间较短，一般在 9 d 后孢子产生数量下降；在 16 ℃、20 ℃、24 ℃ 时，孢子产生较慢，但在 15 d 后孢子产生数量仍有所增加。孢子萌发的温度范围为 10～35 ℃，以 25～28 ℃ 为最适宜；在 27 ℃ 时萌发较快，只需 2～3 h 就开始萌发，在 16 ℃ 时萌发较慢，需经 20 h 才开始萌发；孢子萌发的最高温度，在蒸馏水中为 33 ℃，在琼脂培养基中为 35 ℃。病菌侵入寄主的温度，以 24～30 ℃ 为最适宜，34 ℃ 时不能侵入。湿热处理条件下，菌丝体的致死温度在谷粒上和染病茎节内分别为 55 ℃（5 min）、55 ℃（10 min）；分生孢子的致死温度为 52 ℃（5～7 min）。病菌对干热环境的抵抗力较湿热环境强，菌丝体和分生孢子在 100 ℃ 处理 1 h 的情况下，大部分仍能存活 50～60 d；在干燥条件下，菌丝体通过快速冷冻处理可在 -30 ℃ 至少保存 18 个月，分生孢子在 -10 ℃ 保存 2 个月后孢子萌发率还有 10％～30％，但潮湿条件下，分生孢子在 -10 ℃ 冰冻 31 d 即全部死亡。

（2）大气相对湿度。大气相对湿度对稻瘟病菌分生孢子形成有很大影响。染病植株病斑能产生分生孢子的大气相对湿度＞93％，以大气相对湿度 100％ 为最适宜。分生孢子萌发的临界相对大气湿度范围为 92％～96％，以大气相对湿度＞96％，且有水滴存在时，为最适宜；水滴对分生孢子的萌发率有重要影响，即使大气相对湿度达到 100％，如果没有水滴，分生孢子萌发率也只能达到 1.5％ 左右。浸泡后干燥的分生孢子再遇水也不能萌发。长时间的水滴或雨滴能促进分生孢子附着胞的形成，促使分生孢子附着和固定在植株表面。雨天分生孢子附着胞形成率高于晴天数倍。

（3）光照。稻瘟病菌菌丝体的生长随着光照强度的减弱而增强，但在人工培养时降低光照强度会减少病菌的产孢数量，光照和黑暗交替是病菌分生孢子脱落的必备条件。当大气相对湿度保持在 100％ 时，染病植株上的病斑只在夜间释放病菌分生孢子。病菌分生孢子一般在傍晚光照变暗后开始脱落，脱落速度在 6～8 h 后达到峰值，之后逐渐减少，到黎明光照开始变亮时脱落终止。在连续黑暗或连续光照处理 1～2 d 的条件下，病菌分生孢子的脱落几乎停止，在重新给予适当的黑暗或光照条件后，病菌分生孢子恢复脱落。病菌分生孢子的萌发率在散射光条件下减少，仅为黑暗条件下的 50％ 左右。光照对病菌分生孢子芽管的伸长有抑制作用，黑暗条件对病菌的侵染有利，散射光条件对病菌的侵染有抑制作用。

（4）营养。稻瘟病菌生长发育最适 pH 6.0～6.5，适宜碳源为蔗糖、葡萄

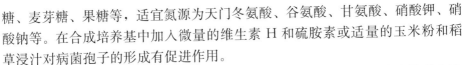

糖、麦芽糖、果糖等，适宜氮源为天门冬氨酸、谷氨酸、甘氨酸、硝酸钾、硝酸钠等。在合成培养基中加入微量的维生素 H 和硫胺素或适量的玉米粉和稻草浸汁对病菌孢子的形成有促进作用。

（5）代谢产物。稻瘟菌素、稻瘟醇、细交链孢菌酮酸、α-吡啶羧酸和次生霉素香豆素是目前从稻瘟病菌培养滤液和发病重的植株组织中提取到的 5 种毒素。在高浓度条件下，以上毒素对病菌菌丝体的生长、病菌分生孢子的萌发和水稻植株的呼吸均有抑制作用。病菌分生孢子中也含有抑制其萌发的 α-吡啶羧酸，只有当病菌分生孢子浸入水中，α-吡啶羧酸溶出后，病菌分生孢子才能萌发。将稀释后的稻瘟菌素、细交链孢菌酮酸和 α-吡啶羧酸分别滴在水稻叶片的机械伤口上，会产生与稻瘟病斑极为相似的坏死斑。

3. 生理分化　稻瘟病菌在培养性状、生理特性、抗药性以及对水稻品种的致病性等方面都很易发生变异。例如不同来源的分离菌株，其分生孢子大小有一定的差异。不同分离菌株在相同培养基上或同一菌株在不同培养基上所形成的菌落，其气生菌丝体的疏密可由稀少到厚棉絮团状，色泽可呈近白色、淡红色、淡褐色、灰色和暗灰色等。在培养基中逐渐增加硫酸铜、升汞等杀菌剂含量时，可发现某些原分离菌株抗药性增强，而另一些仍保持其致病性。如日本有些地区长期使用春雷霉素防治稻瘟病后，已发现其防效显著降低。

4. 寄主　在自然条件下，稻瘟病菌除为害水稻外，还可以侵染苇状羊茅（*Festuca arundinacea*）、秕壳草（*Leersia sayanuka*）等，人工接种能侵染小麦、大麦、燕麦、黑麦、玉米、粟以及稗、狗尾草等多种禾本科作物和杂草，其侵染随病菌不同小种而有差异；反之，来自其他不同禾本科作物和杂草上的梨孢菌等也能侵染水稻。

二、稻瘟病发病症状

在条件适宜的情况下，水稻的整个生育期都可能发生稻瘟病，根据稻瘟病发病时期和发病部位的不同，病害一般可分为苗瘟、叶瘟、叶枕瘟、节瘟、穗颈瘟、枝梗瘟和谷粒瘟。

稻瘟病田间症状见图 2-4。

1. 苗瘟　根据秧苗发病时期不同，又分为苗瘟和苗叶瘟。发生在 3 叶期以前的幼苗上的为苗瘟，其大多数由种子带菌引起，首先在幼芽或芽鞘上出现水渍状斑点，随后幼苗的基部变暗褐色，上部呈褐色枯死。发生在 3 叶期以后的叶片上，症状与本田叶瘟相同，为苗叶瘟。

2. 叶瘟　水稻叶片在本田成株期发病的为叶瘟（图 2-5）。根据水稻品种抗病性和发病气候条件不同，叶瘟病斑可分为白点型、急性型、慢性型和褐点型 4 种。

图 2-4 稻瘟病田间症状

（1）白点型。发生在高感病品种的嫩叶片上，斑点白色，呈圆形或近圆形，病斑与健康叶面界限清楚，病斑表面不产生孢子。此类病斑较少发生，多在雨后突然转晴或稻田受旱情况下出现，发病后如遇阴雨或高湿，可迅速转变为急性型。

（2）急性型。在气候条件和水稻植株生长状况都有利于发病的情况下发生，病斑初期呈水渍状小

图 2-5 叶瘟症状

点，随后迅速扩大成圆形、椭圆形或两端稍尖的暗绿色水渍状，病斑表面密集灰绿色霉层，此类病斑无褐色坏死部和黄色中毒部，是病害流行的前兆。在经药剂防治或天气转晴、空气干燥后，病斑会钝化，在暗绿色病斑处出现黄色或褐色部分，向慢性型转化。

（3）慢性型。此类病斑为叶瘟常见病斑，一般呈纺锤形，也有 2～3 cm 长的长条形或近圆形。典型病斑的中央是灰白色的崩溃部，内层是褐色的坏死部，最外围是黄色的中毒部，病斑内部常有褐色的坏死线向两端延伸。病斑在色泽和层次上的变化，体现了稻瘟病菌对寄主同化组织细胞逐步破坏的过程。稻瘟病菌主要通过水稻叶片的表皮细胞侵入，也能从寄主的机动细胞和气孔保卫细胞侵入。在侵入过程中，稻瘟病菌的侵染丝首先贯通叶片的角质层，侵入表皮细胞内后，在侵染丝的尖端形成稍微膨大的侵入钉，再由侵入钉产生菌

丝，向邻近细胞不断扩展。受病菌分泌毒素的影响，在病菌进入含有叶绿体的薄壁细胞后，叶绿体先膨软，之后叶绿体和细胞核一起解体消失，使病斑外围绿色褪去呈现黄色晕圈，形成中毒部；随后这些细胞的内含物被进一步破坏，逐渐充满褐色树胶状酚类物质，收缩死亡，使病斑内层出现褐色的环，即坏死部；树胶状物质消失后，细胞内含物崩解，只残留崩溃的细胞壁，使病斑中央呈现灰白色，即崩溃部；当病菌的攻击力减弱，只能向维管束发展时，病斑内的褐色坏死线向两端延伸。在天气潮湿时，灰绿色霉层有时也会在慢性病斑的背面产生。

（4）褐点型。多发生在抗病品种或稻株下部的老叶上，通常仅出现在两条叶脉间，病斑呈褐色，点状，中毒部和坏死部一般不很明显，病斑表面不产生孢子，没有传病危险。

3. 叶枕瘟　一般先感染水稻植株的叶耳、叶舌，随后逐渐向整个叶枕部以及叶鞘、叶片基部扩展。病斑最初在叶耳、叶舌上时呈暗绿色，向叶枕以及叶鞘、叶片基部扩展后形成淡褐色至灰褐色的不规则斑块，可导致叶片早期枯死。在气候高湿时，病斑表面产生灰绿色霉状物。由于稻穗紧贴剑叶叶枕而抽出，因此也常引起穗颈瘟。

4. 节瘟　多在穗颈下方第一节、第二节上发生。初发生时病斑呈暗褐色，点状，以后呈环状逐渐扩展，使整个或部分茎节部变黑褐色，甚至凹陷干缩，影响水稻植株的水分和营养输出，严重时染病茎节断裂，造成上部白穗或枯死。灰绿色霉层较容易在染病茎节上产生。

5. 枝梗瘟和穗颈瘟　病菌最易从退化枝梗、枝梗分枝点、穗颈节的苞叶、退化颖处侵入，一般在穗颈、穗轴和枝梗上发生。初发生时病斑呈暗褐色水渍状斑点，以后向上下和呈环状逐渐扩展，最后变成黑褐色，最大变色部可至2～3 cm长。发病程度重或发病早时，病菌侵害穗颈节、穗轴、局部枝梗等不同部位，分别造成"全白穗""半白穗""阴阳穗"；发病程度轻或发病迟时，造成结实率和千粒重降低，稻米品质变差。穗颈瘟一般发生在出穗后，多自穗颈节处侵入，但也有在远离穗颈的下方，包裹在剑叶鞘内的节间部分受侵染而形成白穗。

图 2-6　穗颈瘟症状

在气候高湿时，灰绿色霉状物多会在病部长出（图 2-6）。

6. 谷粒瘟 一般在谷壳和护颖上发生。发病早的谷壳上的病斑呈中央灰白色的褐色椭圆形，严重时病斑可扩至整个谷粒，造成灰白色或暗灰色的秕谷；发病晚的一般会产生不规则的褐色斑点或椭圆形斑点，其症状很容易与其他病菌侵染引起的病斑混淆，在谷粒黄熟后更难辨别，通常需要通过病健部组织培养分离病原菌后，进行病原菌菌丝体或分生孢子镜检孢子后才能鉴别。

护颖也很容易感病，病斑初生时呈黄色，随后逐渐变为灰黑色或灰褐色。护颖发病对谷粒影响较小，但在护颖上越冬存活的病菌，常是第二年苗瘟的重要侵染源之一。

三、稻瘟病侵染循环

稻瘟病菌的菌丝体和分生孢子通过附着在染病稻草、染病谷粒上越冬存活，成为第二年病害初次侵染的主要来源。

越冬病菌存活期的长短，与外界环境条件有关，尤与湿度关系最密切。在常年比较干燥的地区，病菌存活时间比潮湿地区长，染病稻草、染病谷粒上的病菌大部分可存活，成为第二年病害的初侵染源。在比较潮湿的地方，病菌存活时间则因病菌所处的环境而不同。在稻草堆内部干燥的情况下，存放 1 年后，染病稻草中菌丝体的存活率仍有 50%～60%，附着在染病稻草上的分生孢子，存放 6～7 个月仍然具有生活力。附着在稻草堆表面的菌丝体一般存放 7～8 个月后就全部死亡，分生孢子 3 个月左右全部死亡；在浸入水中或埋入地下的情况下，菌丝体 1 个月左右全部死亡。附着在散落室外的染病稻草上的病菌约经 4 个月失去生活力。利用染病稻草做堆肥，在充分发酵内部温度达到 52～62 ℃的情况下，存放 10 d 左右病菌全部死亡。利用染病稻草垫猪圈的，附着在染病稻草上的病菌经过 30 d 左右后死亡。附着在染病谷粒上的病菌经过 9～10 个月开始死亡。

染病谷粒作为种子播种后容易引发苗瘟，根据育秧时期和育秧方式不同，其传病作用也不同。由于种子浸在水下的时间较长，因缺氧和产生有机酸而影响病菌活动，采用水育秧的育秧方式引起发病的概率一般较小。采用湿润育秧的，在播种时气温较低的地区，育秧初期温度不利于病菌的活动，带菌种子的传病作用不大；在播种时气温较高的地区，用未经消毒处理的带菌种子播种，由于育秧阶段气温上升，适合发病，易引发苗瘟，秧苗染病部位产生的分生孢子还可以引起再侵染。

在第二年育秧期间，当日平均气温达到 20 ℃左右时，附着在染病稻草上越冬的病菌，遇到降雨，就能不断产生分生孢子。病菌分生孢子通过风雨传播，可引发周围田块秧苗和较早移栽本田的幼苗发病。植株的染病部位持续产生分生孢子后，辗转传播，扩大危害。

病斑上分生孢子大多在夜间大量形成。在温湿度适宜时，一个典型的病斑每天可产生 2 000～6 000 个分生孢子，且可持续 14 d 左右。病菌分生孢子的传播主要是借助气流，雨水和昆虫也有一定的传播作用。病菌分生孢子飞散最多的时间段，一般在 0:00～6:00。因叶片位置及叶片与茎秆的角度大小不同，病菌分生孢子落附在叶片的数量不同，且差异很大。叶片附着的病菌分生孢子数量，随叶片与茎秆角度的增大而增加，与茎秆的角度越接近垂直的叶片附着病菌分生孢子的数量越多。病菌分生孢子附着在顶叶下第三片叶的数量远多于第二片叶，附着在顶叶上的数量更少；病菌分生孢子在同一片叶上下表面的附着数，顶叶之下的叶片上表面均远多于下表面，顶叶差异不大。在温湿度适宜的条件下，病菌分生孢子传到寄主组织表面后，经过 0.5～1 h 开始萌发。病菌分生孢子的萌发侵染需要在持续结露条件下进行，一般需要 6～10 h。侵入寄主细胞所需的时间，在温度为 24 ℃时至少需要 6 h，38 ℃时至少需要 8 h，32 ℃时至少需要 10 h。因温度不同，病菌侵入寄主后病状出现的潜伏期长短也不同：一般温度 26～28 ℃时为 4～5 d，24～25 ℃时为 5～6 d，17～18 ℃时为 7～9 d，9～10 ℃时为 13～16 d。病斑上分生孢子的形成，在叶上病斑出现 3～8 d 后达到高峰。叶瘟随着染病植株的生长，不断蔓延扩大，倒三叶叶片上病斑产生的分生孢子在水稻抽穗前 10 d 左右达到高峰，并能持续到抽穗后。因此，引起穗颈瘟的主要菌源是倒二叶和倒三叶上所产生的病菌分生孢子，剑叶叶瘟的发病情况仅对穗颈瘟后期病势具有一定作用。

在双季稻区，早稻秧田感染苗叶瘟可以对早稻本田的叶瘟起到诱发作用；早稻本田叶瘟的发病情况不仅可以直接影响早稻本田穗颈瘟、谷粒瘟的发病，还可以增加晚稻秧田感染苗叶瘟的概率；晚稻秧田苗叶瘟可以增加稻瘟病菌的田间数量，对下一季早稻秧田苗叶瘟和本田穗颈瘟发生产生影响。在单、双季稻混栽地区，早稻发病后对中稻、单季晚稻或双季晚稻均会产生影响，病菌相互传染的概率和为害更大，在这些地区更应对早、中稻稻瘟病的防治进行加强。

除染病稻草、染病谷粒和病残体之外，部分稻瘟病菌其他感病寄主也是自然条件下引起稻瘟病的菌源，因水稻品种不同、抗性不同，受到相关菌源的影响也不同。

四、稻瘟病发病因素

稻瘟病的发生和发展，除受病菌变异的影响外，还受水稻品种的抗病性、田间栽培管理和气象条件等多种因素的影响。

1. 品种抗病性　水稻类型不同其抗病性也不同。不同稻作类型的品种间抗病性差异很大，在不同稻区种植时，同一品种的抗病性也不一样，其总体趋势是：在华南或西南稻区种植北方和长江流域稻区的品种，品种的抗病性都下降；南方稻区的品种到其原种植地以北或以西的稻区种植，品种的抗病性增强；在华南和长江中下游稻区种植云贵高原粳稻品种，品种的抗性一般变化不明显，在北方稻区种植则抗性增强。

同一品种处于不同生育期，其抗病性也不一样。一般来说，水稻在拔节期比较抗病，在4叶期、分蘖盛期、抽穗期和齐穗期最易感病。就叶片而言，从叶片展开40%到叶片完全展开后的2 d最容易感病，叶片完全展开后5 d抗病性增加，13 d后基本很少感病。就穗部而言，始穗期间最容易感病，穗部抽出后6 d抗病性逐渐增强。同一品种一般对叶瘟的抗病性与对穗颈瘟的抗病性呈正相关。

（1）抗病性的机制。品种的抗病性与水稻的株叶形态、组织结构以及生理生化等有一定相关性。在一般情况下，叶片宽阔、披散的品种叶片上落附的病菌分生孢子数量比叶片窄卷、挺直的叶片相对要多，水滴凝聚在叶片上的时间也相对较长，对稻瘟病菌的滋生和侵染更为有利。

水稻植株表皮细胞硅质化程度高、表皮硅质突起密度高、植株细胞膨压度大的品种，抗稻瘟病菌侵入的能力相对更强。

水稻叶片的外渗物质主要是氯化铵和碳酸钾，感病品种的外渗物质中铵多于钾，抗病品种的却与之相反，因为氯化铵对稻瘟病菌孢子发芽和附着胞的形成有助长作用，而碳酸钾则对稻瘟病菌孢子发芽和附着胞的形成有阻碍作用。

感病品种植株内可溶性氮化物的含量较高，抗病品种植株内的非可溶性氮化物的含量较高。因为天冬氨酸和谷氨酸等可溶性氮是稻瘟病菌良好的氮源，其含量高时，不仅有利于病菌的生长和繁殖，还会使水稻植株叶片披垂浓绿，组织柔弱，有利于病菌的侵入。此外，硅、锰、镁、硼等元素可以降低水稻植株内铵态氮和可溶性氮化物的含量，提高水稻品种的抗病性。水稻植株内多元酚含量高的品种其抗病性也较强。

品种的抗病性与其植株受到稻瘟病菌侵入后细胞的过敏反应快慢有密切关系。在稻瘟病菌侵入时，感病品种的细胞过敏反应发生缓慢，菌丝可以迅速蔓延和扩展，形成的病斑较大。抗病品种的细胞能迅速发生过敏反应，产生褐色的颗粒状或树脂状物质，细胞变褐坏死，使菌丝体停止生长，在植株上出现褐色的小斑点。这种抗扩展的过敏反应的抗病作用较抗侵入的更大，是鉴别品种稻瘟病抗病性的主要标志。水稻组织细胞中的多酚酶将多元酚氧化为醌，再与氨基酸缩合而成黑色素，是形成褐变过敏反应的原因。褐变过敏反应会受到稻瘟病菌所产生的毒素的遏抑，但抗病品种体内含有较高的叶绿原酸和阿魏酸，这两种多元酚可与病菌产生的吡啶羧酸等毒素结合成复合体而呈无毒状态，对稻瘟病菌毒素产生解毒作用，从而使褐变反应在受侵染细胞中迅速进行。

（2）抗病性遗传及丧失的原因。水稻抗稻瘟病基因的遗传就是抗病性遗传。抗性基因是根据水稻品种对生理小种的反应而发现得出的。水稻品种稻瘟病抗性分为垂直抗性和水平抗性，根据稻瘟病菌生理小种对水稻有无专化性来划分。目前对品种抗病性的遗传研究以垂直抗性方面居多，发现的抗病基因显性占大多数，不完全显性或隐性基因的数量较少。

某个水稻品种的抗病性是由该品种针对稻瘟病菌不同生理小种的反应而划分出来的，生理小种种群的构成与某一地区水稻栽培品种的组成密切相关。适应于某个水稻品种的生理小种数量，会随着该品种在同一个地区的推广而增加，当某个生理小种上升为优势小种时，水稻品种的抗病性就逐渐丧失。稻瘟病菌生理小种在不同地区间的分布不同，某个地区的抗病品种到另一个地区种植后，有可能会成为感病品种。此外，新的生理小种可能因病菌本身的遗传性状突变、异质状况、寄生适应性等原因而产生，也可能从其他地区侵入，使某个地区原来抗病的品种变为感病品种。因此，在某个地区进行水稻品种布局、稻瘟病抗病品种选育、病害防治和测报时，研究明确该地区稻瘟病菌生理小种的分布情况、区系、消长规律极为重要。

2. 栽培管理　田间小气候会影响稻瘟病菌的生长发育，因此栽培管理对稻瘟病的抗病力也会产生影响，在诸多因素中以肥水管理关系最为密切。

（1）肥料管理。水稻因生长发育的阶段和自身状况不同，对肥料摄入的需求也不同，合理适时适量施肥，既能增强植株对稻瘟病的抗病性，又能获得高产。

多种营养元素的失调与稻瘟病的发生发展密切相关，尤其是氮素失调。过多或过于集中的氮肥施用，会使水稻植株中碳素同化作用产生的糖或储藏淀粉转化的糖，满足不了过量吸收的氮合成蛋白质对糖的需要，氮素在植株中以氨基酸或氨形态存在，部分氨基酸中的天门冬氨酸和谷氨酸与氨结合，形成天门冬酰胺和谷氨酰胺等，使水稻植株内酰胺态氮（可溶性氮）和铵态氮的含量大量增加。这些物质作为稻瘟病菌生长所需的良好氮源，对稻瘟病的发病相当有利。与此同时，在氮肥施用过多时，植株内硅化细胞减少，水稻植株徒长，叶片披垂浓绿，封行封顶过早，群体透光通风性变差，田间湿度增加，适宜病菌的入侵和滋生。氮肥施用过迟，又会使水稻生育期推迟，植株贪青，无效分蘖增多，抽穗不整齐且迟缓，由于抽穗以后新的茎叶不再生长，使植株氮素的消耗量降低到正常情况的 10% 左右，大大减少，过多吸收的氮素，以可溶性氮和铵态氮的形式残存下来，不再合成蛋白质，很容易导致组织尚柔嫩的刚抽穗穗颈和枝梗发生穗颈瘟。

磷是促进水稻植株新陈代谢和蛋白质合成的重要元素。水稻的光合作用和呼吸作用会因缺磷而减弱，使蛋白质合成不良，造成可溶性氮和铵态氮在水稻植株内过多积累，从而诱发稻瘟病。

钾是促进水稻植株中碳素同化作用、蛋白质合成、激活多种酶的活性以及促使纤维素和木质素形成等的重要元素。缺钾导致水稻植株呼吸作用加强，同化作用减弱，碳水化合物减少；氨基酸和酰胺态氮的积累相应增加，蛋白氮减少；茎秆软弱，木质素和纤维素形成少，机械组织发育不良；根系活力恶化，根系中亚铁氧化酶的活性减弱，亚铁和硫化氢对根系的危害增强等，使水稻植株的抗病力降低，引发严重的稻瘟病。在氮肥施用量过多的情况下增施磷钾肥，会使水稻植株内氮素过剩的程度加大，使稻瘟病的发生加剧。

水稻对硅的需要量约是氮素量的 10 倍，是吸收的营养元素中最多的一种。硅元素以硅酸的形式由水稻根系吸收后，与水一起通过蒸腾作用在水稻植株体内上升，大部分硅在茎叶、谷粒等表皮细胞中沉淀，形成一层坚硬的硅胶，水则从叶表面蒸发。这种硅化细胞不仅能对病菌的穿透侵入起到阻碍作用，还能使茎叶硬度增强，减小叶片与茎秆角度，使叶片挺直。在水稻的生长发育中，硅肥与氮肥基本上起相反的作用。水稻过量偏施氮肥时，植株对硅的吸收减少，硅含量下降，叶片披散柔弱，病菌易侵染植株。植株对硅的吸收多时，氮含量下降，植株生长健壮，抗病力强，产量高。适量增施硅肥可使氮肥施用过多造成的叶片生长过密和披散等的不良影响缓和，使群体透光通风条件改善，田间湿度降低，稻瘟病菌繁殖滋生的概率降低，可有效降低或减轻氮肥用量较多的高产田的稻瘟病发病率和损失率。

此外，水稻植株中钙、镁、硫、锰、硼等中微量营养元素缺乏或失调，也会干扰水稻的生理活性，导致水稻植株内可溶性氮化物增加，碳水化合物含量减少，从而有利于稻瘟病菌的侵染和发展。

（2）浆水管理。水稻栽培过程中浆水的管理与稻瘟病的发生也有比较密切的关系。田块土质黏，地下水位高，排水不良以及长期深水灌田或冷水串灌、漫灌等，不但对稻瘟病菌的繁殖有利，还会造成水稻植株根部供氧不足，根系生长受到阻碍，严重时根系发黑腐烂，使水稻植株的碳、氮代谢受到影响。田间长期处于高湿的状态，会使叶片的蒸腾作用减弱，降低植株内碳素同化，减少糖的含量，减少植株对钾元素和硅元素的吸收，降低表皮细胞硅质化程度，显著增加植株内铵态氮和可溶性氮的含量，使水稻植株对稻瘟病的抗病力大大降低。在水稻生长发育的需水阶段——秧苗期、孕穗期和抽穗期等，如果遇到干旱缺水，也会造成水稻植株的蒸腾作用减弱，硅的吸收、转运受阻，从而影响植株的健康生长，诱发稻瘟病。

3. 气象条件 温度和湿度是影响稻瘟病发生和流行的主要气象因素。水稻和稻瘟病菌的生长和发育主要受温度影响，稻瘟病菌分生孢子的形成、萌发和侵入则主要受湿度影响，温湿度所造成的影响相互关联。在温度适宜时，病菌的分生孢子一般在遇降雨或持续高温的情况下出现产孢的高峰，雾浓露重或晴雨交替的天气对稻瘟病菌生长繁殖最为有利。在气温达到 20～30 ℃、田间湿度达到 90％以上，水稻植株叶片表面长时间保持一层水面（6～10 h）的情况下，稻瘟病菌分生孢子最易萌发侵入水稻植株。稻瘟病菌侵入植株后，在平均气温 24～28 ℃的情况下，如田间湿度有一昼夜以上达到 100％，就容易引发稻瘟病的流行。在双季稻区，早稻秧苗期由于气温较低，发病较少，分蘖期间由于气温升高，加上雨水较多，叶瘟容易流行。穗颈瘟发生流行则受到抽穗扬花期降水天数和降水量影响，在分蘖期遇高温干旱时受到抑制，在抽穗扬花期遇冷空气或雾多露重的天气往往造成流行暴发。

此外，日照不足会降低水稻植株的碳同化作用，减少碳水化合物的合成，增加可溶性氮化物，减少硅质化细胞数，造成水稻植株柔嫩，为稻瘟病菌的侵入和病斑的扩展提供有利条件，充足的日照则能对病菌的发育起到抑制作用。

风是稻瘟病菌传播的动力。病菌分生孢子借风传播的最大距离可达 400 m 以上，下风口的病菌分生孢子数量比上风口多。风向和风速对病菌分生孢子传播的方向和距离产生直接影响，植株距离发病中心越近，所受影响也越大。风同时又能起到降低湿度的作用，较低的湿度对病菌分生孢子萌发入侵有一定的抑制作用。

五、稻瘟病预测预报

我国早在 20 世纪 50 年代就开始对稻瘟病测报方法进行研究，方法包括：根据水稻孕穗期的叶瘟病斑的类型、发病的轻重及叶枕瘟的发病情况等进行叶瘟、穗颈瘟的预测；利用孢子捕捉器捕捉游离在田间的稻瘟病菌分生孢子，根据稻瘟病菌分生孢子的数量进行叶瘟、穗颈瘟的预测；通过测定叶鞘中淀粉含量、剑叶中硅化细胞数等对穗颈瘟进行预测；通过分析历年稻瘟病发生情况与气象、病理等因子的关系，利用电子计算机建立多元回归预测方程，组建预测模型，对穗颈瘟等进行中长期预测。由于影响稻瘟病发生与流行的因素十分复杂，这些预测方法都存在一定的局限性，还需要进一步的完善和提高。

目前在生产上，仍然还是以病害的田间调查为主要手段，再结合水稻品种的抗病性、植株所处的生育阶段和长势，以及气候条件等因素进行综合分析，从而对水稻苗叶瘟、叶瘟和穗颈瘟等各发生阶段及部位的稻瘟病发生趋势作出预测。

1. 秧苗期苗叶瘟的预测　一般来说，由于气温较低，早稻秧苗期的苗叶瘟一般发生较晚、较轻；晚稻秧苗期的苗叶瘟一般出现在 3 叶期，发病高峰期通常在四五叶期，受秧苗自身抗病力增强和温度升高的影响，晚稻秧苗期的苗叶瘟，在五六叶期往往有一个病情抑制过程。苗叶瘟发生程度，受品种抗病性、播种密度、育秧方式、施肥状况、气候条件、秧苗长势等因素的影响，品种感病、播种量大、施肥量多、苗期阴雨天气多、叶色深而嫩的，发病往往较重。苗期苗叶瘟发病趋势的预测，通常按不同品种、不同播种期，在秧苗3叶期开始，选择不同类型秧田，每个类型秧田确定2～4个观察点，每个观察点正方形固定观察100株秧苗，每3～5 d一次，记载病苗数、病叶数和不同类型病斑数，计算株发病率、叶发病率和严重度。为了对防治起到及时的指导作用，在选择观察点时应重点关注通风光照不佳、肥力过剩、秧苗长势嫩绿或发病较早的秧田。

2. 本田期叶瘟的预测　早稻叶瘟一般在返青后逐渐开始发病，病情在分蘖盛期开始快速发展，到孕穗末期破口始穗时达到高峰；而双季晚稻由于受前期高温干旱的影响，通常病情有一个停滞过程，一般到分蘖盛期病情才逐渐发展加重。如水稻品种感病，当田间出现发病中心后，遇到连绵阴雨天气，秧苗生长嫩绿，一般在7 d以后田间将会普遍发病，病情在10～14 d后加重。如果有急症性病斑出现并增加，可预测叶瘟将会在3～7 d后严重发生，应立即组织防治。本田期叶瘟的预测，通常可按早、中、迟或好、中、差类型选择主栽品种的田块若干，在秧苗返青后开始，每块田固定5丛作为观察株，每3～5 d一次，观察记载病株数、病叶数和病斑类型（不包括枯黄叶），并计算株发病率、叶发病率、病情指数，然后预测叶瘟发展趋势。

3. 穗颈瘟的预测　穗颈瘟通常在水稻齐穗后5 d左右出现，15 d左右大量暴发。穗颈瘟症状一旦出现，就能对水稻生产造成难以挽回的损失。因此，穗颈瘟的预测是稻瘟病预测的重点。其要求是能否预测出穗颈瘟发生的概率以及严重趋势，以便确定防治范围，提前做好防治工作。

穗颈瘟发生和发展趋势的预测，主要是根据品种的抗性、植株的长势、叶瘟在抽穗前的发生情况以及抽穗前后的天气状况来进行综合分析。如果从水稻孕穗期到抽穗期，叶瘟继续发展或者发病率高，且有急性型病斑出现，植株贪青，剑叶宽大披垂，且抽穗推迟，而在始穗期至齐穗期，早稻遇连绵阴雨，晚稻遇连续小雨或早晚雾大露重，且有20 ℃以下气温持续3 d以上，则穗颈瘟大暴发的概率较大。一般根据水稻抽穗前10 d左右对叶瘟定点观察的结果，结合天气预报进行综合分析，对不同类型田块作出穗颈瘟发生发展趋势的预测。

六、稻瘟病致病遗传机制

植物病原菌的致病相关基因是指对病原菌在寄主体外完成生活史不重要，但在病害发展中所必需的基因序列（赵巍巍，2010）。稻瘟病菌对寄主的侵染主要包括病菌分生孢子的产生及萌发、附着胞的形成、侵染钉的分化以及侵染性菌丝的扩展等阶段，是一个非常错综复杂的过程（黄俊丽，2005）。稻瘟病菌和寄主水稻两方面都有大量基因参与稻瘟病菌侵染水稻的循环，在病原菌方面主要包括以下三类基因：第一类是形态分化过程中与侵染寄主相关的信号识别基因；第二类是与病原菌毒性有关的毒性决定因子和无毒基因；第三类是病原菌侵入寄主组织后相关的定殖扩展基因（Urban，1999）。任何一个侵染的环节被破坏，都有可能导致病原菌的致病性减弱甚至丧失。

1. 产孢相关基因 稻瘟病菌为异宗结合丝状子囊菌，其交配型是由单一基因位点（MAT1）决定的，只有当两种相对交配型（MAT1-1和MAT1-2）的菌株相配对且其中至少一个为两性菌株时才能进行有性生殖。在实验室条件下，稻瘟病菌的有性阶段也可以通过不同的交配型菌株共同侵染植物产生，但其有性后代在自然界中对寄主几乎没有侵染作用，所以在自然界中稻瘟病菌的有性阶段对水稻的致病性可以忽略不计（Zeigler，1998），因此，直接影响稻瘟病菌致病性的首要因素是稻瘟病菌分生孢子的产生、形态和产量多少。同时，影响稻瘟病菌分生孢子形成和孢子形态的基因可能也会在某方面对附着胞的功能产生影响（樊改丽，2011）。

目前，一些与稻瘟病菌分生孢子产生、形态等相关的基因，已经通过筛选致病力减弱或获得不致病突变体等方法得到，包括 *SMO1*、*CON*、*ACR1*、*RGS1*、*COS1*、*MoHOX*、*COM1*、*LHS1*、*Tig1*、*MoLDB*、*MoSec22*、*MgRac1*、*Chm1*、*MoSNF1* 等基因。

1988 年 *SMO1* 的基因位点由 Hamer 等通过对影响孢子形态的突变体的筛选得到。由 *SMO1* 的突变体形成的分生孢子、子囊和附着胞的形态均异常，其对水稻的致病性也减弱，侵染后形成的病斑大小和数量均有所减少。

CON 基因控制稻瘟病菌分生孢子形态、产孢能力和分化。目前，已经通过化学方法和插入突变技术得到在稻瘟病菌不同产孢过程中起作用的基因突变体 *CON1*、*CON2*、*CON4*、*CON5*、*CON6* 和 *CON7*（Shi，1995）。*CON1* 和 *CON7* 主要对病菌分生孢子附着胞的形成等产生影响，形成不产附着胞的不正常病菌分生孢子，病菌分生孢子没有致病力，甚至在人为制造伤口的情况下也不致病；*CON2* 和 *CON4* 主要对病菌分生孢子的形态和附着胞的形成产生影响，形成形态异常的分生孢子，产生的附着胞较野生型少，对水稻的致病性减弱；*CON5* 主要对病菌分生孢子梗的形成产生影响，不形成分生孢子梗；*CON6* 主要对病菌分生孢子的形成产生影响，能产生分生孢子梗但不产生分生孢子（Shi，1998）。

ACR1 的突变体产生病菌分生孢子的形态不正常，不能形成附着胞，对水稻没有致病性，是在稻瘟病菌分生孢子中特异表达的一个基因（Lau，1998）。

rgs1 是通过敲除 *RGS1* 基因获得的突变体，其过量表达突变体产孢量较野生型有所降低，而敲除突变体的产孢量相对于野生型有所增加，是调控产孢

量表达的分生孢子负调控因子（Liu，2007）。

COS1 是一个与稻瘟病菌分生孢子梗变少相关的基因，可以通过 T－DNA 插入得到。COS1 的缺失突变体，分生孢子梗变少，没有分生孢子产生，但利用其菌丝体接种水稻，可以在表皮细胞产生与附着胞类似的结构，对水稻进行正常的侵染过程，使其致病。因此，可推测 COS1 在与水稻互作时可能产生了某种菌丝介导的侵染机制，这种机制目前还不清楚，有待研究（Zhuang，2009）。

还有研究发现，在稻瘟病菌分生孢子和附着胞的产生和形成过程中，同源异型盒转录因子（homeobox transcription factor）起着必不可少的作用。利用基因敲除对同源异型盒家族 MoHOX1 至 MoHOX8 的 8 个基因进行功能研究发现，MoHOX1 和 MoHOX6 的突变体气生菌丝体生长受阻；MoHOX2 的突变体产生分生孢子梗而不产生分生孢子，但用其菌丝体接种水稻，可以致病；MoHOX4 的突变体产生比野生型更小的病菌分生孢子；MoHOX7 的突变体在芽管顶端和气生菌丝体尖端均不能产生附着胞，对水稻没有致病性；MoHOX8 的突变体产生正常附着胞，但是不能侵染水稻组织，这说明 MoHOX8 的突变体可能对附着胞侵入钉的形成和气生菌丝体的定殖起重要作用。同源异型盒基因通过调节不同阶段基因表达以达到调节基因表达的目的，其还受 $cAMP/Ca^{2+}$ 信号传导途径和 MAPK 激酶信号途径的影响，对不同稻瘟病菌的侵染进行调控（Kim，2009）。

通过限制性酶介导的 DNA 整合技术可以得到 COM1 基因的插入失活突变体，COM1 编码的转录调节因子是丝状真菌中的特有蛋白，是影响稻瘟病菌分生孢子形态发育和致病性的重要因子。敲除该基因的突变体产生的分生孢子比野生型菌株的细长，且附着胞膨胀受阻失去侵染能力。

MgRac1 属于小 G 蛋白中的 Rho 家族。Chen 等（2008）研究证明在稻瘟病菌的产孢形成过程中有 MgRac1 的参与，MgRac1 的突变体产生的孢子，可以正常萌发但是不产生附着胞，使稻瘟病菌的致病性丧失。其下游基因 Chm1 与 MgRac1 互作，Chm1 的突变体产生的孢子量和附着胞量较野生型均明显下降，同样也不能成功侵染水稻。

SNARE 蛋白是一种存在于真菌细胞中的十分保守的膜融合蛋白。在人类中有 36 个 SNARE 蛋白，酿酒酵母中有 24 个，果蝇中有 20 个。MoSec22 和 S. cerevisiae 是同源基因，克隆后的稻瘟病菌 MoSec22 可与 S. cerevisiae 的表型互补。该基因的突变体的气生菌丝较野生型减少，且较野生型小，不产生分生孢子梗，菌丝顶端很少产生附着胞，该基因与病菌分生孢子和致病有关（Song，2010）。

MoLDB 有一个 LIM 结构域，该稻瘟病菌突变体产孢能力丧失，从而导致对水稻叶片不致病，造伤致病减弱，不能交配，不产生子囊壳。MoSNF1

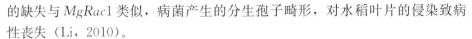

的缺失与 *MgRac*1 类似，病菌产生的分生孢子畸形，对水稻叶片的侵染致病性丧失（Li，2010）。

组蛋白脱乙酰基酶复合体包括 7 个基因：*Tig*1、*Set*3、*Hos*2、*Snt*1、*Hst*1、*Hos*4 和 *Cyp*1，其中 *Tig*1、*Set*3、*Hos*2、*Snt*1 的基因缺失突变体表型相似，都会引起病菌分生孢子形态改变和不致病，而 *hst*1 和 *hos*4 的突变体则不同，其可能存在对寄主不同的生物调节机制（Ding，2010）。

*LHS*1 是存在于内质网上的分子伴侣基因，在植物病原的分泌蛋白研究中对致病重要的效应子大多数都在细胞质中，对内质网中的分泌蛋白在植物病原菌中的作用机制研究较少。而 *LHS*1 的克隆基因证明内质网膜上的基因对真菌的致病性也有一定影响。*LHS*1 的突变体严重受损，分生孢子产孢量减少，营养菌丝生长受阻，致病性减弱（Yi，2009）。

2. 参与附着胞形成和侵染的基因及其信号识别途径　研究表明，有多种理化因子对附着胞的发育和分化产生影响，环境因素的刺激对病原菌膜表面的信号传导受体有激活作用，从而使相关基因的表达得到激发，促进附着胞的分化和成熟。目前，已经克隆到稻瘟病菌附着胞分化成熟方面的有关基因，并揭开了稻瘟病菌附着胞的主要信号传导途径（Lee，1994；Gilbert，1996）。

（1）参与附着胞形成的信号传导途径。

① 环腺苷酸（cAMP）信号途径。Adachi 等（1998）研究表明，cAMP 作为附着胞形成过程中信号传递的第二信使，对附着胞的发育成熟起着重要的作用，这可能是因为 cAMP 信号途径对碳水化合物转移和脂类在附着胞中的储存起着很重要的调节作用。Lee 等（1993）研究发现，细胞外加环腺苷酸、溴环腺苷酸等环腺苷酸同系物可以使稻瘟病菌在疏水表面和亲水表面形成同样多的附着胞数量。近年来，也有很多报道证明，外加 cAMP 能恢复一些附着胞缺陷突变体的附着胞产生能力。腺苷酸环化酶和磷酸二酯酶分别合成和降解 cAMP，以此调节胞内 cAMP 浓度。体外加入磷酸二酯酶抑制剂也可诱导附着胞产生。对腺苷酸环化酶基因缺失突变体 *mac*1 的研究表明，该基因的产孢能力下降，不能形成附着胞，同时外加 cAMP 可以恢复该基因的正常表型。

cAMP 依赖于 cAMP 蛋白自激酶 A（CPKA）起作用。被激活的 PKA 被分解为调节亚单位和催化亚单位（CPKA），而生成的 CPKA 可以直接或者再激活 MAP 信号途径促进附着胞的发育形成。*CPKA* 基因是附着胞体内积累甘油产生膨压所必需的。*CPKA* 的突变体形成比较小的没有侵染功能的附着胞，不能穿过水稻叶片组织产生致病性（Xu，1997）。

② MAP kinase 信号传导途径。MAP 激酶（有丝分裂原激活的蛋白激酶，MAPK）途径是真核生物最特殊的传导途径。MAPK 被 MEK 激活，MEK 被 MEKK 激活。激活的 MAPK 将胞外信号传导至细胞核内，激活转录因子，调

节有关基因的表达。MAPK 级联反应是在 cAMP 下游发挥作用。目前已有研究表明，在酿酒酵母中已经明确知道至少存在 5 种 MAPK 级联反应与调节交配、孢子形成和细胞高渗反应相关。在脉胞菌中已经发现有 6 条 MAPK 途径调控着孢子形成、交配等不同的发育过程。在稻瘟病菌中，目前已经克隆到 *PMK1*、*MPS1* 和 *OSM1* 3 个 *MAPK* 基因，这 3 个基因中 *PMK1* 对稻瘟病菌的致病性影响最大。对 *GTP - PMK1* 进行的试验表明，*PMK1* 在稻瘟病菌附着胞中表达量很高，但在菌丝、孢子、芽管中表达量很低。*PMK1* 的缺失突变体不能产生成熟的附着胞，造伤接种水稻叶片后不致病。因此对于稻瘟病菌附着胞的发育成熟和侵染来说，*PMK1* 是必不可少的（Xu，1996）。*MPS1* 基因编码 MAPK，*MPS1* 与附着胞的侵入过程相关，其缺失突变体能产生附着胞，但不能侵染水稻表皮组织，然而造伤却可致病，此外 *MPS1* 还与稻瘟病菌的营养生长、产孢和子囊的形成有关（Xu，1998）。*OSM1* 基因是高盐胁迫下控制细胞渗透压反应的基因，*OSM1* 的缺失突变体分生孢子的产量减少，但能正常致病（Hamer，1990）。

③ G 蛋白信号传导途径。真核细胞中的多种信号传导过程都有鸟苷酸结合蛋白（guanyl - nucleotide - binding protein）参与，G 蛋白由 α、β 和 γ 3 个亚基组成，属于界面蛋白，胞外信号首先激活膜上的 G 蛋白受体，由对环化酶无活性的 GDP 形式转化为对环化酶有活性的 GTP 形式，使负载 GTP 的 α 亚基从 β 和 γ 亚基上解离下来，游离的 Gα 便可激活多种细胞内信号。胞外信号通过以上作用，便可转化为胞内信号，从而使 G 蛋白完成信号传导。Bolker（1998）研究表明，G 蛋白参与了真菌的生长发育和致病侵染过程。

稻瘟病菌中编码 G 蛋白 α 亚基的 3 个基因 *MAGA*、*MAGB* 和 *MAGC* 已经被克隆（Liu，1997）。*MAGA* 和 *MAGC* 的突变体能形成不能萌发的子囊孢子，*MAGC* 的突变体分生孢子的形成能力下降，*MAGB* 的突变体营养菌丝的生长、分生孢子的产生和附着胞的形成均受到抑制。G 蛋白信号途径在 cAMP 的上游起作用，因为外源 cAMP 可以部分恢复 *MAGB* 的缺失突变体的表型。

④ Ca^{2+} 信号传导途径。与腺苷酸环化酶级联放大效应一样，磷酸肌醇级联放大效应能将胞外信号转化为胞内信号。在动植物许多信号传导途径中，Ca^{2+} 作为磷酸肌醇级联反应中的第二信使，扮演着极其重要的作用。目前的研究对 Ca^{2+} 介导的信号传导途径在真核细胞中一些最基本的生理过程中的贡献了解较多，但对 Ca^{2+} 介导在丝状真菌中信号传导途径的机制还了解较少。Zelter 等（2004）利用比较基因组学技术在稻瘟病菌基因组中鉴定了 12 种 Ca^{2+}/cation - ATP 酶，6 种 Ca^{2+} 交换蛋白，4 种磷脂酶 C，3 种 Ca^{2+} 离子通道，1 种钙调蛋白和 21 种 Ca^{2+}/calmodulin 蛋白，这 47 种与 Ca^{2+} 信号途径相关的蛋白，为 Ca^{2+} 途径存在于稻瘟病菌中提供了依据。

CaMK（calcium/calmodulin - dependent protein kinase）是动物细胞中 Ca^{2+} 信号途径的重要因子。有 3 个 *CaMK*（*CMKA*、*CMKB* 和 *CMKC*）基因在构巢曲霉（*Aspergillus nidulans*）中被鉴定到。*CMKA* 和 *CMKB* 的缺失突变体都是致死的，*CMKC* 的突变体对构巢曲霉的生长无任何影响（Dayton，1996；Joseph，2000）。Solomon 等（2006）通过敲除 *Stagonospora nodorum* 中的 3 个同源基因，发现 *CpkA* 和 *CpkC* 是该菌产生致病性必需的基因，而 *CpkB* 对该菌的侵染过程没有任何影响。在稻瘟病菌中同源的 3 个 *CaMK* 也分别被鉴定。敲除 *MoCMK1* 基因的突变体产生的气生菌丝较稀疏，产孢量减少，芽管的萌发和附着胞的产生均有延迟（Nguyen，2008）。由此证明在稻瘟病菌附着胞形成的信号传导途径中 Ca^{2+} 信号途径具有一定的作用。

（2）参与附着胞发育、膨压产生的基因。*ALB1*、*RSY1* 和 *BUF1* 三个黑色素合成基因是在染色体上非连锁的单基因，*ALB1*、*RSY1* 和 *BUF1* 单基因的缺失都使突变体不产生黑色素，导致附着胞功能丧失而失去侵染水稻的能力，相关单基因缺失造成的突变体分别为白色突变体（*alb*1）、玫瑰色突变体（*rsy*1）和浅黄色突变体（*buf*1）（Chumley，1990）。

Zhu 等（1996）通过 UV 诱变试验证实了参与附着胞形成的遗传位点上的 *APP* Loci（*APP1*、*APP2* 和 *APP3*）。*app*1 和 *app*2 突变体的附着胞形成能力减弱，添加外源的 cAMP 可以恢复 *app*2 孢子的产孢能力，但对 *app*1 不起作用。

APF1 基因的自发不致病突变体，对孢子形态和附着胞的形成有很大影响。该突变体在疏水表面不产附着胞，即使加入 cAMP 也不能促使其突变能够恢复正常表型，由此猜测 *APF1* 可能作用在 cAMP 的下游，也可能是一个新的独立的参与附着胞形成的途径（Silue，1998）。

PTH11 是通过 *REMI* 获得的编码一个有多个跨膜区的跨膜蛋白。该蛋白位于细胞膜上但是与液泡有密切联系。*PTH11* 的突变体在疏水表面不能形成附着胞，侵染水稻的能力也相应减弱。通过外加 cAMP 便可恢复表型缺陷，说明 *PTH11* 基因作用于 cAMP 途径的上游（De，1999）。

组氨酸激酶基因（*MoSLN1*）作为一种致病因子对渗透压和细胞壁完整性及体内和体外的过氧化物酶活性有很大影响，对稻瘟病菌附着胞萌发和致病性不可或缺（Hai，2010）。

活性氧簇（ROS）的积累对稻瘟病的致病性有至关重要的意义。在稻瘟病中产生 3 个有 ROS 的阶段，分别是菌丝体尖端生长、分生孢子产生和附着胞分化阶段。在植物病理学中 ROS 的稳定性对寄主毒性有很重要的影响。ROS 的产生通过 NADPH 氧化酶系，而分解是通过超氧化物酶。敲除两个编码 NADPH 氧化酶的 *NOX1* 和 *NOX2*，会直接影响附着胞的形成，阻止对植物的侵染（Egan，2007）。

海藻糖-6-磷酸合酶基因（TPS1）通过调节氧化戊糖磷酸途径及NSDPH和还原性硝酸盐的活性来控制葡萄糖-6-磷酸的代谢和氮源的利用。TPS1直接与NADPH相偶联调节一系列的相关转导辅阻遏物Nmr1、Nmr2和Nmr3。敲除掉任何一个NMR基因均会抑制TPS1的不致病性，TPS1的突变体可以产附着胞但是这些附着胞不能侵染水稻组织。

Clergect等（2001）通过质粒介导的插入突变体获得了PLS1的突变体。PLS1属于一个四次跨膜超家族，其插入失活突变体产孢、形成附着胞均正常，但是却不能侵染水稻叶片，可能是附着胞不能形成侵入栓所导致的。这种家族蛋白在动物体内和其他蛋白形成信号传导复合体来共同调节肌动蛋白的表达，所以，PLS1可能与稻瘟病菌在侵染过程中附着胞基部的肌动蛋白细胞骨架构成有关。

Magnaporthe pde1是由正常稻瘟病菌基因中插入了一段P-type ATP酶基因产生的突变体，PED1属于氨基磷酸转移酶类，此类酶对稻瘟病菌附着胞的功能有一定影响。APT2和PDE1均属于P-type ATP酶家族，但是它们对附着胞的调节存在不同的机制。MgAPT2的缺失突变体会分泌一些胞外酶同时会积累一些类似高尔基囊泡的异物，可能因此阻碍了附着胞形成的信号受体，而不产附着胞，接种水稻叶片和水稻根部后，致病性较野生型延迟，并且致病力减弱（Balhadère，2001）。

3. 甘油激酶概况

（1）甘油激酶的生物学特性。甘油激酶是一种磷酸转移酶，在体内可以催化甘油转化为3-磷酸甘油以开始甘油的分解代谢（Jeremy，1973）。3-磷酸甘油脱氢生成的二羟磷酸丙酮，在糖代谢途径中进行氧化分解释放能量，也可在肝中沿糖异生途径转变为葡萄糖或糖原。在脂肪细胞中，因为没有甘油激酶，所以不能利用脂肪分解产生的甘油，只能通过血液循环运输至肝、肾、肠等组织利用。甘油的代谢早在1968年就开始在细菌和酵母中有所研究，而甘油激酶是细菌利用甘油的主要途径。

（2）甘油激酶研究现状及应用。3-磷酸甘油在体内对能量代谢和磷脂的生物合成途径都起着非常重要的作用，甘油激酶存在于从低等的细菌到高等的人类组织中。如今已经成功克隆到一些生物体的甘油激酶，包括大肠杆菌甘油激酶（Pettigrew，1990）、枯草芽孢杆菌甘油激酶（Holmberg，1990）、假单胞菌属甘油激酶（Schweizer，1997）、钻黄肠球菌甘油激酶（Charrier，1997）、酿酒酵母甘油激酶和人类染色体Xp21区域上的甘油激酶。研究者通过成功克隆酿酒酵母的甘油激酶基因GUT1，得到了其缺失突变体。GUT1基因的缺失突变体丧失了甘油激酶活性，而且在以甘油为碳源的培养基上不能存活，而在以葡萄糖和乙醇为碳源的培养基上生长不受影响（Sargent，1994）。

通过比较这些激酶的氨基酸序列发现，甘油激酶在生物体中是非常保守的，例如大肠杆菌和人类的甘油激酶有51%的一致性。这可能是由于甘油激酶在体内对甘油的代谢是关键因子，因此甘油激酶在结构上和功能上就决定了其在进化的过程中不能出现分歧。在这些激酶中，对大肠杆菌的甘油激酶结构和功能的关系是研究最深入的一个。

甘油激酶影响脂肪和糖的代谢。Lola等（2007）的研究表明，甘油激酶还与胰岛素拮抗型糖尿病有关。在敲除老鼠褐色脂肪组织中的甘油激酶后，通过微列阵分析证明该基因的敲除可引起脂肪代谢、糖代谢胰岛素信号和胰岛素拮抗有关的基因表达量的变化。

人类甘油激酶缺乏症是一种甘油代谢缺陷病，其可分为单纯型和复合型，这两种病是由于编码甘油激酶的基因或其邻近基因缺失而造成的甘油激酶活性减低（Bartley，1986）。正常情况下，食物中的脂肪在脂肪酶的作用下水解为甘油及脂肪酸，甘油进入血液循环运送到肝、肾、肠等组织，通过甘油激酶的作用转变为3-磷酸甘油，之后3-磷酸甘油脱氢生成二羟磷酸丙酮，通过糖代谢途径转变为糖或进行分解。当编码甘油激酶的基因发生突变时，其活性降低，甘油不能转变为糖，在体内堆积，从而引起低血糖、高甘油三酯血症、类瑞氏综合征样表现等（李秀珍，2007）。

4. MFS transporter 概况

（1）MFS transporter 的生物学特性。运输系统在细胞与外界环境之间的物质交换、营养和离子的吸收、体内废物和次生代谢产物排放过程中起着重要作用。而与这些物质有关的运输系统可以分为两大类，即 ABC（ATP-binding cassette）和 MFS（major facilitator superfamily）。细菌和真菌中的 MFS 蛋白包括一大类蛋白家族。Sttephanie 等（1998）将 MFS 分为 18 个家族，MFS 蛋白转运的物质结构范围广泛，包括糖类、三羧酸循环的产物、维生素、氨基酸、载铁离子、神经递质、离子、药物和内源性毒素。MFS 蛋白大都包含 12～14 个疏水跨膜区（TMDs），从而有利于体内各种物质单向运输、同向运输、反向运输，其利用的能量来源主要是电化学离子梯度产生的。实际上一些真菌毒素、次生代谢产物基因的生物合成和真菌毒素的运输，都是通过 MFS 蛋白转运的（Elena，2006）。

（2）MFS transporter 的研究现状及应用。MFS 一开始被认为主要起承载糖类的作用。后来又有一些试验表明药物的流逝系统以及代谢与此相关。近年来又有证据将 MFS 扩展到磷酸盐交换子以及 H^+ 同向转移通透酶的行列。有试验表明，MFS 与一种植物病菌 *D. dadantii* 的致病性相关。该病菌能引起马铃薯软腐病。该类基因的敲除突变体通过减少每个细胞的鞭毛数，减少该菌的可动性，减少菌膜的生成，从而降低该菌对植物的致病性。对轮枝镰孢

（*Fusarium verticillioides*）中的一个 MFS 蛋白 *FIR*1 克隆研究表明，不同的 MSF 亚家族可能转运不同的物质。*FIR*1 在镰刀菌中主要是转运铁离子，这与 *Aspergillus nidulans* 中的 MIRB 转运蛋白功能类似。*FIR*1 已经被证明可以在伏马菌素诱导的条件下上调（Tri，2007）。证明它同毒素转运相关。在植物病原真菌草莓灰霉菌中 MFS 和 ABC 传送子基因被用于病原菌抗药性研究。在酿酒酵母中一个 MFS 基因编码 Enb1p 蛋白，该蛋白能特定识别和转运肠菌素。在植物病原细菌菊欧文菌（*Dickeya dadantii*）中，糖转运子 *MfsX* 和致病性有关，突变这个基因会增加其对多种抗生素的敏感性，降低对几种糖类及氨基酸的趋药性，影响薄膜形成（Petra，1999）。同时，MFS 家族作为病原菌中的一种质子驱动型外排泵，对病原菌产生耐药性有着重要影响，是近年抗生素耐药研究进展较快和研究活跃的领域（张永，2004）。真菌毒素的运输可以作为一种致病因子，因此毒素运载体的研究将会是减少疾病和毒素产生的主要策略。

七、稻瘟病菌生理小种划分

稻瘟病菌的致病性易发生变异，其变异产生的原因主要有以下几个方面：一是有性杂交；二是异核作用；三是因基因在染色体上位置的不同而使病原菌致病能力不同引起的位置效应；四是同源重组；五是转座子的转移导致染色体缺失、插入、倒位、重复和移位；六是突变引起的病菌致病性变异；七是寄主定向选择；八是稻瘟病菌通过风媒介或感病材料的移动而发生迁移，从而引发品种抗病性"丧失"现象。

1. 稻瘟病菌生理小种研究 20 世纪 50 年代以来，稻瘟病菌生理小种鉴定工作在各主要稻作国家相继开展，但其所采用的鉴别品种各不相同。

在 20 世纪 60 年代中期，日本和美国合作研究筛选出了一套稻瘟病菌生理小种"国际鉴别品种"，该套品种由 8 个籼稻品种和粳稻品种组成，但由于各品种抗病基因组成不明，而且其中的籼稻品种对粳稻区全部菌株几乎都表现抗病反应，而粳稻品种对籼稻区菌株的鉴别能力也比较低，因此并未通过。此后，日本根据水稻品种抗病基因分析结果，又筛选出一套由 9 个抗病基因已知的粳稻品种组成的鉴别品种，分别为城堡 1 号（*Piz*ᵗ）、新 2 号（*Pik*ˢ）、石狩白毛（*Pii*）、爱知旭（*Pia*）、关东 51（*Pik*）、梅雨明（*Pik*ᵐ）、社糯（*Pita*）、Pi4 号（*Pita²*）和福锦（*Piz*）。这套鉴别品种对日本和我国北方粳稻区的稻瘟病菌生理小种鉴别能力较强，但对籼稻区的生理小种鉴别能力较差，其应用范围受到限制。

20 世纪 70 年代，我国稻瘟病菌生理小种联合试验组筛选出 7 个品种，作为我国稻瘟病菌生理小种的鉴别品种，分别为特特普（Tetep）、珍龙 13、四丰 43、东农 363、关东 51（Kanto 51）、合江 18 和丽江新团黑谷。其中东农 363 具有抗病基因 Pia 和 Pik，四丰 43 可能具有 Pia、Pit 或 Pib 基因，合江 18 具有 Pia 和 Pii 基因，关东 51 具有 Pik 基因，珍龙 13 的基因组成还不能确定，丽江新团黑谷不具有已命名的抗病基因。

　　我国稻瘟病菌小种名称由 3 部分构成，第一部分为英文字母 Z，代表"中国"（Zhongguo）；第二部分为分群代码，也用英文字母表示，编码时取用第一个感病品种代码，上述鉴别品种代码顺序为特特普（A）、珍龙 13（B）、四丰 43（C）、东农 363（D）、关东 51（E）、合江 18（F）、丽江新团黑谷（G）；第三部分为"加抗法"计算出的数字，加抗代码依次为特特普（A）对应数值 64、珍龙 13（B）对应数值 32、四丰 43（C）对应数值 16、东农 363（D）对应数值 8、关东 51（E）对应数值 4、合江 18（F）对应数值 2、丽江新团黑谷（G）对应数值 1，计算从感病品种之后对该小种表现抗病的各品种的代码之和，再加上数字 1。例如，上述鉴别品种的反应型为特特普（A）R、珍龙 13（B）S、四丰 43（C）R、东农 363（D）S、关东 51（E）S、合江 18（F）R、丽江新团黑谷（G）S 的菌株，其小种名称为 ZB19（16＋2＋1），其中 Z 代表"中国"，B 代表第一个感病品种为珍龙 13（B），16 为四丰 43（C）的加抗代码，2 为合江 18（F）的加抗代码。

　　各地主栽品种种类和栽培面积的变化是引起稻瘟病菌小种区系变动的主要原因。特定小种的产生和发展依赖于一定面积的哺育品种，哺育品种的大面积单一化种植，发挥强大的定向选择作用，才会使具有匹配毒性基因的小种得以发展，并最终成为优势小种。

　　利用单基因系作为鉴别寄主，可以更准确地研究病原菌群体的毒性和毒性频率变化。20 世纪 80 年代中期，国际水稻研究所利用感病籼稻品种 CO39 作为轮回亲本，经过 6 次回交，育成了遗传背景相同，但所含抗病基因不同的一套近等基因系，用作生理小种单基因鉴别寄主。但 CO39 并非完全感病品种，至少含有一个主效抗病基因（Pia），用它作为轮回亲本育成的近等基因系不是真正的单基因系统。而且这套品系对粳稻区稻瘟病菌的鉴别力较低，难以广泛应用。中国农业科学院作物科学研究所以感病品种丽江新团黑谷（LTH）作为轮回亲本，以具有已知抗病基因的日本清泽茂久鉴别品种草笛（Pik、$Pish$）、梅雨明（Pik^m、$Pish$）、K1（$Pita$、Pix）、Pi - 4 号（$Pita^2$、$Pish$）、K60（Pik^p、$Pish$）、BL1（Pib、$Pish$）作为抗病基因的供体亲本，经 6 次回交和抗病性鉴定，于 1993 年选育出了 6 个各含有单个抗病基因的近等基因系，具有较高的生理小种鉴别能力，既适用于籼稻区，也适用于粳稻区。周江鸿等（2003）利用现有的单基因鉴别寄主，测定了我国南、北稻区稻瘟病菌的毒性频率。结果发现，我国稻瘟病菌对抗病基因 $Pi9$ 的毒性频率最低，毒性最弱；

对 Piz^5、Piz 和 Pik^h 诸基因的毒性频率较低；对 Piz^t、$Pi1$、$Pi5$、$Pi12$、Pik、$Pik(C)$、$Pita^2$、$Pita(C)$、$Pib(C)$、$Pik^p(C)$ 等抗病基因具有中等毒性频率；对 $Pia(1)$、$Pi19$、Pii、$Pik^s(1)$、$Pik^s(2)$、$Pish(1)$、$Pish(2)$、$Pita(1)$、$Pita(2)$、Pik^p、$Pi7$、$Pia(2)$、Pib、Pit、$Pi3$ 和 Pik^m 等基因的毒性频率均较高。

福建省利用国际水稻研究所的 6 个 CO39 近等基因系作为鉴别寄主，鉴定了 1995—2001 年采集和分离的 398 个有效单孢菌株，区分为 26 个毒性类型，其中毒性类型 I34.1 出现频率最高，居优势，I20.1、I04.1、I24.1、I0.1、I30.1 等出现频率也较高。福建稻瘟病菌群体对抗病基因 $Pi1$ 和 $Pi2$ 毒性频率较低，分别为 7.53% 和 11.31%，对 $Pi1$ 和 $Pi2$ 的联合毒性频率仅为 2.8%。广东省在 1987—2003 年鉴定了 3 865 份稻瘟病菌标样，发现 8 群 65 个生理小种。不同地区、不同年份间生理小种的类型和组成有较大变化。ZC 群为优势菌群，平均出现频率达 45.7%，ZB 群和 ZC 群次之，平均出现频率分别为 20.0% 和 19.1%，ZC13 一直是优势小种，出现频率达 23.5%，ZG1、ZC15、ZF1 和 ZB13 等小种的出现频率也较高。

20 世纪 90 年代以来，国内外学者相继开展了稻瘟病菌 DNA 指纹分析，研究群体的遗传多样性。根据指纹聚类分析划分的遗传宗谱（genetic lineage）与传统的生理小种划分之间多呈现复杂的类比关系，现在还不能以 DNA 指纹分析取代生理小种鉴定。

2. 稻瘟病菌生理小种多样性　1976 年，我国利用 7 个鉴别品种将来源于全国各地的 827 个菌株划分为 7 群 43 个生理小种，其中 ZG1 为优势生理小种。自此，科研工作者利用鉴定品系在全国主要稻区先后开展了关于稻瘟病菌生理小种的构成、分布以及动态变化的相关研究。

稻瘟病菌生理小种在我国地域分布上差异明显。各菌群生理小种在华南双季籼稻区均占一定的比例，出现频率偏高的是 ZA、ZB 和 ZC 群生理小种，ZB 群为优势生理小种；北方稻区大部分区域以 ZF1 或 ZG1 为优势生理小种，生理小种以粳稻致病型为主，种类较少；黑龙江以 ZE 群为优势菌群。各菌群生理小种在长江流域的籼、粳混栽区均有出现，其中，粳稻区生理小种主要属于 ZG 群，部分粳稻区主要以 ZD 和 ZE 群居多，籼稻区生理小种主要属于 ZB 和 ZC 群。由此可见，我国长江流域的籼、粳双季稻混栽区和南方籼稻区稻瘟病菌生理小种的组成较为复杂。

稻瘟病菌生理小种在时间上也存在差异。据杜正文（1991）报道，各地稻瘟病菌的优势菌群和优势生理小种在 1976—1980 年分布情况大致为：湖北省鄂西土家族苗族自治州主要分布 ZB 群和 ZG1 生理小种，黑龙江省主要分布 ZE 群和 ZE1 生理小种，其他区域主要分布 ZG 群和 ZG1 生理小种。近年来，许多生理小种在区域上发生了重大变化：在南方稻区 ZA、ZB 和 ZC 群生理小种的数量上升幅度较大，ZB 群生理小种上升最显著；目前，ZB、ZC 群生理小种在云南、广西、贵州和江苏等地稻区呈逐年增加的趋势；ZB 群生理小种在四川、福建、江西山区、湖南、广东及浙江以南的丘陵地区出现的概率达 28.4%~67.8%，是这些区域中的优势生理小种；ZD、ZE 群和 ZF1 生理小种是北方稻区数量上升明显的菌群和生理小种，部分区域出现了 ZA、ZB 和 ZC 群生理小种；1982 年以前，吉林省以 ZG1 和 ZF1 为优势生理小种，之后 ZB、ZD 和 ZE 群生理小种数量上升明显（陆凡等，2002）；ZE 和 ZD 群生理小种的数量在黑龙江省上升明显，ZE 群生理小种到 1986 年出现概率高达 41.2%。熊如意等（2005）对 2000—2002 年江苏省的稻瘟病菌进行了致病性检测，结果显示菌株群体有一定的相似性，ZB 群生理小种有明显的上升趋势，ZG 群生理小种为优势生理小种。

李进斌等（2008）将采集、分离自云南省 3 个稻区 24 个县（市）的 282 个稻瘟病菌单孢菌株，接种于以丽江新团黑谷为轮回亲本培育而成的含有 22 个垂直抗性基因的水稻单基因系上，根据各稻作区采集的菌株在水稻单基因系上的侵染率，分析出各垂直抗性基因在云南省各稻作区的利用价值：持有 $Pi9$、Piz^5、$Pi1$、$Pita^2$、Piz、$Pikh$、$Pizt$ 7 个垂直抗性基因的单基因系的侵染率分别为 1.22%、2.40%、3.21%、4.82%、5.95%、7.23%、9.04%，可在籼稻区种植或作为抗源使用；持有 $Pi9$、Piz^5、$Pi1$、$Pita^2$、Piz、Pik^h、Piz^t、$Pi12$、$Pita$、Pib 10 个垂直抗性基因的单基因系的侵染率分别为 0.93%、16.67%、10.19%、5.09%、15.74%、15.74%、12.04%、9.26%、19.29%、11.11%，可在粳稻区种植或作为抗源使用；持有 $Pi9$、Piz^5、$Pi1$、$Pita^2$ 4 个垂直抗性基因的单基因系的侵染率分别为 8.60%、13.83%、10.93%、18.04%，可在籼粳交错区种植或作为抗源使用。同时用联合致病性系数和联合抗病性系数分析了病菌和单基因系的群体互作以及抗瘟组合的利用价值，结果表明：品种两两搭配后 RAC 值大于 0.80 的组合有 $Pi9$ 与 $Pita^2$、Piz^t、$Pi1$、Piz，以上 4 种组合的抗病性最强，在云南的应用价值最大。

第三节　水稻白叶枯病

水稻白叶枯病（bacterial leaf blight）又称白叶瘟、茅草瘟、地火烧等，最早于 1884 年在日本发现，目前在欧洲、非洲、南美洲、亚洲以及澳大利亚、美国均有报道，以日本、印度和我国发生比较严重。我国各稻区均有发生，对水稻产量影响较大，减产达 10%~30%，严重的减产 50% 以上，甚至颗粒无收。一般籼稻重于粳糯稻，晚稻重于早稻。

一、水稻白叶枯病病原

水稻白叶枯病病原是水稻黄单胞菌白叶枯致病变种（*Xanthomonas oryzae* pv. *oryzae*，*Xoo*）。

1. 形态特征 菌体为两端钝圆，短杆状，单细胞，大小为（1.0～2.7）μm×(0.5～1.0) μm，单鞭毛，鞭毛极生或亚极生，鞭毛长 2～9 μm，宽约 30 nm。革兰氏染色反应为阴性。无芽孢和荚膜产生，有黏质的胞外多糖包围在菌体表面，使菌体相互粘连成团。病菌生长比较缓慢，一般需要培养 2～3 d 甚至 5～7 d 后才能逐渐形成菌落。菌落在肉汁陈琼脂培养基上为蜜黄色，能产生非水溶性的黄色素。菌落呈圆形，表面隆起，光滑发亮，周边整齐，质地均匀，无荧光。

2. 生理生化特性 病菌为好气性，能利用多种糖、醇等碳水化合物而产生酸，不能利用淀粉、果糖和糊精等；能轻度液化明胶，产生硫化氢和氨；不产生吲哚；不能利用硝酸盐，石蕊牛乳变红色；在病菌人工培养时，蔗糖为最适碳源，谷氨酸为最适氮源；病菌生长温度范围为 17～33 ℃，最适生长温度范围为 25～30 ℃，最低生长温度为 5 ℃（10 min），最高生长温度为 40 ℃（10 min）；致死温度在潮湿状态无胶质保护下为 53 ℃（10 min），致死温度在干燥状态有胶质保护下为 57 ℃（10 min）。病菌生长最适宜的氢离子浓度为中性偏酸（pH 6.5～7.0）。

在血清学上，我国已从白叶枯病菌的种群中鉴别出 3 个血清型：Ⅰ型全国分布，为优势型；Ⅱ、Ⅲ型仅在南方稻区的个别地方出现。

在自然情况下，水稻白叶枯病菌除可以为害水稻外，还可以对假稻、李氏禾、异假稻、秕壳草和茭白等自然寄主植物进行侵染。通过人工接种，可对千金子、虮子草、草芦、芦苇和柳叶箬等进行侵染为害。

3. 噬菌体 噬菌体其结构外部为蛋白质外壳，内部为脱氧核糖核酸（DNA）等成分，是一种寄生在细菌和放线菌等微生物上的病毒。当噬菌体寄生细菌后，会使细菌的细胞壁溶解或破裂，细胞消失。这一寄生过程如果发生在液体培养基中，能使混浊菌液变清；发生在固体培养基平板上，则表现为透亮的无菌空斑，通常被称为噬菌斑或溶菌斑。水稻白叶枯病菌的噬菌体几乎存在于所有水稻白叶枯病菌存在的场所，无论是病田的水或土壤、感病的茎叶和种子，还是灌溉水和晒场。噬菌体对水稻白叶枯病菌有相应的专化寄生性和稳定性，其数量与水稻白叶枯病菌的数量呈正相关，在病菌多的情况下，噬菌体的数量也多。因此，利用噬菌体来检验水稻白叶枯病菌的有无或数量，已成为检验和预测水稻白叶枯病发生和流行的一种重要方法。

水稻白叶枯病菌的噬菌体，性状类似蝌蚪，其头部呈多角形，直径

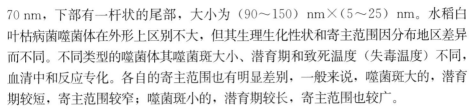

70 nm，下部有一杆状的尾部，大小为（90～150）nm×（5～25）nm。水稻白叶枯病菌噬菌体在外形上区别不大，但其生理生化性状和寄主范围因分布地区差异而不同。不同类型的噬菌体其噬菌斑大小、潜育期和致死温度（失毒温度）不同，血清中和反应专化。各自的寄主范围也有明显差别，一般来说，噬菌斑大的，潜育期较短，寄主范围较窄；噬菌斑小的，潜育期较长，寄主范围也较广。

水稻白叶枯病菌噬菌体的繁殖量平均 10～30 个，一般为 12～16 个。在潮湿低温条件下，噬菌体能长期保持活性；但在干燥条件下，冬季一般不超过 6 个月，夏季不超过 3 个月。这一特性与水稻白叶枯病菌恰好相反。

噬菌体对漂白粉、高锰酸钾、肥皂粉、洗净剂等强氧化剂和表面活性物质十分敏感，如与之接触，会很快钝化。水中的噬菌体会在稻田喷施农药后锐减，噬菌体也容易在紫外线照射下失活或发生突变。噬菌体对乙醇、氯仿等不太敏感，故在测定田间噬菌体时可利用氯仿消灭杂菌。

二、水稻白叶枯病发病症状

水稻白叶枯病主要为害叶片，严重时也可对叶鞘发生侵害。根据品种抗病性、病菌入侵时期、侵染部位、环境条件的不同，其表现的症状也有差异。

1. 苗期症状　水稻秧苗期发病，一般是通过带菌种子育苗，以及病菌自幼芽、胚根的伤口、叶片气孔侵染引起的。由于温度低，水稻白叶枯病菌数量少，一般在早稻和中稻的秧田中，病情发展缓慢，不表现症状。这些有感染而未表现症状的带菌秧苗，在移栽到本田后，遇到适宜条件就可以表现出明显的症状，成为本田白叶枯病的发病中心。病苗在双季晚稻秧田中则常可直接看到，病斑多在秧苗中、下部叶片的尖端和边缘出现，初生时呈黄褐色，狭小短条状，后逐渐扩展成与本田期症状相似的长斑状。

2. 本田期症状　水稻白叶枯病本田期有以下 5 种类型的症状。

（1）叶缘型。为最常见的典型病斑。发病初期，在叶尖和叶缘首先出现黄绿色或暗绿色的水渍状侵染点，针头大小，在侵染点周围迅速形成短线状病斑，呈淡黄色或白色，沿中脉或叶缘两侧向上下延伸，继续扩展形成长条状病斑，开始呈黄褐色最后变为枯白色。病斑与健康组织界限分明，边缘呈不规则波纹状。叶缘型症状常因品种而异。病斑在籼稻上以橙黄色或黄褐色居多，在粳稻上以灰白色居多。在病斑的前端或病健交界处一般会出现黄绿相间的断续条斑或暗绿色变色部分，相关特征与生理因素或机械损伤造成的叶端枯白有区别。

（2）急性型。为常见的症状类型。主要在种植感病品种、高水肥或温湿度适宜的条件下发生。发病初期病斑呈暗绿色，随后病斑迅速扩展使感病叶片变为灰绿色，之后叶片失水，内侧卷曲呈青枯状。此种症状多出现于植株上部的叶片，不蔓延至全株，症状的出现，显示水稻白叶枯病正在急剧发展，部分地区将急性型症状的发生情况作为水稻白叶枯病的预测指标之一。

（3）枯心型。不经常发生，又被称为凋萎型。是水稻白叶枯病菌对植株系统侵染的结果，一般在我国南方稻区发生。在杂交水稻品种及一些高感品种上比较多见，通常发生在秧田后期或本田分蘖期，植株根茎部受伤或田间病菌数量大是造成此症状的重要原因。最显著的发病症状为植株心叶迅速内卷、脱水、青枯死亡，与螟虫为害造成的枯心苗很相似。随着病势的进展，部分发病植株的主茎和分蘖的其余叶片相继凋萎。有时会出现一丛内主茎或几个以上的分蘖同时发病，心叶青枯失水，凋萎死亡，其余叶片也先后青枯卷曲最后整株枯死；也会存在其他叶片正常生长，仅心叶枯死，或是下部叶片先开始发病后向上部叶片扩展，造成基部无虫蛀孔，但极相似于螟虫为害引起的枯心苗症状。相关发病植株在解剖后，其内腔有大量菌脓分泌。染病叶片的叶鞘基部，特别是近水面连接假茎的部位，常由外而内逐步入侵黄褐色病变，茎节部位在假茎受到严重侵染时变褐色。剥开病叶，切断病节或病叶鞘，大量黄色菌脓可在用手挤压时溢出。切片镜检染病组织，可以见到维管束内充满细菌。水稻生育后期，发病严重的田块除枯心凋萎外，还因茎节受害或剑叶枯死而出现与螟害近似的"白穗"。

（4）中脉型。也是水稻白叶枯病菌对植株系统侵染的结果。一般在水稻孕穗期或抽穗期出现，初始时，在剑叶或倒二、三叶的中脉中部出现淡黄色症状，病叶有时两侧相互折叠。病斑随后沿中脉逐渐上、下延伸至叶尖或叶鞘，后向全株扩展成为中心发病植株。染病植株往往在抽穗前死亡。

（5）黄化型。不经常发生。初期在心叶上出现不规则褪绿斑，心叶可以平展或部分平展，并不枯死，随后病斑逐渐发展为大小不一的枯黄色病斑。偶有水渍状断续的小条斑在染病叶片的叶基部出现，切开染病组织可检查到病菌。

以上症状可以在同一地区同时出现；有时也可以在同一水稻植株上见到几种症状相继出现。

在露水未干或天气潮湿时，常有蜜黄色带黏性的小露珠在染病叶片的叶缘或新生病斑表面出现，即菌脓。菌脓干燥后成鱼子状，掉落田间后随流水传播再次侵害植株。

水稻白叶枯病田间症状见图2-7。

图2-7　水稻白叶枯病田间症状（左边两图由南京农业大学胡白石教授提供）

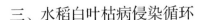

三、水稻白叶枯病侵染循环

1. 越冬及初侵染源　本病的初侵染源，主要是染病种子、染病稻草和田间残留的病残体。染病种子的来源：一方面源于植株系统侵染，水稻白叶枯病菌通过植株维管束输导至种子内；另一方面是在水稻抽穗扬花时，病菌借助风雨和露水，沾染、渗入谷粒，在谷粒的颖壳组织内、胚或胚乳表面寄藏后越夏越冬。根据噬菌体测定结果，在干燥储存条件下，水稻白叶枯病菌可在种子内存活 8～10 个月。在正常储藏条件下，种子携带的病菌会逐渐死亡，到播种时单粒种子带菌率很低，但受种子播种数量的影响，仍有足够数量的病菌成为水稻白叶枯病的传病来源。

水稻白叶枯病菌很难从干稻草上成功分离，但利用保湿染病稻草中溢出的菌脓接种，可以引发水稻秧苗发病。染病稻草传病能力与其存放条件有关，但不同地区病菌存活时间不同。在干燥储存的情况下，染病稻草上的水稻白叶枯病菌可存活 7～17 个月，存活率、传病率都较高。水稻白叶枯病菌也会随稻草腐烂而很快死亡，失去传病能力。

水稻白叶枯病菌还可以潜存在田间残留的病残体内形成干结菌脓，在再生稻种植地区，病菌可能过渡到再生苗上，成为传病来源。此外，在自然条件下，染病田块的土壤、水稻白叶枯病菌的其他寄主及玉米等一些病菌不侵入和不产生症状的带菌植物，在流行学上也可以成为水稻白叶枯病的越冬侵染源。

2. 传播特点与发病过程　染病种子或染病稻草上的病菌，在第二年播种期间，随雨水或水流传播形成初次侵染。其侵染途径主要有：一是病菌在种子萌芽时首先感染芽鞘，叶尖在真叶穿过芽鞘接触病菌时受侵染，成为带菌秧苗。二是病菌先污染根部，再从茎基部的伤口侵染秧苗。三是病菌从部分张开的变态气孔侵入秧苗叶鞘组织，到达维管束的，在维管束内繁殖运转直至发病；未到达维管束的，在组织内繁殖，并泌出体外进行再侵染。早期进入植株体内的水稻白叶枯病菌，在维管束内繁殖转移过程中，当病菌被局限于一处时，表现出局部的症状，形成局部侵染，如常见的叶部病斑；当病菌沿维管束输导到植株其他部位，有的就表现为全株凋萎或枯心等，有的即使没有表现症状，但病菌在叶、叶鞘、茎、穗等部位均有存在，形成系统侵染。在人工接种的情况下，浸秧根和针刺主脉能形成系统侵染，但针刺叶肉则只能出现局部侵染。

水稻白叶枯病菌还会随染病稻草与水接触而被大量释放出来。水稻白叶枯病菌在水温 28 ℃时可存活 4 d，在水温 21 ℃时可存活 10 d 以上。秧苗期是水稻白叶枯病建立初侵染的关键时期，秧田期淹水，会加重秧苗的感染，病苗数量随淹水的次数增多而增大，与早稻病田相邻的晚稻秧田，秧苗的带病率可到

80%以上。育秧时气温较高的地方，染病秧苗一般在3叶期出现水稻白叶枯病典型症状，到5叶期症状达到高峰。在育秧时气温较低的地方，病斑一般出现在秧苗叶片的基部，但由于病菌数量少一般不易被发现；移栽后，病菌经过大田期内一段时间的增殖与积累，数量急剧增加；水稻封行后，阴湿的田间环境形成，植株处于生理上的易感阶段，病菌入侵出现病斑后发展为中心发病植株，蔓延扩大。水稻白叶枯病的发病快慢，与水稻品种的抗病性、田间病菌数量及温湿度有关，水稻品种的抗病性又是其中的关键因素。对感病品种而言，水稻白叶枯病的潜育期在田间病菌数量多、温度适宜、湿度大的条件下缩短，水稻白叶枯病的潜育期在日平均温度25℃以上时，一般为7～8 d，遇大风暴雨天气可缩短至5 d；在日平均温度23℃时约14 d；在日平均温20℃左右，则需要20 d以上。水稻白叶枯病在田间发展后，水稻植株染病组织中分泌出的菌脓会不断引起重复侵染，一般情况下，病菌从感染发病到排菌再侵染的循环周期约10 d。水稻白叶枯病的发病具有骤发性的高潮，在田间环境条件适宜时，短期内能导致全面的暴发和流行。

水稻白叶枯病菌能借风雨、田间灌溉水等向较远的稻田传播。大雨涝淹、低洼积水以及漫灌、串灌，往往能引起连片发病。根据风速和风向，病菌在风雨交加时传播，半径可以达到60～100 m；在露水未干时进出病田进行农事操作或沿田边行走，也能助长病菌传播扩散。

四、水稻白叶枯病流行规律

充足的菌源是水稻白叶枯病发生的先决条件。水稻品种抗性、气候条件和栽培等则是影响病害是否流行和流行程度的关键因素。

1. 品种抗性　在目前栽培的水稻品种中，还未发现对水稻白叶枯病免疫的，水稻品种间的抗病性有着明显的差别。现有抗病品种对水稻白叶枯病抗性主要分为两种，一种是从苗期到穗期的各个生育阶段都具有抗病性，称为全生育期抗性，如IR26等；另一种是在苗期无抗病性，抗病性要到植株生长到第十片叶左右时才表现出来，称为成株期抗性，如南粳15等。因此，根据品种抗性的特点，选择适宜的抗性品种、合理安排抗病品种布局，可以达到明显减轻或控制水稻白叶枯病发病的目的。目前，品种随栽植时间的增长抗病性减退；品种的抗病性因地区不同、水稻白叶枯病菌优势生理小种不同而反应不同等，仍然是水稻白叶枯病抗病品种研究和利用中要解决的问题。

2. 气候条件　水稻白叶枯病一般在多雨、日照不足、风速大，气温25～30℃，相对湿度85%以上的气候条件下暴发和流行。在气温20℃以下或30℃以上发病都会受到抑制。病菌不适合在相对湿度低于80%，天气干燥的情况下繁殖。高湿条件有利于病菌的繁殖，早稻在前、中期，晚稻在中、后期，如遇连绵阴雨，稻叶上菌脓多，叶面保持潮湿时间长，气温虽低至 20～22 ℃时，病害仍可流行。狂风暴雨往往会加速病害的扩散，加重发病的趋势。

3. 栽培管理

（1）肥料管理。水稻的幼穗分化期和孕穗期是水稻白叶枯病比较容易感病的时期。在此期间，肥料施用过多，水稻植株浓绿披叶，生育过茂，则容易严重发病。其原因是植株本身的新陈代谢受到干扰，细胞内部的生理生化发生改变，大量蛋白质氮化合物降解，游离氨基酸尤其是胱氨酸和酰胺类化合物含量增加，水稻白叶枯病菌的繁殖得到加速和助长；同时，分蘖在水稻幼穗分化期和孕穗期骤增，以及茎叶生长导致植株间通风透光性明显减弱，田间湿度显著增加，为水稻白叶枯病的发生和发展创造了有利的田间环境。

（2）浆水管理。水是水稻白叶枯病菌侵入植株和传播蔓延的重要媒介。暴雨后排水不及时造成的淹水以及串灌、漫灌不仅对病害传播有利，还会促使土壤的还原性增强，有毒物质不断积累，导致水稻植株生理上受影响，根系活力下降，产生黑根、根衰等症状，水稻植株抗病力减弱。因此，在浆水管理方面，浅水勤灌，适当晾田、晒田，有利于增强水稻植株的抗逆力，减轻水稻白叶枯病的危害。

五、水稻白叶枯病菌生理小种

1976 年，我国开始监测水稻白叶枯病菌的致病性变化，迄今已经进行了多次全国范围的病原菌区系鉴定（大约每 10 年 1 次）。初期鉴别品种采用金刚 30、江宁糯、南粳 15、IR26 等，1989 年开始采用金刚 30、Tetep、南粳 15、Java14 和 IR26 等 5 个品种。根据成株期的反应特征，利用这 5 个基本鉴别品种，通过对来源于各地的白叶枯病菌菌株进行统一鉴定，区分出 7 个致病型（表 2-1）。北方粳稻区的菌株多属于Ⅰ型和Ⅱ型，南方籼稻区的菌株以Ⅳ型居多，其次是Ⅱ型，还有少量Ⅴ型菌株存在，在长江流域籼粳混栽区则以Ⅱ型、Ⅳ型居多。部分省份也进一步鉴定了新菌株，湖北省以Ⅳ型最多，其他依次是Ⅲ型、Ⅱ型、Ⅰ型；广西壮族自治区以Ⅳ型最多，其次是Ⅱ型，并存在Ⅴ型；云南省则以 I_A、II_A、III_A、IV_A 为主要菌系。菌株主要致病型会随当地主栽品种变化而变化，由于大面积种植含抗病基因 $Xa4$ 的杂交稻组合，广东省Ⅴ型菌株明显上升。

表 2-1　中国水稻白叶枯病菌致病型在水稻鉴别品种上的反应

（商鸿生，2012）

致病型	金刚 30	Tetep	南粳 15	Java14	IR26
0	R	R	R	R	R
Ⅰ	S	R	R	R	R

（续）

致病型	金刚 30	Tetep	南粳 15	Java14	IR26
Ⅱ	S	S	R	R	R
Ⅲ	S	S	S	R	R
Ⅳ	S	S	S	S	R
Ⅴ	S	S	R	R	S
Ⅵ	S	R	S	R	R
Ⅶ	S	R	S	S	R

注：R 表示抗病，S 表示感病。

从 1982 年开始，日本与国际水稻研究所合作，采用统一方案，利用近等基因系建立了一套国际水稻白叶枯病单基因鉴别系统，用于白叶枯病菌的小种鉴定。在 1999—2000 年的鉴定中，我国南京农业大学和江苏省农业科学院采用了一套已知遗传背景的鉴别品种，包括国际水稻研究所培育的籼型近等基因系材料 IRBB3（$Xa3$）、IRBB4（$Xa4$）、IRBB5（$xa5$）、IRBB14（$Xa14$）以及金刚 30（高感品种）和 Java14（$Xa1$、$Xa3$、$Xa12$）。利用这套改进的鉴别品种，区分出 8 个生理小种（表 2 - 2）。

表 2 - 2　中国水稻白叶枯病菌的 8 个生理小种在鉴别品种上的反应

（许志刚等，2004）

生理小种（代表性菌株）	金刚 30	IRBB14	IRBB3	IRBB4	Java14	IRBB5
C1（OS14）	S	R	R	R	R	R
C2（KS66）	S	S	R	R	R	R
C3（HuB04）	S	S	S	R	R	R
C4（LF325）	S	R	R	S	R	R
C5（YN09）	S	S	R	S	R	R
C6（LYG302）	S	S	S	S	R	R
C7（HuN14）	S	S	S	R	S	R
C8（GX49）	S	S	S	S	S	R

注：S 表示感病，R 表示抗病。

在表 2 - 2 的 8 个生理小种中，C1 和 C2 是优势小种，其出现的频率分别为 22% 和 27%，C6 次之，出现频率也达到 12%。总的来说，我国南方稻区水稻白叶枯病菌的生理小种组成比北方稻区更为复杂。

从 20 世纪 80 年代开始，长江流域以南主栽品种是以汕优 63 为主的籼型杂交稻；在 90 年代，江浙一带汕优 63 的栽种面积曾占 80%，结果白叶枯病和细菌性条斑病日趋严重。汕优 63 的水稻白叶枯病侵染致病型大多为 2 号生理小种。此后随着该区域籼稻面积逐渐减少，替换品种大多为带有 $Xa3$ 抗病基因的常规稻和 II 优系列杂交稻。在南方稻区，随着具有 $Xa4$ 抗病基因品种的推广，能够克服 $Xa4$ 抗病基因的水稻白叶枯病菌生理小种由 1989 年的 5% 增加到 20% 以上，能够侵染 Java14 的菌株频率也达到 13%。具有 $Xa7$、$xa5$ 和 $Xa21$ 抗病基因的水稻品种曾一度表现出抗病水平高、抗谱广的特点。但随着单一抗病品种的大面积种植，出现了抗性下降，甚至丧失抗性的现象。

陈功友等（2019）通过 Southern 杂交对全国水稻产区收集的 500 余株白叶枯病菌的 tal 基因进行了分析，并根据我国水稻中 R 基因的应用情况，选择了含有 $Xa3$、$Xa4$、$xa5$、$Xa7$、$xa13$、$Xa21$ 和 $Xa23$ 等抗病基因的水稻材料为鉴别品种（表 2-3），因为日本晴完成了基因组测序，IR24 是上述近等基因系的轮回亲本，所以选择了日本晴和 IR24 作为感病材料。测定结果表明，$xa5$、$Xa7$ 和 $Xa23$ 广谱抗白叶枯病，但仍有少数菌株能够侵染为害，而 $xa13$ 和 $Xa21$ 的抗性不宜再使用，因为其抗性可被多数菌株克服。$Xa3$ 的抗性谱较 $Xa4$ 广，我国籼稻中引入的 $Xa4$ 抗性已不适合大面积应用，因为 $Xa4$ 抗性可被 82.4% 的测试菌株克服，克服 $Xa4$ 抗性的 V 型菌株在我国已成为优势菌群，这是近年来我国水稻白叶枯病发生逐渐加重的原因之一。有 6 个菌株可以克服 $xa5$ 抗性基因的抗性，可能的原因是存在 $PthXo7$ 这个毒性基因，像菲律宾 6 号生理小种 PXO99 一样。由于菌株中不携带 $avrXa7$ 无毒基因或者 $avrXa7$ 发生了变异，$Xa7$ 的抗性能被 11 个菌株克服。$Xa23$ 抗病基因能够被 2 个不含有 $avrXa23$ 无毒基因的菌株克服，这也表明，单一 $Xa23$ 抗病水稻品种过度大面积种植，能够使该致病型成为优势种群，从而克服 $Xa23$ 抗性。

表 2-3　我国水稻白叶枯病菌致病型的划分

（陈功友，2019）

菌株[a]	水稻品系[b]								
	Nip[c]	IR24	IRBB3 ($Xa3$)	IRBB4 ($Xa4$)	IRBB5 ($xa5$)	IRBB7 ($Xa7$)	IRBB13 ($xa13$)	IRBB21 ($Xa21$)	CBB23 ($Xa23$)
GZ-10	R[d]	R	R	R	R	R	R	R	R
Japan-4	R	R	R	R	R	R	S	R	R
GZ299	S[e]	R	R	R	R	R	R	R	R
AH-10	S	R	R	R	R	R	R	R	R
KS-3-7	S	S	R	R	R	R	R	R	R
JL3	S	S	R	R	R	R	S	R	R
LN2	S	S	R	R	R	R	S	S	R

（续）

菌株a	水稻品系b								
	Nipc	IR24	IRBB3 (Xa3)	IRBB4 (Xa4)	IRBB5 (xa5)	IRBB7 (Xa7)	IRBB13 (xa13)	IRBB21 (Xa21)	CBB23 (Xa23)
LN1	S	S	R	R	R	S	S	S	R
8572	S	S	S	R	R	R	S	R	R
JL1	S	S	S	R	R	R	S	S	R
JS-137-1	R	R	R	S	R	R	S	R	R
YC12	R	R	S	R	R	R	S	S	R
KS-1-21	S	R	S	R	R	R	S	S	R
Oct-78	S	S	R	R	R	R	S	S	S
GX4	S	S	R	R	R	R	R	S	R
LN3	S	S	S	R	R	R	R	S	R
YC26	S	S	S	R	R	R	R	S	R
AH28	S	S	S	S	R	R	R	S	S
YC15	S	S	S	S	R	R	R	R	S
YN04-5	S	S	S	S	R	S	R	S	R
XZ40	S	S	S	S	S	R	S	S	R
YC19	S	S	S	S	S	R	S	S	R
JNXO	S	S	R	S	S	S	S	S	R
LYG50	S	S	S	S	S	S	R	S	R

注：a，含有相同 *tal* 基因型的代表菌株，菌株名称采用采集地加编号的方式，例如 GZ-10，采集广州的第 10 个分离物；b，以 IR24 为轮回亲本的水稻近等基因系含有抗白叶枯病的 R 基因，CBB23 除外；c，Nip 为日本晴（Nipponbare）；d，R 表示对应水稻与对应菌株互作显示抗病性；e，S 表示对应水稻与对应菌株互作显示感病性。

水稻白叶枯病菌与水稻按"基因-对-基因"的关系互作，水稻的感病（S）基因或者抗病（R）基因被病菌中对应匹配的毒性（vir）基因或无毒（avr）基因激活，水稻才表现为感病或者抗病。当 vir 基因与 S 基因互作时，水稻白叶枯病菌和水稻则呈现亲和性（感病反应）；反之，当 avr 基因与 R 基因互作时，水稻白叶枯病菌和水稻呈非亲和性互作关系（抗病反应）。除了 *Xa*21 抗病基因对应的 avr 基因是 *raxX*，目前已知 *Xoo* 与 S 或 R 基因对应的 vir 或 avr 基因均为 *tal*（transcription activator-like）基因。*tal* 基因决定了 *Xoo* 在水稻上的白叶枯病菌生理小种专化性抗性和致病力分化，这也是自 2005 年水稻白叶枯病菌基因组报道之后，人们认识上的一个重要转变。之前，水稻白叶枯病菌 *tal* 基因被称为 *avrBs*3 家族基因，*avrBs*3 最早在与辣椒斑点病菌抗病基因

$Bs3$ 相匹配的基因中被揭示，之后其同源基因在稻黄单胞菌等中被发现。水稻白叶枯病菌 avr 和 vir 基因的功能鉴定，在 Xoo 接种水稻的方法改进后被加快。

tal 家族基因在稻黄单胞菌中广泛存在，不同的菌株中 tal 基因数量从几个到几十个不等，差异很大。Xoo 亚洲菌株含有 15 个以上 tal 基因，非洲菌株含有 8 个以上。tal 基因产物被称为 TALE（transcription activator - like effectors）蛋白，其在结构上高度保守。C 端含有 2～3 个核定位信号（NLS）和 1 个酸性转录激活域（acid transcription activation domain，AD），N 端含有通过 T3SS 分泌的分泌信号，中间是 34 个氨基酸为一个重复单元构成的重复区域（central repeat region，CRR），在 CRR 中重复单元的重复数不一，每个重复单元的 12 位和 13 位氨基酸高度变异（repeat variable di - residues，RVDs）。Ulla Bonus 和 Adam Bogdanove 破解了 RVD 结合 DNA 的密码，TALE 蛋白结合 DNA 的结构被解析，先后推动了 TALE 蛋白在植物中的靶标基因鉴定。随后的研究发现，稻黄单胞菌的 TALE 蛋白有两种形式存在，一种是 iTALE（interfering TALE 或 truncated TALE），其 C 端缺少 AD，N 端缺少 58 个氨基酸，具有抑制 NBS - LRR 类抗病基因的作用。另一种是 tTALE（typical TALE），可以激活 NBS - LRR 类 R 基因的抗性，具有 TALE 蛋白的典型结构。目前，虽然可以通过 TALE 的 RVD 预测其结合的 DNA 序列，但对于 iTALE 和 tTALE 蛋白如何影响 R 基因的抗性还知之甚少。迄今为止，已有 42 个抗白叶枯病的 R 基因被鉴定，其中的 $Xa1$、$Xa3/Xa26$、$Xa4$、$xa5$、$Xa10$、$xa13$、$Xa21$、$Xa23$、$xa25$、$Xa27$ 和 $Xa41(t)$ 等 11 个 R 基因已被克隆。$Xa3/Xa26$ 及 $Xa21$ 基因产物具有 RLK（receptor - like kinase）特征，具有激酶活性，因此认为它们介导的抗性属 PTI 类别，由此推测它们的配体可能不是 TALE 蛋白。事实上，$Xa21$ 的配体是 $raxX$，它是一种酪氨酸硫酸化的短肽。目前仅克隆了 $avrXa10$、$avrXa23$ 和 $avrXa27$，它们分别是与 $Xa10$、$Xa23$ 和 $Xa27$ 匹配的无毒基因。与此同时，虽然有些具有无毒基因功能的 tal 基因被克隆，如 $avrXa7$，但 $Xa7$ 在水稻中对应的 R 基因还没有被克隆。TALE 蛋白与 R 基因启动子结合，才使得抗性得以表现，这种 R 基因也称为 E（executor）基因。R 基因介导的抗性表现需要病原菌携带匹配的 tal 基因时才得以激活抗性表达，为全生育期抗性，也称为 ETI（effector - triggered immunity）抗性。

为了对白叶枯病菌毒性生理小种组成以及生产上抗性品种的布局进行有效监控，常通过水稻产区白叶枯病病样采集，分离获得白叶枯病菌，再在含有单一 R 基因的水稻近等基因系上划分致病型。Xoo 的群体结构和多样性由 tal 基因的数量多少和类型决定。鉴定不同生理小种中的 avr 基因可由携带单个 R 基因的水稻近等基因系提供依据，并由其指示水稻黄单胞菌是否产生了新的致病型。世界各国根据本国水稻品种亲本的构成和栽培情况，选择了不同的鉴别品种。

对 Xa13 的认识使水稻白叶枯病存在感病基因得以证明。通过对 Xa13 及其隐性基因 xa13 的克隆和研究，发现其是位于植物细胞膜上一种铜离子转运蛋白。对应 Xa13 的毒性基因 $pthXo$1 克隆后，研究认为 PthXo1 在 Xa13 基因的启动子上结合，而 xa13 基因启动子上被 PthXo1 结合的 EBE（effector - binding element）发生了突变，才导致了对白叶枯病的抗性。研究证实，Xa13 具有将细胞内蔗糖和果糖转运至细胞外的能力，属于糖转运蛋白 SWEET 家族。随后证明水稻白叶枯病感病基因主要是 $OsSWEET$11（Xa13）、$OsSWEET$12、$OsSWEET$13（Xa25）、$OsSWEET$14 和 $OsSWEET$15 等 5 个 SWEET 家族 Ⅲ 组基因。$OsSWEET$11 的隐性基因是不能被白叶枯病菌的 PthXo1 激活的 xa13；$OsSWEET$13 的隐性基因是不能被 PthXo2 激活的 xa25；包括 PthXo3、AvrXa7、TalC 和 Tal5 等在内的 TALE 蛋白可激活 $OsSWEET$14。目前，我国多数水稻白叶枯病菌携带的是 $pthXo$2 和 $pthXo$3 毒性基因，还未发现白叶枯病菌携带 $pthXo$1 毒性基因，也还未发现能激活 $OsSWEET$12 和 $OsSWEET$15 的 TALE 蛋白。水稻与白叶枯病菌具有共进化关系，白叶枯病菌 TALE 蛋白的变异可以根据水稻感病基因启动子的 EBE 变异进行推测。水稻白叶枯病感病基因介导的感病性，同样需要白叶枯病菌携带匹配的毒性 tal 基因进行激活，这种感病性称为 ETS（effector - triggered susceptibility）。携带 tal 基因的水稻黄单胞菌引起的植物病害，对应植物中均存在感病基因，但不一定全部是 SWEET 家族基因，如水稻转录因子 OsTFⅡAγ1 由水稻白叶枯病菌的 PthXo7 激活，OsTFX1 由 PthXo6 激活，OsHen1 由 Tal9a 激活。

水稻黄单胞菌 TALE 蛋白激活植物中靶标基因的作用方式主要是：TALE 蛋白可以从正反向结合在靶标基因的启动子上，通过与水稻转录因子 OsTFⅡAγ 形成转录复合体，保证 TALE 蛋白的靶标基因正确表达及 iTALE 逃逸寄主水稻的抗性。Xa5 是水稻转录因子 OsTFⅡAγ 的编码基因，其隐性基因为 xa5，由我国科学家朱立煌和美国科学家 Machoch 等同时发现和克隆。xa5 和 Xa5 基因除第 39 位氨基酸发生了突变外，在启动子上没有差别，仅推测其不被 TALE 蛋白激活。我国研究证实，xa5 对白叶枯病的抗性作用，是因为水稻黄单胞菌的 TALE 蛋白可以与 Xa5 蛋白结合而不能与 xa5 结合。水稻黄单胞菌 iTALE 具有抑制 Xa1 抗性的功能。基因组学显示，iTALE 也称为 truncated TALE，其基因也称为 pseudogene。少数水稻黄单胞菌不携带 iTALE，可以激活 Xa1 抗性，携带 iTALE 的水稻黄单胞菌则可以抑制 Xa1

抗性。$Xa1$ 是水稻白叶枯病最早发现的 R 基因，是 NBS-LRR 类的 R 基因，其可以被任意一个具有典型结构的 TALE 蛋白激活，具有广谱抗性的潜力。目前对于 iTALE 抑制 NBS-LRR 类抗病性的机制还有待深入研究。

第四节 水稻细菌性条斑病

水稻细菌性条斑病（bacterial leaf streak）简称水稻细条病或水稻条斑病，最早在菲律宾被发现，该病主要分布在亚洲的热带、亚热带地区（Ou，1985）。1955 年我国在广东首先发现水稻细菌性条斑病危害（范怀忠，1957），随后随着各地区间引种试种、南繁加代以及材料交换等逐步传播蔓延，现在已经成为我国南方稻区的主要病害之一。水稻细菌性条斑病是国内植物重点检疫对象，主要发生在广东、广西、福建、浙江、湖南、湖北、安徽等省份。近年来，随着一些新品种和优质稻的大面积推广应用，该病的发生日趋广泛和严重。水稻发病后，轻者减产 20%～30%，严重的造成绝收。该病已经成为制约我国水稻优质高产的重要障碍。

水稻细菌性条斑病的发生给云南边疆贫困少数民族地区的生产生活带来了较大的影响，其重点发生在云南海拔 270～600 m 低热河谷区，相关区域年降水量 1 000 mm，年平均气温 25 ℃，单日最高气温可达 41.3 ℃。2013 年云南元阳发生水稻细菌性条斑病，发生田块的土壤肥力中上，施肥水平中等，造成水稻减产 15%～30%，以南沙镇排沙村为发病重点地区，形成点、片混合发生，发生面积达 41 hm²。根据云南孟连多年来田间监测数据记载，2009 年以前水稻细菌性条斑病始见期一般出现在 7～8 月的中稻田，2010—2015 年水稻细菌性条斑病始见期越来越早，在早稻田就已经开始发病，且每年发病期均出现多个发病流行高峰。2000 年以前孟连尚有部分乡镇未发现水稻细菌性条斑病，全县发生面积在 500 hm² 以下，只有娜允镇、勐马镇地热河谷带发生；2005 年开始全县 6 个乡镇中晚稻种植区均有不同程度发生，面积达 1 000 hm² 以上，各占当年中晚稻种植面积的 40% 以上，病情指数 15～32；2010 年以来发生面积逐年扩大，2015 年属历史上发生面积最高的年份。据 2015 年在水稻细菌性条斑病流行高峰期病情调查，发病田块病叶率高的达 70% 以上，一般为 40%～50%，比常年增加约 10%，病情指数为 25～50，最高的达 65 以上，危害造成的产量损失一般为 10%～30%，最重的达 45%，比常年增加 15% 左右。根据田间检测调查分析，水稻植株叶片宽大披软的品种易感病，叶片尖细挺直的品种抗病性相对较强。如汕优系列及岗优系列发病重，而宜香 725、Q 优 108、德优 4727、金优 11 等品种发病相对较轻。

一、水稻细菌性条斑病病原

水稻细菌性条斑病菌 *Xanthomonas oryzae* pv. *oryzicola*（*Xooc*）与水稻白叶枯病菌 *Xanthomonas oryzae* pv. *oryzae*（*Xoo*）都是水稻黄单胞菌的稻生致病变种。属假单胞菌目黄单胞菌属。水稻细菌性条斑病菌菌体呈短棒状，单胞，部分成对出现，但不成链。大小 $1.2 \mu m \times (0.3 \sim 0.5) \mu m$，一极生有鞭毛（图2-8）。革兰氏染色反应阴性，好氧，无芽孢和荚膜。菌落在牛肉蛋白胨培养基上呈中部稍隆起的光滑圆形，周边整齐，呈黄色，有大量的胞外多糖（EPS，也称黄原胶）在菌体四周产生，呈黏稠状聚集。菌体在斜面培养基上生长呈线状。在牛肉蛋白胨培养液上没有显著的菌苔形成，但随着培养时间延长，在液面上呈环状生长，多个菌落相溶在一起形成一个大的菌落。

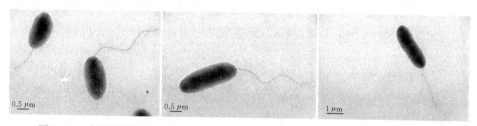

图2-8　水稻细菌性条斑病病原（*Xanthomonas oryzae* pv. *oryzicola*）显微形态
（中国农业大学魏超提供）

水稻细菌性条斑病菌最适生长温度为 28 ℃左右。其生理生化反应与水稻白叶枯病菌基本相似，不同之处是水稻细菌性条斑病菌能使牛乳胨化，使明胶液化，能使阿拉伯糖发酵产酸，对葡萄糖和青霉素的测试反应钝感。

研究表明，有部分李氏禾可能是水稻细菌性条斑病菌的自然感病寄主。至于水稻细菌性条斑病菌是否与李氏禾细菌性条斑病菌（*Xanthomonas leersiae*）同属于一个种，还有待进一步的研究。

二、水稻细菌性条斑病发病症状

水稻细菌性条斑病的典型症状是多条暗绿色至黄褐色条斑在叶片上形成。病斑初生时为水渍状半透明小斑点，呈暗绿色，随后在叶脉之间很快扩展，形成长 1~4 mm、宽 0.25~0.3 mm 的条斑，对光看呈半透明状。条斑继续扩展延伸，呈两端暗绿色中部黄褐色，长可至 10 mm 以上，宽约 1 mm。常由大量成串的黄色珠状菌脓在病斑上溢出。染病叶鞘上也会有条斑出现（图2-9）。发病严重的叶片，后期症状表现为条斑增多，融合在一起呈局部不规则的黄褐色至枯白色斑块，对光观察时可以隐约见到这些斑块由许多半透明的条斑融合而成。发病水稻植株在病情严重时会发生矮缩，叶片卷曲，早晨有露水时，病田从远处看呈一片橙红褐色，阳光照射猛烈时病叶卷曲更明显，叶片干枯后呈现一片黄白色。

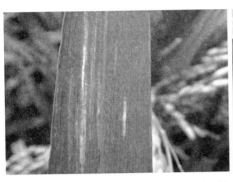

图2-9　水稻细菌性条斑病症状

水稻细菌性条斑病可以与水稻白叶枯病在同一田块同时发生，症状有的时候不易区分，其主要区别见表2-4。

表2-4　水稻细菌性条斑病与水稻白叶枯病主要区别

（洪剑鸣，2006）

水稻细菌性条斑病	水稻白叶枯病
1. 病斑多发生在染病叶片表面	1. 病斑多发生在染病叶片的叶尖和叶缘
2. 病斑初生时呈或长或短半透明条斑，初生时呈暗绿色，后变为两端暗绿色中部黄褐色，随病情发展，条斑融合在一起呈局部不规则的黄褐色至枯白色斑块，病田远眺呈橙红褐色	2. 病斑的典型症状是在叶尖或叶缘上出现长条形枯斑，呈波纹状，染病组织与健康组织界限分明。急剧发生时，病斑呈灰绿色，后枯白卷曲，病田远眺呈枯灰色
3. 病斑上常分泌细小黄色珠状成串菌脓，干后不易脱落	3. 在清晨露水未干时，从病斑边缘或染病叶尖分泌淡黄色黏手菌脓，干后易脱落
4. 症状在水稻秧苗期也会出现	4. 症状在水稻秧苗期较少出现

三、水稻细菌性条斑病侵染循环

在水稻种子上的水稻细菌性条斑病菌最长可存活9个月，在干燥稻草上的最长可存活12个月。在土壤中病菌只能存活8周，病菌不能在土壤中越冬。病菌在水中，在25～40 ℃时，只能存活10～60 d；在15～20 ℃时，能存活70～90 d。在双季稻区水稻细菌性条斑病一般在早稻抽穗期开始发病，晚稻于秧田期开始发病，到幼穗分化至抽穗期暴发流行。过量偏施氮肥，或暴风雨后稻田被淹是水稻细菌性条斑病流行的诱因。

带菌种子、染病稻草或田间落粒自生稻（落地谷）发病植株等是水稻细菌性条斑病菌的主要初侵染源。在我国南方稻区，自然发病的李氏禾或野生稻也具有交叉传染的可能性。水稻细菌性条斑病远距离传播的重要途径通常是带菌种子。根据水稻细菌性条斑病菌侵染种子的研究结果发现，在水稻颖花和种子的不同发育阶段接种病菌，会导致雄蕊、子房及胚乳变成黑色或褐色坏死，颖壳也变褐，病菌在成熟种子的颖壳下存在，在种子发芽过程中侵染幼苗的叶片，剑叶上的菌脓在水稻抽穗扬花期又侵染颖花，感染种子。水稻细菌性条斑病的发病条件和传播方式与水稻白叶枯病基本相似，不同之处是水稻细菌性条斑病既可从伤口入侵，也可从气孔入侵，还可通过雨水、灌溉水、昆虫及农事操作等呈近距离传播蔓延，以及在叶片之间接触传播。

四、水稻细菌性条斑病流行规律

1. 品种 品种间抗性差异明显。嫩叶比老叶容易感病，在水稻分蘖期至孕穗期的植株往往发病较重；在幼苗期虽然会出现病叶率很高的情况，但严重度往往较轻。

2. 施肥 因有机肥、氮肥施用水平高，或延迟氮肥施入造成的水稻徒长，会加重水稻细菌性条斑病的发生。可以通过氮、磷、钾肥合理配施而增强植株的抗病性，减轻发病。

3. 气候 在水稻细菌性条斑病发病温度范围内，温度越高，潜育期越短；在高于发病最低温度、低于发病最适温度的情况下，温度越高，病斑扩展越快；但高于发病最适温度时，病斑扩展则受到抑制。人工接种病菌的研究表明，在日平均气温 12～15 ℃的条件下，需水稻叶片表面保持湿润才能发病，而且潜育期长达 20 d 以上，病斑长度较短，都在 2 mm 以下，病斑数也较少。在日平均气温＞16 ℃时，无论叶片保持湿润与否均能出现症状。在日平均气温达到 16～20 ℃时，潜育期为 4～5 d；在日平均气温达到 21～24 ℃时，潜育期为 3 d；在日平均气温达到 25～30 ℃时，潜育期也是 3 d，但病斑扩展速度比 21～24 ℃时明显加快。病菌可以从气孔侵入，空气相对湿度对水稻细菌性条斑病的发生有协同作用，湿度越高，水稻叶片气孔开启的数量就越多，气孔开启的时间也越长，对病菌的侵入就越有利。在发病温度适宜的范围内，空气相对湿度越大越容易发病，气温主要对病害潜育期的长短和病斑扩展速度产生影响，对病叶率及病斑数的影响不大；病叶率及病斑数主要受空气相对湿度影响。

4. 伤口 伤口是病菌侵入极为有效的途径，也是水稻细菌性条斑病易在狂风暴雨后流行的主要原因之一。

第五节　种传蠕形分生孢子真菌病害

一、蠕形分生孢子真菌概述

蠕形分生孢子真菌（Helminthosporioid fungi）是分生孢子形状类似蠕虫、具有多个横隔膜的一类半知菌，其在分类上属半知菌亚门丝孢纲（Hyphomycetes）。蠕形分生孢子真菌的有性型属于格孢腔菌目（Pleosporales）格孢腔菌科（Pleosporaceae），子囊果为子囊座。同属该科的还有格孢腔菌属（*Pleospora*，无性型为匍柄霉属 *Stemphylium*）、李维菌属（*Lewia*，无性型为链格孢属 *Alternaria*）等。

蠕形分生孢子真菌包括长蠕孢属（*Helminthosporium*）、平脐蠕孢属（*Bipolaris*）、内脐蠕孢属（*Drechslera*）、突脐蠕孢属（*Exserohilum*）、卵蠕孢属（*Marielliottia*）和弯孢属（*Curvularia*）的真菌。蠕形分生孢子真菌大部分属于兼性寄生菌，主要寄生在高等植物上，在没有寄主时，可以在一定时期内腐生；有一部分属于蠕形分生孢子真菌条件致病菌，可以在一定的条件下引起人或动物的疾病；少数种是植物的内生菌。有一些种经常寄生在禾本科植物上，被称为禾本科植物蠕形分生孢子真菌。蠕形分生孢子真菌能引起许多种植物特别是禾本科作物的严重病害，造成重大损失（孙炳达，2003）。

1. 蠕形分生孢子真菌的无性型形态和结构　在寄主的整个生长发育阶段，大多数蠕形分生孢子真菌都能产生分生孢子，有性生殖在越冬后进行。因为蠕形分生孢子真菌的多数种存在异宗结合现象，其有性型分生孢子在自然状态不易被发现，所有对此类真菌分生孢子的研究多集中在无性型阶段。

（1）菌丝。蠕形分生孢子真菌的初生菌丝呈无色或淡色，后随着生长发育逐渐变为青褐色、褐色至暗褐色。菌丝细长，分隔，分枝，一般不形成特殊的菌丝结构。菌丝粗细悬殊，同种内的菌丝直径 2～10 μm 或以上。

（2）菌丝体。在寄主和自然基质上，大部分蠕形分生孢子真菌的菌丝体以内生为主，仅在持续高湿条件下部分菌丝体才在寄主或自然基质表面生长。在人工培养条件下，多数蠕形分生孢子真菌在形成发达的基内菌丝体的同时，也能产生茂密的气生菌丝体。菌丝体表面或光滑或粗糙。

（3）菌落。蠕形分生孢子真菌的菌落通常等径生长，菌落边缘整齐，呈波状或裂片状，菌落初生时无色，后逐渐变为灰色、褐色至暗褐色，部分种由于菌丝体产生的色素扩散到培养基中，使菌落带有特定的颜色。

（4）分生孢子梗。不同属蠕形分生孢子真菌的分生孢子梗不同，特别是长蠕孢属与其他属之间差异明显。

长蠕孢属的分生孢子梗通常有子座，直立，近圆柱形，通常丛生，有时单生，呈褐色至黑褐色，有隔，基本不分枝，分生孢子在分生孢子梗顶端和上部细胞隔膜下侧细胞壁上的小孔产生，当顶端产孢时分生孢子梗即不再延伸。分生孢子梗同一产孢细胞上的产孢孔上下位置接近，分生孢子在分生孢子梗上呈近轮生状排列。

其他蠕形分生孢子真菌属的分生孢子梗颜色通常比菌丝深，直径比菌丝粗。在培养基上，分生孢子梗从菌丝的顶端和侧面产生，也可以从培养基上产生的子座和子囊的表面上形成。分生孢子梗呈圆柱状，或单生或束生，有分枝或不分枝。一般分生孢子梗上部呈屈膝状弯曲，在弯曲部位有产孢孔，能连续产孢。分生孢子梗呈浅黄褐色至暗褐色，顶端色浅，多隔膜。有些种可产生次生分生孢子梗。在自然基质上，分生孢子梗从简单的子座上生出，通常聚集成簇，有时分散，单生。

（5）产孢细胞。长蠕孢属的产孢细胞以典型的内壁芽生孔生式产孢。其他蠕形分生孢子真菌属的产孢细胞从分生孢子梗的顶端产生，从分生孢子顶端延伸或萌发的芽管也转变为产孢细胞。产孢孔位于产孢细胞的顶端，以内壁芽生孔生式产生分生孢子。在产生下一个孢子前，产孢细胞先在上一个产孢点基部侧面呈合轴式延伸，形成新的具产孢孔的顶端，从而产生新的孢子。大多数种在延伸部与母细胞之间形成隔膜，并在延伸处向一侧明显弯曲。产孢细胞的延伸以全壁式的为主，局部内壁层出式延伸生长在少数情况下也会出现。

（6）分生孢子。不同属蠕形分生孢子真菌的分生孢子在形状、颜色上表现出一定的差异，也有许多相似之处。

长蠕孢属的分生孢子多数为单生，偶尔会形成短链，正直或弯曲，通常呈倒棍棒形或有喙倒棍棒形，具假隔膜，外壁光滑，呈近无色至褐色，基部常具有明显的暗色脐。其他蠕形分生孢子真菌属分生孢子正直或弯曲；具有椭圆形、长椭圆形、宽椭圆形、圆柱形、近圆柱形、棍棒形、窄棍棒形、倒棍棒形、卵形、纺锤形、拟纺锤形、倒梨形、舟形或钩状等不同形状；隔膜为真隔膜或假隔膜，分隔处平直或缢缩；呈近无色至暗褐色等。脐点凹陷、略突出或明显突出，因属和种的不同存在差异，有些种脐点不明显。平脐蠕孢属和突脐蠕孢属的部分种两端隔膜加厚变为暗色隔膜；弯孢属的有些种隔膜明显加厚，变为深色带状。分生孢子既有表面光滑的，也有具细刺、疣突或纹饰的。有的种分子孢子的顶端逐渐变窄，延伸形成喙。在自然或人工培养条件下，部分核腔菌属真菌的种，可产生分生孢子器状的结构，以内壁芽生方式产生无色、无隔、球形或椭圆球形的分生孢子，呈黏团状排出（张天宇，2010）。

2. 有性型形态结构

（1）子囊座。旋孢腔菌属的子囊座为单腔，呈暗褐色至黑色，具有一个球状本体和一个或长或短、圆柱状具孔的颈（喙）部，子囊座壁为由多个细胞组成的角胞组织，其厚度大体相等；在子囊座本体表面的颈部，有时常具有不育的无色或淡褐色的菌丝和分生孢子梗；产生平脐蠕孢属型和弯孢属型的分生孢子。核腔菌属子囊座为单腔，大型，分散，呈扁球形至球形，有刚毛，埋生，后突出，幼嫩时为拟菌核状，具有一个近似圆锥状的具孔的顶部；子囊座壁由大型细胞组成，形成角胞组织。在成熟的子囊座上，刚毛可能会脱落；产生内脐蠕孢属型的分生孢子。毛球腔菌属子囊座为单腔，呈球状至椭圆形，埋生，后外露或表生，通常在上半部分具有刚毛，有一圆锥状至短圆柱状的具孔的颈；子囊座的外壁由褐色厚壁的细胞组成，内壁为透明的薄壁细胞；产生突脐蠕孢属型的分生孢子。由多胞菌属型的中心组织发育而来是上述三属真菌子囊座的共同特征。

（2）子囊间组织。拟侧丝由子囊腔顶部的分生组织细胞向下生长与子囊腔基部的组织融合形成，拟侧丝无色，具有隔膜，分枝或不分枝，通常厚度可至 $2\ \mu m$，在子囊上部连合在一起。

（3）子囊。旋孢腔菌属、核腔菌属和毛球腔菌属的子囊都为双层壁子囊。旋孢腔菌属的子囊简单，呈圆柱状，或倒棒状至倒棒圆柱状。有 2～8 个子囊孢子，多数为 8 个子囊孢子。在幼子囊中通常有很明显的内膜，但在成熟的子囊或老的已空的子囊中内膜不明显或甚至缺失。在子囊孢子释放的过程中，内外膜可能都起作用或者不起主导作用，被定义为"残留双壁子囊"。核腔菌属的子囊大型，呈宽棒状，具有 2～8 个子囊孢子，子囊孢子具有一裂口，内膜厚、外膜薄，具有顶环。毛球腔菌属的子囊没有顶环，与有些核腔菌属的子囊结构类似。

旋孢腔菌属的子囊数量似乎由子囊的大小和在发育过程中所具有的空间来决定，相对毛球腔菌属和核腔菌属而言，其每一个子囊座中的子囊数量较多。旋孢腔菌属的子囊相对较窄，在子囊腔中可形成数目较多的子囊，毛球腔菌属和核腔菌属的子囊大而且宽，子囊腔中仅能形成少数几个子囊。

（4）子囊孢子。旋孢腔菌属子囊孢子为线状，表面常被一层薄的胶质的鞘所包围，在子囊中相互扭结，呈螺旋状排列，几乎与子囊等长甚至更长。核腔菌属的子囊孢子为大型砖隔状，毛球腔菌属的子囊孢子相对较大，但很少具有纵隔。子囊孢子通常在初期颜色较淡，以后变为淡褐至暗褐色。子囊孢子通常被厚的黏质的鞘包围，这一结构在将子囊孢子放于水中或墨水中时很容易观察到。对于毛球腔菌属的种，这种黏质鞘更明显，可以延伸到子囊孢子长度的两倍以上。

（5）菌核。旋孢腔菌属、核腔菌属、毛球腔菌属的大多数种，可形成无任何产囊菌丝的不育子囊座，即菌核（原子囊层）。菌核的结构与子囊座相同，其发育方式也相同，但菌核中不形成子囊和子囊孢子。旋孢腔菌属和毛球腔菌属真菌的菌核，在自然条件或培养条件下均可产生。在培养基中菌核经常在被放入的植物材料上产生，而很少在琼脂上成熟。在亲和性试验中，异旋孢腔菌（*Cochliobolus heterostrophus*）偶尔在 Hopkin 培养基上大量形成菌核。在用蒸汽处理过的稻叶上，多数宫部旋孢腔菌（*Cochliobolus miyabeanus*）的分离物可以有规律地产生菌核。核腔菌属的种，如拟毛壳核腔菌（*Pyrenophora chaetomioides*）、雀麦核腔菌（*Pyrenophora bromi*）、日本核腔菌（*Pyrenophora japonica*）、圆核腔菌（*Pyrenophora teres*）和小麦核腔菌（*Pyrenophora tritici-repentis*）等也可以形成菌核。

（6）分生孢子器。核腔菌属的分生孢子器在自然条件下很普遍，结构与子囊座类似，通常和子囊座在一块产生，呈球形至梨形，半埋生至几乎表生，有刚毛和孔口，有一个拟薄壁组织的壁；产孢细胞简单、短，呈近球形，无色薄壁，内壁芽生式产孢，从空腔的基部产生。分生孢子无色，呈球形或椭圆形，无隔，以白色至灰色的黏质团从孔口排出。在培养基中，分生孢子器可能是多腔的，通常可以在培养基中的种子、死叶或麦草上形成。分生孢子器也可能形成气生菌丝，通常在培养基的表面形成或部分埋生。分生孢子的功能目前还不清楚，可能起性细胞的作用。圆核腔菌的分生孢子器在自然条件下和在培养条件下都可能产生，在田间的种子、死叶、麦草和残茬上都曾被观察到。目前还没有发现旋孢腔菌属、毛球腔菌属真菌的分生孢子器。

3. 蠕形分生孢子真菌不同属的区分标准

（1）分生孢子的形成方式。20 世纪 50 年代，国外学者提出分生孢子的形成方式及产孢细胞的特征可作为丝孢纲真菌分类的稳定依据。狭义的长蠕孢属属于其中孔生孢子类。

从目前的资料来看，对蠕形分生孢子真菌不同属的产孢方式还难以给出定论，这种研究必须在超微结构的水平上进行，光学显微镜下难以得出准确的结果。对超微结构的研究应着重于在分生孢子形成的早期，观察产孢细胞各层壁参与孢子形成的程度和行为。有必要对这几类群的产孢方式进行更多的深入研究。

（2）分生孢子隔膜的个体发育。蠕形分生孢子真菌在分生孢子隔膜形成之前，处于发育过程中的分生孢子已经达到或者接近成熟孢子的大小，其成熟方式为全孢子型，隔膜的形成位置具有先后之分，特别是前 3 个隔膜形成的位置很容易确定，其他隔膜发育很快，在有些种中可能同时完成。内脐蠕孢属、平脐蠕孢属和突脐蠕孢属分生孢子隔膜发育过程差别明显。

内脐蠕孢属：第一个隔膜在成熟孢子的近基部形成，形成的基部第一个细胞不再被进一步分割，而成为分生孢子的基部细胞；第二个隔膜在第一个隔膜划分出的上部细胞的中部；第三个隔膜在第二个隔膜的上部形成。

平脐蠕孢属：第一个隔膜在成熟孢子的中部或接近中部的位置形成；第二个隔膜在下端细胞的中下部形成，划分出成熟细胞的基细胞；第三个隔膜在分生孢子上端细胞的中部或近中部位置形成。

突脐蠕孢属：第一个隔膜在成熟孢子的近基部一端 $1/4\sim1/3$ 处形成；第二个隔膜在远端，形成的细胞与基部细胞的大小大致相等；第三个隔膜在中部形成。

分生孢子隔膜形成的位置和序列对于区分内脐蠕孢属、平脐蠕孢属和突脐蠕孢属具有一定的意义，但在一些种中存在例外情况。突脐蠕孢属与内脐蠕孢属和平脐蠕孢属相比，第二个和第三个隔膜形成的位置变异更大，所以，隔膜形成的位置和序列也不是一个非常稳定的属级区分特征。

（3）分生孢子的萌发特性。蠕形分生孢子真菌分生孢子的萌发方式存在差异，大致分为两类：一类是可以从任何一个细胞萌发，即遍生式；另一类主要从两端细胞萌发，中间细胞很少萌发，即双极生式。

分生孢子的萌发特性在一段时期被作为平脐蠕孢属和内脐蠕孢属属间区分的主要依据之一。但后来研究发现：分生孢子萌发方式容易受培养基质、分生孢子的来源等因素影响，具有很大的变异性。内脐蠕孢属的有些种可能仅产生极生芽管，平脐蠕孢属和突脐蠕孢属的有些种也可以遍生式产生芽管。

内脐蠕孢属芽管产生的位置大体在脐点和基部隔膜之间的中部，其延伸方向与孢子纵轴的夹角较大。平脐蠕孢属和突脐蠕孢属芽管从紧贴脐点处萌发，并沿分生孢子的长轴生长。由于芽管离脐点的位置很近，通常会引起脐点位置侧向移动。少数平脐蠕孢属和突脐蠕孢属真菌也存在例外，产生侧向并与分生孢子长轴夹角较大的芽管。

因此基部细胞芽管特性对于区分内脐蠕孢属、平脐蠕孢属和突脐蠕孢属具有一定意义。

（4）分生孢子脐点的特征。脐点是指分生孢子从分生孢子梗或小梗上脱落以后，在分生孢子基部留下的印痕。脐点的结构是区分内脐蠕孢属、平脐蠕孢属和突脐蠕孢属最重要的特征。

内脐蠕孢属分生孢子基部细胞上脐点钝圆、周围光滑，没有明显的突出或者轮廓变化。有时，在脐点孔口的周围会残留一些细胞壁物质形成稍隆起的脊，由于其隆起很不明显，在光学显微镜下难以观察到。在光学显微镜下，脐点通常稍凹陷，凹陷于基部细胞的轮廓之内，称为孔腔型脐。多数种脐点处颜色变深，在低倍镜下看起来像一个黑色的疤痕。凹陷的脐点呈 Y 形、T 形或深 V 形。颜色加黑区域细胞壁的厚度比孢子壁的厚度稍薄一些，或者相当，向周围逐渐变淡。脐点的大小与形态在种间变化很大。

平脐蠕孢属孢子基部细胞脐点轮廓呈扁平状，在脐点加黑部分之上细胞壁物质有些突出。脐点扁平的程度在种间有差异，有些种明显，有些种不明显。脐点轮廓的变化在分生孢子成熟之前很难观察到，当孢子成熟后变化很明显。平脐蠕孢属成熟孢子色素沉积部分不像内脐蠕孢属的种那样复杂。在光学显微镜下，看起来像是在基部孔口两侧，有两个与孢子纵轴成一定夹角的双凸透镜状斑块。

突脐蠕孢属分生孢子的脐点明显突出。脐点的大小在种间变化较大。在种内，突出的脐点所占基部比例有一定的变化，脐点突出的方向也有一定的变异。除了脐点明显突出之外，许多突脐蠕孢种突出的脐部明显具有双层壁，外层形成一种封套状的"领口"或者"气泡"，称为封套结构。这一特点也是与内脐蠕孢属和平脐蠕孢属的明显差别。

（5）分生孢子和分生孢子梗的形成及形态特征。从目前已知的大多数种来看，分生孢子的形态和有性型的联系还是很明显的。分生孢子的形态虽然受培养条件的影响比较明显，但比其他生物学特性要稳定得多。分生孢子的形态作为属级的分类依据之一，具有重要价值。

目前尚未见关于分生孢子梗的形态存在显著差异的报道。绝大部分内脐蠕孢属的种产孢节光滑，但平脐蠕孢属和突脐蠕孢属的种既有粗糙的产孢节，又有光滑的产孢节。表明产孢节的特征作为蠕形分生孢子真菌属级分类依据有一定局限性，但作为某些蠕形分生孢子真菌的种级分类依据却有一定价值。

二、水稻胡麻叶斑病

水稻胡麻叶斑病又称水稻胡麻叶枯病，是由稻平脐蠕孢（*Bipolaris oryzae*）所致的一种水稻真菌性病害（陈洪存等，2010）。此病害每年都会影响全世界数百万公顷的土地，在缺水、缺乏营养元素的条件下，发病严重。随着干旱变得越来越频繁，水稻胡麻叶斑病的发生也变得频繁和严重（Barnwal at al.，2013）。水稻胡麻叶斑病发病范围较广，在全国各稻区均有发现。一般由于缺肥缺水等，导致水稻营养不良、生长较差时发病严重。近几年来，水稻胡麻叶斑病的发生使水稻大幅减产，造成了严重的经济损失。1949 年以前为我国水稻三大病害之一。1949 年以后，随着水稻生产施肥水平的提高，危害已日益减轻。自 20 世纪 90 年代初以来，水稻胡麻叶斑病一直只有轻微危害，并未引起重视，然而 2004 年水稻胡麻叶斑病大面积发生，此次病害特点主要是发生期早，有两次发病高峰期，一次是在水稻分蘖期，另一次是在水稻孕穗后期（杨廷策等，2005）。2008 年江苏东海白塔镇也报道了有关下雨过后水稻胡麻叶斑病大量发生的情况（于丹等，2008）。随后 2009 年在广西昭平，2010年在河北唐海分别又大量发生发病现象。病害严重发生的原因主要是自然因素造成的长期高温干旱、少雨天气水肥管理不当等。

云南省发生的水稻胡麻叶斑病主要以秧苗期和叶片为主，尤以叶片最为普遍。苗期若感染胡麻叶斑病，叶片上会出现椭圆形的病斑，呈暗褐色，大小类似胡麻籽粒，有时病斑会扩大逐渐连在一起呈条形，若病斑过多秧苗会枯死。成株的叶片染病，一开始表现为褐色的小点，后逐渐扩大成芝麻粒大小的椭圆形病斑，中间呈褐色至灰白色，边缘为褐色，周围还有深浅不同的黄色晕圈，发病严重时这些小的病斑会连接在一起形成不规则的大斑。病叶从叶尖逐渐开始向内干枯。在环境条件潮湿时，死苗的表面会长出黑色的霉状物，该病与稻瘟病的区别是该病的病斑两端无坏死线（吕学慧等，2011）。水稻胡麻叶斑病 2007 年 7 月 5 日在云南永胜永北镇种植的凤稻系列品种上开始发病，以后逐渐在全县扩展，在 5 年间发展成为永胜水稻的主要病害之一。2007—2012 年，水稻胡麻叶斑病在云南永胜的发病品种主要为凤稻和白杂系列，田间最高级别均为 3 级，最高田块的病株率达到 100%，本田田块落塘现象严重。

1. 水稻胡麻叶斑病病原 水稻胡麻叶斑病病原菌无性型为 *Helminthosporium oryzae*。在自然情况下，以无性型为主。其分生孢子梗通常 2～5 个成丛，基部较粗，从气孔穿出，暗褐色，越向上颜色越淡，大小（99～345）$\mu m \times$（368～377）μm，稍微曲折，不分枝，有多个隔膜。孢子散落后，顶端尚有弯曲的孢子着生痕迹。分生孢子为长圆筒形或倒棍棒形，弯曲或不弯曲，褐色至暗褐色，有 3～11 个隔膜，大小（24～122）$\mu m \times$（11～23）μm，一般自两端萌发。

水稻胡麻叶斑病病原菌的有性世代仅在人工培养基上发现，为稻平脐蠕孢（*Bipolaris oryzae*）。子囊壳球形或扁球形，大小（500～950）$\mu m \times$（368～377）μm，内有多个子囊。子囊圆筒形或长纺锤形，大小（142～235）$\mu m \times$（21～36）μm，内含 4～6 个子囊孢子，子囊孢子线条状，卷曲，无色或淡橄榄色，大小（250～469）$\mu m \times$（6～39）μm，6～15 个隔膜（图 2 - 10）。

病原菌培养需要的氮源以蛋白胨为优，碳源以麦芽糖为优，酸碱度反应以微碱性为宜。在培养基中加入米粒浸出液能刺激病原菌生长。人工培养基的菌丝体经 12 h 近紫外线照射和 12 h 暗处理，能促进分生孢子的形成。菌丝生长温度为 5～35 ℃，以 28 ℃最适。分生孢子形成的温度为 8～33 ℃，以 30 ℃左右最适；萌芽的温度为 2～40 ℃，以 24～30 ℃最适。孢子发芽时不仅需要水滴，还要求 92%以上的相对湿度，如无水滴，在相对湿度 96%下尚不能完全发芽。在湿度饱和、温度 20 ℃的条件下，经 8 h 即能侵入寄主组织；在 25～28 ℃时，4 h 就完成侵入过程。

2. 水稻胡麻叶斑病发病症状 从秧苗期到收获期都可发病，稻株地上部

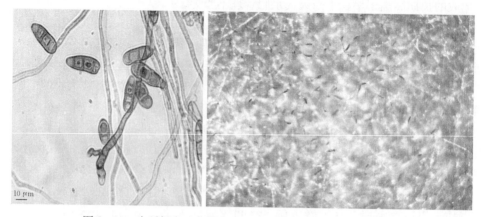

图2-10 水稻胡麻叶斑病病原稻平脐蠕孢（*Bipolaris oryzae*）

均能受害，尤其以叶片最为普遍（图2-11），种子发芽不久，芽鞘就会受害变褐。严重的，甚至不待鞘叶抽出，随即枯死。秧苗叶片和叶鞘上的病斑，大多数为椭圆形或近圆形，浓褐色至暗褐色，有时扩展并相连呈条形，病斑多时会引起秧苗枯死，如遇潮湿条件，死苗上会生出黑色绒状的霉层，即病菌的分生孢子。

图2-11 水稻胡麻叶斑病田间症状

成株叶片受害，初现褐色小点，逐渐扩大成为椭圆形病斑。病斑大小如芝麻粒，病斑周围一般有黄色晕圈。用放大镜观察时，因变褐程度不同而呈轮纹

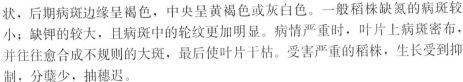

状，后期病斑边缘呈褐色，中央呈黄褐色或灰白色。一般稻株缺氮的病斑较小；缺钾的较大，且病斑中的轮纹更加明显。病情严重时，叶片上病斑密布，并往往愈合成不规则的大斑，最后使叶片干枯。受害严重的稻株，生长受到抑制，分蘖少，抽穗迟。

叶鞘上最初形成的病斑，椭圆形或长方形，暗褐色，边缘淡褐色，水渍状，以后变为中心部呈灰褐色不整齐的大型病斑。

穗颈和枝梗受害变暗褐色，与水稻穗颈瘟很相似，但水稻穗颈瘟病部色泽较深，为黑褐色，以后成为灰褐色，变色部较短。而水稻胡麻叶斑病的病穗，病部色泽较浅，为棕褐色，变色部长。此外，发生的时期也不同。水稻穗颈瘟发生较早，多出现在水稻乳熟期，而水稻胡麻叶斑病引起的穗枯大多出现在后期。

谷粒受害迟的，病斑形状、色泽与叶片上的很相似，仅较小而边缘不明显，病斑多时可相互连合。受害早的，病斑灰黑色，可扩至全粒，形成秕谷，空气潮湿时，在内外颖合缝处及其附近，甚至全粒表面，产生大量黑色绒状的霉层。

3. 水稻胡麻叶斑病侵染循环　病菌以菌丝体在病稻草与颖壳内或以分生孢子附着在种子和病稻草上越冬，成为初侵染源。在干燥的情况下，病组织上的分生孢子可存活 2～3 年，潜伏的菌丝体可存活 3～4 年，但翻埋至土中的病菌经一个冬季便失去生活力。遗落在土面的病稻草，其中一部分菌丝体有越冬能力。

病谷播种后，潜伏的菌丝体可直接侵害幼苗。在病稻草上越冬和由越冬菌丝产生的分生孢子，都可随风散布，在秧田和本田引起初侵染；病部产生的分生孢子可进行再侵染。飞散到稻株上的分生孢子，在适宜的条件下，经 1 h 即可萌芽。芽管的前端形成附着器，附着于寄主表面，然后产生侵染丝，穿透表皮细胞或从气孔侵入。侵入后，在适宜条件下，经一昼夜即可表现症状，并形成分生孢子。在高温和遮阳条件下潜育期短，在低温和强光下潜育期延长。

4. 水稻胡麻叶斑病流行规律

（1）肥力。土壤贫瘠缺肥时发病重，特别是缺乏钾肥时更易发病。双季晚稻由于秧龄期长，常少施肥料控制秧苗的生长，最易诱发此病。大田绿肥翻耕过迟，或过量施用石灰，也会增加发病机会。

（2）土质和翻耕。一般酸性土、沙质土和泥质土发病重。在土壤缺水或积水田中，发病也重。生产实践证明，适当深耕的稻田发病轻。

（3）品种和生育期。品种间的抗病性有差异。同一品种的不同生育期，其抗病性也不一样。一般苗期易感病，分蘖期抗病性增强，但分蘖末期以后抗病性又减弱，此时因叶片内积蓄的养分迅速向穗部转运，叶片随之衰老，导致越是下部的叶片越易感病。穗颈和枝梗以抽穗期至齐穗期抗病性最强，随着灌浆成熟，抗病性逐渐降低。谷粒以抽穗期至齐穗期最易感病，随后抗病性逐渐增强。

三、水稻弯孢叶斑病

1. 水稻弯孢叶斑病病原 病原为新月弯孢（*Curvularia lunata*），分生孢子暗褐色，呈长椭圆形、梭形、倒棍棒状，正直或向一方弯曲，有 3 个隔膜，中间 1～2 个细胞特别膨大，其中第三个细胞最明显，黑褐色，两端细胞稍小，两端颜色较浅，大小为（18～25）μm×（5～12）μm（图 2 - 12）。

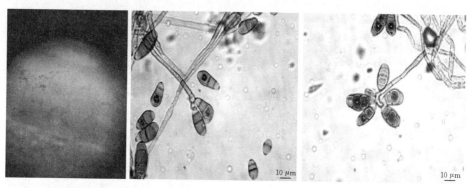

图 2 - 12　水稻弯孢叶斑病病原新月弯孢（*Curvularia lunata*）形态

病原菌培养需要的氮源以酵母浸膏为优，碳源以蔗糖为优，同时氯化铵最有利于孢子萌发。培养基质 pH 4～10 时病原菌菌丝均可生长，pH 7 时菌丝生长良好，pH 向偏酸或偏碱继续变化，都不利于菌丝生长。pH 4～10 时病原菌产孢良好，pH 6～7 时产孢量较高，pH＞8 时产孢量下降明显，可见 pH 偏中性时有利于产孢。pH 4～11 时病原菌分生孢子均可萌发，对 pH 适应范围广。pH 6～8 时，分生孢子萌发率最高。菌丝生长温度为 10～40 ℃，最适生长温度为 30 ℃。分生孢子形成的温度为 8～33 ℃，以 30 ℃左右最适；低于5 ℃或高于 45 ℃时均不能生长。而在 15～40 ℃时，病原菌均能产孢，并在 30 ℃时产孢量最大，但在 40 ℃时产孢量极小，高于 45 ℃或低于15 ℃时均不产孢。低于 5 ℃或高于 45 ℃时分生孢子基本不能萌发，分生孢子萌发温度范围为 10～35 ℃，萌发最适温度为 25～30 ℃。光照有利于菌丝生长，黑暗有利于产孢。病原菌致死温度为 53 ℃水浴 10 min。病原菌分生孢子在水稻叶片表面以孢子萌发形成芽管开始侵入，接种后 12 h，芽管顶端膨大形成附着胞，直接从表皮侵入，多个芽管会从同一位置侵入，发病植株 96 h 后产生黄褐色色素。

2. 水稻弯孢叶斑病发病症状　水稻孕穗前后开始发病，叶片上出现不规则的红褐色梭形或短条斑，症状酷似稻瘟病，只沿叶中脉上下发展，病部易折断。叶片感染水稻弯孢叶斑病的典型症状：病斑为椭圆形，内部为棕褐色，外周有黄色晕圈；之后病斑扩大，内部颜色变浅，叶片上中叶脉也可形成褐色短条斑；茎秆上具红褐色大梭形斑或整段褐色，但不见病斑坏死线。而穗颈感病后病部变黑，枝梗或穗轴受害造成小穗结实数量减少。

3. 水稻弯孢叶斑病侵染循环　水稻弯孢叶斑病菌主要在病残体上越冬，病稻草是翌年病害的主要初侵染源。病谷播种后，潜伏的菌丝体可直接侵害幼苗。在病稻草上越冬和由越冬菌丝产生的分生孢子，都可随风散布，在秧田和本田引起初侵染；病部产生的分生孢子可进行再侵染。在适宜的条件下，病原菌分生孢子在水稻叶片表面以孢子萌发形成芽管开始侵入。飞散到稻株上的分生孢子，经 2 h 即可萌芽。4～8 h 后，芽管在叶片表面延长，12 h 后芽管顶端膨大形成附着胞，直接从表皮组织侵入，只从气孔穿行而过，不从气孔侵入，多个芽管会从同一位置侵入。侵入后，在适宜条件下，经 96 h 可产生黄褐色色素，潜育期为 3～4 d。在高温高湿环境下，此病潜伏期短（2～3 d），7～10 d 即可完成一次侵染循环，短期内病原急剧增加。

4.　水稻弯孢叶斑病流行规律

（1）品种与栽培。徐辉（2015）研究表明，品种及栽培技术对该病的传播和流行有一定影响，但相关研究尚不深入，有待进一步研究。

（2）肥力。研究表明氮肥过多可能加重发病情况。但还需要分别对氮、磷、钾是否影响病害发生进行验证。

（3）气候。水稻弯孢叶斑病属高温高湿型病害，发生轻重与降雨多少、时空分布、温度高低关系密切。病菌生长最适温度 28～32 ℃。一般以 7～8 月高温高湿或多雨季节利于该病发生和流行，8 月中旬至 9 月上旬达到发病高峰。

第六节　传染性水稻烂秧

烂秧是水稻的种子、幼芽和幼苗在秧田前期死亡（即烂种、烂芽和死苗）的总称。可分为非传染性和传染性烂秧两大类。非传染性烂秧是纯属由于管理不善和不良环境条件所造成，传染性烂秧则多是不良环境诱致腐霉菌、绵霉菌、水霉菌、镰刀菌、丝核菌等弱性寄生菌为害而引起。

一般来说，烂种纯属非传染性，死苗青枯型和黄枯型多属传染性，而烂芽则两者皆有，但以传染性（绵腐型和立枯型）为主且较为严重。

水稻育秧依其秧田水分管理和情况分为水育秧、湿润育秧和旱育秧 3 种。

一、传染性水稻烂秧病原

导致烂芽和死苗的病原菌种类很多，它们都是广泛存在于土壤和污水中的弱性寄生菌。根据吉林通化地区农业科学研究所的研究可知，它们以镰刀菌为主，其次是丝核菌、腐霉菌等。江苏周燮研究认为腐霉菌是最主要的致病菌。根据浙江洪剑鸣多年随机取样镜检结果，浙江地区在湿润秧田育秧情况下，不同年份及田块间存有差异，以腐霉菌最为常见，绵霉菌次之，镰刀菌和丝核菌较少出现。已报道引发烂芽和死苗的病原菌有 8 个属 29 个种和 1 个变种。

1. 水霉属（*Saprolegnia*） 属水霉目水霉科。菌丝粗壮，很少分枝。游动孢子囊生在菌丝顶端，棍棒形或长梭形。游动孢子两游现象明显。新孢子囊从旧的空孢子囊基部长出，具显著的层出现象。藏卵器球形或卵形，顶生，少数间生，内含卵孢子，1 个至多个。本属菌多腐生，少数引起鱼病。已报道可引起烂秧的仅 1 个种，即异孢水霉（*S. amisospora*）。

2. 网囊霉属（*Dictyuchus*） 属水霉目水霉科。菌丝发达，孢子囊顶生，与菌丝相仿或长棍棒形，新生孢子囊以合轴分枝式生出。静子（休止孢）在孢子囊内形成，排成数行，互相挤压形成多角形，使孢子囊呈网状，萌发时生芽管或次生肾形的游动孢子，藏卵器内只含 1 个，卵孢子，球形。已知能引起烂秧的有 3 个种，如异常网囊霉（*D. anomalus*）。

3. 绵霉属（*Achlya*） 属水霉目水霉科。孢子囊丝状或棍棒状，新生孢子囊从老孢子囊的外侧基部长出（含轴式）。游动孢子在排孢口处聚集成团休止，随后静子萌发产生次生游动孢子。本属依据卵孢子或成熟卵球中油球的位置可分为 3 个亚属。

4. 腐霉属（*Pythium*） 属霜霉目腐霉科。孢囊梗与菌丝无区别。游动孢子囊丝状至瓣状，或球形至卵形。成熟萌发时先形成球形泄囊，再在其中产生游动孢子。卵孢子球形，壁平滑或具纹。这一属的菌生长在水中或土内，侵害植物的根或近地面部分，虽然寄生性弱，但破坏力强。已知腐霉属能引起烂秧的有 12 个种，如稻腐霉菌和瓜果腐霉菌等。

5. 类腐霉属（*Pythiogeton*） 属霜霉目腐霉科。游动孢子不在孢子囊内形成。孢子囊将内含物挤出体外后，也不形成明显的活囊就产生游动孢子。孢子囊的纵轴与孢囊梗近乎直角交接。已知类腐霉属引起烂秧的有 3 个种，如单态类腐霉菌（*P. uniform*）。

6. 疫霉属（*Phytophthora*） 属霜霉目腐霉科。本属有 8 个异名，如 *Pythiomorpha*、*Pseudopyzhicem* 等。本属菌在形态上的变异很大，不论孢子囊形状、大小，是否产生厚垣孢子，性器官的类型和大小等，变化都相当大。

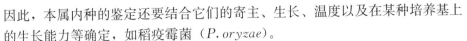

因此，本属内种的鉴定还要结合它们的寄主、生长、温度以及在某种培养基上的生长能力等确定，如稻疫霉菌（*P.oryzae*）。

7. 镰孢属（*Fusarium*）　属瘤座孢目。分生孢子梗无色，不分枝至多分枝，上端是产孢细胞，内壁芽生瓶体式产孢。分生孢子有二型：大型分生孢子椭圆形至镰刀形，无色，多胞，两端稍尖，略弯曲，基部常有一明显突起；小型分生孢子卵圆形至椭圆形，无色，大多单胞，少数双胞或三胞单身或聚合成假头状，或串生成链状。有的可在菌丝末端和中间或分生孢子上形成近球形的厚垣孢子，无色或有色，单生或串生。属以下，根据培养中是否形成大型或小型分生孢子和厚垣孢子及各种孢子的形态，分生孢子座和黏分生孢子团的性状及培养基中产生色素的种类，进行分组、种、变种（品种）。已知镰孢属引致烂秧的有 4 个种，其中尤以尖孢镰孢（*F.oxysporum*）为主。

8. 丝核菌属（*Rhizoctonia*）　属无孢目。无性型不产生分生孢子。菌核与菌丝彼此相连，褐色或黑色，表面粗糙，内外层色泽一致，结构较疏松。老熟菌丝淡褐色，近分枝处形成隔膜，呈缢缩状，多为直角分枝。此属在国内已报道 3 个种。最常见的是立枯丝核菌（*R.solani*），它也可以引起水稻烂秧。这个种还可以分为 9 个菌丝融合群，每一菌丝融合群体有一定的寄主范围。

引起绵腐症状的病原菌主要是上述前 6 个属病菌在水育秧情况下侵害发生的，而呈现立枯型症状并不只是立枯丝核菌和镰刀菌侵害引起，以江苏、浙江的情况看，在湿润育秧中所出现的立枯症状（立枯、黄枯死苗和烂芽），其病原菌仍是以腐霉菌和绵霉菌等鞭毛菌为主。

二、传染性水稻烂秧发病症状

1. 烂芽　指稻谷播种后至不完全茎叶伸出（冒青）期间的根、芽死亡现象，以水育秧最为严重，湿润育秧次之，肥床旱育秧最轻。传染性烂芽根据症状分为绵腐型和立枯型两类。

（1）绵腐型。绵腐型烂芽主要发生在水秧田中，或湿润秧田中遇持续低温阴雨而使秧田积水时偶尔出现。最初在根、芽基部颖壳破口处产生乳白色胶状物，逐渐向四周呈放射状长出白色绵毛样的菌丝体和孢子囊，呈近圆球形，以后常因氧化铁沉积或藻类附着，逐渐变成土褐色或绿褐色，幼芽逐渐变黄褐色枯死，称为"水杨梅"。

（2）立枯型。立枯型烂芽是烂芽中的重要类型。开始时零星发生，以后迅速向四周蔓延，严重的成簇、成片死亡。主要发生在湿润秧田中。最初在根、芽基部呈现稍带水渍状淡褐色斑，随后以根、芽基部为中心长出白色绵毛菌丝体平贴于土表，并很快变成土褐色，需仔细观察才能辨认，也有一些长出淡金色霉状物。幼芽基部多软弱，很易折断，最后幼芽变褐、扭曲、腐烂。

2. 死苗　指第一完全叶伸出至 3 叶期的幼苗死亡。在早稻二三叶期常易发生，以湿润育秧最为严重，水育秧次之，肥床旱育秧最轻。死苗症状可分为青枯型和黄枯型两类。

（1）青枯型。青枯型死苗的发病植株最初叶尖停止吐水，后心叶突然萎蔫，卷成筒状，随后下叶也很快失水萎蔫筒卷，全株呈污绿色枯死，俗称"卷心死"。发病植株根系色泽变暗，根毛稀少。青枯死苗大多发生在二三叶期，往往一丛丛突然出现，迅速蔓延，严重的成片枯死，发病点周围仍有病健株交错现象。

（2）黄枯型。黄枯型死苗的病株从下部叶片开始，先由叶尖向叶基部逐渐变黄色，再从叶片向上延及叶心，最后幼苗基部变褐软化，全株呈黄褐色枯死，俗称"剥皮死"。病苗根系变暗色，根毛很少，易拔起。黄枯死苗多在一叶一心时就开始发生，初期多在生长矮小的弱苗上先发病，随后逐渐蔓延扩大，严重时也一丛丛或成片枯死。

三、传染性水稻烂秧侵染循环

引致烂秧的病原菌，均能在土壤中长期营腐生生活，一旦有机会就会侵染生长衰弱的幼芽和幼苗，引起烂秧。但不同病原菌，它们的越冬方式和传播途径有所差异。水霉菌、绵霉菌和腐霉菌等鞭毛菌类还普遍存在于污水中，主要以菌丝、卵孢子在水中和土壤中越冬，条件适宜时形成游动孢子囊，再萌发产生游动孢子，借水流传播，侵染幼苗，随后病菌上又不断产生孢子囊和游动孢子进行再次侵染，扩大危害。镰刀菌一般以菌丝及厚垣孢子在各种寄主病残体及土壤中越冬，在适宜条件下产生分生孢子，借助雨水和气流传播，进行初侵染和再侵染。立枯丝核菌则以菌丝和菌核在各种寄主病残体和土壤中越冬，菌丝在幼苗株间进行近距离接触传播，不断扩大危害。

四、传染性水稻烂秧发病因素

引发传染性烂芽和死苗的病原菌虽然在土壤和污水中普遍存在，但它们的寄主性都很弱，只有当不良的外界环境条件影响导致幼苗生长衰弱、抗性降低时，病菌才会乘虚而入。诸如气候条件、幼苗抗性、育秧方式、催芽质量、肥水管理等，都与秧苗生长发育有关，其中尤以气候条件更为密切。

1. 气候条件　育秧期间的气候条件与烂秧密切相关，特别是低温阴雨更是烂芽、死苗的前奏，低温前的异常高温和冷后暴晴，温差过大，又是促使死苗发展快、危害程度加重的重要诱因。我国南方稻区早稻育秧期间，冷暖空气交替活动频繁，时冷时热，且多阴雨。以杭州地区为例，4 月上旬的最低气温常在 5℃以下，极端最低气温甚至低至 0.7℃，而最高温度却可过 34℃；5 月上旬极端最低气温仍可低至 9 ℃。因此，每当冷空气侵袭，温度低于幼芽生长的最低温度 12 ℃，又多阴雨、少日照时，幼芽的生理机能大大减弱，抗逆性差，迟迟不能扎根出叶，就诱使腐霉菌、绵霉菌等弱性寄生菌侵染而烂芽。特别是二三叶期，胚乳内储藏的营养物质即将耗尽，幼苗体内储糖量不足，抗寒力最弱，若遇到低温更容易造成青枯、黄枯死苗。土温低于 15 ℃时，早籼稻幼苗叶基生长与根尖生长受阻；低于 8 ℃时，幼苗根系活力严重受害，"吐水"发生障碍。随着低温时间延长，根内可溶性糖类与氨基酸等还会向根际土壤外渗，这就为腐霉菌等病菌侵入根部创造了营养条件。而且腐霉菌和绵霉菌等又耐低温生长，故在 0 ℃以上低温条件下，持续时间越长，低温强度越大，越容易引起腐霉菌等侵入，导致死苗。如果低温前后出现异常高温，更会促使严重死苗。

镰刀菌和丝核菌的生育温度范围也较宽。如禾谷镰孢、木贼镰孢的生育温度范围为 3～35 ℃，丝核菌为 13～30 ℃，低温削弱幼苗抗性，同样有利于侵染。

2. 幼苗抗性　幼苗的抗病性与抗寒性呈正相关，而幼苗的抗寒性与水稻类型、品种、种子质量、催芽技术、幼苗生育期、肥水管理等密切相关。一般粳稻比籼稻耐寒。而籼稻不同品种的抗寒性也不一致，同一品种不同生育期的抗寒性差异更为明显。种芽可耐较长时间的 6 ℃低温，甚至能耐 1～2 ℃低温；一二叶期不能耐受 11 ℃以下的低温；3 叶"离乳期"的抗寒性最差，15 ℃以下都难耐受，这是传染性死苗的危险期；4 叶期以后，叶片光合作用和根系吸收能力都增强，耐寒力显著提高，死苗极少发生。

种谷成熟度不高或不饱满，储藏养分少，发芽力差，抗逆力也低。浸种未浸透或浸种时间过长，发芽力差，也会降低幼苗的抗逆力。催芽后，根、芽的长短与烂芽有密切关系，短芽的抗逆力比长芽强；种子根超过 2 cm，入土能力下降。根、芽过长，常缠绕在一起，既难撒播均匀，又易损伤幼芽和碰断种子根，影响及早扎根竖芽而导致烂芽，播后阴雨天更甚。群众的"天雨播谷"经验，主要是指持续阴雨天气，催芽宜短些，以增强其抗逆性。根、芽长短比例不合适，特别是芽长根短或根芽过长最不利于扎根竖芽，极易诱发病菌侵害而造成死苗。

播种应避免阴天进行。播后如排水不良或早灌水上厢面，易造成缺氧而诱致烂芽。一叶展开后，遇寒潮来临，幼苗受冻，诱使病菌侵入，如冷后暴晴，很容易出现死苗。秧苗偏施氮肥，苗内氮代谢过旺，游离氨基酸过多，使之出现"得氮耗糖"的当时效应，碳氮比例下降，抗寒性差，极易诱发病菌侵害造成死苗。

此外，各类型秧田生态环境不同，各种传染性烂秧的发生也有差异。例如水霉菌和绵霉菌适于水生环境，所以老式的水秧田有利于其发生，湿润秧田危害较轻，肥床旱育秧则能抑制其危害。各种镰刀菌以土壤含水量 10%～25% 的低湿条件生育良好，所以肥床旱育秧仍能受害。

第七节　稻粒黑粉病

一、稻粒黑粉病病原

稻粒黑粉病病原为尾孢黑粉菌属稻粒黑粉菌（*Neovossia horrida = Tilletia horrida = Neovossia barclayana = Tilletia barclayana*），厚垣孢子球形、黑色，大小（25～32）μm×（23～30）μm。孢子表面密布无色或淡色的齿状突起，在显微镜下呈网状，略弯曲，基部宽 2～3 μm，高 2.5～4 μm。外围往往有透明的残余物。不育细胞圆形至多角形或长圆形，无色或淡黄色，大小 15～23 μm，膜厚 1.5～2 μm，有一短而无色的尾突。厚垣孢子经 5 个月的休眠后，在充足的水温、30 ℃ 左右的气温和一定的光照条件下即可萌发。发芽时长出无色先菌丝，其顶端轮生许多指状突起。担孢子集生在突起上，数目多达 50～60 个，线状，稍弯曲，无色透明，无分隔。担孢子萌芽生菌丝或次生孢子。次生孢子香蕉状或针状，能侵染发病。

不同水质及营养物质、不同地域对冬孢子萌发无影响。不同光源照射时，紫外线和散射光对孢子的萌发更加有利；孢子萌发的最适温度范围是 25～30 ℃，温度低于 15 ℃、高于 35 ℃ 均不利于孢子萌发。在 14 ℃ 恒温条件下，经过 45 d 仍有少数病菌孢子能萌发并形成担孢子；在 26 ℃ 恒温条件下，经过 60 d 仍然有少数孢子萌发，孢子萌发很不整齐，其温度界限不是绝对的。50～200 mg/L 赤霉素对病菌冬孢子的萌发有一定促进作用。

二、稻粒黑粉病发病症状

稻粒黑粉病在水稻成熟前才可见病粒。病菌侵害稻穗的单个谷粒，一般每穗 1～2 粒，多的十多粒至数十粒。稻粒黑粉病的明显特征是稻粒破裂并释放出成堆的黑色冬孢子粉，黏附于谷粒外壳表面。一般情况下，病穗上仅有少数的病粒，同时这些病粒在稻穗上并无固定位置。所有病粒可分为 4 种类型：开裂型、似健型、秕粒型、胚健型。

开裂型（典型症状）：病粒颖壳开裂，露出黑色（有时白色）舌状或圆锥状物，有的遇雨淋或吸露水破裂散出黑粉，黏附于裂口附近。

似健型：病粒不变色，似健粒，饱满或略秕，松软，内部有黑粉，破裂后即可散出。

秕粒型：病粒呈暗绿色，不充实，与青粒相似。有的变为焦黄色，手捏有

松软感，用水浸泡，病粒变黑。

胚健型：病粒局部隐暗，米粒部分破坏，胚完好，能萌芽并长成新植株。

三、稻粒黑粉病侵染循环

稻粒黑粉菌以冬孢子在土壤中、种子内外和畜禽粪便中越冬，带菌种子和带菌土壤是主要初侵染源。据观察，杂交稻母本从孕穗破口开花至花后10 d侵染率可达68%～95.5%。以孕穗后期至花后2～6 d侵染率最高，12 d后侵染较困难，15 d后不能侵染。水稻授粉和病菌侵染基本同步才能形成病粒。病菌以夜间侵染为主，白天较少侵染。在24～25 ℃条件下，潜育期7～16 d，一般为9～13 d。灌浆期侵染的担孢子在颖壳上萌发后从颖壳合缝处侵入，经3～4 d在伸长的子房内出现菌丝体，5 d后出现冬孢子。通过各种途径进入田间的冬孢子中，以当年3～5月随种子进入田间的冬孢子存活力较强。自然越冬场所冬孢子在3月下旬陆续开始萌发，萌发盛期为4～5月，7～8月还有少数孢子能够陆续萌发。翌年水稻扬花灌浆时，越冬后的冬孢子在适宜的条件下萌发产生担孢子和次生小孢子，经气流传至花器、子房或幼嫩的颖壳上萌发侵染。

另外，稻粒黑粉菌还具有在植物体表面芽殖附生的特性，其病害循环中存在一个田间芽殖附生阶段。有些冬孢子萌发产生的次生小孢子在侵入之前附生在水稻和杂草体表，以芽殖方式维持和扩大种群数量，待到水稻扬花期经气流传播亦可侵染颖花。

四、稻粒黑粉病流行规律

1. 越冬菌量　连年杂交稻制种田或播种带菌稻种都可加重发病，增加病田菌量积累。土壤中冬孢子含量与病害发生程度呈正相关。连年制种田发病最重，带菌量也最大，孢子数是常规稻的4.5倍以上。因此制种田病害严重得多。

2. 气象因素　稻粒黑粉病发生与气象条件有密切关系，其中雨量大小及其分布时期可直接影响有效菌源的多少，是造成年度间发病程度差异的主要因素。水稻在抽穗扬花期最易感病。若此时遇连阴雨，湿度大，不但有利于病菌孢子萌发侵染，还延长了侵染期，因而加剧发病，尤以杂交稻制种田母本受害最重。这是因为阴雨天能使父母本花时错开，并使父本花粉量减少、加大授粉难度，而母本因授粉延迟必须颖壳张开等粉、柱头外露时间延长导致极大地增加受侵染的概率。扬花期天气干燥，不利于病菌孢子萌发、侵染，病害会明显减轻。

3. 品种　不同品种对稻粒黑粉病的感染程度有明显差异。通常情况下，早熟品种比中熟品种更敏感，矮秆品种比高或中型品种更易感病。杂交稻三系制种母本不育系珍汕 97 A 等高度感病，籼稻和杂交稻组合为中轻发病类型，粳稻和糯稻为轻发病类型，尤以糯稻少有发病。在杂交稻制种中，稻粒黑粉病侵染的轻重与不育系开花习性和生理特点等有关。在适温下，制种田稻株的开花时间通常历时 40～60 min，全田群体开花时间约 2 h。不育系开花时间长，颖壳张开角度大，柱头外露率高，易感病。品种间发病差异除本身抗病性外主要是开花习性不同所致。杂交稻制种母本为异交结实，张颖时间长，柱头外露率高，接受孢子侵染的概率增大，发病就加重；父本很少发生，其主要原因为开花习性和生理特点的不同，父本开花时间较短，柱头一般不外露或很少外露，开颖角度较小，不利于稻粒黑粉病菌孢子的侵入。杂交稻制种的组合不同，发病程度有明显差异。

4. 肥力　随着施用氮肥量的增加，田间病情会相应加重。病害的发生与氮肥用量呈正相关。此外，水稻在收获季节，晚收割的比早收割的发病率高。

5. 其他因素　在杂交稻制种田，离父本越近的母本其结实率越高，病粒率越低；离父本越远的母本结实率越低，病粒率越高。因此不育系开花时间长短，主要取决于接受外来父本花粉的时间长短。父本花粉量的多少及其与母本花期相遇情况，也成为不育系发病程度的主要影响因素之一。此外，杂交稻制种过程中赤霉素的喷施也有利于病害的发生。

第八节　水稻种子储藏霉菌

种子可携带大量为害种苗或植株的真菌、细菌、病毒和线虫微生物（Sinclair，1979），它既是病害的载体又是受害者。在这些微生物中真菌对种子的质量起至关重要的作用。真菌可降低发芽率和活力，引起种子生理生化变化，最终导致种子品质降低，影响种子产量和质量。这些真菌经种子在国内及国际间的交流而散布于世界各地，造成病害的传播以及农业经济的巨大损失。大多数种子传播的病原是真菌。迄今有两类生态类群不同的真菌，它们在种子中的存活及寿命是不同的。一类以霜霉病菌为代表的真菌，尤其是那些不能产生休眠孢子、卵孢子或极少产生卵孢子的，其需要一个稳定的潮湿条件。这些菌的生存决定于菌丝体在种子组织内的潜存寿命。另一类产生耐干繁殖体，如厚垣孢子、分生孢子或其他休眠结构，在相对湿度太低的条件下，其不萌发。真菌在载体种子上的寿命主要取决于它们忍受长期干燥的能力。真菌可传入植物的角质层和表皮而致病，真菌病是植物病害中最多的一类病害，每种作物都有几种真菌病害，多的高达几十种。常见的有黑粉病、锈病、白粉病和霜霉病等。但有些真菌对其他病原物有拮抗作用，有些寄生在其他病原物或昆虫上，对自然界中病原物和害虫的消长有一定的影响。

目前发现真菌约有 100 000 种，其中约有 90 个属的真菌属于种带真菌，种类有 350 多种。根据种带真菌存在的位置分为种子外部种带和内部种带，即有些微生物存在于种子表面，只有当环境条件适合其生长和繁殖时，才会使种子腐烂、种苗萎蔫；有些微生物存在于种子外部的非活体组织中，如苞片、果皮或种皮，当条件适宜时侵染正在萌发的种苗；还有一些微生物存在于种子内（在胚或胚乳上或内），通常这些微生物不会杀死种子，但可延迟种子发芽，导致苗弱。

侵染种子的真菌根据其生存环境可以分为田间真菌和储藏真菌。田间真菌指种子发育期间或生理成熟之后侵染种子，并通常在收获之前完成对种子伤害的真菌，主要包括交链孢（*Alternaria* sp.）、多主枝孢（*Cladosporium* sp.）和镰刀菌（*Fusarium* sp.）等；其发生侵染需要相当于相对湿度 90% 以上的水分含量，当种子干燥进入储藏阶段时，田间真菌减少。储藏真菌指储藏期间侵害种子的真菌，主要是霉菌。凡是能引起种子霉腐变质的真菌，通常称为霉菌，主要有青霉、曲霉、根霉、毛霉、交链孢霉、镰刀菌。其中危害最严重且普遍的是青霉和曲霉。储藏真菌几乎均是腐生菌，菌丝不产生分解种子活体组织的胞外消化酶和酸，而是产生毒素杀死活体组织，作为其可利用的基质（胡晋等，2001）。

一、水稻种子储藏霉菌的主要类型

水稻种子上发现的霉菌种类较多，大部分寄附在种子的外部，部分能寄生在种子内部的皮层和胚部。许多霉菌都属于对种子具有破坏性的腐生菌，但就水稻储藏种子的损害而言，以青霉属（*Penicillium*）和曲霉属（*Aspergillus*）为主，其次是根霉属（*Rhizopus*）、毛霉属（*Mucor*）、交链孢属（*Alternaria*）和镰孢属（*Fusarium*）等的真菌。

（一）青霉属

青霉在自然界中分布较广，是导致种子储藏期间发热的一种最普遍的霉菌。青霉分 41 个系，137 个种和 4 个变种，有些菌系能产生毒素，使储藏的种子带毒。根据在水稻、大米上的调查结果，在储藏种子上为害的主要种类有橘青霉（*Penicillium citrinum*）、产黄青霉（*Penicillium chrysogenum*）、草酸青霉（*Penicillium oxalium*）和圆弧青霉（*Penicillium cyclopium*）等。该属菌丝具有隔膜，无色、淡色或鲜明颜色。气生菌丝密生，部分结成菌丝束。分生孢子梗直立，顶端呈现扫帚状分枝，分枝顶部小梗瓶状，瓶状小梗顶端的分生孢子链状。分生孢子因种类不同，有圆形、椭圆形或卵圆形（图 2-13）。此类霉菌在种子上生长时，先从胚部侵入，或在种子破损部位开始生长，最初长出白色斑点，逐渐丛生白色菌丝体，数日后产生青绿色孢子，因种类不同而逐渐转变为青绿、灰绿或黄绿色，并伴有特殊的霉味。

青霉分解种子中有机物质的能力很强，能引起种子"发热""点翠"，并有很重的霉味。有些青霉能引起大米黄变，故又被称为"大米黄变菌"。多数青霉为中生性，孢子萌发的最低相对湿度在80%以上，适合在含水量15.6%～20.8%的种子上生长，生长适宜温度一般为20～25℃，但有些能在低温下生长。青霉属真菌属好氧性菌类。

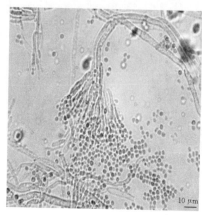
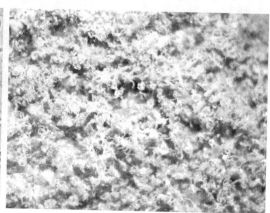

图 2-13　青霉属真菌形态

（二）曲霉属

曲霉广泛存在于各种种子和粮食上，是导致种子发热霉变的主要霉菌，腐生性强，除能引起种子霉变外，有的种类还能产生毒素，如黄曲霉毒素，对人畜有致癌作物。曲霉属分18个群，包括132个种和18个变种。在水稻种子上分布较多的是灰绿曲霉（*Aspergillus gloucus*）、阿姆斯特丹曲霉（*Aspergillus amstelodami*）、烟曲霉（*Aspergillus fumigatus*）、黑曲霉（*Aspergillus niger*）、白曲霉（*Aspergillus candidus*）、黄曲霉（*Aspergillus flavas*）和杂色曲霉（*Aspergillus versicolor*）。曲霉菌丝有隔。有的基本细胞特化成厚壁的"足细胞"，其上长出与菌丝略垂直的分生孢子梗，孢子梗顶端膨大成顶囊。顶囊上着生1～2层小梗，小梗顶端产生念珠状的分生孢子链。分生孢子呈球形、椭圆形、卵圆形等，因种类而异。由顶囊、小梗及分生孢子链所构成的整体成为分生孢子头或曲霉穗，是曲霉属的基本特征（图 2-14）。有些种的有性生殖产生薄壁的闭囊壳。

曲霉在种子上的菌落呈绒状，初期为白色或灰白色，之后因菌种不同，在上面产生乳白色、黄绿色、烟灰色、灰绿色、黑色等粉状物。不同种类的曲霉，生活习性差异很大，大多数曲霉属于中温性，少数属于高温性。白曲霉、黄曲霉等生长适宜温度为25～30℃，黑曲霉的生长适宜温度为37℃，烟曲霉

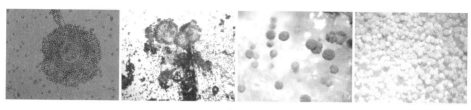

图 2-14　曲霉属真菌形态

嗜高温，其生长适宜温度为 37～45 ℃，45 ℃以上仍然能正常生长，常在发热霉变中后期大量出现，使种温升高和种子败坏。

大部分曲霉对水分的要求是中生性的，还有一些是干生性的，如孢子萌发最低相对湿度，灰绿曲霉仅为 62%～71%，白曲霉为 72%～76%，局限曲霉为 75%左右，杂色曲霉为 76%～80%。黄曲霉等属于中生性菌，孢子萌发的最低相对湿度为 80%～86%。黑曲霉孢子萌发的最低相对湿度为 88%～89%。

灰绿曲霉能在低温下为害水分含量低的种子。白曲霉能在含水 14%左右的稻谷上生长。黑曲霉易在含水 18%以上的种子上为害，它具有很强的分解种子有机质的能力，产生多种有机酸，使籽粒脆软，发灰，带有浓厚的霉腐气味。黄曲霉易为害水分较高的稻谷，当温度适宜便可在稻谷上发展，黄曲霉具有很强的糖化淀粉能力，使籽粒变软发灰，常产生褐色斑点和较重的霉酸气味。曲霉是好氧菌，少数能耐低氧。

（三）根霉属

根霉是分布很广的腐生性霉菌，大都有不同程度的弱寄生性，常存在于腐败食物、谷物、薯类、果蔬及储藏种子上，其代表菌类有匍枝根霉（*Rhizopus stolonifer*）、米根霉（*Rhizopus oryzae*）和中华根霉（*Rhizopus chinensis*）。匍枝根霉异名黑根霉（*Rhizopus nigricans*），属接合菌亚门，是为害储藏期水稻种子的主要真菌。根霉菌丝无隔膜，营养菌丝产生匍匐菌丝，匍匐菌丝与基物接触处产生假根，假根相对处向上直立产生孢囊梗，孢囊梗顶端膨大成孢子囊，基部有近球形囊轴。孢子囊内形成孢囊孢子。孢囊孢子球形或椭圆形（图 2-15）。有性生殖经异宗结合形成厚壁的接合孢子。

根霉在种子上的菌落菌丝茂盛呈絮状，生长迅速，初期为白色，逐渐变为灰黑色，表面生有肉眼可见的黑色小点。根霉喜高湿，孢子萌发的最低相对湿度为 84%～92%。根霉属中温性，匍枝根霉的生长适宜温度为 26～29 ℃，米根霉和中华根霉的生长适宜温度为 36～38 ℃。根霉都是好氧菌，但有的能耐低氧。然而在缺氧条件下却不能生长或生长不良，如在缺氧储藏中，当水分过高或出现粮堆内结露时则可能出现所谓的"白霉"。即只生长白色菌丝而不产生孢子，如米根霉等耐低氧的根霉。

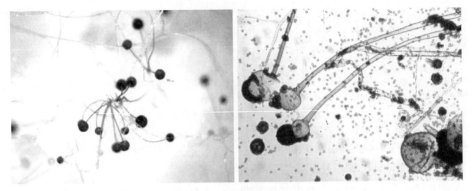

图 2-15　根霉属真菌形态

　　根霉具有很强的分解果胶和糖化淀粉的能力。有的类群，如米根霉、中华根霉在适宜条件下，生长迅速，能很快使高水分含量的种子霉变，其作用与毛霉相似。

（四）毛霉属

　　毛霉广泛分布在土壤及各种腐败的有机质上，在高水分含量的种子上普遍存在。该菌属于结核菌亚门。为害储藏种子的主要代表菌为总状毛霉（*Mucor racemosus*）。毛霉菌丝无隔膜，菌丝上直接分化成孢囊梗，孢囊梗以单轴式产生不规则分枝，孢子囊生于每个分枝的顶端，球形，浅黄色至黄褐色，内生卵形至球形孢囊孢子。囊轴球形或近圆形。有性生殖经异宗结合产生接合孢子。

　　该菌的显著特征是在菌丝体上形成大量的厚垣孢子。种子上的菌落呈疏散絮状，初期为白色，逐渐变成灰白色或灰褐色。该菌为中温、高湿性，生长适宜温度为 20～25 ℃，生长最低相对湿度为 92％。好氧菌，有些类群具耐低氧性。在缺氧条件下可进行乙醇发酵。具有较强的分解种子中蛋白质、脂肪和糖类的能力。潮湿种子极易受害，而使种子带有霉味和酒酸味，并有发热结块等现象。

（五）交链孢属

　　交链孢属也称链格孢属，是种子田间微生物区系中的主要类群之一，是新鲜储藏种子中常见的霉菌，属半知菌亚门，其主要代表菌为细交链孢（*Alternaria tenuis*）。交链孢菌丝有隔，无色至暗褐色，分生孢子梗自菌丝生出，单生或成束，多数不分枝。分生孢子倒棍棒形，有纵横隔膜，呈链状着生在分生孢子梗顶端（图 2-16）。种子上的菌落绒状，灰绿色或褐绿色至黑色。

　　该菌嗜高湿、中温性。好氧。孢子萌发最低相对湿度为 94％左右，在相对湿度100％时可大量发展。其菌丝常潜伏在种皮下，尤以谷类籽粒中较多，通常对储藏种子无明显危害。当其他霉腐微生物入侵种子内部时，其菌丝因拮抗作用衰退或死亡，故该菌的大量存在，往往与种子生活力强和发芽率高有关系。

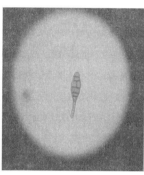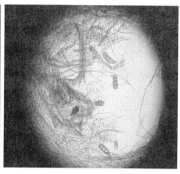

图2-16　交链孢属真菌孢子形态

（六）镰孢属

该菌分布广泛、种类很多，是种子田间微生物区系中的重要霉菌之一，属半知菌亚门。许多镰刀菌可引起植物病害（如恶苗病、传染性烂秧）和种子病害，在水分较高的条件下，能使种子霉变变质，破坏种子发芽率及产生毒素，使种子带毒。此外，一些镰刀菌也是人畜的致病菌。其主要代表菌为禾谷镰孢（*Fusarium graminearum*）。该菌是低温下导致高水分含量的种子霉变的重要霉菌之一［形态结构（图2-17）及生理生化特征见水稻恶苗病病原］。

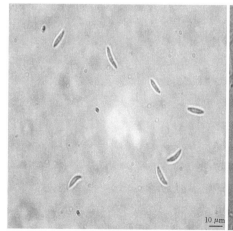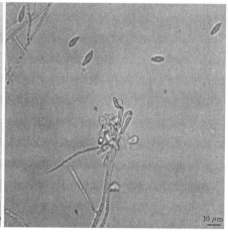

图2-17　镰孢属真菌孢子形态

二、水稻种子储藏霉菌对水稻种子的影响

(一) 对水稻种子生活力的影响

水稻种子在良好的储藏条件下，一般能在 1~2 年内保持较高的生活力，在特殊条件下（即低温、干燥、密闭）可在几年内保持较高的生活力。但如果保管不善，会使种子很快失去生活力。种子丧失生活力的原因很多，水稻种子储藏霉菌等微生物的侵害是重要原因之一。不同霉菌对种子生活力的影响也不一样。如黄曲霉、白曲霉、灰绿曲霉、局限曲霉和一些青霉对种胚的伤害力较强。在种子霉变过程中，种子发芽率总是随着霉菌的增长和种子霉变程度的加深而迅速下降，以致完全丧失。

水稻种子储藏霉菌引起种子生活力降低和丧失的主要原因：①一些霉菌可分泌毒素，毒害种子；②霉菌直接侵害和破坏种胚组织；③霉菌分解种子，形成各种有害产物，造成种子正常生理活动的障碍等。此外，在田间感病的种子，由于病原菌为害，大多数发芽率降低，即使发芽，在苗期或成株期也会再次发生病害。

(二) 对水稻种子霉变的影响

水稻种子储藏霉菌在正常活动时，不能直接吸收种子中各种复杂的营养物质，必须将其分解为可溶性的低分子物质，才能吸收利用而同化。所以，种子霉变的过程，就是霉菌分解和利用种子有机质的生物化学过程。带有储藏霉菌的水稻种子，不一定就会发生霉变，因为除了健全的种子对霉菌的抗御能力外，储藏环境对霉菌的影响及霉菌携带数量的多少是决定种子是否霉变的关键。环境条件有利于霉菌活动时，利于霉变的发生。

水稻种子霉变是一个连续的统一过程，也有着一定的发展阶段。其发展阶段的快慢，主要由环境条件，特别是温度和水分对霉菌的适宜程度而定。快的一天至数天，慢的需要数周甚至更长时间才能造成种子霉烂。

由于不同霉菌的作用程度不同，在种子霉变过程中，可以出现各种症状，如变色、变味、发热、生霉及霉烂等。其中某些症状出现与否，决定于种子霉变程度和当时的储藏条件。如种子（特别是含水量高时）霉变时，常常出现发热现象，但种子堆通风良好，热量能及时散放，而不大量积累，种子虽已严重霉变，也可不出现发热现象。种子霉变，一般分为 3 个阶段：初期变质阶段、中期生霉阶段、后期霉烂阶段。

1. 初期变质阶段 是霉菌与种子建立腐生关系的过程。种子上的霉菌，在环境适宜时，便活动起来，利用其自身分泌的酶类开始分解种子，破坏籽粒表面组织而侵入内部，导致种子的"初期变质"。此阶段可能出现的症状有种子逐渐失去原有的色泽，接着变灰发暗；发出轻微的异味；种子表面潮湿，有

"出汗""返潮"现象，散落性降低，用手插入种堆有湿涩感；籽粒软化，硬度下降；并可能有发热的趋势。

2. 中期生霉阶段　是霉菌在种子上大量繁殖的过程。继初期变质之后，如种堆中的湿热逐步累积，在籽粒胚部和破损部分开始形成菌落，而后可能扩大到籽粒的部分或全部。由于一般霉菌菌落多为毛状或绒状，所以通常所说的种子"生毛""点翠"就是生霉现象。生霉的种子已严重变质，有很重的霉味，具有霉斑，变色明显，营养品质变劣，还可能产生了霉菌毒素，生活力低，除不能作为种子外，也不宜转作商品食用。

3. 后期霉烂阶段　是霉菌使种子严重腐解的过程。种子生霉后，其生活力已大大减弱或完全丧失，种子也就失去了对霉菌为害的抗御能力，为霉菌进一步为害创造了极为有利的条件。若环境条件继续适宜，种子中的有机质遭到霉菌严重分解，致使种子霉烂、腐败，产生霉、酸、腐臭等难闻气味，籽粒变形，成团结块，以致完全失去利用价值。

三、影响水稻种子储藏霉菌活动的主要因素

霉菌在储藏水稻种子上的活动主要受储藏时水分、温度、空气及种子本身的健康程度和理化性质等因素的影响和制约。此外，种子中的杂质含量，害虫及仓储器具和环境卫生等对霉菌的传播也起到相当重要的作用。环境条件中对种子储藏霉菌活动的主要影响因素有以下几个方面：

（一）种子水分和空气湿度

种子水分和空气湿度是霉菌生长发育的重要条件。根据不同种类的霉菌对水分的要求和适应性不同，可将其分为干生（低湿）性、中生（中湿）性和湿生（高湿）性3种类型。储藏种子中，危害最大的霉腐菌都是中生性的，如青霉和大部分曲霉等。一些曲霉菌，如灰绿曲霉、白曲霉、局限曲霉、棕曲霉、杂色曲霉等，属于干生性的。结合菌中根霉、毛霉及许多半知菌类，多属于湿生性的。

不同类型的霉菌其生长最低相对湿度界限是比较严格的，而生长最适相对湿度则很相似，都以高湿为宜。在干燥环境中，可以引发霉菌细胞失水，使细胞内盐类浓度增高或蛋白质变性，导致代谢活动降低或死亡。大多数菌类的营养细胞在干燥的大气中干化而死亡，造成霉菌群体的大量减少。

根据霉菌以上特点，可采用适当的方法降低水稻种子水分含量，同时控制储藏种子堆的相对湿度使种子保持干燥，抑制储藏霉菌生长繁殖从而达到安全储藏的目的。从理论上讲，只要把种子水分降低保持在不超过相对湿度65％的平衡水分条件下，便能抑制种子上几乎全部的霉菌活动（以干生性霉菌在种子上能够生长的最低相对湿度为依据）。在这个水分条件下，虽然还有极少数

的灰绿曲霉能够活动，但其发育非常缓慢。因此，在一般情况下，相对湿度65％的种子平衡水分可以作为长期安全储藏界限，水稻种子水分越接近或低于这个界限，对储藏霉菌的抑制作用越好，安全储藏的时间也越长。反之，储藏稳定性越差。

（二）温度

温度是影响种子储藏霉菌生长繁殖和存亡的重要环境因素之一。霉菌按其生长所需温度可分为低温性、中温性和高温性 3 种类型。3 种类型的划分是相对的，也有一些中间类型。在水稻种子储藏霉菌中，绝大多数为中温性类型。大部分侵染种子引起变质的霉菌在 28～30 ℃生长最好。高温性和低温性类型的霉菌种类较少。通常情况下，中温性霉菌是导致种子霉变的主角，高温性霉菌则是种子发热霉变的后续破坏者，低温性霉菌是水稻种子低温储藏时的主要危害者。

一般霉菌对高温的作用敏感，在超过其生长最高温度的环境中，在一定时间内便会死亡。温度越高，死亡速度越快。高温灭菌的机制主要是利用高温使细胞蛋白质凝固，破坏酶活性，从而杀死微生物。种子储藏霉菌在生长最适温度范围以下，其生命活动随环境温度降低而逐渐减弱，以致受到抑制，停止生长或处于休眠状态。一般霉菌对低温的忍耐能力较强，低温只有抑制霉菌的作用，杀菌效果很小。一般情况下，水稻种子温度控制在 20 ℃以下时，大部分侵染种子的霉菌生长速度显著降低；温度降到 10 ℃左右时，发育更迟缓甚至停止发育；温度降到 0 ℃左右时，虽然还有少数霉菌能够发育，但大多数非常缓慢。因此，在水稻种子储藏中，采用低温技术具有显著的抑制霉菌生长的作用。

在储藏环境因素中，温度和水分二者的联合作用对霉菌发展的影响极大。当温度适宜时，霉菌对水分的适应范围较宽，反之则较严；在不同水分条件下霉菌对生长最低温度的要求也不同，种子水分越低，霉菌繁殖的温度就相应增高，而且随着储藏时间的延长，霉菌能在水稻种子上增殖的水分和温度的范围也相应扩大。

（三）储藏环境气体成分

水稻种子储藏霉菌根据其对氧气的需求（因所含酶系统的差别），可分为好氧（好气性）、厌氧（嫌气性）和兼性厌氧（兼嫌气性）3 种类型。水稻种子上携带的大多数霉菌都属于好氧类型，引起储藏种子霉变的霉菌（如青霉和曲霉等）都属于好氧类型。缺氧的环境对其生长不利，密闭的储藏环境能限制这类霉菌的活动，起到减少霉菌传播感染及隔绝外界温湿度不良变化影响的作用，所以，低水分含量的水稻种子采用密闭保管的方法，可以提高储藏的稳定性和延长安全储藏期。

种子储藏霉菌一般能耐低浓度的氧气和高浓度的二氧化碳的环境，所以，一般性的密闭储藏环境对霉菌的生长只能起到一定的抑制作用，不能完全制止霉菌的活动。研究表明，在储藏环境氧气含量为20％的条件下（与空气中正常氧气含量相同），将二氧化碳的浓度增加到20％～30％时，对霉菌的生长没有明显的影响；当二氧化碳浓度达到40％～80％时，才有较显著的抑制作用。霉菌中以灰绿曲霉对高浓度的二氧化碳耐受力最强，在二氧化碳浓度到达79％时仍能大量存在。此外，还应注意根霉、毛霉等厌氧型霉菌的存在。在生产实际中，高水分含量的水稻种子密闭储藏，往往容易产生酒味和引起败坏，这是兼备厌氧和湿生性的霉菌在缺氧条件下活动的结果，所以高水分含量的种子不宜密闭储藏。但种子堆进行通风也只有在能降低种子水分和种子堆温度的情况下才有利，否则将更加促进好氧类型霉菌的繁殖危害。因此，水稻种子储藏期间做到干燥、低温和密闭，对抑制储藏霉菌的发展是最有利的。

（四）日光

日光包括波长390～770 nm的可见光，以及部分不可见的紫外线和红外线。种子储藏霉菌的生长，大都不需要光线。散射的阳光对霉菌没有明显的危害，直射的阳光具有较强的杀菌作用，并且能够抑制多数霉菌孢子的萌发。其杀菌机制，主要是红外线具有的热效应和紫外线具有的杀菌力。一般腐生菌对日光的抵抗力比寄生菌要强一些。如许多霉菌虽然经强烈日光照射，但仍然可以存活，只是菌丝生长受到抑制。

（五）种子状况

水稻种子的类型、形态结构、品种、健康状况和生活力的强弱，以及纯净度和完整度，都直接影响着霉菌的生长状况和发育速度。

新种子和生活力强的种子，在储藏期间对霉菌有较强的抵抗力，成熟度差或胚部受损的种子容易生霉。颖壳闭合紧密的种子较颖壳裂开的种子不易受霉菌侵入。

储藏种子的纯度和净度，对霉菌的影响也很大。种子如果清洁度差，杂质尘土多，则易感染霉菌，常会在含杂质尘土多的部位产生窝状发热，这是因为杂质尘土常带有大量腐生霉菌，且容易吸潮，使霉菌容易繁殖。此外，同样水分含量的种子，不完整粒多的，容易发热霉变。这是因为完整的种子对霉菌的抵御能力较强，而破损种子易被霉菌感染，由于营养物质裸露，有利于霉菌吸收获得养料，加之不完整粒更易吸潮，更有利于霉菌的生长。

除上述因素以外，霉菌之间，霉菌与其他种子微生物（细菌、放线菌、酵母菌、其他病原真菌等）之间还存在着互生、共生、寄生和拮抗的关系，也会对霉菌在水稻种子上的活动产生影响。

参 考 文 献

陈功友，等，2019. 我国水稻白叶枯病菌致病型划分和水稻抗病育种中应注意的问题 [J].
　　上海交通大学学报（农业科学版），37（1）：67 – 73.

陈洪存，等，2010. 唐海县水稻胡麻斑病的发生与防治措施 [J]. 植物医生，23（1）：
　　4 – 6.

董继新，等，2000. 水稻抗瘟性研究进展 [J]. 农业生物技术学报，8（1）：99 – 102.

杜正文，1991. 中国水稻病虫害综合防治策略与技术 [M]. 北京：农业出版社.

樊改丽，2011. 稻瘟菌定殖与扩展相关基因 $MgGLK1$，$MgMFS1$ 和 $MgHAP$ 的克隆和功
　　能分析 [D]. 福州：福建农林大学.

范怀忠，等，1957. 广东省珠江三角洲水稻细菌性条斑病（白叶枯）研究简报 [J]. 植病知
　　识，1（1）：6 – 8.

洪剑鸣，2006. 中国水稻病害及其防治 [M]. 上海：上海科学技术出版社.

胡晋，等，2001. 种子贮藏原理与技术 [J]. 北京：中国农业大学出版社.

黄俊丽，等，2005. 稻瘟病菌致病性的分子遗传学研究进展 [J]. 遗传（3）：492 – 498.

季芝娟，2016. 水稻恶苗病抗性相关基因的鉴定及多抗基因的聚合育种利用 [D]. 沈阳：
　　沈阳农业大学.

李进斌，等，2008.22 个垂抗稻瘟病基因在云南的利用价值评价 [J]. 云南大学学报（自然
　　科学版），30（S1）：12 – 20.

李秀珍，等，2007. 儿童复合型甘油激酶缺乏症 [J]. 中国当代儿科杂志，9（5）：
　　441 – 444.

刘占领，等，2007. 水稻稻瘟病抗性基因定位与克隆研究进展 [J]. 作物学报（3）：
　　16 – 19.

陆凡，等，2002. 江苏省稻瘟病菌小种的结构组成与变化趋势 [J]. 南京农业大学学报，25
　　（1）：39 – 42.

吕建平，等，2015. 云南省农作物有害生物发生分布及危害特点 [M]. 昆明：云南教育出
　　版社.

吕学慧，等，2011. 寒地水稻胡麻斑病防治技术 [J]. 现代农业（3）：25.

商鸿生，2012. 现代植物免疫学 [M]. 北京：中国农业出版社.

孙炳达，2003. 中国内脐蠕孢属（$Drechslera$）和突脐蠕孢属（$Exserohilum$）真菌分类研
　　究 [D]. 泰安：山东农业大学.

孙漱沅，等，1996. 我国稻瘟病研究的现状和展望 [J]. 植保技术与推广，16（3）：
　　39 – 40.

温小红，等，2013. 水稻稻瘟病防治方法研究进展 [J]. 中国农学通报，29（3）：
　　190 – 195.

熊如意，等，2005.2002 年江苏省水稻稻瘟病菌致病性及遗传多样性研究 [J]. 植物病理学
　　报，35（1）：93 – 96.

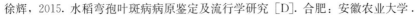

徐辉，2015. 水稻弯孢叶斑病病原鉴定及流行学研究 ［D］. 合肥：安徽农业大学.

徐瑶，2015. 水稻恶苗病对咪鲜胺敏感性分析与药剂防治研究 ［D］. 大庆：黑龙江八一农垦大学.

杨廷策，等，2005.2004 年晚稻胡麻叶斑病大发生特点及原因分析 ［J］. 广西植保（3）：34 - 35.

易尔沙，2012. 稻瘟病菌致病相关基因的克隆与功能分析 ［D］. 杭州：浙江大学.

于丹，2008. 风雨过后水稻胡麻叶斑病发生重 ［N］. 江苏农业科技报，2008 - 09 - 06（007）.

张加云，等，2009.2008 年云南省水稻稻瘟病发生条件分析 ［J］. 云南农业科技（1）：50 - 51.

张天宇，2010. 中国真菌志：第三十卷蠕形分生孢子真菌 ［M］. 北京：科学出版社.

张永，等，2004. 病原菌质子驱动型外排泵分子机制研究进展 ［M］//国外医药：抗生素分册.

赵巍巍，等，2010. 稻瘟病菌致病基因 MPG1 在黑龙江省的分布情况 ［J］. 黑龙江八一农垦大学学报，22（1）：21 - 24.

郑钊，等，2009. 水稻稻瘟病抗性基因定位、克隆及应用 ［J］. 分子植物育种，7（3）：385 - 392.

Adachi K，et al.，1998. Divergent cAMP signaling pathways regulate growth and pathogenesis in the rice blast fungus *Magnaporthe grisea* ［J］. Plant Cell，10：1361 - 1373.

Amoah B K，et al.，1995. Variation in the *Fusarium* section *Liseola*：pathogenicity and genetic studies of *Fusarium moniliforme* Sheldon from different hosts in Ghana ［J］. Plant Pathology，44：563 - 572.

Balhadère P V，et al.，2001. *PDE*1 encodes a P - type ATPase involved in appressodum，mediated plant infection by he rice blast fungus *Magnaporthe grisea* ［J］. Plant cell，13：1987 - 2004.

Barnwal M K，et al.，2013. A review on crop losses，epidemiology and disease management of rice brown spot to identify research priorities and knowledge gaps ［J］. Eur J Plant Pathol，136：443.

Bartley，et al.，1986. Duchenne muscular dystrophy，glycerol kinase deficiency，and adrenal insufficiency associated with $Xp21$ interstitial deletion ［J］. Journal of Pediatrics，108：189 - 192.

Bolker M，1998. Sex and crime：heterotrimeric G proteins in fungal mating and pathogenesis ［J］. Fungal Genet Biol，25：143 - 156.

Charrier V，et al.，1997. Cloning and sequencing of two enterococcal *glp*K genes and regulation of the encoded glycerol kinases by phosphoenolpyruvate dependent，phosphotransferase system - catalyzed phosphorylation of a single histidyl residue ［J］. J Biol Chem，272：14166 - 14174.

Chen J，et al.，2008. *Rac*1 is required for pathogenicity and *Chm*1 - dependent conidiogenesis in rice fungal pathogen *Magnaporthe grisea* ［J］. Plo S Pathog，4（11）：e1000202.

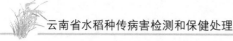
Chumley F G, et al., 1990. genetic analysis of melanin deficient, nonpathogenic mutants of *Magnaporthe grisea* [J]. Molecular Plant - Microbe Interaction, 3: 135 - 143.

Clergect P H, et al., 2001. *PLS*1, a gene encoding a tetraspanin - like protein, is required for penetration office leaf by the fungal pathogen *Magnaporthe grisea* [J]. Proc Nad Acad Sci USA, 98: 6963 - 6968.

Dalprà M, et al., 2010. First report of *Fusarium andiyazi* associated with rice bakanae in Italy [J]. Plant Disease, 94 (8): 1070.

Dayton J S, et al., 1996. Ca^{2+}/calmodulin - dependent kinase is essential for both growth and nuclear division in *Aspergillus nidulans* [J]. Mol BiolCell, 7: 1511 - 1519.

De Z, et al., 1999. *Magnaporthe grisea pth* 11 protein is a novel plasma membrane protein that mediates appressorium differentiation in response to mduefive substrate cues [J]. Plant Cell, 11: 2013 - 2030.

Dennis C, 1977. Susceptibility of stored crops to microbial infection [J]. Ann Appl Biol, 85: 430.

Ding S L, et al., 2010. The *Tig*1 histone deacetylase complex regulates infectious growth in the rice blast fungus *Magnaporthe oryzae* [J]. The Plant cell, 22 (7): 2495 - 2508.

Ednar W, et al., 2009. *Fusarium* spp. associated with rice bakanae: ecology, genetic diversity, pathogenicity and toxigenicity [J]. Environmental Microbiology, 12 (3): 649 - 657.

Egan M J, et al., 2007. Generation of reactive oxygen speciesby fungal NADPH oxidases is required for rice blast disease [J]. Proc Natl Acad Sci USA, 104: 11772 - 11777.

Elena L E, et al., 2006. A novel MFS transporter encoding gene in *Fusarium verticillioides* probably involved in iron - siderophore transport [J]. Mycological research, 9 (110): 1102 - 1110.

Gilbert R D, et al., 1996. Chemical signal responsible for appressorium formation in the rice blast fungus [J]. Physiol MoL Plantpathology, 48: 335 - 346.

Gupta D K, et al., 1994. Seed microflora of vegetable mustard [J]. Indian Phytopathology, 47 (4): 422 - 423.

Hai F Z, et al., 2010. A two - component histidine kinase, Mo *SLN*1, is required for cell wall integrity and pathogenicity of the rice blast fungus, *Magnaporthe oryzae* [J]. Curr Genet, 56: 517 - 528.

Hamer J E, et al., 1988. A mechanism for surface attachment in spores of a plant pathogenic fungus [J]. Science, 239: 288 - 290.

Hamer J E, et al., 1990. Genetic mapping with dispersed repeated sequencesin the rice blast fungus: mapping the *SMO* locus [J]. Molecular Genetics and Genomics, 223: 487 - 495.

Holmberg C, et al., 1990. Cloning of the glycerol kinase gene of *Bacillus subtilis* [J]. Microbiol, 136: 2367 - 2375.

Jeremy W, et al., 1973. Catalytic and allosteric properties of glycerol kainase from

Escherichia coli [J]. Biological Chemistry, 248: 3922 - 3932.

Joseph J D, et al., 2000. Identification and characterization of two Ca^{2+}/CaM dependent protein kinases required for normal nuclear division in *Aspergillus nidulans* [J]. Biol Chem, 275 (49): 38230 - 38238.

Kim J H, et al., 2012. Population structure of the *Gibberella fujikuroi* species complex associated with rice and corn in Korea [J]. The Plant Pathology Journal, 28 (4): 357 - 363.

KIM S W, et al., 2016. Comparison of the antimicrobial properties of chitosan oligosaccharides (COS) and EDTA against *Fusarium fujikuroi* causing rice bakanae disease [J]. Current Microbiology, 72 (4): 496 - 502.

Kim S, et al., 2009. Homeobox transcription factors are required for conidiation and appressorium development in the rice blast fungus *Magnaporthe oryzae* [J]. PLoS Genet, 5 (12): e1000757.

Lau G W, et al., 1998. Acropetal: A genetic locus required for conidiophore architecture and pathogenicity in the rice blast fungus [J]. Fungal Genetics and Biology, 24 (1 - 2): 228 - 239.

Lee Y H, et al., 1993. CAMP regulate infection structure formationinthe plant pathogenic fungus *Magnaporthe grisea* [J]. Plant Cell, 5: 693 - 700.

Lee Y H, et al., 1994. Hydrophobicity of contact surface induces appressorium formation in *Magnaporthe grisea* [J]. FEMS, Microbiol Lett, 11 (5): 71 - 75.

Li Y, et al., 2010. Characterization of Mo*LDB*1 required for vegetative growth, infection - related morphogenesis, and pathogenicity in the rice blast fungus *Magnaporthe oryzae* [J]. MPMI, 23 (10): 1260 - 1274.

Liu H, et al., 2007. *Rgs*1 regulates multiple Gα subunits in *Magnaporthe grisea* pathogenesis, asexual growth and thigmotropism [J]. EMBO J, 26: 690 - 700.

Liu S, et al., 1997. G protein a subunit genes control growth, development and pathogenicity of *Magnaporthe grisea* [J]. MoL Plant - Microbe Interact, 10: 1075 - 1086.

Lola R, et al., 2007. Glycerol kinase deficiency alters expression of genes involved in lipid metabolism, carbohydrate metabolism, and insulin signaling [J]. European Journal of Human Genetics, 15: 646 - 657.

Mirocha C J, et al., 1976. Natural occurrence of *Fusarium* toxins in feed stuff [J]. Appl. Microbiol, 32: 553.

Nguyen Q B, et al., 2008. Systematic functional analysis of calcium - signalling proteins in the genome of the rice blast fungus, *Magnaporthe oryzae* using a high - throughput RNA - silencing system [J]. Mol Microbiol: 68 (6): 48 - 65.

Ou S H, 1985. Rice diseases [M]. 2nd ed. Cambridge, UK: The Cambridge News Ltd.

Petra H, et al., 1999. A gene of the major facilitator superfamily encodes a transporter for enterobactin (Enb1p) in *Saccharomyces cerevisiae* [J]. Bio Metals, 13: 65 - 72.

Pettigrew D W, et al., 1990. Nucleotide regulation of escherichia coli glycerol kianase: initial – velocity and substate bingding studies [J]. Biochemistry, 29 (37): 8620 – 8627.

Phatak H C, 1980. The role of seed and pollen in the spread of plant pathogens particularly viruses [J]. Tropical Pest Management, 26: 278 – 285.

Sargent C A, et al., 1994. The glycerol kinase gene family: structure of the *Xp* gene, and related intronless retroposons [J]. Genet, 3 (8): 1317 – 1324.

Schweizer H P, et al., 1997. Structure and gene – polypepetid relationships of the regionencoding glycerol diffusion facilitator (*glp*F) and glycerol kainase (glpk) of *Pserdomonas aeruginosa* [J]. Microbiology, 143: 1287 – 1297.

Shi Z X, et al., 1995. Genetcanalysis of sporulation in *Magnaporthe grisea* by chemical and insertional mutagenesis [J]. Molecular Plant – Microbe Interactions, 8 (6): 949 – 959.

Shi Z X, et al., 1998. Interactions between sporemor phogenetic mutations affect cell types, sporulation, and pathogenesis in *Magnaporthe grisea* [J]. Molecular Plant – Microbe Interactions, 11 (3): 199 – 207.

Silue D, et al., 1998. Identification and characterization of apf1 in a non – pathogenic mutant of the rice blast fungus *Magnaporthe grisea* which is unable to differentiate appressoria [J]. Physiol Molecular Plant Pathological, 53: 239 – 251.

Sinclair J B, 1979. The seed: A microcosm of microbes [J]. Journal of Seed Technology, 4 (2): 68 – 73.

Solomon S, et al., 2006. Investigating therole of calcium/calmodulin dependent protein kinases in *Stagonospora nodorum* [J]. Mol Microbiol, 62 (2): 367 – 381.

Song W, et al., 2010. R – SNARE Homolog Mo *Sec22* is required for conidiogenesis, cell wall integrity, and pathogenesis of *Magnaporthe oryzae* [J]. Plo S ONE, 5 (10): e13193.

Sttephanie S P, et al., 1998. Major facilitator superfamily [J]. Microbilogy and Molecular Biolagy, 1 (62): 1 – 34.

Sun S K, et al., 1981. The bakanae disease of the rice plant [M]. University Park: The Pennsylvania University Press.

Tomlinson J A, 1987. Epidemiology and control of virus diseases of vegetables [J]. Ann Applied Biol, 110: 661 – 681.

Tri J, et al., 2007. A sugar transporter (*Mfs* X) is also required by *Dickeya dadantii* 3937 for in planta fitness [J]. J Gen Plant Pathol, 73: 274 – 280.

Urban M, et al., 1999. An ATP – driven efflux pump is a novel pathogenicity factor in rice blast disease [J]. EMBO J, 18 (3): 512 – 521.

Webster R K, et al., 1992. Compendium of rice diseases [M]. St Paul Minn: The American Phytopathological Society Press.

Wulff E G, et al., 2010. *Fusarium* spp. associated with rice bakanae: ecology, genetic diversity, pathogenicity and toxigenicity [J]. Environmental Microbiology, 12:

649 - 657.

Xu J R, et al., 1996. MAP kinose and cAMP signaling regulate infection structure formation and pathogenic growth in the rice blast fungus *Magnaporthe grisea* [J]. Genes Dev, 10: 2696 - 2706.

Xu J R, et al., 1997. The CPKA gene of *Magnaporthe griseais* essential for appressorial penetration [J]. MoL Plant - Microbe InteracL, 1 (10): 87 - 194.

Xu J R, et al., 1998. Inactivation of the mitogen activated protein kinase *Mps*1 from the rice blast fungus prevents penetration of host cells but allows activation of plant defence responses [J]. Proc Natl Acad Sei USA, 95: 12713 - 12718.

Yi M, et al., 2009. The ER chaperone *LHS*1 is involved in asexual development and rice infection by the blast fungus *Magnaporthe oryzae* [J]. Plant Cell, 21 (2): 681 - 695.

Zeigler R S, 1998. Recombination in *Magnaporthe grisea* [J]. Annu Rev of Phytopathol, 36: 269 - 275.

Zelter A, et al., 2004. A comparative genomic analysis of the calcium signaling machinery in *Neurospora crassa*, *Magnaporthe grisea*, and *Saccharomyces cerevisiae* [J]. Fungal Genetics and Biology, 41: 827 - 841.

Zhu Heng, et al., 1996. Genetic analysis of developmental mutnts and rapid chromosome mapping of *APP*1, a gene required for appressorium formation in *Magnaporthe grisea* [J]. Molecular Plant - Microbe Interactions, 9 (9): 767 - 774.

Zhuang Z Z, et al., 2009. Conidiophore stalk - less1 encodes a putative zinc - finger protein involved in the early stage of conidiation and mycelial infection in *Magnaporthe oryzae* [J]. Molecular Plant - microbe Interactions, 4 (22): 402 - 410.

第三章 水稻种传病害检测技术

水稻种传病害的检测包括对种传病原物的种类、数量、致病性、带菌率等多方面内容的检测，为评估该批次水稻种传病原物的生态危害性和经济危害性提供科学的依据，同时也是制定下一步种传病害防治策略，选择相应的种子保健处理技术的基础。

水稻种传病害的检测方法因病原物的种类不同而异。鉴于不同类型病原物的侵染特性各不相同，检测技术的选择需要以病原物与寄主的侵染关系和侵染发生的确切部位作为考量依据。通常对病原物的检测鉴定并不是仅靠一种检测手段就可以完成的，往往需要综合使用多种检测技术手段，以保证检测的准确性和可靠性。

根据报道，植物种传病害病原物有植物病原真菌、细菌、病毒（含类病毒）和线虫，还没有发现水稻种子传播植原体、类细菌、类立克次氏体、螺旋体等植物病原微生物。而水稻的种传病害主要由其中的真菌和细菌引发，具有严重经济危害性的病害有 30 多种。目前发现的水稻病毒和菌原体绝大部分不通过种子传播，而是经由媒介或机械传播。仅有极个别水稻病毒，如矮缩病毒、帚顶病毒猜测可能通过种子传播，但目前仍缺乏有力证据。故本章将重点介绍适用于云南水稻真菌和细菌性种传病害的检测方法。

规范的植物病原菌的检测鉴定，应采用相应的参照菌株或其他适宜的阳性、阴性标准物质做对照。所采用的参照菌株或标准物质应该是来自权威机构，并经过必要验证的。

经过种衣处理的种子，由于抑制或掩盖了目标菌的生长，不做预处理直接检测通常会影响检测结果。因此需在培养检测前用无菌水、乙醇或其他的表面活性剂清洗种子表面的种衣剂。

第一节 取 样

取样是水稻种传病害检测工作中的第一个环节。取样的目的是抽取具有代表性的合适的样品数量，同时能最大程度反映该批待测种子的真实情况。待测样品取样的代表性直接关系着后续样品检测结果的准确性和可靠性。对于待测种子样品，全部检测是不现实的，只能取其中一部分进行检测分析。如果抽取的样品不能代表该批次全部种子的实际情况，即便检测过程精细，也不能正确全面地反映该批待测种子样品的真实情况。因此，需形成规范标准的取样规程。同时，为使检测结果能得到国际认可，与国际接轨，取样规程的形成需与国际上通用的标准保持一致。

我国现行的《农作物种子检验规程》（GB/T 3543—1995）历经 6 年多的起草、研讨、论证与修改，于 1995 年 8 月 18 日发布，1996 年 6 月 1 日开始实施。新规程的修订是在全面系统地研究了国外种子检验方法的标准构成前提下，充分结合我国种子产业的特点，从全面标准体系化的角度来设计我国种子检验方法的标准，并以《农作物种子检验规程 扦样》（GB/T 3543.2）部分来详细规范了农作物种子检测过程中的扦样操作规程。该部分规程中引入了与国际标准等同的种子批的概念，规范了种子批的最大重量、均匀度、容器及种子批的标记及封口等内容。围绕扦样最关键的代表性问题，就不同种子种类和种子批包装状况及散装种子批采用不同的扦样仪器和技术均做出了规范。本书的内容将在遵循《农作物种子检验规程 扦样》（GB/T 3543.2）的原则下展开。

《农作物种子检验规程 扦样》（GB/T 3543.2）（以下简称检验规程）对待测样品进行了细致分类，并首次引入了与国际标准等同的种子批（seed lot）的定义，即同一来源、同一品种、同一年度、同一时期收获和质量基本一致、在规定数量之内的种子。检验规程中规定了稻种子批的最大重量为 25 000 kg，若超过规定最大重量，须分成几批，分别给予批号。被扦的种子批应在扦样前充分混合均匀以保证种子批的均匀度，如对均匀度有质疑，须测定异质性。

初次样品（primary sample）是指从种子批的一个扦样点上扦取的一小部分种子。初次样品的扦取可分为袋装扦样法和散装扦样法。

袋装扦样法：根据种子批袋装（或容量相似而大小一致的其他容器）的数量确定扦样袋数，表 3-1 的扦样袋数应作为最低要求。袋装（或容器）种子堆垛存放时，应该随机选定要取样的袋，从上、中、下各部位均匀设置扦样点，以保证样点全面均匀，且各样点所取样品数量应该基本保持一致。非堆垛存放的样品袋，可间隔一定袋数平均扦取。检验规程还对扦样使用的工具进行了规范。对于中小粒种子样品，如水稻种子，适用单管扦样器扦取，扦样是用扦样器的尖端先拨开包装物的线孔，凹槽向下倾斜插入袋内，到达袋中心后旋转使凹槽向上，慢慢拔出，将样品倒入容器中。

散装扦样法：根据种子批散装的数量确定扦样点数，扦样点数见表 3-2。表 3-2 的扦样点数应作为最低要求。散装扦样时应该随机从各个部位和深度扦取。每个部位扦取的数量应基本保持一致。

如扦取的初次样本均匀一致，则可将其合并混合成混合样品（composite sample）。从混合均匀的样品中扦取规定的重量送至种子检验机构检验的样品即为送检样品（submitted sample）。检验规程针对不同农作物种类的送检样品的最小重量分别进行了规范。稻的送检样品最小重量为400 g。送检样品的扦取方法参照混合样品的扦取。

表 3-1　袋装的扦样袋（容器）数

种子批的袋数（容器数）	扦取的最低袋数（容器数）
1～5	每袋都扦取，至少扦取 5 个初次样品
6～14	不少于 5 袋
15～30	每 3 袋至少扦取 1 袋
31～49	不少于 10 袋
50～400	每 5 袋至少扦取 1 袋
401～560	不少于 80 袋
561 以上	每 7 袋至少扦取 1 袋

表 3-2　散装的扦样点数

种子批大小（kg）	扦样点数
50 以下	不少于 3 点
51～1 500	不少于 5 点
1 501～3 000	每 300 kg 至少扦取 1 点
3 001～5 000	不少于 10 点
5 001～20 000	每 500 kg 至少扦取 1 点
20 001～28 000	不少于 40 点
28 001～40 000	每 700 kg 至少扦取 1 点

检验部门收到送检样品后，根据所需要做的检测项目分取相应重量的样品形成试验样品（working sample，以下简称试样）。分样前，须将送检样品充分混合，然后用分样器经多次对分法或抽取递减法分取得到试验样品。重复样品须独立分取，在分取第一份试样后，第二份试样须从一分为二的送检样品的另一部分中分取。水稻种子检测常采用四分法分取试样。即先将样品倒在光滑的桌上或玻璃板上，用分样板将样品先纵向混合，再横向混合，重复混合 4～5 次，然后将种子摊平成四方形，用分样板划两条对角线，将样品等分成 4 个

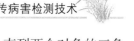

三角形，再取 2 个对角的三角形内的样品重复上述方法，直到两个对角三角形内的样品接近两份试验样品的重量。

待测样品经扦取分样得到试样后，应尽快进行后续检测。不能及时开展检测的，须将样品存放在凉爽、通风的室内，将质变降到最低。需复验的样品需多分取一份试样，根据该种农作物品种种子适宜的保存条件储存一个生长周期。

取样所使用到的扦样器、分样器、容器、用具等均需提前消毒灭菌处理，以防止用具带菌污染种子，保证后续检测结果的准确性和客观性。

第二节　真菌性病原物常规检测法

真菌性病原物是水稻种传病害的主要病原物之一。种子受真菌侵染后，不但会造成种子萎缩变小、腐烂、变色、仓储寿命缩短、发芽率大幅降低，甚至完全不萌芽、对不良环境的适应力下降、种子不育，许多真菌性病原菌还会引起植株外部形态发生病变，危害水稻生长发育的各个阶段。某些种传真菌产生的毒素，也会对人畜健康构成威胁。真菌性病害的特点是在发病部位出现病症，例如发病部位出现病原体的繁殖体、菌丝体或菌核等。因此，对水稻真菌性病害的常规检测可以基于水稻种子受病原真菌侵染后表现的症状特点及病原真菌的形态学特征、生物学特性和病原真菌的致病性相结合来进行诊断鉴定。以子实体或病组织混杂在种子中间，与种子一起休眠后萌发，进行局部或器官专化性侵染的真菌性病害，如稻曲病，可以用肉眼检查子实体和病组织；以繁殖体（无性或有性孢子）或菌丝体附着在种子表面，当种子萌发时进行局部或系统性侵染的真菌性病害，可以用分离培养或洗涤的方法进行检测；以菌丝体潜伏在种子或颖壳内、种皮与颖壳之间，随着种子的萌发而萌发，引起局部侵染或系统侵染的真菌性病害，可以用萌发、分离培养的方法进行检测；以菌丝体侵入种子内部，特别是早期侵入，潜存在种皮以内的组织中的真菌性病害，由于是内部感染，必须用萌发或分离培养的方法进行检测。常规检测法主要进行真菌性病原物的形态学特征检测，操作简单快捷，对仪器设备、操作人员技术要求低，成本低，多用于水稻种传病害检测的初检。具有典型特征的真菌性病原物，通过常规检测法根据其形态特征即可进行鉴定。无典型特征的真菌性病原物，须结合形态特征、致病性、血清学和（或）分子生物学进行综合鉴定。近年来，分子生物学技术的快速发展使真菌分类方法更加多样、快速且准确，然而，每种鉴定方法均有其优点和缺陷，准确鉴定病原物种类需要几种方法结合使用，表型鉴定和分子遗传学方法相结合才可对未知菌进行准确合理定性。

一、干种子目测法

干种子目测法适用于病原物容易识别、具有明显症状的水稻种传真菌性病害，是通过肉眼直接观察和放大镜观察种子外部形态，将混杂在种子间和黏附在种子表面的昆虫或植物残体、虫瘿、菌瘿、菌核或菟丝子等分离出来，同时也可以将带有各种损伤、发霉、腐烂、病斑、肿块、开裂、变色、畸形、发育不正常的等感病后有明显症状的病粒挑拣出来，是进出口岸进行种子初筛时最常用的方法。

操作方法：取一定克重或粒数的试样放在白纸或玻璃板上，用肉眼或5～20倍的放大镜检查，取出病原体或病粒，称其重量或计其粒数，计算病害感染率。

例如稻粒黑粉病，该病由稻粒黑粉病菌引起，在全球主要稻作区均有发生，是一种分布广泛的水稻真菌病害。为害水稻谷粒形成大量黑色粉末，即病原菌冬孢子。以冬孢子形式越冬，第二年冬孢子于水稻生长期萌发，形成两种担孢子，担孢子萌发形成菌丝或再次形成担孢子，于水稻开花期以菌丝侵入水稻颖花，形成冬孢子完成病害循环。严重影响谷粒的质量和产量。病谷的米粒全部或部分被破坏，起初症状不明显，到蜡熟、成熟期才表现出症状，成熟时颖壳自然裂开，露出锥形黑色角状物，破裂后散出黑色粉末（图3-1）。可通过目测法直接将病粒与健康种子区分开。

图3-1　稻粒黑粉病病粒症状

二、过筛检验

利用病原物与种子形状、大小的区别，通过网筛将携带病原体的病粒筛出，再挑拣出或用放大镜检查。适用于混杂在种子内较大的病原体如菟丝子、菌核、虫瘿和杂草种子等。

操作方法：根据种子的大小，采用筛目不同的 2～3 层套筛，进行旋转连续筛理 3～5 min，有条件的可使用电动筛选器。筛理后，将各层筛上的试样倒入白色瓷盘内，摊成薄层，用放大镜检查或肉眼检查，挑拣出病原物的子实体，然后进行分类称重统计。

三、挑片和切片镜检法

挑片和切片镜检法是直接挑取侵染部位制片镜检的方法。适用于种子表面受病原菌侵染发病的病粒检测。

操作方法：直接用挑针挑取或刮取植物种子表面受病原真菌侵染后发病部位的子实体，如霉状物和粉状物等，或者用刀片将种子的发病部位切成薄皮，放在加有 1 滴蒸馏水的干净载玻片上，加盖玻片后放在显微镜下调节光圈于最佳视野下观察。植物真菌性病害主要观察病原真菌的菌丝体、孢子、菌核等的形态特征，如果是细菌性病害，则在显微镜下镜检时可看到大量细菌从病健交界处流出，这种现象被称为喷菌现象。喷菌是由细菌侵染植物引发病害所特有的现象，因此可将其作为区别真菌病害和细菌病害最为简便的方法。

四、洗涤镜检法

洗涤镜检法一般用于检测附着在种子表面，但是无法通过肉眼或放大镜检查，并且具有典型形态特征的孢子、孢子梗等结构的病原真菌，如稻粒黑粉菌。

操作方法：从送检种子中称取 10～50 g 作为试样，倒入经干热灭菌后的 250 mL 三角烧瓶内，加入适量无菌水，加入 1～2 滴表面活性剂吐温 20，用铝箔纸将三角烧瓶封口。将三角烧瓶置于振荡器上振荡 5～10 min，取烧瓶中悬浮液注入干热灭菌的 10 mL 离心管内，1 500 r/min 离心 3 min。弃上清液，留沉淀物，用席尔氏液定容至 1 mL。用移液枪吸取 10～20 μL 沉淀物悬浮液至载玻片上，加盖玻片。在显微镜下进行观察，根据病原真菌孢子形态特征进行真菌种类的鉴定。记载病原体种类及每视野的孢子数，并计算每粒种子孢子负荷量。

如果镜检洗涤液时，没有检查到病菌孢子，则需对同一样品重复几次取样洗涤，对每一洗涤液至少要镜检 5 张玻片。当一个样品两次取样、洗涤检验的结果相差很大时，须重复一次。

五、胚胎计数法

适用于胚芽组织受感染的病粒的检测。

操作方法：称取试样种子 100 g，倒入 1 L 新配制的 5％氢氧化钠溶液中，

20 ℃下放置 24 h，待浸透后将样品倒入适宜容器中，用温水洗涤，将胚芽分离出来。将收集到的胚芽放置在 1 mm 孔径的筛网内，用更大孔径的筛网收集胚乳和种皮碎片。将胚芽转移到等量的甘油和水中，以进一步分开胚芽和种皮。在通风橱中，把胚芽转移到装有 75 mL 新鲜无水乳酚油的烧杯中，煮沸乳酚油，在沸点下清洗 30 s。将胚芽转移到新鲜的微温甘油中，在带底光源解剖镜下检查胚芽，可见到一些具有特征性的菌丝体。

六、保湿萌芽检测法

保湿萌芽检测法适用于病原菌潜伏在种子内，在种子萌发阶段开始侵染的种传病害的检测。通过室内人工培养，使真菌产生繁殖结构并进行检验。因培养介质不同可分为保湿培养检测法、沙内萌芽检测法、土内萌芽检测法和试管幼苗症状测定法。其中保湿培养检测法是实验室检测病原菌最常用的方法。

（一）保湿培养检测法

根据培养介质不同又可分为吸水纸法、冰冻吸水纸法和琼脂平皿法等。

1. 吸水纸法　主要适用于水稻种传真菌性病害的检测。是将样本置于温度、湿度恒定的容器内培养，以促进病部表现典型症状，而后进行形态学特征检测的方法。

操作方法：用无菌吸水纸 3 层，吸足无菌水后放入经过消毒的培养皿中。吸水纸大小取决于培养皿直径，通常采用直径 90 mm 的吸水纸。倒去多余的水，在无菌条件下，将种子均匀排列在无菌吸水纸上，每粒种子间保持 1～1.5 cm 间距。将培养皿置于 20～28 ℃（可根据具体检测的种子和病原菌设计适宜温度）、空气湿度 95％～100％的恒温箱内 12 h 光照/12 h 黑暗培养。一般经过 1～7 d，可见种子表面长出病原菌，进行显微镜检查。观察分生孢子、分生孢子梗、分生孢子器、分生孢子盘等子实体，记录侵染的部位和百分比、菌落密度、颜色等，与参照菌株进行对比鉴定。必要时可采用适宜培养基进行分离纯化后再进行该步检测。为抑制种子萌发，可事先将种子用 0.2％新鲜配制的 2,4 -滴钠盐溶液浸泡处理。

2. 冰冻吸水纸法　这是一种改进的保湿培养法，该方法有利于病原物形成孢子，同时又避免了因种子萌发芽伸长后造成相互覆盖，便于检查。

操作方法：用无菌吸水纸 3 层，吸足无菌水后放入经过消毒的培养皿中。吸水纸大小取决于培养皿直径，通常采用直径 90 mm 的吸水纸。倒去多余的水，在无菌条件下，将种子均匀排列在无菌吸水纸上，每粒种子间保持 1～1.5 cm 间距。10 ℃培养 3 d，20 ℃培养 2 d，再转移至－20 ℃冰冻过夜，然后 20 ℃±2 ℃条件下，12 h 光照/12 h 黑暗培养 5～7 d。

3. 琼脂平皿法　该方法与吸水纸法不同之处在于用 1.5％～1.7％琼脂替

代吸水纸。因含水量均匀一致，有利于病原菌生长，培养皿内洁净，杂菌少，便于检查。常用于真菌和细菌病害的培养与检测，适于检测潜存在颖内、种皮内或种皮以内组织中，发育较慢，种子上不同程度表现症状的病原菌。

操作方法：将种子浸泡在 30% 双氧水中 30 min（双氧水与种子比例＝3∶1），其间搅拌种子 1～2 次，倒去双氧水，加入无菌水搅拌 5 min。在无菌条件下，倒去无菌水，用无菌吸水纸吸干种子表面的水。检测带菌率则不进行表面消毒，直接用种子进行分离培养。再将浓度 1.5%～1.7% 琼脂液灭菌后倒入无菌培养皿中，制成一定厚度的斜面，均匀摆放种子。20 ℃±2 ℃ 条件下，黑暗/近紫外线交替培养 10 d，注意培养皿不能重叠摆放。之后镜检培养物，用高倍显微镜检查分生孢子、分生孢子梗等子实体结构。每 3 d 检查一次，将有变色污点的种子取出，记录侵染的部位和百分比、菌落密度、颜色等，与参照菌株进行对比鉴定。必要时可采用适宜培养基进行分离纯化后再进行该步检测。

水稻恶苗病是为害水稻最为严重和古老的种传病害之一。目前研究认为，该病病原菌为藤仓镰孢、层出镰孢、拟轮枝镰孢和 *F. andiyazi*。陈宏州等（2018）对来自江苏省 6 个县市的水稻恶苗病样品进行了病原菌分离和鉴定。该试验依据镰刀菌的菌落及分生孢子形态特征进行病原菌初筛及单孢分离，共分离得到 10 株菌株，将这 10 株菌株在 PDA 培养基上 26 ℃ 培养 5 d 后，菌丝呈等径辐射生长，地毯状平铺，菌落圆形。依据菌落形态特征大致可分为以菌株 G16-1（G16-2 至 G16-4）、G16-5（G16-6）、G16-7（G16-8）和 G16-9（G16-10）为代表的 4 种类型。菌株 G16-1 气生菌丝致密、纤细，丛卷毛状，由灰白色逐渐变为淡粉色；基内菌丝初为白色，逐渐转为淡粉色（图 3-2，A-1、B-1）。该类型经分子鉴定序列比对后确定为藤仓镰孢。菌株 G16-5 气生菌丝致密、纤细，丛卷毛状至毛毡状，由白色逐渐变为灰白色。基内菌丝初为白色，逐渐转为灰黑色（图 3-2，A-2、B-2）；该类型经分子鉴定序列比对后确定为层出镰孢。菌株 G16-7 气生菌丝致密、纤细，丛卷毛状，由灰白色逐渐变为粉色；基内菌丝初为白色，逐渐转为淡紫色（图 3-2，A-3、B-3）；该类型经分子鉴定序列比对后确定为拟轮枝镰孢。菌株 G16-9 气生菌丝致密、纤细，毛毡状，由灰白色逐渐变为淡粉色；基内菌丝初为白色，逐渐转为淡粉色（图 3-2，A-4、B-4）；该类型经分子鉴定序列比对后确定为 *F. andiyazi*。

水稻胡麻叶斑病是由半知菌亚门稻平脐蠕孢（*Bipolaris oryzae*）引起的一种真菌病害，此病在我国各稻区危害严重且普遍。彭陈等（2014）对水稻胡麻叶斑病菌在不同培养基、不同光照条件、温度、pH、碳源、氮源条件下的培养特性进行了研究，为该病菌的准确、快速分离鉴定提供了重要的依据。该

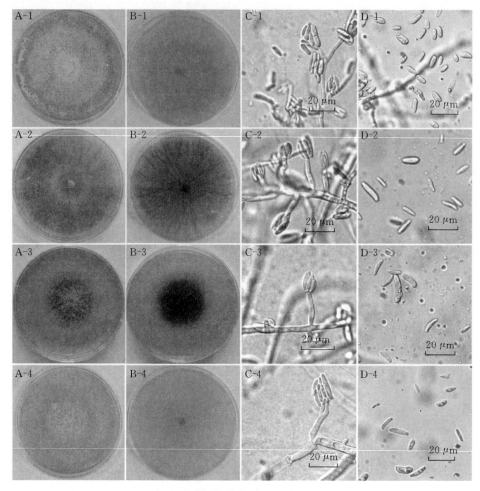

图 3-2 水稻恶苗病病原菌的形态特征

A-1 至 A-4. 菌株 G16-1、G16-5、G16-7 和 G16-9 的菌落正面

B-1 至 B-4. 菌株 G16-1、G16-5、G16-7 和 G16-9 的菌落背面

C-1 至 C-4. 菌株 G16-1、G16-5、G16-7 和 G16-9 的分生孢子梗

D-1 至 D-4. 菌株 G16-1、G16-5、G16-7 和 G16-9 的小型分生孢子

(陈宏州等，2018)

试验将水稻胡麻叶斑病菌在 PDA 固体培养基中活化，切取活化后的菌丝块分别置于 PDA 培养基（马铃薯葡萄糖琼脂培养基）、PSA 培养基（马铃薯蔗糖琼脂培养基）、Richards 培养基（理查德培养基）、Czapek 培养基（察氏培养基）、燕麦片琼脂培养基和玉米粉琼脂培养基中，28 ℃光照黑暗交替培养 7 d 后观察菌落形态，结果显示（图 3-3）：水稻胡麻叶斑病菌在玉米粉琼脂培养基中生长速度最快，其次是 PDA 培养基，在 Richards 培养基中生长最慢；

在玉米粉琼脂培养基中，菌落呈灰色、菌核较多且气生菌丝疏松，而生长在理查德培养基中的菌落呈白色且无菌核产生。切取活化后的水稻胡麻叶斑病菌菌丝块于PDA固体培养基中，分别置于24 h全光照、12 h/12 h光暗交替、24 h全黑暗3种光照条件下，28 ℃培养7 d，观察菌落形态和孢子萌发情况（图3-4、图3-5），发现光暗交替有利于菌丝生长，而全光照利于孢子萌发。全光照最有利于水稻胡麻叶斑病菌的孢子萌发。活化菌丝块接种于PDA固体培养基后分别置于不同温度下培养7 d后发现：25 ℃为水稻胡麻叶斑病菌生长的最适温度，与高粱平脐蠕孢（*Bipolaris sorghicola*）、草坪草离蠕孢（*Bipolaris sorokiniana*）和蟋蟀草平脐蠕孢（*Bipolaris eleusinea*）的最适温度一致。不同pH的对比试验结果显示：弱碱性条件更利于分生孢子萌发，pH 9时，较适合孢子萌发，萌发率28.60%。活化后的菌丝块于添加不同碳源（葡萄糖、蔗糖、可溶性淀粉、D-果糖、乳糖、D-木糖、甘露醇）和氮源（硝酸钾、氯化铵、硫酸铵、硝酸钠、甘氨酸、L-半胱氨酸、尿素、蛋白胨）的基础培养基中培养7 d后的结果显示：该病菌在以蔗糖为碳源的培养基上生长速度最快，菌丝的生长状况最好，菌落灰绿色，平铺，菌饼周围有大量气生菌丝，疏松，边缘平滑（图3-6）。在以甘氨酸或蛋白胨为氮源的培养基上菌丝生长最快，且菌落灰绿色，平铺，疏松，菌饼周围有大量气生菌丝，边缘平滑（图3-7）。

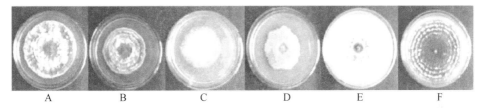

图3-3　在6种培养基上生长7 d的水稻胡麻叶斑病菌菌落形态

A. 马铃薯葡萄糖琼脂培养基　B. 马铃薯蔗糖琼脂培养基　C. 理查德培养基

D. 察氏培养基　E. 燕麦片琼脂培养基　F. 玉米粉琼脂培养基

（彭陈等，2014）

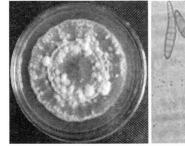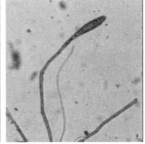

图3-4　PDA培养基上水稻胡麻叶斑病菌菌落、分生孢子及分生孢子梗形态

（彭陈等，2014）

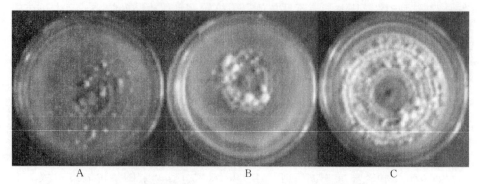

图 3-5　在 3 种光照条件下生长 7 d 的水稻胡麻叶斑病菌菌落形态

A. 24 h 光照　B. 12 h 光照/12 h 黑暗　C. 24 h 黑暗

（彭陈等，2014）

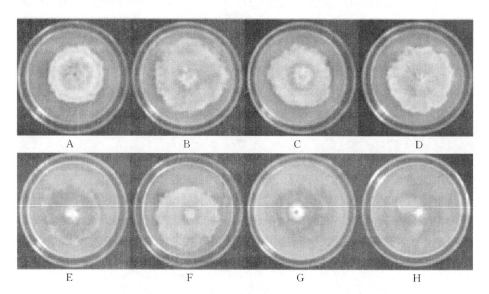

图 3-6　在 8 种碳源培养基上生长 7 d 的水稻胡麻叶斑病菌菌落形态

A. 葡萄糖　B. 蔗糖　C. 可溶性淀粉　D. D-果糖

E. 乳糖　F. D-木糖　G. 甘露醇　H. 对照（基础培养基）

（彭陈等，2014）

　　王爱军等（2018）对来自安徽、湖南、江苏、贵州、四川的 7 个主要杂交稻制繁种区的稻粒黑粉病样本进行了病原菌鉴定。该研究从每个样品选取闭合完整、黑色粉状物没有散出的黑粉病稻粒 6～8 粒，用 75% 乙醇消毒 30 s，无菌蒸馏水清洗 3 次，5% 次氯酸钠消毒 10 min，无菌蒸馏水清洗 3 次，再用无菌滤纸将水吸干；用刀片将病粒一端切开，将病粒中黑色粉状物（冬孢子）轻轻抖落至装有灭菌蒸馏水的培养皿中，轻轻晃动培养皿使其分散均匀，制成冬

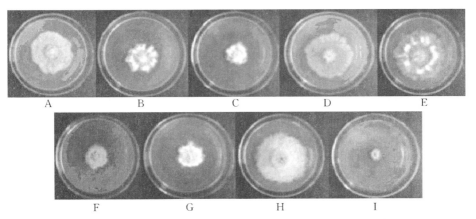

图 3-7　在 9 种氮源培养基上生长 7 d 的水稻胡麻叶斑病菌菌落形态
A. 硝酸钾　B. 氯化铵　C. 硫酸铵　D. 硝酸钠　E. 甘氨酸
F. L-半胱氨酸　G. 尿素　H. 蛋白胨　I. 对照（基础培养基）
（彭陈等，2014）

孢子悬浮液，封口，置于 28 ℃、光照与黑暗交替 12 h 的恒温培养箱中培养 24 h；吸取冬孢子悬浮液 100 μL，均匀涂布于 PSA 培养基上，用光学显微镜每隔 24 h 观察冬孢子形态及萌发情况，长出菌丝后，挑取单菌落接种至新的 PSA 培养基上，保存。进行形态学鉴定时，解剖针挑取生长期的菌落于载玻片中央，在黑暗条件下滴加 2 滴 100 μg/mL DAPI 荧光染液于菌落处，盖上盖玻片，染色 30 min；取走盖玻片，用 1×PBS 溶液快速冲洗玻片上的菌落，用灭菌滤纸吸去玻片上的水分，滴加 1 滴荧光封片液，重新盖上盖玻片，在荧光显微镜下观察病原菌次生小孢子形态及细胞核数目。试验结果显示：病原菌冬孢子球形或椭圆形，萌发时先伸出一条无色无隔的先菌丝，先菌丝的长度和分枝情况不尽相同，待先菌丝伸长到一定阶段后，顶端开始轮生指状突起，冬孢子萌发产生的初生小孢子积聚在突起上，初生小孢子呈线状的弯曲形态，成熟的初生小孢子从突起的位置上脱落，能够萌发生长，继续芽殖产生大量的次生小孢子（图 3-8）。从稻粒黑粉病样品分离到的病原菌在 PSA 培养基上生长缓慢，平均生长速率约为 0.13 cm/d，培养 3 d 后，形成极小的白色菌落，似酵母状，大小约为 0.4 cm；7 d 后菌落面积增大，表面没有明显变化；15 d 后菌落的外部特征发生明显变化，大而平坦，均匀铺在培养基的表面，中间隆起，颜色由最初的乳白色变为中间颜色较深的奶酪色，表面不光滑，产生辐射状褶皱（图 3-9）。荧光显微镜观察发现 DAPI 染色后病原菌的次生小孢子存在线状和弯曲状两种不同的类型，无色透明且无分隔，两种类型的次生小孢子都是单细胞核，大量的次生担孢子呈线状紧密排列形成了巨大的菌丝体（图 3-10）。

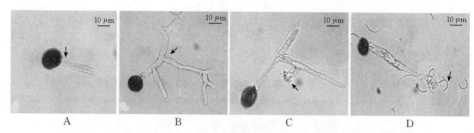

图 3-8 稻粒黑粉病菌的冬孢子萌发

A、B. 冬孢子萌发伸出先菌丝（10×） C. 冬孢子萌发形成的指状突起（10×）

D. 稻粒黑粉病菌的次生小孢子（10×）

（王爱军等，2018）

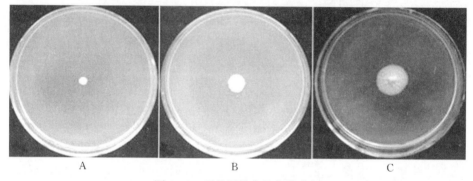

图 3-9 稻粒黑粉病菌菌落形态

A. 在 PSA 培养基上培养 3 d B. 在 PSA 培养基上培养 7 d C. 在 PSA 培养基上培养 15 d

（王爱军等，2018）

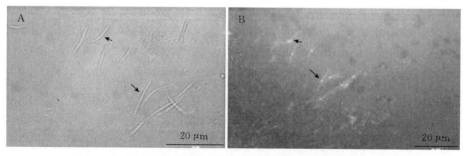

图 3-10 DAPI 染色法观察稻粒黑粉病菌次生小孢子的核型

A. 次生小孢子的类型（60×） B. 单核次生小孢子（60×）

（王爱军等，2018）

　　郭敬玮等（2020）对云南罗平田间稻瘟病菌菌株性状及无毒基因展开的研究中，对 8 个稻瘟病样品进行了单孢菌株分离培养：取穗颈瘟病样，切成 3～5 cm 长的节段，用镊子在 75% 乙醇中清洗 30 s，无菌水漂洗 3 次后，置于铺有 1 cm 厚滤纸的培养皿中，滤纸用无菌水浸湿。于 28 ℃恒温培养箱黑暗培养 2～3 d，病样表面产生深灰色霉层时可于光学显微镜下挑取单孢。用直径 1 mm 的毛细管圆端在酒精灯上灼烧灭菌，冷却后粘取病样孢子梗上长出的分生孢子，用 Z 形划线方法涂抹在水琼脂培养基上。28 ℃恒温培养箱培养 1 d 后，于 10×荧光显微镜下，利用四点定位法确定已萌发并长出芽管的单个孢子位置。解剖针尖在酒精灯上烧红灭菌，冷却后通过划"口"字方法挑取只有单个孢子的琼脂块于加有氯霉素的 PDA 平板上，28 ℃培养箱内倒置培养 3～4 d。成功分离到单孢菌株 120 个，菌株菌落性状多样，根据菌落正、反面颜色和气生菌丝生长情况，把 120 个单孢菌株分为 6 类（图 3-11）。

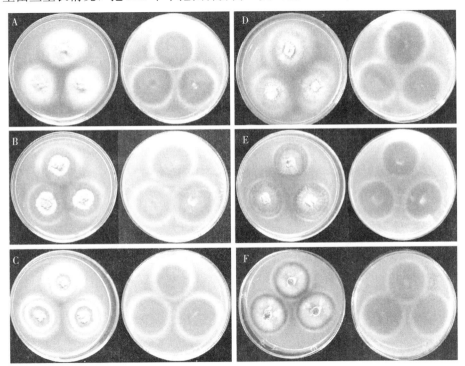

图 3-11 稻瘟病菌 6 个典型菌株的形态特征

A. 菌落正面呈乳白色，菌丝厚，菌落背面呈黑棕色 B. 菌落正面中间白色，边缘棕色，菌丝厚，菌落背面呈黑褐色 C. 菌落正面有一圈灰白色，菌丝厚，菌落背面呈棕色 D. 菌落正面呈灰褐色，菌落背面呈深棕色 E. 菌落正面呈灰色，菌落背面呈深棕色 F. 菌落正面呈银灰色，菌丝短，菌落背面呈黑色

（郭敬玮等，2020）

（二）沙内萌芽检测法

将沙用清水洗去泥垢，然后用沸水煮过，铺在经乙醇或福尔马林液消毒过的萌芽器内，加冷开水至萌芽器内含沙量达到 60% 左右。沙面应低于容器边

缘 4 cm，在铺平的沙上排列种子，间隔一定距离。排好种子后，再加细沙覆盖 2～3 cm，并加容器盖，置于 25 ℃的温箱中。当第一个幼芽长高碰到顶盖时，即应去盖。经过一定时期，将幼芽连根取出，并取出发芽的种子，根据幼苗和未发芽种子所表现的症状及种苗上有无孢子，计算发芽率及发病率。

（三）土内萌芽检测法

将种子播种在含有灭菌土壤的盆钵或播种箱内，保持适宜的发芽温湿度。待种子发芽出土后，进行检测，分析发病情况。

（四）试管幼苗症状测定法

做试管斜面，每管放 1 粒种子，塞紧管口，置于 20 ℃下，用人工光照和黑暗各半处理。当幼苗达到管顶时，即可将管盖取掉。待培养期到后，检查幼苗。

水稻主要种传真菌病害检测方法见表 3-3。

表 3-3　主要水稻种传真菌及推荐检验方法

（SN/T 2367—2009）

真菌种类	水稻病害种类	推荐检验方法
Alternaria padwickii	水稻褐纹斑病	B
Bipolaris oryzae	水稻胡麻叶斑病	B
Cercospora pryzae	水稻窄条斑病	B
Drechelera oryzae	水稻胡麻叶斑病	B
Ephelis oryzae	水稻一柱香病	D，W
Fusarium moniliforme	水稻恶苗病	C，B
Microdochium oryzae		B
Pyricularia oryzae	稻瘟病	B
Sarocladium oryzae	水稻叶鞘腐败病	B
Tilletia barclayana	稻粒黑粉病	D，W
Ustilaginoidea virens	稻曲病	D，W

注：B. 吸水纸法；C. 冰冻吸水纸法；D. 干种子目测法；W. 洗涤镜检法。

第三节　细菌性病原物常规检测法

细菌性病原物通常附着在种子表面，在干燥条件下可以长期潜伏，保持休眠状态，随着种子萌发发生侵染，也有的细菌通过维管束由胚座，或由种子的珠孔侵入种子内部，潜存在颖壳、胚乳或胚等上，播种后扩散到维管束引起系统性侵染。细菌性病原物的鉴定方法主要是通过分离、培养、纯化后，根据细菌的形态学特征、生理生化特性以及免疫学特性进行观察和测定。

细菌性病害与真菌性病害的主要区别在于真菌性病害症状一般有霉状物、

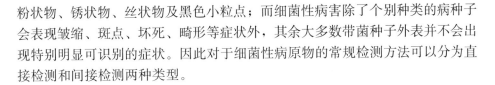

粉状物、锈状物、丝状物及黑色小粒点；而细菌性病害除了个别种类的病种子会表现皱缩、斑点、坏死、畸形等症状外，其余大多数带菌种子外表并不会出现特别明显可识别的症状。因此对于细菌性病原物的常规检测方法可以分为直接检测和间接检测两种类型。

一、显微镜检查

直接检测即检测病原细菌时，不用将病原物提取分离出来，例如显微镜检查，将病粒切片直接置于显微镜下观察，是植物细菌病害进行初步诊断的重要手段之一。对于发生细菌性病害的病粒切片，可以在病组织中观察到喷菌现象，即大量细菌从病健交界处流出，喷菌是由细菌侵染植物引发病害所特有的现象。

二、分离培养检测

经过症状识别和显微镜检查初步判定该类种传病害为细菌性病害后，下一步就是用分离培养方法从试样上分离病原细菌。

操作方法：①为防止种子之间发生交叉感染，操作时应戴手套并用70％乙醇擦拭或喷洒所有接触表面、容器、工具等消毒。②样品制备。首先，用蒸馏水冲洗试样种子，称取 10 g 或 400 粒冲洗后的种子放入灭菌处理过的烧杯中，加入 90 mL 无菌的 0.001％吐温-磷酸盐缓冲液（pH 7.0），低温（5～15 ℃）浸泡 4～6 h，用匀质器打碎，制备样品提取液。将样品提取液静置于室温22～25 ℃下 4～6 h 后，涡旋混匀悬浮液 5 min。③稀释。无菌条件下，将悬浮液进行 10 倍梯度稀释。取 1 mL 悬浮液加 9 mL 的 0.85％无菌生理盐水，配制成 10^{-1} 的稀释液。按同样的方法分别配制 10^{-2}、10^{-3}、10^{-4} 等浓度梯度的稀释液。每次稀释前须充分混匀。稀释后应该在 30 min 内尽快使用；否则须保存在 4 ℃下备用。④涂布培养。从最高倍数（即最低浓度）开始，依次吸取 0.1 mL 种子提取液的稀释液和母液，加到表面干燥的培养皿上。用弯曲的无菌玻棒均匀涂布。吸取过程中，每个培养皿都须使用新枪头和玻棒。待培养基完全吸收稀释液后，将培养皿倒扣过来。在 28～30 ℃条件下培养 3～4 d 后观察平板。⑤对照设置。规范的细菌性病原物检测实验，须设置阳性对照和阴性对照（对应的参照菌株），以及无菌对照（即无菌生理盐水和吐温 20 溶液。稀释和培养方法同上）。参照菌株的稀释倍数为 10^2～10^4 CFU/mL。每个处理至少设 2 个重复。⑥检查平板。检查阳性对照和无菌对照。与参照菌株的菌落对比，检查是否有相似的菌落。如果没有则继续培养 1～3 d；如有，则用 YDC培养基（酵母粉葡萄糖氯霉素琼脂培养基）进行划区纯化培养。无菌对照的稀释平板应没有产生菌落。⑦纯化与鉴定。用记号笔在培养皿底部划线将其分为6 个区域。取单个菌落"之"字形划线纯化。每个菌株间预留足够的空间，以防菌落融合在一起。为避免菌株间交叉污染，每个菌落须用新区，每个检测样至少需要纯化 6 个菌落。在 28～30 ℃下培养 24～48 h，记录菌落生长情况。如果怀疑菌落不纯，可再次划线纯化。与参照菌株对比，挑取可疑菌落在 YDC 培养基培养繁殖，以备作致病性测定和其他鉴定。⑧结果判定。根据在培养基上的菌落特征，如菌落性状、大小、颜色、光泽、隆起的形状、黏稠度、透明度、边缘特征及质地、水溶性色素等特性，结合致病性测定的结果、血清学特性/或分子生物学特性（方法见后续小节）进行综合判定。

培养基的选择：细菌性病原物的分离培养基可以分为通用培养基和分离培养基。通用培养基不加特殊抑制杂菌生长的物质，而选择性培养基是指根据某种（类）微生物特殊的营养要求或对某些特殊化学、物理因素的抗性而设计的，能选择性区分这种（类）微生物的培养基。利用选择性培养基，可使混合菌群中的某种（类）微生物变成优势种群，从而提高该种（类）微生物的筛选效率。

水稻细菌性谷枯病的病原菌为颖壳伯克氏菌（*Burkholderia glumae*），属伯克氏菌属（*Burkholderia*）。该病原物的分离培养宜使用 S - PG 培养基和 CCNT 培养基（培养基配方见表 3 - 4）。接种后的培养皿 28 ℃±1 ℃培养 3 d 后观察生长菌落形态，细菌性谷枯病菌在 S - PG 上呈现两种生长形态，一种菌落为红褐色、圆形、光滑、隆起；另一种菌落为淡紫色、圆形、光滑、隆起。在 CCNT 培养基上产生带有黄色扩散性色素的白色菌落。细菌性谷枯病菌的纯化培养基可选用 SPA 培养基（培养基配方见表 3 - 4）。

水稻白叶枯病的病原菌为水稻黄单胞菌白叶枯致病变种 [*Xanthomonas oryzae* pv. *oryzae* (Ishiyama) Swings et al.]，属黄单胞杆菌科（Xanthomonodaceae）。该病原物的分离培养宜使用 SPA 培养基。水稻白叶枯病菌生长速度较慢，一般要在 3～4 d 才形成可见菌落。因此可标记并排除 48 h 之内平板上出现的亮光色菌落。菌落为圆形、光滑、表面突起、黏稠，由黄白色逐渐变成淡黄色，在发射光下不透明。菌落在第三天或第四天时只有小圆点般大小，第五天至第七天时直径 1～2 mm。选择浅黄色且黏液样的单个菌落接种于 SPA 培养基中进一步纯化培养。

水稻细菌性条斑病的病原菌为水稻黄单胞菌条斑致病变种 [*Xanthomonas oryzae* pv. *oryzicola* (Fang) Swing et al.]，属黄单胞杆菌科（Xanthomonodaceae）。该病原物的分离培养宜使用 PSA 或 NBY 培养基（营养肉汤酵母膏培养基）（培养基配方见表 3 - 4）。接种后的培养皿 27 ℃培养 3～5 d 后观察生长菌落形态。PSA 培养基上的菌落为浅黄色、黏液状，有光泽。NBY 培养基上的菌落为浅黄色、圆形、突起、黏液状。挑取可疑菌落在 NA 培养基（营养琼脂培养基）上进一步纯化。

表 3 - 4　培养基配方

培养基	配　　方
CCNT 培养基	酵母浸膏 2 g，高聚蛋白胨 1 g，肌醇 4 g，氯化十六烷基三甲铵 10 mg，氯霉素 10 mg，新生霉素 1 mg，百菌清 100 mg，琼脂 18 g，蒸馏水 1 000 mL
NA 培养基	蛋白胨 5 g，牛肉浸膏 3 g，琼脂 18 g，蒸馏水 1 000 mL
NBY 培养基	营养肉汤 8 g，酵母粉 2 g，K_2HPO_4 0.5 g，葡萄糖 5.0 g，琼脂 18 g，蒸馏水 1 000 mL
PSA 培养基	蔗糖 10.0 g，蛋白胨 10 g，谷氨酸钠 1 g，琼脂 17 g，蒸馏水 1 000 mL
SPA 培养基	蛋白胨 5.0 g，蔗糖 20.0 g，K_2HPO_4 0.5 g，$MgSO_4 \cdot 7H_2O$ 0.25 g，琼脂 17.0 g，蒸馏水 1 000 mL
S - PG 培养基	K_2HPO_4 1.3 g，Na_2HPO_4 1.2 g，$(NH_4)_2SO_4$ 5.0 g，$MgSO_4 \cdot 7H_2O$ 0.25 g，$NaMoO_4 \cdot 2H_2O$ 24 mg，EDTA - Fe 10 mg，D -山梨醇 10 g，甲基紫 1 mg，苯酚红 20 mg，琼脂 18～20 g，蒸馏水 1 000 mL，L -胱氨酸（1 mg/mL）1 mL，非奈西林（每 100 mL 含 5 g）1 mL，氨苄青霉素（每 100 mL 含 1 g）1 mL，氯化十六烷基三甲铵（每 100 mL 含 1 g）1 mL

三、生理生化鉴定

生理生化鉴定是基于不同细菌分解利用糖类、脂肪类和蛋白类等物质的能力不同，发酵类型和产物不同来鉴定细菌种属，是传统的细菌病原物鉴定的重要手段之一。

目前常用于各类国家、行业的细菌性病原物鉴定标准中的生理生化鉴定项目主要包括：氧化酶实验、过氧化氢酶实验、革兰氏染色实验、鞭毛染色实验、硝酸盐还原实验、明胶液化实验、糖氧化发酵实验、石蕊牛乳实验等。

氧化酶实验的原理是具有氧化酶的细菌，能将盐酸二甲基对苯二胺氧化成有色的醌类化合物。操作方法：取白色结晶滤纸沾取菌落，加盐酸二甲基对苯二胺溶液 1 滴，阳性者呈现粉红色，并逐渐加深；再加 α -萘酚溶液 1 滴，阳性者于 30 s 内呈现鲜蓝色。阴性于 2 min 内不变色。用毛细吸管吸取试剂直接滴在菌落上，显色反应也是如此。

过氧化氢酶实验的原理是具有过氧化氢酶的细菌，能催化过氧化氢生成水和新生态氧，继而形成分子氧出现气泡。操作方法：用接种环挑取固体培养基上的菌落，置于洁净试管内，滴加 3% 过氧化氢溶液 2 mL，观察结果。于 30 s 内发生气泡者为阳性，不发生气泡者为阴性。

革兰氏染色实验是利用细菌细胞壁上的生物化学性质差异来区分革兰氏阳

性菌和革兰氏阴性菌。通过结晶紫初染和碘液媒染后，在细胞壁内形成不溶于水的结晶紫与碘的复合物，革兰氏阳性菌由于其细胞壁较厚、肽聚糖网层次较多且交联致密，故遇乙醇或丙酮脱色处理时，因失水反而使网孔缩小，再加上其不含类脂，故乙醇处理不会出现缝隙，因此能把结晶紫与碘复合物牢牢留在壁内，使其仍呈紫色；而革兰氏阴性菌因其细胞壁薄、外膜层类脂含量高、肽聚糖层薄且交联度差，在遇脱色剂后，以类脂为主的外膜迅速溶解，薄而松散的肽聚糖网不能阻挡结晶紫与碘复合物的溶出，因此通过乙醇脱色后呈无色，再经沙黄等红色染料复染后呈红色。操作方法：将细菌涂片在火焰上固定，滴加结晶紫染色液，染 1 min，水洗至洗下的水呈无色为止；滴加碘液，作用 1 min，水洗至洗下的水呈无色为止；滴加 95％乙醇脱色约 30 s；滴加沙黄染色液，染 1 min，水洗至洗下的水呈无色为止，观察结果。革兰氏阳性菌呈紫色，革兰氏阴性菌呈红色。

鞭毛染色实验是在不具备电子显微镜条件下，采用特殊染色法，使之在普通光学显微镜下也可观察的一种方法。其原理是染色前先用媒染剂（如单宁酸）处理，让它沉积在鞭毛上，使鞭毛直径加粗，然后再进行染色（如硝酸银）。操作方法：用单宁酸 5 g、氯化高铁 1.5 g、1％氢氧化钠溶液 1 mL、15％甲醛溶液 2 mL 和 100 mL 蒸馏水配制成甲液。用 2 g 硝酸银加蒸馏水配制成乙液。在风干的细菌载玻片上滴加甲液，4～6 min 后，用蒸馏水轻轻冲净。再加乙液，缓缓加热至冒汽，维持约 30 s，加热时注意不要出现干燥面。在菌体多的部位可呈深褐色到黑色，停止加热，用水冲净，干后镜检，菌体及鞭毛为深褐色到黑色。

硝酸盐还原实验的原理是有的细菌能把硝酸盐还原为亚硝酸盐，而亚硝酸盐能和对氨基苯磺酸作用生成对重氮基苯磺酸，且对重氮基苯磺酸与 α-萘胺作用能生成红色的化合物 $N-\alpha$-萘胺偶氮苯磺酸。操作方法：称取 0.8 g 对氨基苯磺酸溶于 100 mL 乙酸中配制成甲液。称取 0.5 g 甲萘胺溶于 100 mL 2.5 mol/L 乙酸中得到乙液。用 KNO_3 0.2 g、蛋白胨 5 g、蒸馏水 1 000 mL 配制硝酸盐培养基（pH 7.4），接种后在 28 ℃±1 ℃培养 3～5 d，加入甲液和乙液各一滴，观察结果。硝酸盐还原为亚硝酸盐时立刻或几分钟内显红色。

明胶液化实验的原理是有些细菌可产生明胶酶，使明胶水解，失去凝固能力，呈现液体状态。操作方法：将蛋白胨 5 g、牛肉膏 3 g、明胶 120 g 加热溶解于 1 000 mL 蒸馏水中，校正 pH 7.4～7.6，分装小管，121 ℃高压灭菌 10 min，取出后迅速冷却，使其凝固。复查最终 pH 6.8～7.0。用琼脂培养物穿刺接种，放在 28 ℃±1 ℃培养，每天取出，放冰箱内 30 min 后再观察结果，记录液化时间。

糖氧化发酵试验，其原理是不同的细菌含有发酵不同糖的酶，产生的代谢产物也不相同。有的产酸产气,有的产酸不产气。操作方法:以葡萄糖氧化发酵为例。挑取纯化后的菌落接种到底部。厌氧培养的需加1 cm厚的灭菌凡士林油或用3 mL 3‰琼脂封管。每种细菌接种4管,2管封管,2管不封,另设置2管不加菌做对照组。28 ℃±1 ℃培养5 d,观察结果。葡萄糖氧化产酸只在开管的上部产酸,指示剂的颜色由橄榄绿色转黄色;发酵产酸则在开管和闭管中都可产生,如果同时还产生气体,则培养基内可以看到气泡。好氧性细菌只在开管的上部生长,兼性厌氧性细菌在开管的上下部都能生长,厌氧性细菌只能在开管的下部和闭管中生长。阿拉伯糖也可用于水稻细菌性病原物的测定,操作步骤同葡萄糖发酵。阳性菌产酸,培养基变黄色,阴性菌不能利用阿拉伯糖,故培养基不变色。

石蕊牛乳实验是根据牛乳内含有丰富的蛋白质和糖类,各种细菌对这些物质的分解能力不同,故可有数种不同反应,以此来鉴别细菌。操作方法:将纯化后的菌株接种于石蕊牛乳培养基中,置于28 ℃±1 ℃孵育3 d、7 d、14 d,定时观察结果。粉红色说明乳糖被发酵产酸;紫蓝色说明乳糖未被发酵,保持原色;蓝色说明乳糖未被发酵,细菌分解培养基中含氮物质,产生碱性物质;白色说明石蕊被还原;澄清说明牛乳蛋白被消化(胨化);凝块或凝乳说明因大量产酸,牛乳蛋白凝固;产气表现为乳糖被分解产酸产气,破坏凝块。

主要的水稻细菌性种传病害病原菌生理生化特性见表3-5。

表3-5　3种主要的水稻细菌性种传病害病原菌生理生化特性

	水稻细菌性谷枯病菌	水稻白叶枯病菌	水稻细菌性条斑病菌
氧化酶实验	阴性	阴性(延迟反应)	阴性(延迟反应)
过氧化氢酶实验	阳性	阳性	阳性
革兰氏染色实验	阴性	阴性	阴性
鞭毛染色实验	极生1条至多条鞭毛	极生1条鞭毛	极生1条鞭毛
硝酸盐还原实验	红色,能还原	不能还原	不能还原
明胶液化实验	能液化	不能液化	能液化
糖氧化发酵实验	从阿拉伯糖、果糖、半乳糖、葡萄糖、甘油、甘露醇、甘露糖、山梨醇和木糖产酸,利用乳糖和棉籽糖产酸的能力在不同菌系间有变化	能利用蔗糖、葡萄糖、木糖和乳糖发酵产酸,但不产气,不利用阿拉伯糖产酸	使阿拉伯糖产酸,可分解蔗糖、葡萄糖、果糖、木糖和乳糖等产酸,但不产气
石蕊牛乳实验	牛乳凝固,石蕊还原	能使石蕊牛乳变红,但不凝固,不能胨化	可以胨化

第四节　病毒性病原物检测法

植株受病毒性病原物侵染后，结出的种子表皮会出现皱缩、畸形、变色等症状，但其他病理和生理原因也同样会造成种子外形异常，更有些植物种子是带毒无症的，因此仅靠种子外部症状很难对携带的病毒进行鉴定。所以对种传病毒的检测判定通常采用育苗检查、血清学检测和分子生物学检测相结合的方法进行综合判定。水稻病毒性病原物通常通过除种传以外的其他方法传播，如介体传播（包括蚜虫、甲虫、叶蝉、线虫等）和农事操作等在田间造成病害扩散。

目前，世界各地已发现的水稻病毒病大概有 13 种，即水稻黑条矮缩病、水稻簇矮病、水稻矮缩病、水稻瘤矮病、水稻草状矮化病、水稻白叶病、水稻坏死花叶病、水稻齿叶矮缩病、水稻条纹坏死病、水稻条纹叶枯病、水稻东格鲁病、水稻黄斑驳病、水稻黄矮病等。这些水稻病毒病基本经蚜虫、甲虫、叶蝉、线虫等介体传播，是否能通过种子传播目前尚未有定论。但鉴于这些病毒性病害有半数在我国较常流行，分布较广，其余一些病害局部或点片也有发生，本章将对水稻病毒性病原物的检测进行简单介绍。

对于病毒性病原物的检测可以通过目测法、电镜法、育苗试验、生物学检测法、血清学方法、分子生物学方法等开展综合检测鉴定。血清学方法和分子生物学方法见后续章节。

一、目测法

有些病毒侵染种子后，种子表皮会出现肉眼可辨的异常，如种子大小发生变化、不饱满、皱缩、畸形、种皮变色、种子破裂等，对于这类病粒可通过目测法进行初步推断。

二、育苗试验

育苗试验须在隔离条件下进行，可直观了解种子萌发率和带毒率。将种子经过加热保湿催芽或直接播种于小盆钵中，培育至产生真叶，目测植株症状，同时配合生物学检测、血清学检测、分子生物学检测。小苗的培育应选择适当的栽培介质和环境。栽培介质须高压灭菌处理。虽然多数的栽培介质可循环使用，但经一段时间之后，需要更换。

三、生物学检测法

检测病毒性病原物最常用的生物学方法是侵染试验。通过病毒在寄主上的

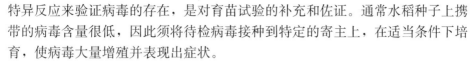

特异反应来验证病毒的存在，是对育苗试验的补充和佐证。通常水稻种子上携带的病毒含量很低，因此须将待检病毒接种到特定的寄主上，在适当条件下培育，使病毒大量增殖并表现出症状。

操作方法：①接种。根据病毒的种类，选择适宜的指示植物。选 2～4 片最新完全展开的叶片，弹去叶片上的灰尘。将金刚砂撒在叶片表面，用棉签蘸取种子提取液，轻轻摩擦叶面。在接种的组织提取液中加入硅藻土进行接种。接种后 2～3 min 内，用水轻轻冲洗叶片，避免伤害接种叶片。之后培养于 18～22 ℃的隔离温室或生长箱中。有条件的情况下，应用同样方法接种阳性对照（参照物质）和阴性对照（提取缓冲液）。②接种植株在控制条件下（根据水稻和所检病毒显症条件选择温度和光照条件）至少培育 14 d。③观察记录生长情况和症状，根据待检病毒在寄主植物和指示植物上所引起的典型症状初步判定所检测到病毒的种类。④取种子、叶片用适宜的缓冲液研磨提取。在免疫电子显微镜下进行观察。病毒抗体用 PBS 或 TBS 缓冲液稀释 1 000 倍。室温下，将表面盖有 Formvar 膜的铜网在几滴病毒抗体溶液（10～20 μL）中浸没 5 min。铜网用 20 滴 PBS 或 TBS 缓冲液冲洗，用滤纸吸干多余缓冲液，铜网在植物提取液（10～20 μL）中浸没 15 min 以上，若病毒浓度很低，可将浸没时间延长至 2～12 h。用 PBS 或 TBS 缓冲液冲洗铜网，吸干多余液体。在病毒抗血清溶液中再浸没 15 min。用蒸馏水清洗铜网后加 1％～2％乙酸铀酰染色，在 4 万倍透射电镜下检查。

第五节　致病性检测

有时在植物发病部位或混杂在种子间的病原菌，并不是引起该种病害的病原菌，可能是由其他杂菌污染所致。为明确病害的真实致病病原，需要展开致病性检测。即先进行接种试验，使其表现典型症状后再鉴定。

德国细菌学家罗伯特·柯赫（Robert Koch，1843—1910）提出的柯赫氏法则（Koch postulates）被认为是致病性检测的经典法则。柯赫氏法则有 4 条：①被疑为病原物的生物必须经常被发现于病植物体上；②从病组织上可以分离到这种病原物，并在培养基上纯培养，纯培养即只有该种生物而无其他生物的培养物；③将培养的菌种接种在健全的寄主上可诱发与原来相同的病害；④从接种后发病的植物上，能再分离到原来的病原物。柯赫氏法则是具有普遍指导意义的。即使有很多植物的病原物如专性寄生真菌、植物病毒和类病毒、植原体和有些寄生线虫还不能在人工培养基上培养，但只要稍做修改也是可行的。

根据柯赫氏法则的原理，致病性检测步骤一般包括：寄主植株的准备；菌株悬浮液的制备；接种及观测；病原物提取分离鉴定。植物病害种类繁多，其传染方式各不相同，对应的接种方式也各不相同。植物真菌性和细菌性病原菌的接种常用方式有：①喷雾接种法。将菌液均匀喷布在寄主叶片或茎秆上。②喷粉接种法：将干的病菌孢子喷撒在潮湿的植物表面。③涂抹接种法。用手指沾水摩擦寄主叶片，使表面有一薄层水膜后将病菌孢子涂抹在上面。④注射接种法。将菌液用注射针注入寄主的生长点或幼嫩部位。⑤针刺接种法。用灭菌的针刺伤寄主组织，将病菌接种在伤口内。⑥拌种接种法。对于种传性的病害，可将定量的种子与定量的病菌孢子拌和均匀，使孢子充分附于种子表面。⑦浸种接种法。将种子浸泡于病菌悬浮液后播种。⑧花期接种法。将病菌悬浮液注射或喷涂在寄主的花器内，或在植株抽穗前将菌液注入卷拢的心叶中，适用于稻粒黑粉菌、稻曲病菌等。喷雾、喷撒和涂抹接种后的植物，必须保湿24～48 h，确保病菌孢子能够萌发和侵入。如采用保藏状态的菌种接种，须先将菌种转移至适宜培养基活化，再制备菌悬液。在水稻 3.5 叶期进行喷雾接种，接种后置于保湿培养箱内 25 ℃保湿培养 24 h。保湿培养后取出放在温室内，每天进行多次清水喷雾以保持温室的湿度，创造有利的发病条件。接种7 d 后进行发病情况调查。

董丽英等（2018）使用喷雾接种法对 9 个采自云南省不同稻区且致病性较强的单孢菌株进行了致病性分析。该研究的具体方法为：稻瘟病菌单孢菌株活化后接种到燕麦培养基上培养菌丝，连续光照培养 3 d，产孢后配制 2×10^5 个/mL 的孢子悬浮液，水稻幼苗 3.5 叶期时进行喷雾接种，置于保湿培养箱中保湿培养。

张海旺等（2014）利用活体喷雾接种、叶片无划伤接种和该研究建立的离体叶片划伤接种 3 种接种方法，在水稻秧苗 4～6 叶期，对稻瘟病菌菌株 12-DG-68 在 24 个水稻抗瘟单基因系上的致病反应进行了测定，结果显示：对于稻瘟病的致病性检测，叶片划伤接种的检测结果稳定、一致；而叶片无划伤接种和活体喷雾接种的检测结果假抗性比例分别为 12.5％和 4.2％，不同叶龄期的叶片间反应型不一致率达 7％（图 3-12）。离体叶片划伤接种还可利用菌丝块接种，以鉴定分生孢子产量低的菌株的致病型。因此，水稻叶片划伤接种是一种准确、稳定和方便的稻瘟病菌接种方法，可用于大规模定性测定水稻抗源及其后代的抗瘟基因型和稻瘟病菌的致病型。

陈深等（2017）从华南地区不同生态稻区采集的水稻白叶枯病叶样品中分离提纯到病原菌菌株 150 个，对中国鉴别寄主和近等基因系 2 套鉴别寄主进行了致病性检测。该试验采用的致病性检测方法为：接种菌株在胁本哲氏马铃薯半合成培养基（WPDA 培养基）平板上于 28～30 ℃培养 48～72 h 后，用无菌水洗下菌苔配成浓度为 3×10^8CFU/mL 的菌悬液。用剪刀在菌悬液中蘸上菌液后，剪去叶尖 2～3 cm，蘸 1 次剪 1 片叶。接种后 21 d 参照全国菌系研究病

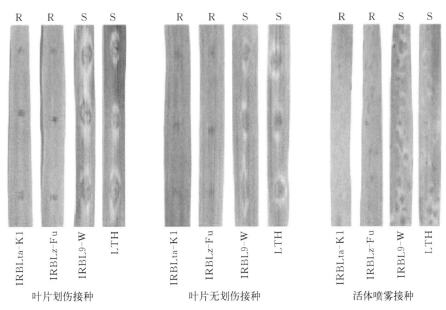

图 3-12　3 种接种方法鉴定稻瘟病菌菌株 12-DG-68 在 IRBLta-K1、
IRBLz-Fu、IRBL9-W 和 LTH 上的致病型

（R 和 S 分别表示抗病和感病）

（张海旺等，2014）

级标准进行调查并记录。

　　陈宏州等（2018）将引起水稻恶苗病的 10 株菌株接种到镇稻 18 上进行了致病性测定。该试验首先将供试菌株分别移至 PDA 平板上，置于 26 ℃培养箱中培养 4 d 后于菌落边缘打取直径为 4 mm 的菌饼，然后接种到含有 100 mL 马铃薯葡萄糖（PD）液体培养基的 250 mL 三角瓶中，于 26 ℃下以 120 r/min 振荡培养。5 d 后在超净工作台上用灭菌纱布过滤菌丝，然后于 16 ℃下以 4 000 r/min 离心 10 min，分别收集各菌株的分生孢子，用无菌蒸馏水将分生孢子浓度调节到 $1.0×10^6$ CFU/mL 制成分生孢子液。然后将镇稻 18 稻种用 60 ℃热水处理 15 min，再用无菌蒸馏水漂洗 2 次后取 160 粒稻种分别浸泡于各菌株分生孢子液中，对照稻种浸泡在无菌蒸馏水中。室温下浸种 48 h 后，将稻种转置于垫有无菌滤纸保湿的直径 15 cm 培养皿上，28 ℃暗催芽 72 h 至芽长半粒谷后播种于含有无菌泥炭和沙子（4∶1）混合物的口径 10.0 cm×底径 7.0 cm×高 8.5 cm 的塑料盆钵中，每盆播种 10 粒稻种。种子萌发率均为 100%，但种子萌发 20 d 后，秧苗植株均发病。藤仓镰孢引起秧苗细高和叶片狭长淡黄等水稻恶苗病典型症状；层出镰孢、拟轮枝镰孢和 *F. andiyazi* 引起秧苗细小和

叶片褪绿并黄化等症状。对照水稻植株未见发病。对发病组织进行再分离，均获得了与接种菌株相同的病原菌，证明供试菌株均为水稻恶苗病的致病菌株。

王爱军等（2018）对来自安徽、湖南、江苏、贵州、四川的 7 个主要杂交稻制繁种区的稻粒黑粉病样本进行了病原菌致病性测定。将 7 株稻粒黑粉病菌菌株分别培养在 PSA 培养基上，24 h 后，挑取菌落于装有 10 mL 无菌蒸馏水的试管中，充分混匀，制成 10^6 CFU/mL 的孢子悬浮液，用于接种水稻稻穗。在水稻孕穗期（抽穗期前 5～7 d），用注射器吸取培养好的稻粒黑粉病菌孢子悬浮液 1 mL，注射到 9311B 水稻叶鞘包穗中，每个菌株侵染 5 个包穗，对照接种 1 mL 无菌蒸馏水，成熟期观察发病情况。以接种稻粒黑粉病菌后造成的水稻单穗病粒数和产量损失为指标，评价不同菌株的致病力。结果表明 7 株病原菌均能引起水稻稻粒发病，且引起的症状特点基本一致，均产生黑色粉状物的稻粒黑粉病典型症状。采用冬孢子悬浮液分离法从发病稻粒中再次分离病原菌，经鉴定与原接种物一致。

细菌性条斑病菌的致病性检测步骤通常为：选取处于 5～6 叶幼苗期的水稻植株用于试验，试验前一天将水稻移至 28 ℃培养室中适应环境。供试菌株接种于 NA 培养基上培养 48 h 后，转接至含 25 μg/mL Rif 的 NB 培养基中，28 ℃下 200 r/min 摇床培养过夜。次日，用 NB 培养基将菌液稀释至约 3×10^8 CFU/mL（$OD_{600}\approx0.6$），选择水稻第三至四片叶，用改良的针刺接种法接种。以 3×10^8 CFU/mL 浓度的菌液注射非寄主烟草本氏烟，进行烟草过敏性坏死反应试验。置于室温下，24 h 内观察是否产生过敏性反应。每次注射 3 片叶子，重复 3 次。路梅等（2015）用该法鉴定了浙江金华部分稻区发生细条病的病原菌，接种 3 d 后植株开始出现水稻细菌性条斑病的典型症状，病斑出现在叶脉两侧并顺着叶脉扩张，初为暗绿色水渍状小斑，然后很快在叶脉间扩展为暗绿至黄褐色的细条斑。从染病植株叶片上重新分离得到的病原物与所接种菌株培养的细菌性状相同，将疑似病原菌菌株接种本氏烟 20 h 后，出现肉眼可见的水渍状斑，3 d 后形成坏死斑。依照柯赫氏法则说明分离得到的疑似病原菌是引起水稻细菌性条斑病的致病细菌。谢仕猛等（2017）分别用针刺法接菌、抽真空法接菌和喷雾法接菌 3 种方法将菌株接种到水稻幼苗，用无菌水作为对照，常温下放置，每天观察和记录。接种 5 d 后，接种无菌水对照未出现病症，而接种分离菌株的叶片均出现水渍状的细条病早期发病的典型症状，说明疑似病菌为细条病菌。接种 10 d 后，发病症状稳定，肉眼可见半透明、黄褐色的条斑，此时对不同接种方法的接种效率和发病率进行统计比较，发现菌液浸泡抽真空法接菌、针刺法接菌致病率 100％，是最有效的方法（图 3-13）。

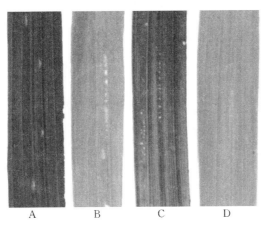

图 3-13　不同接种方法及保湿对致病性的影响

A. 针刺不保湿　B. 针刺保湿　C. 抽真空保湿　D. 喷雾保湿

（谢仕猛等，2017）

第六节　分子生物学检测技术

分子生物学检测技术的选择应遵循快速、准确和简便的原则，并且经过大量试验的验证，可操作性强，综合各项技术优缺点及行业适应性，其中常用于水稻真菌性病原菌检测的技术有常规 PCR 检测技术、实时荧光 PCR 检测技术、基因芯片检测技术、环介导等温扩增检测技术、DNA 条形码技术等。对于一些特殊样本的检测，如带菌率较低的样品常用巢式 PCR 检测技术，需要同时检测多个病原菌可采用多重 PCR 检测技术。病毒性病原菌有两大类，以 DNA 为遗传物质的病毒叫 DNA 病毒，以 RNA 为遗传物质的病毒叫 RNA 病毒，90％的植物病毒为 RNA 病毒，RNA 病毒需采用反转录 PCR 检测技术。

一、聚合酶链式反应检测技术

聚合酶链式反应（polymerase chain reaction，PCR）检测技术是体外酶促合成特异 DNA 片段的一种分子生物学实验方法。是利用待扩增位点的对应性引物，在聚合酶作用下，经高温变性、低温退火和适温延伸 3 个步骤反复循环，使目标 DNA 在体外呈几何倍数扩增，根据预期 DNA 片段的有无和大小来判定结果。目前，PCR 检测技术已广泛用于病毒、细菌、真菌、植原体、害虫和杂草等的检测。因其灵敏度高、特异性强，已成为实验室对有害生物检疫的重要手段。

传统的真菌分类方法主要根据真菌子实体和营养体的形态特征、生长特性及生理生化指标来进行，但大部分真菌种类多，形态特征复杂，更有少部分形态特征和生理生化指标不稳定，会随着环境及人为因素的变化而变化，直接导致传统的真菌分类系统不稳定。随着分子生物学和生物信息学等学科的发展，一系列分子生物学方法开始应用到真菌分类鉴定中，使这个状况得到改善，其中核糖体 DNA（rDNA）序列分析是目前真菌分类鉴定最常用的方法，受到普遍认可。真菌 rDNA 是指真菌基因组中编码核糖体 DNA 的序列，在真核生物基因组中有 100～500 个拷贝，总长度为 7～13 kb，是一类中度或高度重复序列，每一重复单位包括高度保守、中度保守和不保守 3 类区段。rDNA 基因组序列从 5′到 3′依次为：外部转录间隔区（external transcribed spacer，ETS）、18S 基因、内部转录间隔区 1（internal transcribed spacer 1，ITS1）、5.8S 基因、内部转录间隔区 2（internal transcribed spacer 2，ITS2）、28S 基因和基因间隔序列（intergenic spacer，IGS）（图 3 - 14）。rDNA 因受细胞核保护机制的保护，具有多变区和保守区。利用其保守区可研究属及属以上阶元关系，利用多变区可以研究种及种下关系。rDNA 的 5.8S、18S 和 28S 的基因组序列在大多数生物中趋于保守，5.8S 适合属水平上的分类，18S 适合属、种水平上的分类，28S 适合属、种、变种水平上的分类；ITS1 和 ITS2 作为非编码区，相对变化较大，适合种、近似种及变种水平的分子分类研究；IGS 的序列变化最大，适合种、变种、菌株水平上的分类。目前 IGS 区的应用研究不多，主要集中在 ITS 区域上，真菌 ITS 区域长度一般为 650～750 bp。目前公开发表用于扩增 ITS 区域的几对常用引物见表 3 - 6。通过对真菌的 ITS 区域进行 PCR 扩增并测序，即可获得包含 ITS1、5.8S rDNA 和 ITS2 的 ITS 完整序列。将该菌的 ITS 序列在 NCBI 网站（Http：//www.ncbi.nlm.nih.gov）上进行同源性比较（BLAST），分析和确定该序列与之相符的情况，以此进行真菌鉴定。

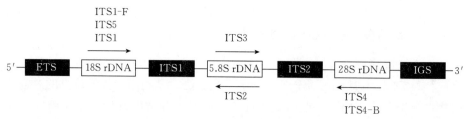

图 3 - 14　ITS 区段 PCR 扩增引物示意

ITS1 和 ITS2 用于扩增 18S 和 5.8S 之间的 ITS1 区，引物 ITS3 和 ITS4 用于扩增 5.8S 和 28S 之间的 ITS2 区，而引物 ITS1 或 ITS5 和 ITS4 组合被广

泛用于扩增全部 ITS 区和 5.8S rDNA。其中 White 等设计的特异引物 ITS1、ITS4 和 ITS5 可用于大多数担子菌和子囊菌 ITS 区域扩增，也能扩增一些植物 ITS 区域。Gardes 等设计的 ITS1 - F 和 ITS4 - B 分别为真菌和担子菌的特异引物，特异性能显著提高。

表 3 - 6　真菌 rDNA ITS 常用扩增引物

引物	序列（5′→3′）	位置
ITS1	TCCGTAGGTGAACCTGCGG	18S
ITS2	GCTGCGTTCTTCATCGATGC	5.8S
ITS3	GCATCGATGAAGAACGCAGC	5.8S
ITS4	TCCTCCGCTTATTGATATGC	28S
ITS5	GGAAGTAAAAGTCGTAACAAGG	18S
ITS1 - F	CTTGGTCATTTAGAGGAAGTAA	18S
ITS4 - B	CAGGAGACTTGTACACGGTCCAG	28S

水稻纹枯病主要由茄丝核菌（*Rhizoctonia solani*）引起，后又发现水稻枯斑丝核菌（*Rhizoctonia oryzae*）与水稻丝核菌（*Rhizoctonia oryzae - sativae*）也可引起纹枯病，但致病力较弱。张照茹等（2019）从来自黑龙江、吉林和辽宁的 17 个水稻主产区的水稻纹枯病标样中分离获得了水稻纹枯病菌 214 株，将供试菌株于 PDA 培养基上 28 ℃恒温培养 3 d，用直径 5 mm 打孔器打取 3 个菌饼，接种到 PD 培养液中，恒温摇床（28 ℃、120 r/min）培养 5 d 后过滤收集菌丝体，在 40 ℃的烘箱中恒温放置 12 h，将烘干后的菌丝体在液氮中充分研磨，使用 OMEGA 真菌 DNA 提取试剂盒（D3390 - 01 OMEGA）提取供试菌株 DNA。用各融合群特异性引物和 ITS 序列通用引物 ITS1 和 ITS4 进行 PCR 扩增，扩增产物测序后进行序列分析，构建系统发育树，完成了病原菌种类和融合群的鉴定。

陈洪亮等（2012）以水稻胡麻叶斑病菌的基因组 DNA 为模板，用 18S rDNA 引物 NS1（5′- GTAGTCATATGCTTGTCTC - 3′）和 NS8（5′- TCCGCA - GGTTCAGGTGAACCTACGGA - 3′），ITS 引物 ITS1 和 ITS4，扩增了 18S rDNA 和 ITS 核酸片段，将片段测序后利用 BLAST 工具与 GenBank 中的 18S rDNA 和 ITS 序列进行同源性比对，判定从水稻上分离到的菌株为稻平脐蠕孢，分子鉴定结果与形态鉴定结果一致。

对于细菌性病原物的检测，传统的鉴定方法同样很难鉴别出种属之间有相似生理生化特性的细菌，而分子生物学技术能从遗传进化角度，在基因型水平上分类鉴别细菌，重复性更好、结果更准确、分辨率更高，其中最大优势是检测速度快，这是常规的细菌鉴定与培养方法无可比拟的，因此分子生物学检测方法在水稻细菌性病原物的检测中同样具有十分重要的地位。

原核生物的 rRNA 按沉降系数不同可分为 3 种：5S、16S 和 23S rRNA。16S rDNA 是细菌染色体上编码 rRNA 相对应的 DNA 序列，存在于所有细菌染色体基因中。原核生物的 23S、16S、5S rRNA 分别含有 2 900 个、1 540 个和 120 个核苷酸，23S 核苷酸含量过多，几乎是 16S 核苷酸含量的两倍，分析困难；而 5S 核苷酸又太少，没有足够的遗传信息，只有 16S 长度适中、信息量较大且易分析。16S rDNA 种类少，含量大（约占细菌 DNA 含量的 80%），存在于所有的生物中，其进化具有良好的时钟性质。16S rDNA 的序列包含 11 个恒定区，在结构与功能上具有高度的保守性，有"细菌化石"之称。但也包含 9 个或 10 个可变区，使不同种属的细菌间有一定的差异，为细菌分子生物学鉴定方法的使用奠定了基础。根据细菌 16S rDNA 中的多个恒定区可以设计出细菌通用物，扩增出所有细菌的 16S rDNA 片段，因为这些引物仅对细菌是特异性的，不会与非细菌的 DNA 互补。而针对细菌的 16S rDNA 可变区的差异设计特异性 PCR 引物，则可将待检样本中的细菌鉴定到属种水平。因此16S rDNA 是细菌鉴定与分类研究中的理想靶序列。随着核酸测序技术的发展，越来越多的微生物 16S rDNA 序列被测定并收入国际基因数据库中，使16S rDNA 作目的序列进行细菌检测鉴定分析更为快捷方便。

16S rDNA 序列分析在细菌属种鉴定方面得到了广泛的认可和应用，但如需进一步区分相近种或同一种内的不同菌株，16S rDNA 的鉴别分辨率是无法达到的。为了弥补这一不足，人们又探索了新的基因序列分析方法，即 16S - 23S rDNA 间区的序列分析法。16S - 23S rDNA 间区是位于 16S rDNA 和 23S rDNA 之间的区间序列，其中通常夹杂一些基因功能单位，它们是 ITS 内部的保守序列，比较常见的是 tRNA 基因，主要有 tRNA^{ala}、tRNA^{ile} 和 tRNA^{glu}，而 tRNA 基因的种类和个数不同是 ITS 序列差异的一个重要来源。大多数革兰氏阴性菌的 ITS 含有 tRNA^{ala} 和 tRNA^{ile} 基因，一部分革兰氏阳性菌的间隔序列则含有 tRNA^{ala} 和 tRNA^{ile} 基因，或者两者之一，大多数的革兰氏阳性菌和古细菌的 ITS 序列中不包含任何 tRNA。除 tRNA 基因外，还有一些功能片段在 ITS 内部形成了一段段小的保守序列，比如一些酶的识别位点。这些功能片段和识别序列跟 ITS 的总长相比是很少的，最多也不超过 50%，其余都是高度可变的无义序列，该区间经常有序列的缺失和插入，但对细菌的生长繁殖并没有什么影响，并且它的进化速度是 16S rDNA 的 10 倍。正是由于很多无义序列的存在，使得 ITS 片段在进化过程中承受的自然选择压力非常小，因此也就能容忍更多的变异，造成不同种和同种不同菌株的 16S - 23S rDNA 间区在数目、长度和序列组成上的差异性。

  gyrB 基因是促旋酶（gyrase）的 B 亚单位基因，属于信息通路中与 DNA 复制、限制、修饰或修复有关的蛋白质编码基因。在大多数细菌中，以单拷贝的形式存在细菌基因组的 *rnpA - rmpH - dnaA - dnaN - recF - gyrB - rnpA* 基因簇中，编码唯———种能诱导 DNA 负超螺旋的拓扑异构酶——DNA 促旋酶的 B 亚单位蛋白质（GyrB）。*gyrB* 基因序列全长 1.2～1.4 kb，平均碱基替换率为每 100 万年变化 0.7%～0.8%，比 16S rDNA 的每 5 000 万年变化 1% 的速度快。由于其作为蛋白质编码基因，其所固有的遗传密码子的兼并性使得 DNA 序列可以发生较多的变异而不改变氨基酸序列，尤其是密码子的第三位碱基，这就使得 *gyrB* 基因序列在区分和鉴定细菌近缘种方面，比非蛋白质编码基因 16S rDNA 具有更高的分辨率。*gyrB* 在研究细菌的系统发育和鉴定细菌亲缘种方面得到了广泛的应用。日本已建立了细菌鉴定与分类数据库（identification and classification of bacteria，ICB），可提供关于 *gyrB* 序列的数据。该基因由 Yamamoto 等 1995 年第一次应用于假单胞菌近缘种的鉴别，通过使用兼并引物 UP - 1、UP - 2 扩增了不同细菌的 *gyrB* 基因，根据序列特征设计的引物 P734、P895、P1213r 和 P1455r 能区分不同恶臭假单胞菌。Wang 等（2007）通过对枯草芽孢杆菌类的 *gyrB* 基因序列、16S rDNA 基因序列以及 DNA 杂交的比较分析发现：8 种近缘枯草芽孢杆菌的 16S rDNA 序列的相似性为 98.1%～99.8%，难以区分；而 *gyrB* 基因的相似性则为 75.4%～95.0%，可在种水平上区分枯草芽孢杆菌近缘种。*gyrB* 基因的广泛应用充分证明该区段基因在细菌鉴定上的重要性，尤其对于 16S rDNA 无法解决的近缘种来说，基于该基因的分析尤为有效。以 *gyrB* 基因为靶标，根据 *gyrB* 序列设计特异性引物进行定量 PCR 分析，并结合多重、巢式 PCR 也可以实现待检测细菌的鉴别和分类。而且和 DNA 杂交技术相比，该靶标同样能够鉴定新菌种，为鉴定不同环境下细菌近缘种新菌种带来了新方法。但目前，*gyrB* 基因序列库的信息量还比较少，更多细菌的 *gyrB* 基因序列还未测出，为得到最为详细而全面的细菌分子水平的信息，应将 16S rDNA、16S - 23S rDNA 间区序列和 *gyrB* 基因检测三者有机结合。细菌 16S rDNA、ITS 和 *gyrB* 序列扩增通用引物及反应条件参见表 3 - 7。

表 3 - 7 细菌 16S rDNA、ITS 和 *gyrB* 序列扩增通用引物及反应条件

	引物序列	反应条件
16S rDNA	F: 5'- AGAGTTTGATCATGGCTCAC - 3' R: 5'- ACGGTTACCTTGTTACGACTT - 3'	94 ℃ 5 min，94 ℃ 1 min，57 ℃ 1 min，72 ℃ 2 min，35 个循环，72 ℃ 10 min，4 ℃保存

（续）

	引物序列	反应条件
ITS	F：5′- AGTGGTAACAAGGTAGCCGT - 3′ R：5′- GTGCCAAGGCATCCACC - 3′	94 ℃ 5 min，94 ℃ 1 min，57 ℃ 1 min， 72 ℃ 2 min，35 个循环，72 ℃ 10 min， 4 ℃保存
gyrB 基因	F：5′- ATGACNCARYTNCAYGCNGGN - 3′ R：5′- SAYGATCTTGTKRTASCGMAAYTT - 3′	94 ℃ 5 min，94 ℃ 1 min，56.1 ℃ 1 min， 72 ℃ 2 min，35 个循环，72 ℃ 10 min， 4 ℃ 保存

操作方法：

1. DNA 提取

（1）真菌菌丝 DNA 的提取。水稻种子上携带的真菌经分离培养后，通过单孢分离技术获取单孢菌株，将单孢菌株接种到 PDA 平板上在温度 25 ℃条件下活化培养 2~3 d。当菌丝长满培养基表面并未产孢时，直接从平板上刮取菌丝。取 0.1 g 菌丝置于液氮中研磨成粉状，倒入 1.5 mL 离心管中，加入 300~500 μL CTAB 缓冲液（含 0.1 g 蛋白酶 K）混匀，65 ℃水浴 1 h。13 000 r/min 离心 10 min，留上清液。加入 500 μL Tris 饱和酚-三氯甲烷-异戊醇（体积比 25∶24∶1）混匀，13 000 r/min 离心 10 min，留上清液。再加 500 μL 三氯甲烷-异戊醇（体积比 24∶1）混匀，13 000 r/min 离心 10 min，留上清液。加入 1 mL 异丙醇混匀，-70 ℃下放置 1 h 或-20 ℃过夜。13 000 r/min 离心 30 min，可见 DNA 沉淀。70% 乙醇冲洗 DNA 沉淀，室温干燥。用 100 μL TE 溶解 DNA，置于-20 ℃保存备用。

如需提取真菌孢子可参照以下步骤：称取菌瘿约 10 mg 放入 2 mL 离心管中，加入直径 4 mm 的玻璃珠和 200 μL 预热的 CTAB 提取缓冲液，3 000 r/min 涡旋 3 min 使孢子充分破壁。加入 300 μL CTAB 提取缓冲液和 10 μL 蛋白酶 K（10 mg/μL），65 ℃水浴 1.5 h。加入等体积三氯甲烷-异戊醇（体积比 24∶1）混匀，13 000 r/min 离心 20 min，取上清液加入 2/3 体积的-20 ℃预冷的异丙醇，混匀。-20 ℃放置 2 h 使其充分沉淀。13 000 r/min 离心 20 min，弃上清液。70% 乙醇冲洗 DNA 沉淀两次。真空干燥后溶于 30 μL TE 溶液，置于-20 ℃保存备用。如果孢子数量较少，可以挑取单个孢子，在显微镜下破坏孢子壁，将 DNA 释放出来，直接加入 PCR 反应液进行 PCR 反应。

（2）细菌 DNA 的提取。将可疑菌落（包括阳性对照菌株）在斜面培养基上培养增殖 48 h，刮取或加无菌蒸馏水配制成略为混浊的细菌悬浮液（如 OD_{600} 为 0.05）。将 10 mL 细菌悬浮液移入洁净的离心管中，12 000 r/min 离心 15 min，弃上清液。沉淀物中依次加入 5 mL TE 缓冲液，300 μL 10% SDS 溶液，30 μL 20 mg/mL 蛋白酶 K，混匀，37 ℃水浴中孵育 1 h。加入等体积的三氯甲烷-异戊醇（体积比 24：1）混匀，10 000 r/min 离心 5 min，取上清液至新离心管；加入等体积的酚-三氯甲烷-异戊醇（体积比 25：24：1）混匀，10 000 r/min 离心 5 min，取上清液至新离心管；加入 3/5 体积的异丙醇，混合至 DNA 沉淀，10 000 r/min 离心 5 min，弃上清液，用 70％乙醇洗涤沉淀，晾干；加 50 μL TE 缓冲液溶解 DNA 沉淀，−20 ℃下保存备用。

2. DNA 质量检查　取 2 μL DNA 进行琼脂糖凝胶电泳，如电泳结果为一条清晰明亮的条带，说明基因组完整性较好；如条带呈弥散状则说明 DNA 样品降解严重。将 DNA 样品进行 1 倍、5 倍、10 倍、20 倍稀释，在紫外分光光度计上分别读取 260 nm 和 280 nm 的光吸收值，根据 OD_{260}/OD_{280} 的值确定 DNA 提取质量并计算 DNA 浓度。纯的总 DNA 样品溶液 OD_{260}/OD_{280} 的值为 1.8～2.0。若值大于 2.0 说明有 RNA 污染。若值小于 1.8 说明有蛋白质或酚污染。根据测出的 DNA 浓度将 DNA 稀释到 50 ng/μL。

3. PCR 扩增　选择适用的引物，根据具体情况确定 PCR 反应体系中各试剂的量，或采用商业 PCR 试剂盒，根据引物 T_m 确定退火温度，进行 PCR 扩增。同时设置阳性对照、阴性对照和空白对照。

4. 结果判定　PCR 产物进行琼脂糖凝胶电泳，对于难以区分的 PCR 产物，可以采用毛细管电泳进行检测。在各对照结果都正常的情况下，若待测样品出现预期大小的特征条带，则检测结果为阳性；若待测样品未出现预期大小的扩增条带，则检测结果为阴性。若检测结果为阳性，需将目标条带做切胶回收后测序比对才能完全确认阳性。

二、实时荧光 PCR 检测技术

当需要进行定量检测时，可采用实时荧光 PCR（real‐time fluorescent PCR）检测技术。实时荧光 PCR 是一种在 DNA 扩增反应中，以荧光化学物质测每次 PCR 循环后产物总量的方法，荧光信号随着 PCR 产物的增加而增强。在 PCR 扩增过程中，连续检测反应体系中的荧光信号的变化，根据荧光信号基线的平均值和平均标准差计算出阈值，收集荧光信号增强到预定阈值时的 PCR 循环次数即为 Ct 值。根据 Ct 值判断样品是否带有目标病原菌。

实时荧光 PCR 的操作方法与常规 PCR 法相同。结果读取时，在各对照结果都正常的情况下，根据 Ct 值进行判定。在进行 40 个循环的前提下，Ct 值大于或等于 40，判定样品结果为阴性；Ct 值小于 35，判定为阳性；Ct 值介于 35 与 40 之间为可疑阳性，需重复试验或改用其他方法验证。

实时荧光 PCR 法分为 SYBR Green Ⅰ 检测和探针检测，其中探针检测最常用的是 Taq Man 探针检测。下面以 Taq Man 探针检测的基本步骤为例简单介绍操作方法。

操作方法：①根据病原菌的保守序列设计上下游引物；②在引物对扩增片段区间找出病原菌稳定性点突变区，应用引物和探针设计软件设计特异性探针；③探针采用化学合成标记方法，5′端标记荧光染料为 Carboxyfluoreecein（FAM），3′端标记淬灭荧光染料为 Teteramethy-carbo-xyrhodamine（TAMRA）；④利用荧光定量 PCR 仪进行检测。以 25 μL 体系为例，2× PCR MasterMix 12.5 μL，引物（10 μmol/L）各 1 μL，探针（10 μmol/L）1 μL，模板 1 μL，ddH$_2$O 8.5 μL。

盘林秀等（2018）对稻粒黑粉病菌实时荧光 PCR 内参基因进行了筛选，得到了 3 个最稳定的内参基因，分别为 UBQ、$GAPDH$ 和 $EF-1\alpha$，进一步提高了实时荧光 PCR 检测分析稻粒黑粉病菌基因表达的准确性。

三、巢式 PCR 检测技术

对于带菌量较低（比如少量孢子样品）、病状区别不明显或隐症病害的鉴定，可采用巢式 PCR（nested PCR）检测技术。巢式 PCR 是一种变异的 PCR，使用两对（而非一对）PCR 引物扩增完整的片段。第一对 PCR 引物扩增片段和普通 PCR 相似。第二对引物称为巢式引物（因为它们在第一次 PCR 扩增片段的内部），结合在第一次 PCR 产物内部，使得第二次 PCR 扩增片段短于第一次扩增。由于巢式 PCR 反应有两次 PCR 扩增，有效降低了扩增多个靶位点的可能性，增加了检测的敏感度。在植物病菌检疫方面，巢式 PCR 灵敏度比常规 PCR 高 100 倍。又有两对 PCR 引物与待检测模板配对，增加了检测的可靠性。该项技术已经十分成熟，目前市场上已经开发出相应的试剂盒，提高了使用的便捷性。

周业琴等（2006）根据水稻腥黑粉菌两个聚类群与其他黑粉菌 ITS 序列的差异，分别设计了两个聚类群的特异引物 Hor2/Hor9 和 Hm1/Hm5，结合 ITS 通用引物 Til1/Til4 建立了分别检测水稻腥黑粉菌两个聚类群单个冬孢子的巢式 PCR 检测方法，整个检测过程可以缩短至 8 h。陈福如等（2013）建立了稻曲病菌的巢式 PCR 检测体系，该体系能检测出 10 fg 的稻曲病菌 DNA，其灵敏性比常规 PCR 法好，可用于水稻植株和种子的带菌检测。

操作方法：①根据病原物某段序列设计两套引物，分别称为外侧引物和内侧引物；②以提取的病原物或疑似发病的植物总 DNA 为模板，首先利用外侧引物进行 PCR；③将首次 PCR 的产物稀释 2～5 倍，作为第二次 PCR 的模板，利用内侧引物进行第二次 PCR；④电泳检测。若试样 PCR 扩增产物电泳出现预期大小的条带，同时阳性对照扩增产物电泳后也出现目的片段，阴性对照和空白对照扩增产物电泳后没有出现目的片段，则结果为可疑阳性，需进一步通

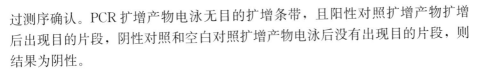

过测序确认。PCR 扩增产物电泳无目的扩增条带，且阳性对照扩增产物扩增后出现目的片段，阴性对照和空白对照扩增产物电泳后没有出现目的片段，则结果为阴性。

四、限制性片段长度多态性 PCR (PCR-RFLP) 检测技术

限制性片段长度多态性（RFLP）是指基因型之间限制性片段长度的差异，这种差异是由限制性酶切位点上碱基的插入、缺失、重排或点突变所引起的。RFLP 标记是最早用于构建遗传图谱的 DNA 分子标记技术。与核酸序列分析相比，RFLP 省去了序列分析中很多烦琐的工序，酶切后的电泳图谱可以看出不同种群基因组 DNA 的限制性片段长度多态性，从而显示细菌在进化水平上的差异。对细菌的特定 DNA 片段的限制性内切酶产物进行分析，可以实现细菌种间及种内株间的分型鉴定。此技术经常与 PCR 技术结合，即 PCR-RFLP 技术，该技术可简化图谱的带型，易于分析。

操作方法：①利用细菌的通用引物进行 PCR；②用 DNA 纯化试剂盒对 PCR 产物进行纯化；③利用不同的限制性内切酶进行 PCR 产物酶切；④利用 2%琼脂糖凝胶电泳检测酶切产物；⑤用紫外成像仪拍照。

五、随机扩增多态性 DNA PCR (PCR-RAPD) 检测技术

随机扩增多态性 DNA PCR，是建立于 PCR 基础之上的分子标记技术，基本原理是利用一个随机引物（8~10 个碱基）通过 PCR 非定点地扩增 DNA 片段，然后用凝胶电泳分离扩增片段来进行 DNA 多态性研究。由此可发现菌种之间 DNA 的变异片段数量和大小的不同。PCR-RAPD 技术不仅可以在种间、亚种间甚至同一亚种的不同菌株间进行鉴别，还能用于未知菌株快速鉴定。由于 RAPD 使用的是随机引物，而且引物具有通用性，这可以极大地减少费用和节省时间，应用于大规模生产和商品化。另外 RAPD 技术容易操作，检测周期短，且反应程序可以实现自动化。因此在大规模检测中，RAPD 的优越性是无可比拟的。

操作方法：①选取病原物的随机序列的寡核苷酸作为引物，以病原菌或疑似发病种子的基因组 DNA 为模板进行 PCR，随机序列通常为 10 个核苷酸；②扩增产物经聚丙烯酰胺凝胶电泳分离；③凝胶染色与结果观察。样品与阳性对照 PCR 产物具有同样的多态性，空白对照及阴性对照无条带为阳性，否则为阴性。

六、扩增片段长度多态性 PCR (PCR-AFLP) 检测技术

扩增片段长度多态性（AFLP）是利用两种以上的酶，一种为常用切割

酶，一种为罕见切割酶，切割 DNA 形成不同的限制酶切片段。然后在得到的酶切片段上加人工接头，以其作为模板进行扩增。对引物修饰后，实现了选择性扩增，使一个样本出现特定的 DNA 带谱，而另一个样本可能无此带谱。扩增产物经变形聚丙烯酰胺凝胶电泳分离，就显示出了扩增片段长度多态性。它兼具了 RAPD 和 RFLP 的优点，有比较高的稳定性，而且 AFLP 标记比RFLP、RAPD 标记更为可靠，可有效地揭示细菌多态性，使研究人员不仅可以利用它鉴别微生物不同属的物种，甚至还可以鉴别出同一属种不同菌株间的差异。

操作方法：①选取特定的酶切割基因组 DNA；②利用细菌的通用引物进行 PCR 反应；③用 DNA 纯化试剂盒对 PCR 产物进行纯化；④利用不同的内切酶进行 PCR 产物酶切；⑤利用 2% 琼脂糖凝胶电泳检测酶切产物；⑥紫外成像仪拍照。样品与阳性对照 PCR 产物具有同样的多态性，空白对照及阴性对照无条带为阳性，否则为阴性。

七、数字 PCR 检测技术

20 世纪末，Vogelstein 等提出一种新型定量分子检测技术——数字 PCR（digital PCR，dPCR），通过将一个样本分成几十到几万份，分配到不同的反应单元，每个单元至少包含一个拷贝的目标分子（DNA 模板），在每个反应单元中分别对目标分子进行 PCR 扩增，扩增结束后对各个反应单元的荧光信号进行统计学分析。dPCR 是一种核酸分子绝对定量技术，相较于 qPCR，dPCR 可直接数出 DNA 分子的个数，是对起始样品的绝对定量。常规 PCR 和实时荧光 PCR 定量检测都需要已知拷贝数的标准 DNA 制定标准曲线，由于样品测定在各种条件上不会完全一致，会造成 PCR 扩增效率的差异，从而影响定量结果的准确性。而 dPCR 不受标准曲线和扩增动力学影响，可以进行绝对定量。dPCR 的样品需求量低，在检测珍贵样品和样品核酸存在降解时具有明显的优势。dPCR 本质上是将一个传统的 PCR 反应分成了数万个独立的PCR 反应，在这些反应中可以精确地检测到很小的目的片段的差异、单拷贝甚至是低浓度混杂样品，且能避免非同源异质双链的形成，因此检测灵敏度大幅提高。目前，已在医学诊断、病毒检测、转基因检测等多个领域中成功应用。

田茜等（2018）以 3 株水稻细菌性条斑病菌、3 株水稻白叶枯病菌、13 株同属菌株和 6 株水稻上的其他病菌，共计 25 株为材料，以水稻细菌性条斑病菌的假定膜蛋白基因序列、水稻白叶枯病菌 rhs 家族基因序列为模板分别设计引物和探针进行 dPCR，建立了水稻细菌性条斑病菌和水稻白叶枯病菌 dPCR检测技术体系。水稻细菌性条斑病菌检测体系对该病原菌 DNA 样品的检测下

限为 3.86×10^{-5} ng/μL，水稻白叶枯病菌检测体系对病原菌 DNA 样品的检测下限为 4.26×10^{-5} ng/μL，在 20 μL 反应体系中对水稻细菌性条斑病菌和白叶枯病菌的检测限分别为 9 个拷贝和 16 个拷贝。为这两种重要的水稻细菌性病害的检测提供了新的可靠的定量检测方法。

操作步骤：①提取病原菌总 DNA；②设计特异性引物和探针；③配制 dPCR 检测体系（以 20 μL 体系为例）：2×SuperMix 10 μL、上/下游引物（20 μmol/L）0.45 μL、探针（20 μmol/L）0.1 μL、基因组 DNA 5 μL 和 ddH$_2$O 4 μL；④将配制好的体系反应液转移至微滴生成卡的 sample 孔位里，并在微滴生成卡的 oil 孔位内分别加入 70 μL 的微滴生成油，然后放入微滴生成仪中进行微滴生成；⑤将所有生成的微滴体系转移到 96 孔板上，封膜后放置于 PCR 仪上进行扩增，反应条件为 95 ℃预变性 10 min，95 ℃变性 10 s，退火及延伸 45 s，共 40 个循环，98 ℃固化微滴 10 min；⑥扩增反应完成后，将 96 孔板置于微滴读取仪中进行微滴荧光的读取和数据采集，随后通过分析散点图判定荧光阈值以确定阳性微滴和阴性微滴。

八、反转录 PCR（RT-PCR）检测技术

反转录 PCR（RT-PCR）检测技术是将 RNA 的反转录和 cDNA 的 PCR 相结合的技术。对于核酸是 DNA 的病毒，直接用 DNA 做模板进行扩增；对于核酸是 RNA 的病毒，需先将 mRNA 反转录成 cDNA 后再作为模板进行 PCR 扩增，即反转录 PCR。由于大多数植物病毒是 RNA 病毒，因此 RT-PCR 方法显得尤为重要。首先提取组织或细胞中的总 RNA，以其中的 mRNA 作为模板，采用 Oligo（dT）或随机引物利用反转录酶反转录成 cDNA。再以 cDNA 为模板进行 PCR 扩增，从而获得目的基因或检测基因表达。Miglino 等（2007）利用 RT-PCR 技术对病毒及大分子物质进行检测，如烟草脆裂病毒（TRV）、百合 X 病毒（LVX）、水仙斑点病毒（NMV）等，检测效果较好。Trzmiel 等利用实时 RT-PCR 技术对土传小麦花叶病毒（SBWMV）进行检测与鉴定，克隆分析了 SBWMV 的基因序列及同源性。

在此基础上又发展了用于植物病毒检测的多种方法，如 mRT-PCR 和 RT-qPCR。mRT-PCR 为多重 RT-PCR 反应，即在同一 RT-PCR 反应体系中用几对不同的引物同时检测多个目的片段，达到快速、简便的目的。逆转录定量 PCR 反应（RT-qPCR）主要用于定量检测逆转录后 cDNA 的含量，RT-qPCR 技术具备较高的灵敏度与特异性。这两种检测法在大蒜、马铃薯、兰花、橘树等多种植物病毒的检测上取得了成功，对水稻病毒性病原菌的检测有重要的指导意义。这种方法在一些病毒浓度较低的植物病毒检测中效果更好，因其具备较高的灵敏度和特异性。

嵇朝球等（2005）根据水稻条纹病毒（RSV）基因组序列的信息，在其外壳蛋白基因和毒蛋白基因的两侧设计 2 对引物，通过对感染病毒的植株和正常未感染植株叶片总 RNA 进行 RT－PCR 扩增，可以在感病植株中分别扩增出水稻条纹病毒基因组特有的 2 个条带，而在正常植株中未能扩增相关的条带。该体系对 RSV 的检测特异性强，扩增效率高，适用于水稻植株 RSV 的快速鉴定。水稻黑条矮缩病毒（RBSDV）和南方水稻黑条矮缩病毒（SRBSDV）是引起水稻矮缩病的 2 种主要病毒，这 2 种病毒引起的病害在田间的症状较相似，难以准确鉴定。杨迎青等（2012）针对这 2 种病毒建立了准确、灵敏、快速的一步 RT－PCR 检测方法，并用该方法检测了来自江西大余和江西南昌的 17 份水稻 SRBSDV 病毒样品，大余样品检出率 100%，南昌样品检出率 70%。

操作方法：以基础性的 RT－PCR 检测法为例，①根据已报道基因序列设计寡核苷酸的上下游引物；②cDNA 合成（针对 RNA 病毒），在 0.6 mL 反应罐中加入 1 μL 下游引物、3 mL RNA，95 ℃ 10 min，迅速置于冰上 5 min，然后加入 M－MulV 反转录酶 0.5 μL、抑制剂 RNasin 0.5 μL、dNTP 0.5 μL、5×RT buffer 2.5 μL，用 ddH$_2$O 补足到 12.5 μL，37 ℃水浴 60 min，转到 95 ℃ 10 min，冷却后作为 PCR 模板；③根据具体情况确定 PCR 反应体系中各试剂的量，或采用商业 PCR 试剂盒，检测时，应以含病毒的质粒作为阳性对照，以无病毒的植物组织作为阴性对照，以水代替模板作为空白对照，每个反应体系应设置至少 2 个重复的平行反应；④制备 1% 的琼脂糖凝胶，成像观察结果，若阳性对照在预期大小处有扩增片段，而阴性对照和空白对照未出现与阳性对照大小一致的条带，待测样品出现与对照大小一致的扩增条带，则判定为阳性，若阳性对照、阴性对照和空白对照正常，待测样品未出现与阳性对照一致的扩增条带，则判定为阴性。

九、基因芯片检测技术

基因芯片（genechip）又称为 DNA 芯片，属于生物芯片中的一种，是综合了微电子学、物理学、化学及生物学等的高新技术。基因芯片的测序原理是分子生物学中的核酸分子杂交方法，即在一块基因芯片表面固定序列已知的靶核苷酸的探针，经过标记的待测样品与基因芯片上对应位置的核酸探针产生互补匹配时，通过确定荧光强度最强的探针位置，获得一组序列完全互补的探针序列。据此可重组出靶核苷酸的序列。基因芯片具有可信度高、信息量大、操作简单、可重复性强、可反复利用等优势。

基因芯片最初研发应用于检测基因表达和检测 DNA 序列的变异，后来被用作高通量检测环境或临床样本。随着基因芯片技术的发展，应用于植物病害的基因芯片也开始有所报道。虽然相关的文献层出不穷，但基因芯片技术在植物尤其是水稻种子病原物检测方面的应用研究较少，这除了受限于其昂贵的设备和制作成本外，主要还受目前研究水平、靶标基因特异性和敏感性的限制。因此，为了更好地应用基因芯片技术，在水稻种传病害研究方向上突出该检测方法的技术优势，确定适宜的研究策略显得尤为重要。基因芯片的技术流程主要包括芯片的制备、待测样本的制备和标记、杂交反应、结果检测和数据处理分析。其中最关键的环节就是芯片的制备，探针的选择。探针是根据目的病原物靶基因中相对保守的区域设计的，选择适用于芯片检测的靶基因对于制备基因芯片至关重要。目前，检测病原菌的基因芯片技术对靶基因的选择有两种策略。一种是选择病原菌核糖体 RNA。选择病原菌核糖体 RNA 作为靶基因是一种比较经典的芯片检测方法。早在 20 世纪 90 年代就有利用细菌 16S rDNA 构建芯片用于细菌鉴定的先例。另一种是选择病原菌的"特异基因"。这类特异的基因是病原菌在属、种、型水平上独有的或与其他属种序列差异较大的基因，组成比较复杂，研究者根据研究目的和对象的不同，所规定的特异基因组成也有差别。Miller 等把这类基因称为 virulence and marker genes（VMGs），即毒力及标志基因，认为它们具有比 16S rDNA 更好的特异性。这类基因根据功能可分为：毒力基因、种特异的代谢和结构基因、耐药基因。其中编码致病性蛋白质的毒力基因属种特异性相对更加保守。国内外针对毒力基因应用芯片技术进行病原菌检测的报道很多。Miller 等（2008）利用病原体毒力及标志基因构建了一种能同时检测 11 种病原细菌、5 种病毒、2 种真菌的芯片，这是最早应用特异基因的芯片之一。

操作方法：①提取病原菌基因组 DNA。②根据病原菌保守区域设计通用引物，根据通用引物扩增的片段设计适用的高特异性的探针。③制备芯片（以晶芯光学级醛基基片为例），探针用 TE 缓冲液稀释至终浓度 40 $\mu mol/L$，将 10 μL 50％DMSO 加入 384 孔板中，再加入等量的探针溶液，轻轻混匀，按预先设计的探针顺序，用芯片点样仪将探针点在基片上。点样后的基片于 37 ℃、100％湿度下放置 12 h，用 0.2％ SDS 溶液漂洗 5 min，去离子水分别漂洗 3 次，每次 2 min，再将基片放入 0.2％ $NaBH_4$ 封闭液中漂洗 15 min，前 5 min 搅拌，中间 5 min 静置，后 5 min 搅拌；去离子水漂洗 3 次，每次 2 min，2 000 r/min离心 2 min，4 ℃避光保存。④靶基因片段荧光标记 PCR 扩增。⑤杂交及扫描，分别取杂交液 7 μL、PCR 标记产物 6 μL 和定位点探针 1 μL。混匀后 95 ℃变性 5 min，立即于冰水中放置 5 min。将变性后的混合物加入芯片点样区，盖上盖玻片置于湿盒中 50 ℃避光杂交 3 h。杂交后的芯片清洗离心。芯片用激光共聚焦扫描仪扫描，图像进行软件分析。

龙海等（2011）从 NCBI 数据库中获取了黄单胞菌 RNA 多聚酶西格玛因子（RNA polymerase sigma factor）基因序列。选择相对保守的区域设计通用

引物 *XrpoD* 进行荧光标记 PCR 扩增，仅有 *Xoo*、*Xooc* 和 *Xac* 3 种黄单胞菌出现目的片段。随后在引物的扩增区间找到适于设计探针的所有片段，将候选序列递交到 GenBank 进行比对分析，选出了 *Xoo* - S1、*Xooc* - S1 和 *Xac* - A1 特异性探针，可以同时准确地检测出水稻白叶枯病菌、水稻细菌性条斑病菌和柑橘溃疡病菌（图 3 - 15）。该研究建立的基因芯片检测方法是一种简单、灵敏、可靠的基因鉴别诊断方法。程颖慧等（2012）以 27 个霉菌菌株为研究对象，对疫霉病菌及其近似种的 DNA 序列进行分析，设计并筛选出用于基因芯片 PCR 扩增的引物 2 对 FP/RP 和 FP1/RP1，根据存在稳定差异的位点设计并筛选了 4 种重要检疫性疫霉病菌特异性探针 4 条，根据疫霉属的共同序列设计并筛选出属的通用探针 UP。首次建立了栎树疫霉猝死病菌、柑橘冬生疫霉褐腐病菌、马铃薯疫霉绯腐病菌、丁香疫霉病菌基因芯片检测体系和检测程序。

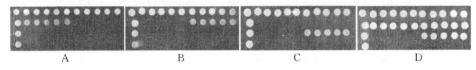

图 3 - 15　基因芯片特异性试验结果

A. *Xoo*　B. *Xooc*　C. *Xac*　D. *Xcc*

（龙海等，2011）

十、环介导等温扩增检测技术

2000 年日本学者 Notomi 在 *Nucleic Acids Res* 杂志上公开了一种新的适用于基因诊断的恒温核酸扩增技术，即环介导等温扩增技术（loop - mediated isothermal amplification，LAMP），受到了世卫组织（WHO）、各国学者和相关政府部门的关注。短短几年，该技术已成功地应用于 SARS、禽流感、HIV 等疾病的检测中。在 2009 年甲型 H1N1 流感事件中，日本荣研化学株式会社（以下简称"荣研公司"）接受 WHO 的邀请完成了 H1N1 环介导等温扩增法检测试剂盒的研制，通过早期快速诊断对防止该病症的快速蔓延起到积极作用。通过荣研公司近十年的推广，环介导等温扩增技术已广泛应用于日本国内各种病毒、细菌、寄生虫等引起的疾病检测、食品化妆品安全检查及进出口快速诊断中，并得到了欧美国家的认同。该技术的优势除了高特异性、高灵敏度外，操作十分简单，对仪器设备要求低，一台水浴锅或恒温箱就能实现反应，结果的检测也很简单，不需要像 PCR 那样进行凝胶电泳，环介导等温扩增反应的结果通过肉眼观察白色混浊或绿色荧光的生成来判断，简便快捷，适合基层快速诊断。

环介导等温扩增技术的反应体系由 dNTPs、*Bst* DNA 聚合酶、引物及

DNA 模板等组成。其原理是针对靶基因上的 6 个或 8 个不同区域设计 4 条或 6 条特异引物，包括一对内部引物（FIP 和 BIP）、一对外部引物（F3 和 B3）和一对环引物（LF 和 LB），在高位移活性的链置换 DNA 聚合酶（*Bst* DNA polymerase）的作用下，60～65 ℃恒温扩增。上游内部引物 FIP 的 F2 区域与目标 DNA 的 F2c 区域杂交并启动互补链的合成，引物 F3 与目标 DNA 的 F3c 区域互补合成 DNA，并置换出上游内部引物 FIP 结合的互补链，被取代的链在 5′端形成 1 个环状结构。5′端带环的单链 DNA 作为下游内部引物 BIP 的模板链，模板链的 B2c 区域和 B2 杂交并合成 DNA 互补链，同时打开 5′端环状结构。下游外部引物 B3 与目标 DNA 的 B3c 区域杂交并延伸，置换出与下游内部引物 BIP 结合的互补链，形成哑铃形 DNA。在 *Bst* DNA 聚合酶的作用下，核苷酸被添加到目标基因上游 F1 区域的 3′端并不断延伸，最终打开 5′端的环状结构。哑铃形 DNA 转换成具有茎环结构的 DNA，从而启动 LAMP 反应的第二阶段——循环扩增阶段。循环扩增阶段由上游内部引物 FIP 和下游内部引物 BIP 引导，经过多次循环扩增最终形成长度不一的茎环状 DNA（图 3-16）。LAMP 产物有多种检测方式（图 3-17）。在 DNA 合成时，从脱氧核糖核酸三磷酸底物（dNTPs）中析出的焦磷酸离子与反应溶液中的镁离子反应，产生大量焦磷酸镁沉淀，呈现白色。因此，可以把混浊度作为反应的指标，只用肉眼观察白色混浊沉淀，就能鉴定扩增与否。LAMP 反应产物除可肉眼观测外，也可采用实时监测法、琼脂糖凝胶电泳检测法以及比色检测法。实时监测法通过设定明确阈值，利用实时监测仪对 LAMP 反应产生的焦磷酸镁白色沉淀或定量环介导等温扩增反应形成的荧光信号产物进行实时监测，检测结果比肉眼观测更客观；若用琼脂糖凝胶电泳检测法，由于 LAMP 技术扩增得到的 DNA 片段长短不一，电泳条带呈梯带状；若用比色检测法，则需在 LAMP 反应体系中加入特定染料至反应结束，目标样本的颜色发生变化，非目标样本颜色不变，从而可判定检测结果。使用 SYBR Green Ⅰ染料，含有目标扩增产物的试管内颜色由红橙色变为黄绿色，加入羟基萘酚蓝（hydroxynaphthol blue，HNB）时，含有目标扩增产物的试管内颜色由紫色变成天蓝色。环介导等温扩增反应不需要 PCR 仪和昂贵的试剂，操作步骤少，对人员要求低，在过去的十几年里，由于其简单性、快速性、高效性和特异性而被广泛应用于各种植物病原菌的检测。

张小芳等（2016）以水稻细菌性条斑病菌糖基转移酶为靶标，设计出一套特异性高的 LAMP 引物，建立了该病菌的 LAMP 可视化快检技术。2017 年 Villari 等将 qLAMP 技术与孢子陷阱捕捉系统相结合，在症状出现前的 12 d，距离最近的潜在侵染源 6 m 处就能检测到空气中的 10 个分生孢子，成功实现了对引起黑麦草叶片灰斑病病原稻瘟病菌的特异、快速且定量检测。2018 年

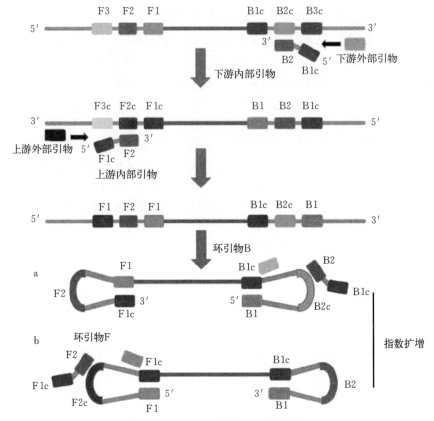

图 3-16　LAMP 技术反应原理示意

B1c、B2c、B3c. 目标基因下游的特异区域　　F1、F2、F3. 目标基因上游的特异区域

F1c、F2c、F3c. 分别与 F1、F2、F3 互补的特异区域

B1、B2、B3. 分别与 B1c、B2c、B3c 互补的特异区域

a. F1 区域与 F1c 区域互补形成哑铃形 DNA　　b. B1 区域与 B1c 区域互补形成哑铃形 DNA

（应淑敏等，2020）

Ortega 等利用 LAMP 技术分别对水稻恶苗病菌的伸长因子 *EF-α* 序列及稻瘟病菌钙调蛋白序列检测，检测极限分别为 100～999 pg/μL 和 10～99 pg/μL DNA。

目前的研究认为水稻恶苗病的致病菌包括藤仓镰孢、层出镰孢、拟轮枝镰孢和 *Fusarium andiyazi*。*F. andiyazi* 与水稻恶苗病的其他病原菌同属于藤仓赤霉复合种（*Gibberella fujikuroi* species complex，GFSC），GFSC 至少由 10 个不同的交配型群体（A～J）组成，由于这些成员在形态上差异很小，依靠传统的形态学鉴定方法很难进行区分。戎振洋等（2018）以 *F. andiyazi* 的 TAT（trichothecene 3-*O*-acetyltransferase）基因为靶标，设计并筛选出一套灵敏、特异的 LAMP 引物，建立了可快速诊断该病菌所引起的水稻恶苗病

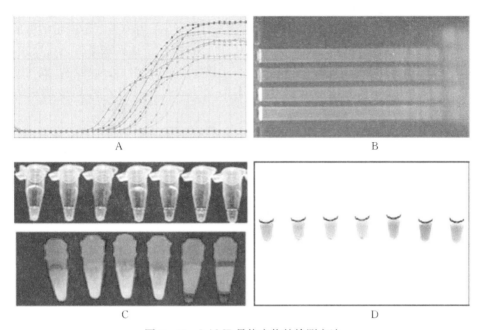

图 3 - 17　LAMP 最终产物的检测方法

A. 实时监测法（Mashooq et al.，2016）　B. 琼脂糖凝胶电泳检测法（Wong et al.，2018）
C. SYBR Green Ⅰ染料检测法（Chen et al.，2016）　D. 羟基萘酚蓝染料检测法（Wong et al.，2018）

（应淑敏等，2020）

的 LAMP 检测技术。该检测体系只需在等温条件下（64 ℃）进行 80 min 的核酸扩增反应，以 HNB（羟基萘酚蓝）为离子指示剂，通过肉眼观测反应产物颜色即可快速判断检测结果。该 TAT - Fan - LAMP 技术的最低检测灵敏度为 100 pg/μL。曾丹丹等（2018）基于 LAMP 技术以拟轮枝镰孢的 3 -磷酸甘油酸激酶（3 - phosphoglyceric phosphokinase）基因 Pgk 为靶标，设计筛选 LAMP 特异性引物，建立了可直接从水稻恶苗病植株中检测拟轮枝镰孢并诊断由该病原菌引起的水稻恶苗病的 LAMP 检测技术。该检测体系的最低检出限为目标菌纯 DNA 100 pg/μL。袁咏天等（2018）基于 LAMP 技术，以 IGS 基因为靶标，建立了可快速诊断藤仓镰孢引起的水稻恶苗病的 LAMP 检测技术，检测灵敏度 100μg/L；以 $RED1$ 基因为靶标，建立了可快速诊断层出镰孢引起的水稻恶苗病的 LAMP 检测技术，检测灵敏度 400 pg/μL。

　　水稻黑条矮缩病毒（RBSDV）和南方水稻黑条矮缩病毒（SRBSDV）这 2 种病毒在基因组序列、病毒粒体形态、症状、寄主范围、传毒介体及血清学等方面非常相似，传统检测方法难以区分。2010 年 Le 等利用 RT - LAMP 技术建立起包括水稻黑条矮缩病毒在内的 9 种水稻病毒的检测方法。周彤等

（2012）根据已报道的 RBSDV S10 核苷酸序列设计了 4 条引物，分别以携带 RBSDV 的灰飞虱和携带 SRBSDV 的白背飞虱总 RNA 为模板（不携带病毒的灰飞虱以及水为阴性对照），用优化的 RT－LAMP 反应体系和条件进行反应，RT－LAMP 扩增产物加入 SYBR Green Ⅰ核酸染料后进行荧光检测。成功建立了一种利用 RT－LAMP 技术快速检测 RBSDV 的方法，其检测极限是 3.25×10^{-5} μg/μL。

操作步骤：①在 NCBI 上进行同源性比对选取病原菌的特异的保守区域设计引物。②提取病原菌 DNA。③建立 LAMP 反应体系（以 25 μL 体系为例，可根据具体情况进行调整）：10×Thermopol Buffer 2.5 μL，dNTP（2.5 mmol/L）4 μL，FIP（10 μmol/L）和 BIP（10 μmol/L）各 2 μL，LF（10 μmol/L）和 LB（10 μmol/L）各 1 μL，F3（10 μmol/L）和 B3（10 μmol/L）各 1 μL，MgSO$_4$（100 mmol/L）1 μL，*Bst* DNA polymerase（8U/μL）2 μL，DNA 模板或菌悬液 2 μL，加 ddH$_2$O 补足至 25 μL。将反应液轻轻混匀并离心，阴性对照不加模板。65 ℃水浴恒温加热 1 h，80 ℃加热 5 min 使酶失活终止反应，每个反应重复 3 次。④荧光染料法检测 LAMP 扩增产物。在反应前向反应管内加入 10×SYBR Green Ⅰ荧光染料 5 μL，反应结束时瞬时离心并观察溶液颜色变化，阳性扩增产物为荧光绿色，阴性则为橙色。

十一、DNA 条形码技术

DNA 条形码（DNA barcoding）技术是近年发展起来的分子鉴定新技术，指生物体内能够代表该物种的、标准的、有足够变异的、易扩增且相对较短的 DNA 片段。通过其可变性以确定物种出身。在发现一种未知物种或者物种的一部分时，研究人员便描绘其组织的 DNA 条形码，而后与国际数据库内的其他条形码进行比对。如果与其中一个相匹配，研究人员便可确认这种物种的身份。利用 DNA 条形码可以实现快速、准确和自动化的物种鉴定，类似于超市利用条形码扫描区分成千上万种不同的商品。

加拿大动物学家 Paul Hebert 首先倡导将条形码编码技术应用到生物物种鉴定中，因此他被称为 DNA 条形编码之父。他提出的 *COI* 基因序列被研究者们一致建议作为动物的通用条形码。植物界的标准条形码则是 2009 年国际条形码协会植物工作组建议的 *mat*K 和 *rbc*L 基因序列。在真菌分类鉴定中，2011 年国家真菌 DNA 条形码会议上确定了 ITS 为真菌的通用条形码。细菌核糖体 16S rRNA 基因序列很早就成了细菌分类鉴定的工具，由于当时还未出现 DNA 条形码的概念，以前很少出现细菌 DNA 通用条形码这个词。

由加拿大基因组学生物多样性研究中心开发的 BOLD 生命条形码数据库系统（http：//www.barcodinglife.com）是一个在线工作台和数据库，支持

DNA 条形码数据的组装和使用。该数据库除了收录大量条形码序列信息，还详细记录了各个凭证样本的物种信息、权威分类学信息、分布、采集信息及标本图片等，是生命科学领域最为全面的数据信息系统。截至 2020 年 5 月，BOLD 上一共收录了 828 万条标本记录，67.9 万条条形码数据，共涉及 22.2 万个动物种、6.9 万个植物种和 2.3 万个真菌及其他物种（BOLD 官网数据）。欧盟检疫性有害生物 DNA 条形码数据库涵盖了节肢动物、细菌、真菌、线虫、植原体和病毒。数据库中也包含了 DNA 提取、PCR 引物序列、扩增条件及序列分析等所有步骤规范，利于使用者标准化操作。在细菌方面，涉及了棒形杆菌属、劳尔氏菌属、黄单胞菌属及木质部难养菌属（$Xylella$）中检疫性细菌及其近似种。我国的检疫性有害生物 DNA 条形码检测数据库中涵盖了动物疫病、植物检疫性有害生物及媒介昆虫等。细菌部分，以检疫性病原细菌及其近似种为对象，采用 16S rRNA 序列确定到属，然后通过区分能力更强的基因进行种及种下阶元的鉴定。基于 16S rRNA 基因序列建立的数据库（http://rdp.cme.msu.edu）包括了细菌及古细菌的 16S rRNA 和真菌的 28S rRNA 基因序列，该数据库只分类到属，数据库的 rRNA 序列主要来源于国际核苷酸序列数据库（International Nucleotide Sequence Database Collaboration，INSDC），最短 500bp，具有真菌细菌鉴定、引物探针分析、系统发育树制作等功能，尤其适合大量数据的分析。加拿大 Hill 建立了基于 cpn60 基因序列的数据库（http://www.cpndb.ca/）。该数据库中包含了黄单胞菌属、欧文氏菌属、假单胞菌属、棒形杆菌属及噬酸菌属的通用序列，但总体来说，植物病原细菌相关的序列还不多。夏威夷大学建立了植物病原细菌的 RIF DNA 条形码数据库，该数据库包含了 $Xanthomonas$、$Ralstonia$、$Clavibacter$、$Dickeya$、$Pectobacterium$、$Pantoea$、$Xylella$ 及 $Pseudomonas$ 属的相关序列。由于 RIF 序列变异较大，难以设计出所有细菌的通用引物，因此只设计了属通用性引物，在应用中需要先确定属，然后再利用属通用引物进行扩增测序比对分析。

　　近年来，国内也开展了大量植物病原菌 DNA 条形码研究。龙艳艳（2013）以腐霉属 147 个菌株为材料，选择 COI、$COII$、ITS 和 $\beta-tubulin$ 为候选基因进行评价，研究结果表明，COI 和 $COII$ 对腐霉属的识别效果比 ITS 和 $\beta-tublin$ 更好，由于目前公用分子数据库中腐霉属 $COII$ 序列数据所涉及的物种还非常有限，COI 序列数据相对丰富，因此，建议把 COI 作为腐霉的主要条形码，$COII$ 作为腐霉的辅助条形码。虽然 ITS 被推荐作为真菌的通用条形码，但很多学者对水稻恶苗病病原镰孢属鉴定基因的筛选发现，ITS 并不是最优的选择，可能会在检测中出现误判。雷娅红等（2016）以镰孢属 11 个种 57 株菌株为材料，选择 $nrDNA-ITS$、$EF-1\alpha$、$mtSSU$ 和 $\beta-tubulin$ 作为候选基因，筛选出了一套基于 $EF-1\alpha$ 基因的镰孢属的 DNA 条形码。王琳（2017）以镰孢属 23 个种 50 株菌株为材料，以 ITS、$EF-1\alpha$ 和 $\beta-tubulin$ 序列为候选基因进行评价，建立了一套基于 $EF-1\alpha$ 基因序列的镰刀菌的 DNA 条形码。张琦梦（2016）以伯克氏菌属 72 株菌株为材料，以 16S rRNA、$cpn60$、$gyrB$、$rpoD$、$gltB$ 和 fur 6 个基因序列作为候选基因，从扩增效果，测序成功率，种内、种间遗传距离，Barcoding gap 及 NJ 树几个方面进行比较分析，$rpoD$ 基因最适合进行该属内种及致病变种的区分，可用作鉴定伯克氏菌属的理想 DNA 条形码。$gyrB$ 基因扩增率稍低于 $rpoD$ 基因，但也能达到条形码基因的要求，而且 $gyrB$ 基因在种及致病变种上有较好的区分能力，故可作为该属分类鉴定的有效补充。况卫刚（2016）以伯克氏菌属 29 个种 87 株菌株为材料，以 16S rRNA、$gyrB$、$rpoD$ 和 $lepA$ 为候选基因，利用遗传距离分析、系统发育树构建和 TaxonDNA 鉴定效果等方法对这 4 个候选基因进行了评价，建立了一套基于 $lepA$ 基因的伯克氏菌属 DNA 条形码。卢松玉（2017）以 107 株假单胞菌为材料，以假单胞菌属分类鉴定研究中常用的 8 个基因：16S rRNA、$rpoD$、$gyrB$、$cpn60$、$gltA$、$gapA$、cts 和 pgi 为候选基因进行评价，建立了基于 $rpoD$ 和 $gapA$ 基因的单胞菌属 DNA 条形码。田茜（2018）以 327 株不同种或致病变种的黄单胞菌为试验材料，基于进化树法及遗传距离法等分别对 16S rRNA、$cpn60$、$avrBs2$、hrp、$hpaA$、$gyrB$ 和 $rpoD$ 这 7 个候选条形码基因进行了筛选验证及有效性评价，研究发现编码 60 ku 伴侣蛋白的 $cpn60$ 是理想的用于区分鉴定黄单胞菌属种及种下阶元的条形码基因，并建立了黄单胞菌属 DNA 条形码检测技术体系。利用该体系和多种传统鉴定方法对收集到的疑似黄单胞菌分离物及病害样品进行了应用验证与比较分析，结果显示多种检测方法得到的结果均保持一致，但相比之下，DNA 条形码检测方法的鉴定结果准确度更高，操作过程也更为简便快速，易于推广。

操作方法：①收集病原物形态学信息，制作成详细描述，这些数据将与 DNA 条形码一同录入数据库。②基于以下原则选择目的片段：种间存在明显遗传变异，具备较好的保守区域以便设计引物，目的片段足够短，所选片段便于提取、扩增和测序。③提取病原物总 DNA，根据目的片段设计引物，PCR 扩增。④分析 DNA 条形码序列。通常使用 Bioedit 程序进行 DNA 序列的差异显著性比对，用 K2P 距离（Kimura 2 - parameter distance）或生命条码数据库官方推荐使用的 Hidden Markov Models 进行序列变异度比较，来分析科、属、种 3 个水平上的序列差异，使用 Bioedit 软件进行人工校准和修订，最后用 PAUP 或 Phylip 软件建树。⑤提交数据库。DNA 条形码技术的主要目的就是建立一个完善的鉴定数据库，每一个病原菌的资料应尽可能详细地包含物种名称、采集地点、相应的标本链接、图文信息、barcoding 序列、扩增使用的

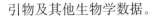

引物及其他生物学数据。

第七节 血清学检测技术

血清学方法是基于抗体与抗原之间发生专化性结合的原理来诊断鉴定病原物的基础方法。用于植物病原物检测的血清学方法主要包括：酶联免疫吸附法、斑点免疫结合测定法、免疫扩散、免疫电泳、荧光免疫、免疫胶体金技术等。其中水稻病害检测方面的研究中，酶联免疫吸附法和免疫胶体金技术应用最为广泛。

一、酶联免疫吸附法

1971 年 Engvall 和 Perlmann 发表了酶联免疫吸附剂测定（enzyme linked immunosorbent assay，ELISA）用于 IgG 定量测定的文章，第一次详述了酶联免疫吸附剂试验。ELISA 的基本原理是固相吸附和免疫酶技术相结合，用化学方法将酶和抗体/抗原结合形成酶标记抗体/抗原，但仍保持其免疫活性，当与相应抗原/抗体特异性结合反应时形成酶标记的免疫复合物，洗脱后加入底物，通过酶作用于底物后的显色反应判定结果。使用酶标仪测定吸光度（OD 值）来反映抗原或抗体含量，若抗体/抗原量大，结合上的酶标记抗原/抗体也多，则显色深；反之，抗体/抗原量小，则显色浅。由于酶的催化效率很高，间接地放大了免疫反应信号，从而大幅度提高了检测方法的灵敏度，通常可高达每毫升纳克级甚至是皮克级水平（图 3 - 18）。该方法具有快速、简单、灵敏、特异性较强更优点，在植物病毒检测领域被广泛应用。1971—1975 年，ELISA 成功地应用于大量激素、病毒、细菌、真菌、纤毛虫和许多人及动物感染性病原的鉴定。之后 Voller 等（1976）和 Clark 等（1976）将 ELISA 技术应用于植物病毒检测，苹果花叶病毒（*Apple mosaic virus*，ApMV）、南芥菜花叶病毒（*Arabis mosaic virus*，ArMV）和李痘病毒（*Plum pox virus*，PPV）的检出标志着 ELISA 技术正式应用到植物病毒检测上。国内外植物病毒研究者展开了大量尝试和研究，张成良等（1982）分析了已报道的应用 ELISA 检测的 50 种植物病毒的文献资料，发现这 50 种植物病毒涉及国内外已报道的所有的植物病毒形态类型，说明 ELISA 适用范围很广，成功率较高，受试验材料的限制性较小。在这 50 种植物病毒中，有 27 种属于种传病害，占 54%，为种传病毒的鉴定特别是种子检验提供了一种快速、准确的新方法。将烟草环斑病毒（*Tobacco ringspot virus*，TRSV）、大麦条纹花叶病毒（*Barley stripe mosaic virus*，BSMV）、大豆花叶病毒（*Soybean mosaic virus*，SMV）、黄瓜花叶病毒（*Cucumber mosaic virus*，CMV）、烟草花叶病毒（*Tobacco mosaic virus*，TMV）、黄瓜绿斑驳花叶病毒（*Cucumber green mottle mosaic virus*，CGMMV）等单粒种子表面消毒后，浸泡 24～48 h，加缓冲液研磨，然后加入有机溶剂处理提取上清液进行 ELISA，均能检出其中的植物病毒。有的将单粒种子研磨液稀释若干倍后仍能检出病毒，充分说明了 ELISA 技术在单粒种子检测上效果很好。Bossennec 等（1986）通过对 SMV 的研究发现，ELISA 技术可用于测定单粒种子不同部位带毒情况。宁红等（1991）用间接 ELISA 法和双抗夹心 ELISA 法对水稻种子进行水稻细菌性条斑病菌的研究，结果表明从制样到完成检测约需 40 h，间接 ELISA 法检测灵敏度为 $10^4 \sim 10^5$ CFU/mL，双抗夹心 ELISA 法检测灵敏度为 $10^2 \sim 10^3$ CFU/mL，检测结果不但可以目测定性，还可用酶联免疫检测仪所测得的 OD 值在试验制作的曲线上查出稻谷带菌量。李清铣等（1992）优化了早前建立的利用单抗双夹心 ELISA 法检测水稻白叶枯病菌的方法，该法最小检出量可达 $10^2 \sim 10^3$ CFU/mL，通过种子前处理，有效改善了因种子带菌量小而导致的病健种界限模糊的障碍，使结果可通过肉眼直接观测判断。刘欢等（2013）以合成的南方水稻黑条矮缩病毒（SRBSDV）衣壳蛋白（CP）的多肽为抗原通过杂交瘤技术制备了 2 株同时抗 SRBSDV 和 RBSDV 的特异性单克隆抗体，并利用单抗建立了仅对感染 SRBSDV 和 RBSDV 水稻及分别携带上述病毒的白背飞虱和灰飞虱有特异性反应的斑点 ELISA（dot‑ELISA）检测方法，建立的 dot‑ELISA 血清学方法具有操作简便、准确性高、易标准化和大规模生产等特点。随后王亚琴等（2018）以制备的抗南方水稻黑条矮缩病毒（SRBSDV）单抗 2C2 为核心，建立了检测水稻叶片和白背飞虱中 SRBSDV 的 dot‑ELISA 试剂盒。试剂盒的灵敏度分析表明当 SRBSDV 稀释到 10 240 倍（*m/V*，g/mL）感染病叶时仍能检测到 SRBSDV。用该检测试剂盒检测分别感染水稻黑条矮缩病毒、水稻矮缩病毒、水稻条纹病毒、水稻瘤矮病毒、水稻条纹花叶病毒、水稻锯齿矮缩病毒的病叶和健康水稻叶片（图 3‑19），试剂盒的田间样品检测结果与 RT‑PCR 方法检测结果的符合率达到 100%，表明该 dot‑ELISA 试剂盒能准确、有效地应用于 SRBSDV 的大规模检测，对我国南方水稻黑条矮缩病的实时监测和科学防控具有重要价值和意义。Yang 等（2013，2014）利用与几丁质酶 Mgchi 的相关基因，克隆和表达了稻瘟病菌（*Magnaporthe oryzae* = *Magnaporthe grisea*）的 Mgchi 和一种水稻 cDNA 编码的凝集素蛋白 Osmal。研究中发现，Mgchi 可以作为一种生化标记检测稻瘟病菌。Mgchi 与 Osmal 有很特殊的相互作用，在 Pd NPs 催化 H_2O_2 氧化 TMB 系统的基础上，将 Mgchi 作为生化标记和 Osmal 作为识别探针，可建立一种特异、灵敏的检测稻瘟病菌的方法。该研究为稻瘟病的早期诊断和稻瘟病菌的快速检测提供了一条新途径。

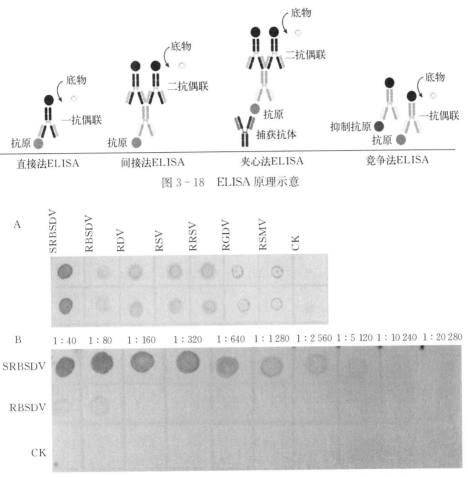

图 3-18　ELISA 原理示意

图 3-19　南方水稻黑条矮缩病毒 dot-ELISA 检测试剂盒检测水稻
植物样品的特异性（A）和灵敏度（B）

A. SRBSDV、RBSDV、RDV、RSV、RRSV、RGDV、RSMV 和 CK 分别代表感染 SRBSDV、RBSDV、RDV、RSV、RRSV、RGDV、RSMV 的水稻病叶粗提液和健康水稻叶片粗提液，上下无重复试验

B. CK 代表健康水稻叶片粗提液，SRBSDV 代表 SRBSDV 感染的水稻病叶粗提液，RBSDV 代表 RBSDV 感染的水稻病叶粗提液，从左到右粗提液 10～20 480 倍稀释

（王亚琴等，2018）

目前常用的 ELISA 方法有直接法、间接法、双抗夹心法、竞争法 ELISA。其中间接 ELISA 法、双抗夹心 ELISA 法常用于植物病原物检测，而双抗夹心 ELISA 法检测灵敏度普遍高于间接 ELISA 法。

间接 ELISA 法的原理是利用酶标记二抗以检测与固相抗原结合的受检抗体，故称为间接法。

操作方法：①包被抗原。用碳酸盐缓冲液（CBS）将抗原浓度稀释到 0.2～20 μg/mL，100 μL/孔包被，37 ℃ 2 h 或者 4 ℃ 过夜。②洗板。弃孔内液体，甩干，PBST 洗板 3 次，每次浸泡 1～2 min，300 μL/孔，甩干。③封闭。含 1%BSA 或者 5%脱脂牛奶的 PBST 做封闭液，200 μL/孔，37 ℃ 2 h。④洗板，同步骤②。⑤加一抗。PBST 做稀释液，将抗体梯度稀释，例如稀释成 500、5 000、50 000 倍液，100 μL/孔，37 ℃ 1 h。⑥洗板，同步骤②。⑦加二抗。PBST 做稀释液，稀释二抗（稀释成 2 000～20 000 倍液，根据试验条件而定），100 μL/孔，37 ℃ 1 h。⑧每孔加 TMB 显色液 100 μL，室温避光显色 15～20 min，若颜色偏淡，可放在 37 ℃ 显色，不超过 30 min。⑨每孔加终止溶液 100 μL，此时蓝色变为黄色。⑩用酶标仪在 450 nm 波长处依序测量各孔的吸光度（OD 值），在加终止液后立即进行检测。⑪结果判断。

双抗夹心 ELISA 法的原理：将特异性抗体结合到固相载体上形成固相抗体，然后与待测样本中相应的抗原结合形成免疫复合物，洗涤后加入酶标记抗体，与免疫复合物中抗原结合形成固相抗体-抗原-酶标记抗体复合物，加底物显色，判断抗原含量。

操作方法：①包被抗体。用碳酸盐缓冲液（CBS）或者磷酸盐缓冲液（PBS）根据试验需要将包被抗体稀释到一定的稀释度，100 μL/孔包被，37 ℃ 2 h 或者 4 ℃ 过夜。②洗板。弃孔内液体，甩干，PBST（PBS＋0.05% 吐温 20）洗板 2 次，每次浸泡 1～2 min，300 μL/孔，甩干（也可以轻拍将孔内液体拍干）。③封闭。含 1%BSA 或者 5%脱脂牛奶的 PBST（PBS＋0.05% 吐温 20）做封闭液，300 μL/孔，37 ℃ 2 h。④洗板。同步骤②。⑤加样。分别设空白孔、标准孔、待测样品孔。空白孔加样品稀释液 100 μL，余孔分别加标准品或待测样品 100 μL（注意不要有气泡，加样将样品加于酶标板孔底部，尽量不触及孔壁，一块板要在 10 min 内上完样品）。酶标板加上盖或覆膜，37 ℃ 反应 60 min。为保证试验结果的有效性，每次试验请使用新的标准品溶液。⑥洗板。弃孔内液体，甩干，PBST（PBS＋0.05% 吐温 20）洗板 4 次，每次浸泡 1～2 min，300 μL/孔，甩干。⑦加检测抗体。根据试验需要，将检测抗体用 PBST 稀释到一定的稀释度，100 μL/孔，37 ℃ 1 h。⑧洗板。同步骤⑥。⑨加二抗。根据试验需要，将二抗用 PBST 稀释到一定的稀释度，100 μL/孔，37 ℃ 1 h。⑩洗板。同步骤⑥。⑪酶标仪读值。以 630 nm 为校正波长，用酶标仪在 450 nm 波长处依序测量各孔的吸光度（OD 值）。在加终止液后立即进行检测。⑫结果判断。每个标准品和样本的 OD 值须减去空白孔的 OD 值，如设置复孔，则应取其平均值；以标准品的浓度为横坐标，OD 值为纵坐标，使用专业制作曲线软件进行四参数拟合（4 PL），如 Origin、ELISACalc 等，根据样品的 OD 值由标准曲线推算出相应的浓度，再乘以稀释倍数。

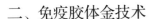

二、免疫胶体金技术

1971 年 Faulk 和 Taytor 将胶体金引入免疫化学，因快速、简单、廉价等特点，免疫胶体金技术（immune colloidal gold technique）成为快速诊断的一个重要发展方向。而随着纳米技术和单克隆抗体技术的完善、成熟，该技术得到迅速发展，在临床医学、农业应用、环境检测、兽医学应用、食品安全等多个领域得到广泛应用。

免疫胶体金技术是以胶体金作为示踪标志物应用于抗原抗体的一种新型免疫标记技术。氯金酸（$HAuCl_4$）在还原剂作用下，可聚合成一定大小的金颗粒，形成带负电的疏水胶溶液。由于静电作用而成为稳定的胶体状态，故称为胶体金。胶体金在弱碱环境下带负电荷，可与蛋白质分子的正电荷基团形成牢固的静电结合，并且不影响蛋白质的生物特性。除蛋白质外，胶体金还可以与许多其他生物大分子结合，如 SPA、PHA、ConA 等，因此，可以利用胶体金的物理学特性来标记一些生物活性物质作为免疫探针，用于免疫组化抗原定位及抗原、抗体检测。在金标蛋白结合处，显微镜下可见黑褐色颗粒。当这些标记物在相应的配体处大量聚集时，肉眼可见红色或粉红色斑点，因而免疫胶体金技术可用于定性或半定量的快速免疫检测中。

该技术简便快捷，操作简单，不需要使用放射性同位素，或有潜在致癌物质的酶显色底物，也不需要荧光显微镜等特殊仪器设备，操作人员不需要特殊训练，只需要取少量的植物汁液滴在试纸条上的样品垫上，便可以在 15 min 内得到检测结果，特别适合于口岸检疫和现场检测等不需要准确定量的快速诊断。并且，因具有单一试剂，一步操作的特点，小型实验室即有条件开发生产，干燥包装的试剂在室温保存一年以上。

免疫胶体金技术多用于病毒检测试纸的研发与制备。魏梅生等（2008）采用柠檬酸三钠还原法制备胶体金颗粒，标记番茄环斑病毒和烟草环斑病毒的兔多克隆抗体，用微定量喷头在硝酸纤维素膜上喷好 2 条病毒检测线（T 线）和 1 条羊抗兔抗体质控线（C 线），制成复合型免疫层析检测试纸条。试纸条在 10 min 内可同时检测出这两种病毒，检测灵敏度为 1 μg/mL。魏梅生等（2014）采用胶体金标记莴苣花叶病毒的兔多克隆抗体，在硝酸纤维素膜上喷涂病毒检测线和质控线，制作了莴苣花叶病毒胶体金免疫层析试纸条，灵敏度为 1 μg/mL，试纸条可特异性检测到莴苣花叶病毒的 3 个分离物，可在 10 min 内获得检测结果，适用于疑似莴苣花叶病毒感染的莴苣叶片的快速诊断。张雯娜（2014）利用原核表达方法体外表达大豆花叶病毒的外壳蛋白，采用腹腔免疫方式免疫小鼠，通过细胞融合技术获得杂交瘤细胞株，成功制备 4 株 SMV 单克隆抗体。并采用双抗体夹心模式，使用两株不同特异性的单克隆抗体，制备了大豆花叶病毒胶体金免疫层析试纸条。一株抗 SMV 单抗（mAb3E12C6）被固定到硝酸纤维素膜检测区域，另一株抗 SMV 单抗（mAb4Bgn9）偶联到作为显色剂的胶体金粒子上。然后将植物样品溶液通过毛细管作用，与抗 SMV IgG 抗体在检测区发生反应，使 SMV 滞留在检测区域，从而出现红色阳性结果，检测方法快速方便，可在 5 min 内出结果。梁新苗等（2012）使用柠檬酸三钠还原法制备 25 nm 粒径的胶体金颗粒，在 pH 7.6，蛋白用量 13 μg/mL 条件下，制备形成稳定的胶体金蛋白复合物；使用微定量喷头在硝酸纤维素膜上喷好病毒检测线和质控线，组装制成南瓜花叶病毒胶体金免疫层析试纸条。可在 10 min 内检测出结果，且对南瓜花叶病毒阳性材料的检测灵敏度可达到稀释 10^4 倍。香蕉束顶病毒（*Banana bunchy top virus*，BBTV）引致的香蕉束顶病毒病是世界香蕉产业生产中的主要限制因子之一，种植无病种苗是当前防控该病的主要措施之一，而无病种苗的生产依赖于快速、高效和简便的检测方法。刘娟等（2016）在免疫渗透技术的基础上，以胶体金作为示踪标记物，硝酸纤维素膜为介质，通过毛细管作用使样品溶液在介质上运动，待测物同层析材料上的受体发生特异性亲和反应。通过探索香蕉束顶病毒单克隆抗体及 AP 标记羊抗鼠 IgG 最佳浓度和探针制备的最适胶体金 pH 及抗体浓度等条件，建立了胶体金免疫层析试纸条技术，该试纸条可以快速、有效、方便、可靠地检测香蕉植株是否带有 BBTV 病毒，对于香蕉束顶病毒病的防治具有重要意义。

吴建祥等（2017）以感染 SRBSDV 的植物粗提液为免疫原，利用杂交瘤技术制备了 2 株抗 SRBSDV 的单抗，建立了可快速、特异、灵敏检测 SRBSDV 的胶体金免疫试纸条。该试纸条能在 5 min 内准确、特异地检测水稻植物和白背飞虱传毒介体体内的 SRBSDV。其检测水稻病叶的灵敏度达到稀释 6 400 倍（g/mL），检测单头携毒白背飞虱的灵敏度达到稀释 51 200 倍（头/μL）。田间样品检测结果表明，该试纸条的检测结果与 RT - PCR 的符合率达到 100%。SRBSDV 胶体金免疫试纸条的具体制备过程为：用柠檬酸三钠还原氯金酸成胶体金颗粒溶液，制备胶体金标记的 SRBSDV 抗体溶液。用划膜喷金标一体机分别把不同浓度的另一个 SRBSDV 单抗及浓度为 1.0 mg/mL 的羊抗鼠 IgG 喷在硝酸纤维素膜上，分别作为检测线（T）和质控线（C），在 37 ℃烘箱干燥 12 h。胶体金标记的 SRBSDV 抗体溶液稀释后，用划膜喷金标一体机按照不同的量喷在胶体金结合垫上，反复调试抗体各种稀释度组合检测水稻和白背飞虱体内 SRBSDV 的效果，使最终的检测灵敏度和特异性达到最佳状态。将吸水滤纸制成的样品垫、SRBSDV 免疫胶体金垫、划有 T 线和 C 线的硝酸纤维素膜和吸水纸依次粘贴到 PVC 胶板上（图 3 - 20），切割成 60 mm× 3 mm 的条子后组装成试纸条。试纸条可避光、密闭、常温保存备用。Huang

Deqing 等（2019）采用柠檬酸钠还原氯金酸的方法制备胶体金并标记一个 RSV 单克隆抗体，另一个 RSV 单克隆抗体和羊抗鼠抗体分别包被到硝酸纤维素膜的检测线和质控线，将吸水滤纸制成的样品垫、RSV 免疫胶体金垫、结合有 RSV 单抗和羊抗鼠抗体的硝酸纤维素膜和吸水纸依次粘贴到聚氯乙烯（PVC）胶板上，研制出了能在 5～10 min 内快速、准确、灵敏、特异检测水稻植株和传毒介体灰飞虱中 RSV 的胶体金免疫层析试纸条。

图 3 - 20　SRBSDV 胶体金免疫试纸条的组成

1. 样品垫　2. 胶体金结合垫　3. 硝酸纤维素膜　4. 检测线（T 线）
5. 质控线（C 线）　6. 不干胶　7. 吸水垫　8. PVC 底板

（吴建祥等，2017）

伏马菌素是由轮枝镰孢（*Fusarium verticillioides*）与串珠镰孢（*Fusarium moniliforme*）所产生的一类水溶性代谢产物。伏马菌素对食品污染的情况在世界范围内广泛存在，能污染玉米、小麦、水稻等谷类及其制品。樊海新等（2015）首先制备了伏马菌素 B1（FB1）单克隆抗体和 FB1 - OVA 偶联抗原，然后将 FB1 单克隆抗体与胶体金制成金标抗体包被在金标垫上，将 FB1 - OVA 抗原和羊抗鼠 IgG 包被在硝酸纤维素膜（NC 膜）表面分别作为检测线和质控线，采用间接竞争法检测待检样品中的 FB1 与 NC 膜上的 FB1 - OVA 抗原竞争结合金标抗体中的 FB1 单克隆抗体情况，并以检测线和质控线显示检测结果，建立用于快速检测伏马菌素 B1（FB1）的胶体金免疫层析试纸条。检测 FB1 的灵敏度可达到 2 ng/mL。试纸条具有较高的特异性和稳定性，操作简单，检测时间仅需 10 min，且与高效液相色谱法检测结果一致，可作为检测玉米中伏马菌素 B1 残留的有效手段。

操作方法：

1. 胶体金的制备　胶体金的制备一般采用还原法。

（1）柠檬酸三钠还原法。

① 10 nm 胶体金粒的制备。取 0.01% HAuCl$_4$ 水溶液 100 mL，加入 1% 柠檬酸三钠水溶液 3 mL，加热煮沸 30 min，冷却至 4 ℃，溶液呈红色。

② 15 nm 胶体金颗粒的制备。取 0.01% HAuCl$_4$ 水溶液 100 mL，加入 1% 柠檬酸三钠水溶液 2 mL，加热煮沸 15～30 min，直至颜色变红。冷却后加入 0.1 mol/L K$_2$CO$_3$ 0.5 mL，混匀即可。

③ 15 nm、18～20 nm、30 nm 或 50 nm 胶体金颗粒的制备。取 0.01%
$HAuCl_4$ 水溶液 100 mL，加热煮沸。根据需要迅速加入 1%柠檬酸三钠水溶液
4 mL、2.5 mL、1 mL 或 0.75 mL，继续煮沸约 5 min，出现橙红色。这样制成
的胶体金颗粒则分别为 15 nm、18～20 nm、30 nm 和 50 nm。

胶体金颗粒的直径和制备时加入的柠檬酸三钠量是密切相关的，保持其他
条件恒定，仅改变加入的柠檬酸三钠量，可制得不同颜色的胶体金，也就是不
同粒径的胶体金，见表 3-8。

（2）鞣酸-柠檬酸三钠还原法。

A 液：1% $HAuCl_4$ 水溶液 1 mL，加入 79 mL 双蒸水中混匀。

B 液：1%柠檬酸三钠 4 mL，1%鞣酸 0.7 mL，0.1 mol/L K_2CO_3 0.2 mL，
混合后加入双蒸水至 20 mL。

将 A 液、B 液分别加热至 60 ℃，在电磁搅拌下迅速将 B 液加入 A 液中，
溶液变蓝，继续加热搅拌至溶液变成亮红色。此法制得的胶体金的直径为
5 nm。如需要制备其他直径的胶体金颗粒，则按表 3-9 所列的数字调整鞣酸
及 K_2CO_3 的用量。

表 3-8　100 mL 氯金酸中柠檬酸三钠的加入量对胶体金粒径的影响

1%柠檬酸三钠（mL）	0.3	0.45	0.7	1	1.5	2
胶体金颜色	蓝灰	紫灰	紫红	红	橙红	橙
吸收峰波长（nm）	220	240	535	525	522	518
径粒（nm）	147	97.5	71.5	41	24.5	15

表 3-9　鞣酸-柠檬酸三钠还原法试剂配制

胶体金直径	A 液		B 液			
（nm）	1% $HAuCl_4$	双蒸水	1%柠檬酸三钠	0.1 mol/L K_2CO_3	1%鞣酸	双蒸水
5	1	79	4	0.2	0.7	15.1
10	1	79	4	0.025	0.1	15.875
15	1	79	4	0.0025	0.01	15.987 5

（3）白磷还原法。在 120 mL 双蒸水中加入 1.5 mL 1%氯金酸和 1.4 mL
0.1 mol/L K_2CO_3，然后加入 1 mL 1/5 饱和度的白磷乙醚溶液，混匀后室温
放置 15 min，在回流下煮沸直至红褐色转变为红色。此法制得的胶体金直径约
6 nm，并有很好的均匀度，但白磷和乙醚均易燃易爆，一般实验室不宜采用。

为得到外形大小均一的胶体金颗粒，可采用甘油或蔗糖密度梯度离心分
级，然后将胶体金滴在覆有 Formvar 膜或碳-Formvar 膜的镍网上，空气干
燥，透射电镜下观察，拍照，测量胶体金颗粒直径，并计算 100 个以上胶体金

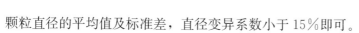

颗粒直径的平均值及标准差，直径变异系数小于 15％即可。

（4）制备高质量胶体金的注意事项。

① 玻璃器皿必须彻底清洗，最好是经过硅化处理的玻璃器皿，或用第一次配制的胶体金稳定的玻璃器皿，再用双蒸水冲洗后使用。否则影响生物大分子与胶体金颗粒结合和活化后胶体金颗粒的稳定性，不能获得预期大小的胶体金颗粒。

② 试剂配制必须保持严格的纯净，所有试剂都必须使用双蒸水或三蒸水并去离子后配制，或者在临用前将配好的试剂经超滤或微孔滤膜（0.45 mm）过滤，以除去其中的聚合物和其他可能混入的杂质。

③ 配制胶体金溶液的 pH 以中性（pH 7.2）较好。

④ 氯金酸的质量要求上乘，杂质少。最好是进口的。

⑤ 氯金酸配成 1％水溶液在 4 ℃可保持数月稳定，由于氯金酸易潮解，因此在配制时，最好将整个小包装一次性溶解。

2. 胶体金与蛋白质的吸附　胶体金对蛋白质的吸附主要取决于 pH，在接近蛋白质的等电点或偏碱的条件下，二者容易形成牢固的结合物。如果胶体金的 pH 低于蛋白质的等电点时，则会聚集而失去结合能力。除此以外胶体金颗粒的大小、离子强度、蛋白的分子质量等都影响胶体金与蛋白质的结合。

（1）待标记蛋白质溶液的制备。将待标记蛋白质预先在 0.005 mol/L NaCl 溶液（pH 7.0）中 4 ℃透析过夜，以除去多余的盐离子，然后 100 000 g 4 ℃离心 1 h，去除聚合物。

（2）待标记胶体金溶液的准备。以 0.1 mol/L K_2CO_3 或 0.1 mol/L HCl 调节胶体金溶液的 pH。标记 IgG 时，调至 pH 9.0；标记 McAb 时，调至 pH 8.2；标记亲和层析抗体时，调至 pH 7.6；标记 SPA 时，调至 pH 5.9～6.2；标记 ConA 时，调至 pH 8.0；标记亲和素时，调至 pH 9～10。由于胶体金溶液可能损坏 pH 计的电板，因此，在调节 pH 时，采用精密 pH 试纸测定为宜。

（3）胶体金与标记蛋白质用量之比的确定。

① 根据待标记蛋白质的要求，将胶体金调好 pH 之后，分装 10 管，每管 1 mL。

② 将标记蛋白质（以 IgG 为例）用 0.005 mol/L 硼酸盐缓冲液（pH 9.0）稀释为 5～50 mg/mL 系列浓度，分别取 1 mL，加入上列胶体金溶液中，混匀。对照管只加 1 mL 稀释液。

③ 5 min 后，在上述各管中加入 0.1 mL 10％ NaCl 溶液，混匀后静置 2 h，观察结果。

④ 结果观察，对照管（未加蛋白质）和加入蛋白质的量不足以稳定胶体金的各管，均呈现出由红变蓝的聚沉现象；而加入蛋白质的量达到或超过最低稳定量的各管仍保持红色不变。以稳定 1 mL 胶体金溶液红色不变的最低蛋白

质用量，即为该标记蛋白质的最低用量，在实际工作中，可适当增加 10%～20%。

（4）胶体金与蛋白质（IgG）的结合。将胶体金和 IgG 溶液分别用 0.1 mol/L K_2CO_3 调至 pH 9.0，电磁搅拌 IgG 溶液，加入胶体金溶液，继续搅拌 10 min，加入一定量的稳定剂以防止抗体蛋白与胶体金聚合发生沉淀。常用稳定剂是 5%胎牛血清（BSA）和 1%聚乙二醇（分子质量 20 ku）。加入的量：5%BSA 使溶液终浓度为 1%；1%聚乙二醇加至总溶液的 1/10。

（5）胶体金标记蛋白质的纯化。

① 超速离心法。根据胶体金颗粒的大小，标记蛋白质的种类及不同的稳定剂选用不同的离心速度和离心时间。

用 BSA 做稳定剂的胶体金-羊抗兔 IgG 结合物可先低速离心（20 nm 胶体金颗粒用 1 200 r/min，5 nm 胶体金颗粒用 1 800 r/min）20 min，弃去凝聚的沉淀。然后将 5 nm 胶体金结合物经 6 000 g，4 ℃离心 1 h；20～40 nm 胶体金结合物，14 000 g，4 ℃离心 1 h。仔细吸出上清液，沉淀物用含 1%BSA 的 PB 液（含 0.02%NaN_3），将沉淀重悬为原体积的 1/10，4 ℃保存。如在结合物内加 50%甘油可储存于－18 ℃保存一年以上。

为了得到颗粒均一的免疫胶体金试剂，可将上述初步纯化的结合物再进一步用 10%～30%蔗糖或甘油进行密度梯度离心，分带收集不同梯度的胶体金与蛋白质的结合物。

② 凝胶过滤法。此法只适用于以 BSA 作为稳定剂的胶体金蛋白质结合物的纯化。将胶体金蛋白质结合物装入透析袋，在硅胶中脱水浓缩至原体积的 1/10～1/5。再经 1 500 r/min 离心 20 min。取上清液加至 Sephacryl S－400（丙烯葡聚糖凝胶 S－400）层析柱分别纯化。层析柱为 0.8 cm×20 cm，加样量为床体积的 1/10，以 0.02 mol/L PBS 液洗脱（内含 0.1%BSA，0.05%NaN_3，pH 8.2 者用 IgG 标记物），流速为 8 mL/h。按红色深浅分管收集洗脱液。一般先滤出的液体为微黄色，有时略混浊，内含大颗粒聚合物等杂质；继之为纯化的胶体金蛋白质结合物，随浓度的增加而红色逐渐加深，清亮透明；最后洗脱出略带黄色的即为标记的蛋白质组分。将纯化的胶体金蛋白质结合物过滤除菌，分装，4 ℃保存。最终可得到 70%～80%的产量。

（6）胶体金蛋白质结合物的质量鉴定。

① 胶体金颗粒平均直径的测量。用支持膜的镍网（铜网也可）蘸取金标蛋白质试剂，自然干燥后直接在透射电镜下观察。或用醋酸铀复染后观察。计算 100 个胶体金颗粒的平均直径。

② 胶体金溶液的 OD（520 nm）值测定。胶体金在波长 510～550 nm 出现最大吸收峰。用 0.02 mol/L PBS 液（pH 8.2，含 1%BSA，0.02%NaN_3）将胶体金蛋白质试剂稀释 20 倍，OD_{520}＝0.25 左右。一般应用液的 OD_{520} 应为

0.2～0.4。

③ 金标记蛋白质的特异性与敏感性测定。采用微孔滤膜免疫金银染色法（MF－IGSSA），将可溶性抗原（或抗体）吸附于载体上（滤纸、硝酸纤维膜、微孔滤膜），用胶体金标记的抗体（或抗原）以直接或间接染色法并经银显影来检测相应的抗原或抗体，对金标记蛋白的特异性和敏感性进行鉴定。

第八节 其他现代化检测技术

微生物鉴定的自动化技术近十几年得到了快速发展。微生物自动化鉴定系统是基于微生物分类理论，分析大量已知菌的生化试验数据，优化组合生理生化指标，集合成套试剂，根据相似系数判断菌种属间的亲缘关系。该鉴定系统将数学、计算机、信息及自动化分析集为一体，具有系统化、标准化、微量化和简易化等优点，采用商品化的配套鉴定试验条板，对不同来源的标本进行鉴定，形成数字化的结果，与数据库对比得出鉴定结果，将未知微生物鉴定到属、种、亚种等。目前应用于植物病原物鉴定的自动化鉴定系统主要有：Biolog 自动化鉴定系统、全细胞脂肪酸分析系统、MALDI－TOF 质谱技术等。

一、Biolog 自动化鉴定系统

Biolog 自动化鉴定系统是美国 BIOLOG 公司开发的微生物自动化鉴定系统，可鉴定包括细菌、酵母菌和真菌在内的 2 656 种微生物，几乎覆盖了所有人体、动植物微生物和大部分环境微生物，被广泛应用于林业、农业、酒业、食品业。

Biolog 自动化鉴定系统是利用微生物对不同碳源代谢率的差异，针对每一类微生物筛选 95 种不同碳源，利用四唑类显色物质（如氯化三苯基四氮唑 TTC、四氮唑紫 TV）作为微生物能否利用供试碳源的指示剂，固定于 96 孔板上，接种菌悬液后培养一定时间，通过检测微生物细胞利用不同碳源进行新陈代谢过程中产生的氧化还原酶与显色物质发生反应而导致的颜色变化（吸光度）以及由于微生物生长造成的浊度差异（浊度），与标准菌株数据库进行比对，即可得出最终鉴定结果。与传统方法相比，Biolog 自动化鉴定系统操作标准化，准确率高，简便快捷，自动化程度高，对操作人员的专业水平要求不高，只需做一些最常规的工作即可，即是否是好氧细菌或厌氧细菌，其他的微生物无须做任何前期分析。其微生物库数据大，鉴定范围广，还可鉴定一些传统鉴定系统无法鉴定的重要细菌。目前，该系统已被美国多个国家权威机构认可，其中包括 FDA、NASA、TIGR、NIAID 等。也被我国从事微生物研究的大学和科研院所、菌种保藏中心、疾控中心、检验检疫机构及质检部门认可使用。

姬广海等（2001）利用 Biolog 细菌鉴定系统对水稻白叶枯病菌、水稻细菌性条斑病菌、水稻短条斑病菌、水稻弱条斑病菌等 16 株细菌进行了快速鉴定研究。16 株代表菌株中 12 株鉴定到种或致病变种，4 株鉴定到属。刘鹏等（2006）用 Biolog 自动化鉴定系统和 16S rDNA 序列法分别对 16 株已知菌株进行测定，结果显示，Biolog 自动化鉴定系统能对 87.5％的菌株准确鉴定到属，对 75％的菌株准确鉴定到种。16S rDNA 扩增产物经测序对比后显示 100％的菌株准确鉴定到属，但这种方法不能确定到种，鉴定到种的水平上还需要其他生理生化方法、分子方法和寄主分析来缩小鉴定的范围。罗金燕等（2008）1997 年开始对水稻细菌性谷枯病展开调研，直到 2006 年才从 2 份经海南繁种但未见水稻细菌性谷枯病明显症状的稻种上分离到 6 株病原细菌，经 25 项主要生理生化特性、菌落形态、致病性、Biolog 鉴定、脂肪酸分析和 RAPD - PCR 鉴定，发现这种病原细菌为 *Burkholderia glumae*，是引起水稻细菌性谷枯病的病原菌。证明"健康稻种"也可能存在水稻细菌性谷枯病菌。标准菌株的 Biolog 鉴定结果与原鉴定结果完全一致，相似性 0.86；6 个待测水稻分离菌株的 Biolog 鉴定结果为 *B. glumae*，相似性为 0.68～0.87，接近甚至超过标准菌株，具有很高的可信度。徐丽慧等（2008）为明确区分从褐条病稻苗上分离出来的病原菌与我国植物检疫性有害生物西瓜果斑病菌，将 3 株水稻褐条病标准菌株、1 株水稻细菌性叶鞘褐腐病标准菌株、2 株西瓜果斑病菌标准菌株及分离自稻种的待测菌进行了形态学鉴定、Biolog 鉴定、脂肪酸分析（FAME）和电镜观察。3 组菌株的相似性分别为 0.701～0.732、0.723～0.731 和 0.854，均与原鉴定结果一致；分离自稻种的待测菌相似性为 0.651～0.836，接近或超过标准菌株，具有很高的可信度。吴红萍等（2015）为了解海南省储粮稻谷霉菌多态性，利用 Biolog 方法分析了不同地区稻谷霉菌多样性情况及微生物代谢功能的差异，检测结果显示，稻谷外部霉菌菌相分布为单端孢霉属、镰孢属、木霉属、头孢属、交链孢属和曲霉属；湿生性真菌，会随着水稻储藏时间的延长、水分和温度的降低逐渐消亡，被干生性真菌如曲霉属所代替。潘丽媛等（2016）为探索云南永胜涛源乡一直保持我国水稻小面积超高产纪录的原因，利用 Biolog 方法分析了该地区水稻根际微生物物种和功能多样性，揭秘了分蘖期根际微生物数量多，种类繁，代谢能力强是该稻区高产形成的关键所在。

操作方法：以水稻白叶枯病菌、水稻细菌性条斑病菌检测为例。所有菌株在 TSATM 培养基上 25 ℃培养 24 h，用 0.85％的生理盐水配制菌悬液，菌悬液终浓度为 OD_{570}＝0.2～0.3，每孔加 150 μL 菌悬液于 GN 微孔板中，对照孔

（A1）加 150 μL 生理盐水，28 ℃培养 24 h 后记录结果。读数直接与数据库比较获得鉴定结果。

二、全细胞脂肪酸分析系统

SHERLOCK 微生物鉴定系统是美国 MIDI 公司依据自 20 世纪 60 年代以来对微生物细胞脂肪酸的研究经验，开发的一套根据微生物中特定短链脂肪酸（C9～C20）的种类和含量进行鉴定和分析的微生物鉴定系统。该系统可以操控 Agilent 公司的气相色谱，通过对气相色谱获得的短链脂肪酸的种类和含量的图谱进行比对，从而快速准确地对微生物种类进行鉴定。该系统备有图谱识别软件和迄今为止微生物鉴定系统中最大的数据库资源，包括嗜氧菌 1 100 余种，厌氧菌 800 余种，酵母菌和放线菌约 300 种，共计超过 2 200 种。系统操作简单、快捷、安全。全细胞脂肪酸分析对微生物的鉴定表现得更加客观，与其他分类方法相比，减少了人为因素所造成的错误，并能鉴定到种的水平。主要用于医学、防疫学或出入境检验检疫等领域的研究。

罗金燕等（2008）关于水稻细菌性谷枯病菌的分离鉴定研究中，脂肪酸鉴定采用美国 Agilent 6890 型气相色谱系统，鉴定结果通过美国 MIDI 公司的微生物鉴定软件 MIS4.5 和 LGS4.5 获得。标准菌株的 FAME 鉴定结果与原鉴定结果完全一致，FAME 相似性为 0.83，6 个待测水稻分离菌株的 FAME 鉴定相似性系数≥0.5，可以鉴定到种，其结果与 Biolog 鉴定结果完全吻合。

操作方法：将菌株纯化后先在 NA 培养基上 28 ℃培养 24 h，随后转入含 3％胰蛋白酶的 TSBA 固体培养基上再培养 24 h。用无菌接种环挑取培养菌放入试管中，脂肪酸抽提后进行气相色谱分析，经系统全自动分析后，将分析结构与数据库中储存的标准菌种的脂肪酸信息进行比对，确定菌种属种。

三、基质辅助激光解吸-飞行时间质谱仪

基质辅助激光解吸-飞行时间质谱仪（matrix－assisted laser desorption ionization－time of flight－mass spectrometer，MALDI－TOF－MS）是近年发展起来的用于微生物（细菌、酵母菌、真菌等）快速区分和鉴定的一项新技术。仪器主要由两部分组成：基质辅助激光解吸电离离子源（MALDI）和飞行时间质量分析器（TOF）。MALDI 的原理：将微生物样品与等量的基质溶液混合或分别点在样品板上，溶剂挥发后形成样品与基质的共结晶，用激光照射共结晶薄膜，基质从激光中吸收能量传递给样品，使样品解吸，基质与样品之间发生电荷转移使样品分子电离。TOF 的原理：离子在电场作用下加速飞过飞行管道，根据到达检测器的飞行时间不同而被检测，即测定离子的质荷比（M/Z）与离子的飞行时间成正比，检测离子，形成质量图谱。通过软件分析

筛选出特异性图谱，从而实现对目标微生物的区分和鉴定。MALDI‐TOF‐MS的优势在于简便，直观，大分子混合物不经分离可以直接进行测定，基本不产生碎片峰，仪器的特点是灵敏度高，测定速度快，易于实现高通量，可对微生物进行大规模的鉴定。

黄迎波等（2014）利用MALDI‐TOF‐MS对3株水稻细菌性叶鞘褐腐病菌（*Pseudomonas fuscovaginae*）标准菌株进行蛋白质指纹图谱分析，将不同培养基、不同培养时间和不同样品处理方法等条件下所收集到的质谱峰进行比较，筛选出最佳试验方法，收集20张参考图谱与水稻常见病原细菌质谱峰进行比较，建立该病菌的蛋白质指纹图谱。结果显示用金氏B培养基分离纯化后经提取处理法进行MALDI‐TOF‐MS分析为最佳的试验方法，对检测与鉴定水稻细菌性叶鞘褐腐病菌具有较高的灵敏度和重复性，且分析过程简单快速，有一定的应用价值。王文彬等（2016）用哥伦比亚培养基培养了水稻细菌性谷枯病菌、水稻细菌性条斑病菌、水稻细菌性褐斑病菌，菌落采用乙醇/甲酸处理法处理后用MALDI‐TOF‐MS分析其蛋白质指纹图谱。除水稻细菌性条斑病菌无匹配结果外，其他2种细菌均有正确的鉴定结果。周莉质等（2017）采用MALDI‐TOF‐MS技术对水稻作物的3种主要病原真菌进行分析，从菌物预处理方法、基质、点样方法等3个方面进行比较，对影响MALDI‐TOF‐MS分析结果的主要因素进行优化，构建了稻粒黑粉病菌（*Tilletia horrida*）、稻曲病菌（*Ustilaginoidea virens*）、恶苗病菌（*Fusarium moniliforme*）的MALDI‐TOF‐MS鉴定规范化方法，可简便、快速、准确地对细胞壁加厚的真菌样品进行鉴定。将纯化保存的稻曲病菌菌株和恶苗病菌菌株分别接种于PDA平板中，28℃活化培养7 d。稻粒黑粉病菌厚垣孢子的获得：稻粒黑粉病病粒在75%乙醇中浸泡5 min后夹出，在滤纸上晾干，再用无菌水漂洗病粒2次，夹出病粒用滤纸吸干水分，用刀切开病粒将厚垣孢子抖入装有无菌水的培养皿中，用擦镜纸过滤得到稻粒黑粉病菌的厚垣孢子。用接种针各挑取20 mg（湿质量）稻曲病菌、恶苗病菌菌体和稻粒黑粉病菌厚垣孢子，采用75%乙醇法、热处理法、液氮研磨法、载玻片挤压法、氧化锆珠匀浆法等5种方法分别对3种真菌进行破壁预处理。向5种方法提取的沉淀物中加入30 μL 70%甲酸，将沉淀打散混匀，再加入30 μL乙腈，8 000 r/min离心1 min，取上清液进行MALDI‐TOF‐MS分析。MALDI‐TOF‐MS分析结果显示：75%乙醇法对真菌类细胞壁过厚的样品不适用；液氮研磨法和氧化锆珠匀浆法对真菌细胞破碎程度过高；载玻片挤压法造成细胞破碎不完全，特征蛋白不能完全释放；载玻片挤压法造成细胞破碎不完全，特征蛋白没有完全释放，是样品预处理的最适方法。最适基质的筛选结果显示：稻粒黑粉病菌、稻曲病菌、恶苗病菌的细胞悬液提取物中特征成分主要为在质荷比小于10 000

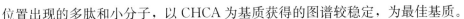

位置出现的多肽和小分子，以 CHCA 为基质获得的图谱较稳定，为最佳基质。

操作方法：以水稻细菌性谷枯病菌为例。用 $-80\ ℃$ 冻存的菌液在哥伦比亚琼脂培养基平板上划线，$28\ ℃$ 培养 $2\sim3\ d$，传代 $2\sim3$ 次。采用乙醇/甲酸处理法处理菌落：取一接种环（$5\sim10\ mg$）新鲜培养菌落置于 Eppendorf 管中，用 $300\ \mu L$ 纯水充分悬浮混匀，再加入 $900\ \mu L$ 乙醇，以 $12\ 000\ g$ 离心 $2\ min$ 后弃尽上清液。沉淀用 $50\ \mu L$ 70% 甲酸充分悬浮，再加入 $50\ \mu L$ ACN 混匀，$12\ 000\ g$ 离心 $2\ min$。后用基质辅助激光解吸-飞行时间质谱仪分析其蛋白质指纹图谱。

第九节 云南省水稻种传病害检测技术研究进展

多年来笔者及团队对低纬高原稻区主栽水稻品种及地方品种（类型涵盖三系杂交籼稻、三系杂交粳稻、两系杂交籼稻、常规粳稻、常规籼稻、红米、米线加工型地方种等）种子带菌的多样性，种子带菌与品种、产地环境的关系进行了深入研究，鉴定出种子寄藏的真菌 24 个属，寄藏的细菌 21 个属。对检测方法进行比较，结合检测实践，研发出种子健康检测专利技术 1 项。云南省目前种业基础较为薄弱，市场上约有 90% 的杂交水稻品种来自四川、湖北等省份，大量的种子调入，增加了种传病害随种子调运而暴发的风险，因此研究和解析云南省水稻种子的健康状况，对于保护云南省水稻生产具有重要意义。

一、种子寄藏真菌检测和鉴定

2011 年，笔者所在课题组采用了杂交种、地方品种等种子样品，包含了云南省内主栽的常规稻以及省外引进的杂交稻品种，种子产地海拔 $23.3\sim$ $1\ 860\ m$，涵盖了 10 个梯度，跨度约为 $1\ 836\ m$（表 $3-10$）。针对目前国家标准 GB/T 3543—1995 中对种子健康检测方法缺失的问题，综合运用经典检测方法、电镜扫描观察、分子生物学方法，对云南省主栽水稻品种的种子健康状况进行解析。

表 3-10 供试种子样品背景信息

样品编号	品种名称	种子类别	产 地	产地海拔（m）
1	富优 80	三系杂交籼稻 F_1 代种	云南省昭通市水富县	600
2	云光 32	两系杂交籼稻 F_1 代种	云南省昭通市水富县	600
3	冈优 827	三系杂交籼稻 F_1 代种	四川省眉山市洪雅县	450

（续）

样品编号	品种名称	种子类别	产　地	产地海拔（m）
4	D优202	三系杂交籼稻 F_1 代种	四川省眉山市洪雅县	450
5	云光14	两系杂交籼稻 F_1 代种	湖北省仙桃市陈场镇	300～350
6	鄂粳杂1号	两系杂交籼稻 F_1 代种	湖北省仙桃市陈场镇	300～350
7	红优3号	常规籼稻种（红米）	云南省元阳县张家寨	900
8	博绿矮	常规稻种（米线加工型地方种）	云南省景洪市嘎洒镇	560
9	麻车	常规籼稻种（红米）	云南省元阳县胜村六组	1 780
10	车然	常规籼稻种（红米）	云南省元阳县牛角寨	1 200
11	楚粳26	常规粳稻种	云南省楚雄市	1 800～1 850
12	楚粳28	常规粳稻种	云南省楚雄市	1 800～1 850
13	汕优多系1号	三系杂交籼稻 F_1 代种	云南省普洱市景东县	1 100～1 150
14	Ⅱ优63	三系杂交籼稻 F_1 代种	云南省普洱市景东县	1 100～1 150
15	滇杂31	三系杂交粳稻 F_1 代种	云南省普洱市景谷县	910
16	滇优35	三系杂交粳稻 F_1 代种	云南省普洱市景谷县	910
17	宜香9号	三系杂交籼稻 F_1 代种	湖北省武汉市	23.3
18	靖粳8号	常规粳稻原种	云南省曲靖市沾益区	1 860
19	靖粳16	常规粳稻原种	云南省曲靖市沾益区	1 860
20	Ⅱ优86	三系杂交籼稻 F_1 代种	云南省普洱市镇沅县	900
21	Ⅱ优6078	三系杂交籼稻 F_1 代种	云南省普洱市景谷县	910
22	滇杂36	三系杂交粳稻 F_1 代种	云南省普洱市景谷县	910

　　参考ISTA种子健康检测操作规程，采用洗涤法、PDA平板法及滤纸保湿法三种方法，检测供试水稻品种种子上携带真菌的种类、部位及数量，评价三种方法的特点。对在培养基上不产孢，难以用形态学方法鉴定的真菌，提取其DNA，进行ITS序列的扩增，扩增后的产物经测序，在GenBank核酸序列库中进行同源性序列分析，依据同源性的大小确定其分类地位。

　　22个供试水稻种子样品，共检测出1 236个菌落（表3-11），其中明确分类地位的有1 079个菌落，分属于24个属的真菌，其中有的属包含不同种；尚有部分检测到但待鉴定的菌落，共计157个，约占总菌落的13.0%。

表 3 - 11　不同水稻品种种子样品的带菌情况

不同水稻品种种子样品分离菌株次数（次）

真菌属名	1	2	3	4	5	6	7	8	9	10	11	12	13	14	15	16	17	18	19	20	21	22	合计	品种数
Acremonium	—	—	—	—	—	—	—	—	—	—	—	4	—	—	—	—	—	3	—	—	—	—	7	2
Alternaria	—	—	—	4	—	9	2	—	—	—	2	5	1	—	—	7	—	—	—	5	—	—	35	8
Aspergillus	16	17	—	2	14	12	—	—	14	—	—	—	27	6	8	35	21	5	19	16	2	5	219	14
Bipolaris	—	—	6	—	—	—	—	—	—	—	—	—	—	—	—	—	—	—	—	—	—	—	6	1
Botrytis	—	—	—	1	—	—	—	2	2	—	—	—	—	3	—	—	—	—	—	—	—	—	8	4
Cladosporium	8	2	4	9	5	—	3	2	3	—	—	—	—	—	—	—	4	6	—	2	—	—	48	11
Chaetomium	—	—	—	—	—	—	—	—	1	—	1	—	—	3	—	—	—	—	2	—	2	—	9	5
Curvularia	—	—	—	—	—	—	—	—	—	—	—	—	—	—	—	3	—	—	—	—	—	—	3	1
Daldinia	—	—	2	—	—	—	—	—	—	—	—	1	3	4	4	2	4	—	7	2	2	—	31	10
Fusarium	7	11	9	8	—	13	—	5	14	15	11	—	13	7	7	24	10	6	6	4	14	3	212	19
Gibberella	1	3	2	—	—	—	3	—	3	—	—	5	—	—	4	—	—	—	1	—	—	—	22	8
Paecilomyces	—	—	—	—	—	—	—	—	—	—	1	—	—	—	—	—	—	—	—	—	—	—	1	1
Penicillium	6	8	8	13	6	—	—	8	13	5	16	2	7	5	29	17	11	16	12	9	—	—	209	18

（续）

不同水稻品种种子样品分离菌株次数（次）

真菌属名	1	2	3	4	5	6	7	8	9	10	11	12	13	14	15	16	17	18	19	20	21	22	合计	品种数
Periconia	—	—	1	—	—	—	—	—	—	—	—	1	—	—	—	3	—	—	—	—	—	—	5	3
Phoma	—	—	—	1	—	—	—	—	—	—	—	—	—	—	—	—	—	—	—	—	—	—	1	1
Pyricularia	—	—	3	6	—	3	—	—	—	—	—	—	—	—	—	—	—	—	1	—	—	—	13	4
Magnaporthe	—	—	4	2	—	1	—	—	—	—	1	2	—	2	—	—	—	—	—	—	—	—	12	6
Rhizoctonia	2	—	12	—	2	—	—	1	4	—	7	3	6	2	—	4	4	12	7	—	—	2	64	12
Rhizopus	—	5	4	—	—	—	—	—	—	2	—	—	—	—	—	5	3	2	—	—	—	—	16	5
Sclerotium	3	—	—	—	—	—	—	—	—	—	2	3	—	—	5	5	—	2	—	—	—	—	20	6
Tilletia	3	2	4	—	13	—	—	3	9	6	—	—	4	7	—	—	13	4	5	—	—	—	73	12
Trichoderma	1	2	—	—	—	2	—	—	—	—	3	—	2	—	—	—	—	—	—	—	—	—	8	4
Ustilaginoidea	—	—	—	7	—	—	—	1	—	—	—	—	3	8	—	—	4	—	7	12	—	—	44	8
Xylaria	—	—	—	—	—	—	—	—	—	—	19	4	—	—	—	—	—	—	—	3	—	5	31	3
Unknown	2	8	5	11	15	8	3	7	9	5	13	11	9	6	5	7	10	4	8	10	1	15	157	20
总计数量	48	55	62	66	61	51	9	30	67	33	76	40	75	73	61	103	84	69	75	63	20	15	1 236	—
真菌属数（个）	8	7	11	11	11	7	3	8	7	4	9	10	9	11	4	8	9	9	10	8	5	4	25	—

注：—为未检出。Unknown统一计为一类。

供试品种的水稻种子上寄藏真菌种类中，*Aspergillus*、*Fusarium* 和 *Penicillium* 分布最广，出现概率最大，进一步分析显示，这 3 个属的真菌在杂交水稻品种的种子（如滇优 35、宜香 9）上携带最多，而在来自云南省景洪市嘎洒镇的 2 个品种（版纳 10 号、博绿矮）的种子样品中，上述三个属真菌的出现概率比其他多数品种明显较少。

（一）检测方法适应性的比较

比较 3 种检测方法，从试验器材及过程要求、试验耗时、操作简易程度、抑制种子发芽、真菌菌落的判读、每粒种子上可生长一种以上真菌、检测带菌的部位、检测出的真菌种类、真菌生长受细菌的影响、真菌生长受根霉和毛霉的影响、优势菌抑制其他真菌的生长、筛选特定靶标真菌或细菌的需要等方面综合评价如下（表 3 – 12）。

1. 洗涤法　适合用于水稻种子外部携带真菌检测，可结合选择性培养基或半选择性培养基分离鉴定目标菌。此方法耗时较短，一般 3～5 d，但涂板浓度无法事先确定，只能通过梯度稀释并涂板，选择一个较适宜的涂板浓度，培养得到的菌落可能相互连接甚至覆盖；某些带菌量较少或孢子萌发和菌丝生长缓慢的真菌易受到优势菌的竞争干扰，菌落较小或无可见菌落生长，难于分离。

2. PDA 平板法　适合检测水稻种子寄藏真菌带菌部位和各个部位带菌情况。此方法可以分别检测出整粒种子、颖壳及其内外表皮、米粒等不同部位的带菌情况，用于水稻种子健康、种传病害和靶标病原菌的研究；可以与选择性培养基或半选择性培养基结合使用，针对性地高效检测到种子解剖部位的目标菌；耗时较短，一般 3～5 d。此方法的问题与洗涤法相同。每粒种子周围一般可以分离获得 1～2 种优势菌；培养得到的菌落可能相互连接甚至相互覆盖，不易分离；有些分离物的菌丝生长旺盛，产孢少，难以鉴定；某些数量较少、生长慢的菌易受到优势菌的竞争和影响，可能菌落较小甚至无可见菌落生长；伴随种子发芽产生的物质可能影响整粒种子的检测结果。

3. 滤纸保湿法　此方法最适合水稻种子整体寄藏真菌的检测，分离获得的真菌种类较上述洗涤法、PDA 平板法两种方法的多；优势菌对其他菌的影响较小；菌落多数易产孢，易于观察和借助实体显微镜鉴定；一粒种子上可长出多种菌落，更接近种子寄藏真菌的实际情况；所需仪器和支持条件简单，操作过程便捷。根霉、毛霉等生长迅速的菌对其他菌的影响较小。此方法的问题是耗时稍长，一般 5～7 d；不适合检测特定的靶标菌；无法确定寄藏真菌的带菌部位。滤纸保湿法可以简便快速检测水稻种子上的带菌情况，为种子消毒处理和预防保健实践中药剂的筛选提供依据。

表 3 - 12　三种检测水稻种子寄藏真菌方法的对比分析

比较项目	检测方法		
	洗涤法	PDA 平板法	滤纸保湿法
试验器材及试剂要求	较滤纸法多	较滤纸法多	基本不需要
试验耗时	3～5 d	3～5 d	5～7 d
操作简易程度	较滤纸法烦琐	与洗涤法相似	较简易
抑制种子发芽	否	否	是
真菌菌落相对独立	否	否	是
每粒种子上生长一种以上真菌	—	否	是
检测带菌的部位	只限外表面	是	否
检测出的真菌种类	较滤纸法少	较滤纸法少	较前两种方法多
真菌生长受细菌影响	是	是	否
真菌生长受根霉、毛霉影响	是	是	否
优势菌抑制其他真菌的生长	是	是	影响较小
筛选特定真菌或细菌	是	是	否

　　种子寄藏真菌检测理论上不可能将供试种子样品中所有寄藏的真菌都检测出来。因为，首先，试验设计的培养条件只适合种子上携带的大部分真菌的生长，部分对营养有特殊需要的真菌可能在该试验条件不易或不能生长；其次，滤纸保湿法操作过程中为了避免种子发芽顶开培养皿盖的问题，设置了－20 ℃冰箱中培养 12 h 的环节，使吸水吸胀种子的细胞间结冰而死亡，失去发芽能力，此操作也可能使种子寄藏的某些不耐低温的真菌死亡，因而无法检测到；第三，本试验所用方法无法检测出带菌量较低的真菌。因此，洗涤法、PDA平板法和滤纸保湿法各有优点和局限性，实际应用中必须考虑水稻种子检测的目的来选择适宜的方法。

　　4. 扫描电镜检测　扫描电镜克服了光学显微镜分辨率受光波长限制的局限，可以观察到比 0.2 μm 更小的精细结构。应用扫描电镜对水稻种子进行表面扫描观察，可以观察到水稻种子表面寄藏的真菌孢子形态及寄藏部位（图3 - 21至图 3 - 24）。在供试水稻品种的种子表面，均观察到真菌寄藏部位的情况，各品种间寄藏的真菌孢子形态上有一定的差异，其中图 3 - 21 上观察到的真菌孢子表面呈刺瘤状突起，集中分布在种子表面乳突的周围，且多个聚集。而水稻上观察到的真菌孢子形态多呈球形，集中分布在乳突之间的沟中，呈单个分布。

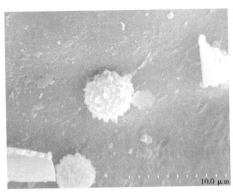

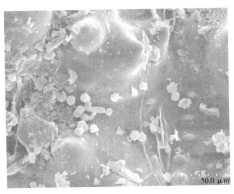

图 3-21　水稻种子表面寄藏的
真菌孢子形态（5 000×）

图 3-22　真菌孢子在水稻种子表面
寄藏的位置（1 000×）

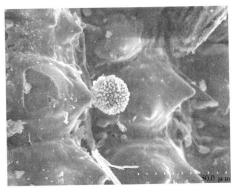

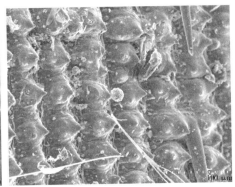

图 3-23　水稻种子表面寄藏的
真菌孢子形态（1 000×）

图 3-24　真菌孢子在水稻种子表面
寄藏的位置（300×）

（二）种子寄藏真菌与品种、地域来源、海拔高度的关系

1. 品种类型与种子寄藏真菌种类的关系　杂交水稻品种与地方品种的水稻种子带菌情况有较大差异，表现为杂交水稻的平均带菌种类及数量均比地方品种多。可能的原因是地方种在制种基地（种植地点）的地理和气候环境条件下，适合种子寄藏的相关真菌的接种体种类少，或者接种体的浓度未达到形成侵染的水准，或种子上寄藏真菌数量非常少，用本研究设计的三种方法无法检测到。

杂交水稻种子寄藏的真菌种类不同，可能由杂交水稻本身的特点决定。杂交水稻种子的母本花期长、开颖角度大、柱头外露率高，给适合种子寄藏的真菌，特别是侵染花期的水稻病原真菌提供了更多进入种子颖壳的通道，因此杂交水稻种子上寄藏的真菌数量较多、种类复杂。地方种水稻种子带菌种类和数量均较低，可能因为其所处的水稻产区水稻病害病原接种体密度较低，或者这些品种的水稻具有尚待解析的遗传性状，使其种子在发育过程中对真菌寄藏具有耐病性或抗病性。

2. 地域来源和种子寄藏真菌种类的关系 从供试水稻种子样品的地域来源分析，冈优827、D优202水稻品种来自四川，宜香9号、云光14和鄂粳杂1号水稻品种来自湖北，其余15个品种均来自云南。可能由于不同制种基地地理位置差异伴随的气候差异，造成来自相同地域的品种间种子寄藏真菌种类和数量的差异比来自不同地域的品种间的差异小；来自相同或相距较近地域的品种，带菌种类和数量差异较小，认为水稻种子寄藏真菌和健康状况与种子产地的地域环境条件关系密切。

3. 海拔高度和寄藏真菌种类的关系

（1）不同地域不同海拔高度。本研究中靖粳8号和靖粳16的海拔高度最高，达1 860 m；楚粳26和楚粳28海拔高度次之，为1 800～1 850 m；品种宜香9号的海拔来源最低，为23.3 m。分析不同地域、不同海拔梯度下的水稻品种的带菌情况，未发现海拔高度与种子寄藏真菌的种类和数量有明显的相关关系，反而是种子来源地域的影响大于海拔高度的影响。

（2）同一地域不同海拔高度。在同一地域范围内气温往往随着海拔的上升而降低，不同种类的真菌对温度的适应性不同，在不同海拔环境中的真菌种类及数量也不完全一致，本研究以特殊生态区元阳梯田红米水稻种子为研究对象，分析该地区种子寄藏真菌的生态多样性指数与海拔高度变化的关系。

全部供试样品采集自云南省元阳县哈尼梯田涉及的各个村寨，共收集28个元阳当地栽培的特色稻米品种，供试样品名称及信息见表3-13。

表3-13 供试水稻品种名称及采集信息

编号	品种	采集地点/收集单位	采集点海拔（m）
1	冷水谷	元阳县胜村五组	1 750
2	月亮谷	元阳县胜村六组	1 780
3	马尾谷	元阳县种子管理站	900
4	小香糯	元阳县种子管理站	1 200
5	高山早谷	元阳县胜村六组	1 800
6	紫糯谷	元阳县牛角寨佐塔大寨	1 200
7	娘起糯谷	元阳县种子管理站	1 100
8	早谷	元阳县种子管理站	1 100

（续）

编号	品种	采集地点/收集单位	采集点海拔（m）
9	红阳 2 号	元阳县种子管理站	1 500
10	干谷	元阳县种子管理站	1 200
11	红脚老粳	元阳县黄草岭乡哈更村委会	1 300
12	花谷	元阳县胜村四组	1 800
13	高谷	元阳县种子管理站	1 200
14	大白糯	元阳县种子管理站	1 000
15	黄草岭谷	元阳县种子管理站	1 500
16	红米糯谷	元阳县种子管理站	1 400
17	红早谷	元阳县嘎娘乡水井湾伍家寨	1 710
18	少模青	元阳县种子管理站	1 300
19	红优 1 号	元阳县种子管理站	1 200
20	红谷	元阳县俄扎乡俄扎下寨	1 550
21	紫米糯	元阳县小平子村	1 200
22	方谷糯	元阳县嘎娘乡大伍寨	1 300
23	清明里红谷	元阳县种子管理站	1 450
24	旱白谷	元阳县种子管理站	1 400
25	黑土谷	元阳县俄扎乡阿东村	1 580
26	老粳糯	元阳县小平子村	1 200
27	阿鸟奔六	元阳县沙拉托乡牛保村	1 450
28	称您	元阳县张家寨	1 120

采用 PDA 平板法及滤纸保湿法，检测供试水稻品种种子上携带真菌的种类及数量，将已分离得到的真菌鉴定分类后，按照以下公式计算种子带菌率以及生物多样性指数。

$$种子带菌率 = \frac{带菌种子数}{检测种子总数} \times 100\%$$

多样性指数分析方法，见下列公式。

物种丰富度指数：

$$R = \frac{S-1}{\lg N}$$

Shannon – Wiener 指数：

$$H = -\sum \left| \frac{n}{N \times \lg(n_i/N)} \right| = -\sum (p_i \lg p_i)$$

Simpson 指数：

$$D = 1 - \sum p_i^2$$

Pielou 均匀度指数：

$$JH = \frac{H}{\ln S} = \frac{(-\sum |n/N \times \lg(n_i/N)|)}{\ln S}$$

生态优势度指数：

$$C = \frac{\sum N_i(N_i - 1)}{N(N-1)}$$

式中　S——样方中物种数目；

　　　n_i——第 i 个物种的个体数目；

　　　N——群落中所有种的个体数；

　　　P_i——第 i 个物种的相对多度，$P_i = n/N$。

应用 Excel 的统计功能和 SPSS19.0 版软件的分析功能，采用邓肯氏新复极差检验（DMRT，$p=0.05$）与方差分析进行数据分析处理。

分析结果表明，种子寄藏真菌的多样性指数随海拔高度的变化出现了单峰分布的趋势，物种丰富度最大值出现在海拔 1 200～1 500 m 处，体现了山地微生物多样性"中度膨胀"的垂直分布格局（图 3 - 25 至图 3 - 28）。

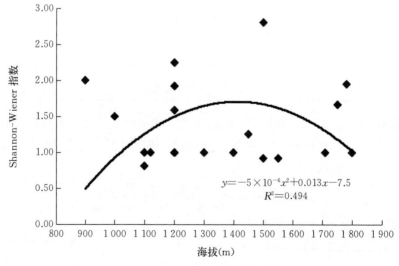

图 3 - 25　Shannon – Wiener 指数与海拔高度的关系

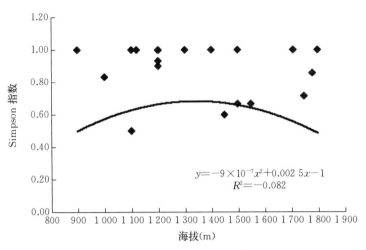

图 3 - 26　Simpson 指数与海拔高度的关系

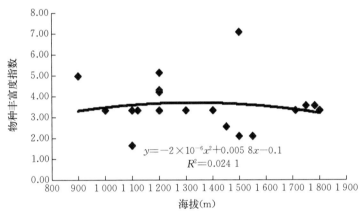

图 3 - 27　物种丰富度指数与海拔高度的关系

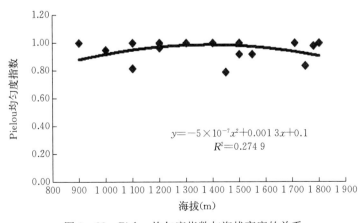

图 3 - 28　Pielou 均匀度指数与海拔高度的关系

二、种子寄藏细菌检测方法研究和多样性分析

以特殊生态区元阳梯田的红米水稻种子为研究对象，常用传统的培养分离法分离水稻种子寄藏细菌，在 LB（Agar）培养基上挑取单个细菌菌落进行纯培养，使用 16S 基因序列进行扩增，将 PCR 扩增得到的产物进行测序，测序结果在 NCBI 上进行 BLAST 比对分析，以相似度最高的来确定分离物的分类地位。

1. 分离得到的细菌分类结果　分离得到的细菌菌株经比对鉴定后，结果见表 3-14。

表 3-14　不同水稻品种种子样品的带菌情况

细菌属名	不同水稻品种种子样品分离菌株次数（次）			合计（次）
	车然	红优 3 号	麻车	
Acidovorax	2	—	—	2
Agrobacterium	5	—	3	8
Alcaligenes	—	1	—	1
Brachybacterium	—	2	—	2
Brucellasuis	—	7	—	7
Curtobacterium	—	3	22	25
Enterobacter	6	28	1	35
Escherichia	2	—	—	2
Flavobacterium	3	2	1	6
Microbacterium	3	5	9	17
Mycobacterium	—	—	1	1
Ochrobactrum	1	1	—	2
Paenibacillus	3	—	—	3
Pantoea	21	17	16	54
Pectobacterium	5	—	—	5
Pseudomonas	1	2	2	5
Rhizobium	5	—	2	7
Salmonella	—	6	—	6
Staphylococcus	4	—	—	4
Stenotrophomonas	—	—	2	2
Xanthomonas	3	—	2	5
总计数量	64	74	61	199
细菌属数（个）	15	12	11	/

注：—为未检出。

2. 品种类型与种子寄藏细菌种类的关系　根据表 3 - 14 不同水稻种子样品带菌情况可知，品种车然分离鉴定出 15 个属的细菌，品种红优 3 号分离鉴定出 12 个属的细菌，品种麻车分离鉴定出 11 个属的细菌。不同属的细菌在不同水稻品种种子上的分离频率不同，说明水稻种子的带菌情况因水稻品种不同存在差异。

3. 水稻种子寄藏细菌的优势菌　通过对各类细菌的检出频率统计得出，在分离到的细菌中泛菌属（*Pantoea*）和肠杆菌属（*Enterobacter*）的分离次数最多，分别为 54 次和 35 次，占全部分离菌株的比率分别为 27.1% 和 17.6%，然后是短小杆菌属（*Curtobacterium*），分离次数为 25 次，占全部分离菌株的比率为 12.6%，再次是微杆菌属（*Microbacterium*），分离次数为 17 次，占全部分离菌株的比率为 3.5%，这 4 个属的细菌为此批水稻种子寄藏细菌的优势菌。

三、种子寄藏细菌快速检测技术的发展

使用密度梯度离心和 16S rDNA 克隆文库的构建、评价相结合的方法将分离的细菌进行分类鉴定，具有检测不能培养的细菌，尽可能全面反映种子携带细菌的多样性水平的优势。克服了种子携带细菌检测的现有技术中存在的受环境因素影响大，分离细菌种类少，不能完全反映种子所携带的细菌情况，以及分离时间长，不能满足快速检测的缺陷，该技术获得国家发明专利授权。

参 考 文 献

陈洪亮，等，2012. 水稻胡麻叶斑病病原菌的分离及鉴定 [J]. 西北农林科技大学学报（8）：83 - 88.

陈宏州，等，2018. 水稻恶苗病病原菌鉴定及室内药剂毒力测定 [J]. 植物保护学报，45（6）：1356 - 1366.

程颖慧，等，2012. 检疫性疫霉基因芯片检测技术研究 [C]. 中国植物病理学会 2012 年学术年会论文集.

董丽英，等，2018. 云南粳稻品种（系）对稻瘟病的抗性鉴定与评价 [J]. 西南农业学报，31（12）：2458 - 2465.

樊海新，等，2015. 伏马菌素 B1 胶体金免疫层析试纸条的研制 [J]. 南京农业大学学报（3）：483 - 490.

郭敬玮，等，2020. 云南罗平田间稻瘟菌株性状及无毒基因研究 [J]. 植物病理学报，DOI：10.13926/j. cnki. apps. 000353.

黄迎波，等，2014. MALDI - TOF - MS 鉴定水稻细菌性叶鞘褐腐病菌的方法研究 [J]. 植物检疫（6）：54 - 58.

姬广海，等，2001. 植物病原细菌的 BIOLOG 系统鉴定及其多元统计初析 [J]. 山东农业
　大学学报（自然科学版）（4）：467－470，474.

嵇朝球，等，2005. 水稻条纹叶枯病病毒 RT－PCR 快速检测研究 [J]. 上海交通大学学报
　（农业科学版）（2）：188－191.

况卫刚，2016. 伯克氏菌属和葡萄座腔菌属植物病原菌 DNA 条形码及分子检测研究 [D].
　北京：中国农业大学.

雷娅红，等，2016. 基于 DNA 条形码技术对镰刀菌属的检测鉴定 [J]. 植物保护学报（6）：
　544－551.

梁新苗，等，2012. 南瓜花叶病毒胶体金免疫层析试纸条的研制 [J]. 植物保护（5）：
　88－91.

李清铣，等，1992. 用单克隆抗体酶联免疫吸附测定法检测水稻种子上的白叶枯病菌 [J].
　中国水稻科学（2）：93－95.

刘鹏，等，2006. Biolog 系统和 16S rDNA 序列分析方法在植物病原细菌鉴定中的应用 [J].
　植物检疫（2）：86－87.

刘欢，等，2013. 南方水稻黑条矮缩病毒和水稻黑条矮缩病毒的单抗制备及其检测应用
　[J]. 植物病理学报（1）：27－34.

刘娟，等，2016. 胶体金免疫层析试纸条检测香蕉束顶病毒方法的建立 [C]. 中国植物病
　理学会 2016 年学术年会论文集.

龙海，等，2011. 四种黄单胞菌的基因芯片检测方法的建立 [J]. 生物技术通报（1）：
　186－190.

龙艳艳，2014. 腐霉属的 DNA 条形码和分子系统学研究 [D]. 南宁：广西大学.

路梅，等，2015. 浙江 1 株水稻细菌性条斑病菌株的分离鉴定 [J]. 微生物学杂志，35
　（4）：13－18.

卢松玉，2017. 假单胞菌属植物病原菌 DNA 条形码检测技术研究 [D]. 南京：南京农业大
　学.

罗金燕，等，2008. 水稻细菌性谷枯病病原菌的分离鉴定 [J]. 中国水稻科学（1）：
　82－86.

宁红，等，1991. 用酶联免疫吸附技术（ELISA）检测水稻细菌性条斑病菌的研究 [J]. 植
　物检疫（2）：94－97.

潘丽媛，等，2016. 超高产生态区水稻根际微生物物种及功能多样性研究 [J]. 农业资源与
　环境学报（6）：583－590.

盘林秀，等，2018. 稻粒黑粉病菌实时荧光定量 PCR 内参基因筛选 [J]. 植物病理学报，
　48（5）：640－647.

彭陈，等，2014. 水稻胡麻叶斑病病原菌的培养特性 [J]. 江苏农业学报（3）：503－507.

戎振洋，等，2018. 基于环介导等温扩增技术快速诊断由 *Fusarium andiyazi* 引起的水稻恶
　苗病 [J]. 植物病理学报（2）：256－262.

田茜，2014. 植物病原细菌 DNA 条形码检测技术 [J]. 植物检疫（6）：1－7.

田茜，2018. 黄单胞菌属 DNA 条形码筛选及其重要致病变种检测技术研究 [D]. 北京：中

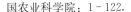

国农业科学院：1-122.

王琳，2014. 镰孢菌 DNA 条形码及多样性研究 [D]. 太谷：山西农业大学.

王文彬，等，2016.MALDI-TOF-MS 鉴定 3 种水稻细菌的方法 [J]. 食品与生物技术学报 (4)：370-374.

王爱军，等，2018. 水稻稻粒黑粉病病原菌鉴定及致病性测定 [J]. 植物病理学报 (3)：297-304.

王亚琴，等，2018. 南方水稻黑条矮缩病毒 dot-ELISA 检测试剂盒的应用性能验证 [J]. 中国植保导刊 (7)：34-39.

魏梅生，等，2008. 番茄环斑病毒和烟草环斑病毒复合型胶体金免疫层析试纸条的研制 [J]. 植物检疫 (2)：75-77，141.

魏梅生，等，2014. 莴苣花叶病毒胶体金免疫层析试纸条的研制 [J]. 黑龙江农业科学 (11)：74-77.

吴红萍，等，2015. 海南省储粮稻谷的霉菌多样性分析 [J]. 贵州农业科学 (4)：138-141.

吴建祥，等，2017. 检测南方水稻黑条矮缩病毒胶体金免疫试纸条的建立 [J]. 植物保护学报 (6)：1024-1032.

徐丽慧，等，2008. 水稻细菌性褐条病病原的鉴定 [J]. 中国水稻科学 (3)：302-306.

杨迎青，等，2012. 水稻黑条矮缩病毒与南方水稻黑条矮缩病毒的检测及其在江西省的区域分布 [J]. 江西大学学报 (农业科学版) (5)：918-921，927.

应淑敏，等，2020. 环介导等温扩增技术在植物病原物检测中的应用 [J]. 植物保护学报，47 (2)：234-244.

袁咏天，等，2018. 应用环介导等温扩增技术检测江苏水稻种子携带的水稻恶苗病菌 [J]. 中国水稻科学 (5)：493-500.

曾丹丹，等，2018.LAMP 快速诊断由拟轮枝镰孢引起的水稻恶苗病 [J]. 南京农业大学学报 (2)：286-292.

张成良，等，1982. 酶联免疫吸附技术——Ⅲ 酶联免疫吸附法在检测植物病毒上的应用 [J]. 植物检疫 (3)：15-33.

章正，2010. 植物种传病害与检疫 [M]. 北京：中国农业出版社.

张海旺，等，2014. 离体水稻叶片划伤接种鉴定稻瘟菌的致病型 [J]. 植物保护 (5)：121-125.

张雯娜，2014. 大豆花叶病毒胶体金免疫层析试纸条的制备及 RT-LAMP 检测 [D]. 南京：南京农业大学.

张小芳，等，2016. 水稻细菌性条斑病菌 LAMP 快速检测方法的建立 [J]. 植物检疫 (3)：53-58.

张琦梦，2016. 伯克氏菌属植物病原菌 DNA 条形码检测技术研究 [D]. 南京：南京农业大学.

陈深，等，2017. 华南水稻白叶枯病菌致病性分化检测与分析 [J]. 植物保护学报，44 (2)：217-222.

张照茹，等，2019. 中国东北地区水稻纹枯病病原菌种类及融合群的分子鉴定 [J]. 植物保护 (6)：283 - 287.

周业琴，等，2006. 水稻腥黑粉病菌的单孢检测 [J]. 植物检疫 (S1)：38 - 41.

周彤，等，2012. 水稻黑条矮缩病毒 RT - LAMP 快速检测方法的建立 [J]. 中国农业科学，45 (7)：1285 - 1292.

周莉质，2017. 稻粒黑粉病、稻曲病病原真菌快速检测方法研究 [D]. 合肥：安徽农业大学.

Bossennec J M，等，1986. 胚轴内大豆花叶病毒（SMV）分布的 ELISA 研究 [J]. 沈阳农业大学学报，17 (1)：37 - 40.

Chen L，et al.，2016. One - step reverse transcription loop—mediated isothermal amplification for the detection of *Maize chlorotic mottle virus* in maize - mediated isothermal amplification for the detection of *Maize chlorotic mottle virus* in maize [J]. Journal of Virological Methods，240：49 - 53.

Clark M F，et al.，1976. The detection of *Plum pox virus* and other viruses in woody plants by enzyme - linked immunosorbent assay（ELISA）[J]. Acta Horticulturae，67：51 - 57.

International Seed Testing Association，2020. International rules for seed testing [J/OL]. [2020 - 06 - 15]. https：//www. seedtest. org/en/international - rules - for - seed - testing - 2020 - _ content - 1 - 1083 - 1212. html.

Le D T，et al.，2010. Molecular detection of nine rice viruses by a reverse transcription loop - mediated isothermal amplification assay [J]. Journal of Virological Methods，170 (1/2)：90 - 93.

Mashooq M，et al.，2016. Development and evaluation of probe based real time loop mediated isothermal amplification for *Salmonella*：a new tool for DNA quantification [J]. Journal of Microbiological Methods，126：24 - 29.

Miglino R，et al.，2007. A semi - automated and highly sensitive streptavidin magnetic capture - hybridization RT - PCR assay：Application to genus - wide or species - specific detection of several viruses of ornamental bulb crops [J]. Journal of Virological Methods，146 (1/2)：155 - 164.

Miller S M，et al.，2008. In situ - synthesized virulence and marker gene biochip for detection of bacterial pathogens in water [J]. Appl Environ Microbiol，74 (7)：2200 - 2209.

Notomi T，et al.，2000. Loop - mediated isothermal amplification of DNA [J]. Nucleic Acids Research，28 (12)：e63.

Oritega S F，et al.，2018. Development of loop - mediated isothermal amplification assays for the detection of seedborne fungal pathogens，*Fusarium fujikuroi and Magnaporthe oryzae*，in rice seeds [J]. Plant Disease，102 (8)：1549 - 1588.

Voller A，et al.，1976. The detection of viruses by enzyme - linked immunosorbent assay（ELISA）[J]. Journal of General virology，33 (1)：165 - 167.

Villari C，et al.，2017. Early detection of airborne inoculum of *Magnaporthe oryzae* in

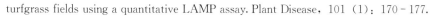

turfgrass fields using a quantitative LAMP assay. Plant Disease，101 (1)：170 - 177.

Wang L，et al.，2007. Comparison of *gyrB* gene sequences，16S rRNA gene sequences and DNA - DNA hybridization in the *Bacillus subtilis* group ［J］. International Journal of Systematic and Evolutionary Microbiology，57：1846 - 1850.

Wong Y P，et al.，2018. Loopmediated isothermal amplification (LAMP)：a versatile technique for detection of micro - organisms ［J］. Journal of Applied Microbiology，124 (3)：626 - 643.

Yamamoto S，et al.，1995. PCR amplification and direct sequencing of *gyrB* genes with universal primers and their application to the detection and taxonomic analysis of *Pseudomonas putida* strains ［J］. Appled and Environment Microbiology，61 (3)：1104 - 1109.

Yang W J，et al.，2013. The early diagnosis and fast detection of BLAST fungus，*Magnaporthe grisea*，in rice plant by using its chitinase as bio chemical marker and a rice cDNA encoding mannose - binding lectin as recognition probe ［J］. Biosensors and Bioelectron ics，41：820 - 826.

Yang W J，et al.，2014. Early diagnosis of blast fungus，*Magnaporte oryzae*，in rice plant by using an ultra - sensitive electrically magnetic - controllable electrochemica biosensor ［J］. Analytica Chimica Acta，850：85 - 91.

第四章　水稻种传病害防治策略及种子保健处理技术

病害流行的第一阶段依赖于作物第一次被侵染时存在的接种体水平和病原物利用寄主的初始易感性定殖作物的能力。这种能力通常与当时的气候或田间小气候条件密切相关。在很多种传病害发生流行的例子中，很多主要作物病害的初侵染源，长期以来主要依靠减少接种体的策略开展防治工作，虽然土传接种体也可以引发侵染，但种传病害通常通过播种的种子传到作物上，作物上低水平的侵染开始时难以引起关注，一旦传播开，下一年的病害发生水平会更高。虽然减少接种体数量在防治某些病害中可以发挥重要作用，但对于大多数病害，则应通过植物检疫、抗病育种的应用和化学防治等综合措施，降低病害流行发展的指数期病原物增长速率，即降低 Van der Plank 方程中的 r 值，以确保病害防治措施的有效性（B. M. 库克等，2009）。

第一节　植物检疫

植物检疫是指由国家专门机构，依据有关法律、法规，应用现代科学技术，对生产及流通中的植物、植物产品及其他应检物品，采取一系列旨在预防危险性病、虫、杂草传播蔓延和定殖危害的技术及行政措施。其目的是防止植物危险性病、虫、杂草等有害生物由国外传入和国内传播蔓延，保护生态环境，保障农业生产，维护对内、对外贸易有序进行，履行国际间或国内地区间的义务。因此，植物检疫，并不仅仅是检疫植物，开展植物检疫根本目的是防止对植物有危险性的病、虫、杂草等通过人为传播和蔓延，保护农业的安全生产和维持良好的生态环境。如果检疫对象人为传入，不但将增加农业的经济损失，还会改变原有的生态环境质量，还有可能直接危害到人类的健康。检疫制度是当今世界各国普遍实行的一项制度。

一、植物检疫的作用

种子与人类的生活密切相关，人类食用的作物约 90% 依靠种子进行繁殖，除了食用作物，人类还要依靠作物种子来解决衣食住行等其他生活需要，大多数作物种子，本身即是病原物的侵袭对象，又是病原物远地传播成为初侵染源的载体。种传病害所导致的损失，不仅在于作物本身，也对生态环境造成多方面的消极影响。

植物检疫是以立法手段防止植物及其产品在流通过程中传播有害生物的措施，是植物保护工作的一个重要组成部分，其特点是从宏观整体上预防一切有害生物（尤其是本区域范围内没有的）的传入、定殖与扩展。由于其具有法律强制性，在国际文献上常把"法规防治""行政措施防治"作为它的同义词。植物检疫是植物保护工作中一项积极而带有根本性的预防体系。植物检疫的工作内容中包括了种子种苗检疫与种传病害的预防保护。它是人类同自然长期斗争的产物，也是当今世界各国普遍实行的一项制度。由此可见，植物检疫是一项特殊形式的植物保护措施，涉及法律规范、国际贸易、行政管理、技术保障和信息管理等诸多方面，为一综合的管理体系。

植物保护工作包括预防或杜绝、铲除、免疫、保护和治疗等五个方面。植物检疫作为植物保护领域中的一个重要部分，其内容涉及植物保护中的预防、杜绝或铲除等领域，对于大部分病害而言，是一种有效、经济、值得提倡的措施，有时甚至是某一有害生物综合防治（IPM）计划中唯一一项具体措施。植物检疫因其特点而不同于植物保护通常采用的化学防治、物理防治、生物防治和农业防治等措施。检疫法规以某些病原物、害虫和杂草等的生物学特性和生态学特点为理论依据，根据它们的分布地域性、传播的主要途径、对寄主植物的选择性和对环境的适应性、扩大分布危害地区的可能性，以及原产地天敌的控制作用和能否随同传播等情况进行制订，包装材料以及可以或禁止从哪些国家或地区进口，只能经由哪些指定的口岸入境和进口时间等，也有相应的规定。凡属国内未曾发生或曾仅局部发生，一旦传入对本国的主要寄主作物造成较大危害而又难于防治者；在自然条件下一般不可能传入而只能随同植物及其产品，特别是随同种子、苗木等植物繁殖材料的调运而传播的病、虫、杂草等均定为检疫对象。确定的方法一般先通过对本国农、林业有重大经济意义的有害生物的危害性进行多方面的科学评价，然后由政府确定正式公布。

植物检疫的立法对因贸易、运输、旅行、国际交往等活动引起的外来有害生物的人为传播起到了一定的预防作用，但对于一些兼具自然传播和人为传播特点的有害生物，其群体的生存和繁殖多以生物地理区域为界限，其传播扩散活动不因国家边境而自然终止。近代研究证明，对于这些具有高度传播能力的危险病虫害，只有在一个较大的共同生物地理区域内进行联合预防，才能保护该生物地理区域范围内的各国农业的健康发展，由此需要国际联合性的防卫。由此，国际植物保护公约（International Plant Protection Convention，IPPC）应运而生。IPPC 是全球性协调植物检疫措施的机构，主要精神是通过国际合作共同防止危险性有害生物的传播和扩散。为此要求各国尽快建立本国植物检疫和植物保护机构，对本国植物病虫害情况进行调查研究，发布有关情况，积极开展防治工作，以防止病虫害在国际传播。要求缔约方在防治病虫害方面加强合作，涉及的有害生物，通过加强缔约方之间的植物保护联合行动，共同确保促进有害生物防控措施的实施，以有效防止危害植物和植物产品的有害生物的扩散，促进国际贸易的安全发展。我国于 2005 年 10 月 20 日正式加入经1997 年修订的《国际植物保护公约》，成为第 141 个缔约方，加入《国际植物保护公约》后，我国作为缔约国可在公约的框架下参加国际合作与交流，参与国际植物检疫措施标准及相关规则的制定，在审议通过国际标准规则、措施和相关方案时行使表决权，维护我国和发展中国家的利益。

我国农业发展史，就是对"水、旱、风、厉、虫"五大自然灾害进行持续斗争的历史。根据可考的历史记载，中国农业活动约始于 7 000 年前。自古以来中国人民对农作物病虫害进行了不懈的斗争，其中文字记载的历史为 3 000余年。从原始社会进入奴隶社会以来，农业生产技术有了长足的进步。公元前约 239 年，《吕氏春秋》中，已有"小麦早播易生灾害"的记载，认为在栽培上如适时种植，就能避免病害，获得收成；《氾胜之书》的耕田篇上有"二岁不起稼，则一岁休之"，论述连作两年后，实行一年休闲，进行轮作的栽培制度，此制度见于公元前约 220 年。533—544 年，《齐民要术》中记载"稻无所缘，唯岁易为良"，按照现在的分析，水稻若进行轮作，可避免或减轻稻瘟病或水稻胡麻叶斑病的危害。从西周至近代，中国人民在生产实践中，逐渐增长了抗御植物病虫害的技能，从初级简单的"治"，进而发展为综合栽培、耕作、捕捉、毒杀等多项措施的"防治结合"，中国农业病虫害的防治，开始从"治"向"防"的方向发展。随着社会的发展和科学技术的进步，人们不断寻求更为有效的防治措施。实践证明，植物检疫所具备的强制性法规预防，是主动防御有害生物侵袭的有效措施（章正，2010）。

我国的植物检疫始于 20 世纪 30 年代。1949 年中华人民共和国成立后，党和政府十分重视植物检疫工作。1954 年 2 月，对外贸易部根据中央人民政府发布的《输出入商品检验暂行条例》，制定《输出入植物检疫暂行办法》及《输出入植物应施检疫种类与检疫对象名单》，于 1954 年 4 月 1 日起施行。《输出入植物检疫暂行办法》首次规范"植物检疫"为法规性检疫，从此植物检疫脱离了商品检验的框架，执行以防止传入和传出危险性有害生物为目的的中国进出境植物检疫。1954 年以来，中国进出境植物检疫由初创开始，在保护国家经济建设和促进进出口贸易上发挥了重要作用。1992 年 4 月 1 日《中华人民共和国进出境动植物检疫法》实施后，为防止动物传染病、寄生虫病和植物危险性病、虫、杂草以及其他有害生物传入、传出国境，保护农、林、牧、渔业生产和人体健康，促进对外经济贸易的发展，提供了坚实的法律依据。该法实施近 30 年来，对保障国门生物安全、促进农产品对外贸易发展及服务国家外交外贸大局等发挥了重要作用。《中华人民共和国进出境动植物检疫法》通过构建完善动植物疫情疫病和外来有害生物防控体系，有力防范各类重大疫情疫病传入，有力保障了我国农林业生产安全和国门生物安全。通过建立完善出口农产品质量安全保障体系，大力推进出口农产品质量安全示范区建设，极大提升了我国农产品的国际竞争力，推动我国农产品先后打进国际高端市场。《中华人民共和国进出境动植物检疫法》在深度服务国家外交外贸大局方面成效明显。该法实施以来，我国先后与世界上 78 个国家和地区建立了进出境动植物检疫合作机制，签署了双边协议和议定书，妥善解决了一些贸易伙伴国家关注的农产品准入难题。

二、确定检疫生物的基本原则

各国对外来有害生物的研究表明，检疫性有害生物的定性问题是选择和确定外来有害生物的检疫性标准的中心问题。

（一）影响外来物种成为有害生物的因素

研究和确定检疫性有害生物的过程，是一个如何确定外来种发展变化成为入侵种的过程。影响外来种发展成为入侵种的因素极为复杂。外来病原物能在进入区定殖发展为入侵种，取决于：①气候条件和其他物理参数，包括温湿度，降水量和土壤 pH；②生物参数，包括外来病原物的生物学特性、对环境异质性的耐受力、易感寄主的可得性、天敌的有无等；③适应于入境地的环境压力和生物压力的遗传可塑性；初始的存活和繁殖可能性取决于气候、土壤 pH、日照长度等非密度依赖性因素。遗传可塑性以及农业耕作中的任何条件的改变，都可能对种群定殖产生致命的影响。当种群密度增长，而环境条件等非密度依赖性因素未改变时，则密度依赖性因素将逐渐成为主导，最终起到调控种群的效果。

气候条件是影响外来病原物的越冬存活和定殖的非生物因素中的主要因素。外来种对入境地的地理气候环境的适应程度首先表现为能否越冬存活和维持繁殖能力，在遗传可塑性方面，外来种能耐受环境异质性的选择压力而增殖建群的关键是保持旺盛的繁殖能力，气候条件中最关键的因素是温度和湿度。温度是有害生物生命全过程最重要的影响因素，对外来种的存活、建群和传播具有不可替代的重要作用，温度的变化可以促进或抑制不同外来种的生存发展。在湿度方面，多雨潮湿的地区，高的相对湿度有利于稻瘟病菌、水稻胡麻叶斑病菌对水稻的侵染。很多真菌病原物对湿度的要求极为敏感，寄主植物表面有无水膜可影响其孢子的萌发，湿度的可持续长短也决定着病原物的存活和侵染。温度和湿度作为限制物种生存的两个关键性生态因素，可以用来划分生态区域的特性，还可用来分析探讨外来物种传入成功或失败的因果关系。温度、降水和季节特性可用于阐明各类植物及其寄生的微生物的生态区系分布类型，并有助于理解与寄主植物有关的有害生物的发生和分布，从而促进植物病害的防治工作。

影响外来病原物定殖的生物学因素中，首先是外来病原物的生物学特性，外来种的繁殖能力与繁殖速率决定外来种能否成为入侵种的重要因素，在一个生态种群中，物种繁殖和生长所占有能量的比例关系与物种的生存对策密切相关。1967年MacArthur和Wilson提出的K-r选择理论（Hengeveld，2002），也适用于病原物种。就外来种的生物学特性而言，外来种中既有属于r-策略者，又有属于K-策略者。属于r-策略者的外来病原物种，其繁殖速率高，个体发育快，潜育期短，将更多的资源投入繁殖行为，能产生大量后代，但存活率低，对环境条件极为敏感，环境条件适宜时大量繁殖，环境条件剧烈改变时可能大量死亡，其寿命短，仅数日到数周或者数月，最长不超过一年；偏向于r-策略者的外来病原物种的特点是传播能力强，种群扩散快，其贡献在于迅速扩大种群数量，属于多循环流行性病害，如稻瘟病菌、水稻胡麻叶斑病菌等。偏向于K-策略者的外来病原物种，其选择性地将一部分资源投入非繁殖行为，繁殖速率较低，发育比较缓慢，增殖速率小，没有或很少有再侵染，扩散范围小，寿命长，较短的有1~2年，长则十数年至数十年，由于寿命长，病原体能累积发病，属于积年流行性病害。病原体对环境气候条件敏感性低，休眠体即是其传播体，对入境地胁迫性环境条件的耐受性强，环境条件改变对其生存安全影响较小，是不同环境条件的有效利用者，其贡献在于保持种群的稳定性，系统侵染的病害如腥黑粉菌类、轮枝菌等属于此类。

在农业生产发展和进化过程中，由于人类的活动干预，结构复杂的自然生态系统逐渐被结构较为单一的农业生态系统代替，为了经济利益，品种轮换速度快，缺乏寄主植物与寄生物的长期协同进化，导致生物多样性下降，因此在农业生态系统中，寄主植物与病原物很难达到稳定的平衡。现代农业中为建立人为的寄主和病原物间的平衡而发展的病害管理系统，所采取的培育新的抗病品种、调整耕作制度、化学农药防治、种子处理等各种农业措施既有利于保护寄主植物防止病害的发生，同时也促进了病原物适应环境变化而产生变异。病原物的毒性相应变化和增长，主要表现在三个方面。第一是外来病原物随同规模化引种而传播，规模化的引种使得引进地农业快速发展，但也引入了不少新的外来病害入侵。第二是外来病原物随同科研资源的流通而传播，优良的植物种质资源对农业增产和抗病育种具有直接的作用，为此由于科研需要，国际植物种质资源的流通和交换规模和数量与日俱增，这些优异的种质资源有可能成为外来危险病原物的载体。20世纪以来，作为病害防治的重要手段而广泛研究应用的抗病育种工作，对病害防治工作起到正负两方面的作用，对某些重要的气传、土传及土传兼种传的病害，抗病育种工作成为首选的防治对策，在短时期内确实达到了明显的效果，但大面积种植单一抗病品种，加强了对寄生物的选择压力，促进了病原物的变异，形成了具有更强毒性的菌株，以应对寄主原有的抗病性，此类现象在培育具有垂直抗性的作物品种中相当普遍。第三是外来病原物随同国际贸易而传播，贸易性植物产品传播外来病原物的危险性与原产地疫情、进口数量、进口频率、入境口岸、运输路线等呈正相关，在现代交通高度发达的时代，原本寿命短暂，对环境异质性耐受力低的各种病原体，随同旅客或货物在短时间的全球活动中，跨越了原本难以克服的自然地理屏障，带入受威胁区。由此可见，人类为了经济繁荣，鼓励全球性资源共享、科研交流，为促进贸易全球化扩大开放市场，为了建设富裕发达、文明健康的人类命运共同体做出了艰苦卓绝的努力，取得了有目共睹的成效，但同时，也有意无意地形成了各种干扰和损害，留下了深刻的，不能淡忘的历史教训（章正，2010）。

（二）有害生物风险分析

有害生物风险分析（pest risk analysis，PRA）是WTO规范植物检疫行为《实施卫生与植物卫生措施协定》（SPS协定）中明确要求的，为了使检疫行为对贸易的影响降到最低而规定各国（地区）制定实施的植物检疫措施。有害生物风险分析的核心内容是风险评估和风险管理。有害生物风险评估是指："确定有害生物是否为检疫性有害生物并评价其传入的可能性。"有害生物风险管理是指："为降低检疫性有害生物传入风险的决策过程。"

国外有害生物风险分析发展的较早且较为完善，EPPO（欧洲地中海植物保护组织）对有害生物的发生情况和生物学特性进行了比较系统的研究。该组织自20世纪70年代以来，以有害生物的生物学特性和地理分布情况为研究对象，目的是既要防止外来危险性有害生物传入，也要保护并促进各成员方的经济发展和农产品交流。为此，多年来该组织组成了各种工作组对检疫性有害生物进行了多方面的研究和专业论述，根据病、虫和杂草的经济危害性和地域性，对病原真菌、细菌、线虫、病毒、昆虫等多种有害生物进行了划分，将其分为三类，即A1类、A2类及B类，A1类是有害生物在EPPO所属区域内尚未发生，已知对EPPO区域内全部或部分国家的某些重要寄主植物能造成严重危害，被认为是特别危险的，应考虑零容许量（禁止入境）的有害生物，适用于EPPO所有成员方；A2类是在EPPO所属区域内局部发生，在生态条件适合时，对某些国家或地区的农林业能造成严重威胁，应考虑低容许量（限制入境）的有害生物；B类是虽在EPPO区域内分布比较普遍，但具有经济重要性，可以规定适当容许量的有害生物。随着外来有害生物的不断发展，有害生物的名单及其数据库也在不断扩大和更新。根据外来有害生物的生物学特性及其危害和发生情况，提出制定检疫性有害生物应遵从的原则，根据外来有害生物的危险性和破坏性，分为三类。甲类：进口国国内尚未发生，具有高速建群能力，能造成强度流行的病原物，通常其痕量感染就可导致毁灭性的损失，此类有害生物常无可行的有效检疫处理办法，根除困难，防治代价极高，通常应采取零容许量（禁止进口）的检疫措施，如烟草霜霉病菌、棉花枯萎病菌等。乙类：进口国尚未发生或局限性发生，增殖速率中等，定期或不定期流行，通常有可行的有效检疫处理办法，如输出国遵守进口国的检疫条件时，可采取限制进口的检疫措施。丙类：国内已有发生，具有重要经济价值，防治比较困难，虽不作为检疫性有害生物，但应规定限量进口，如小麦光腥黑穗病菌、镰刀菌、立枯病菌等。

我国的 PRA 工作起步不晚，起点不低。20 世纪初，我国植物病理学先驱、商品检验局的创始人邹秉文撰写了《植物病理学概要》，列举了美国因植物病害所造成的损失，并指出已经有美国、加拿大等 27 个国家或地区颁布禁止有害植物传入的法令。1927—1929 年朱凤美在《中华农学会丛刊》上分 3 期发表论文《植物之检疫》，援引了柑橘溃疡病、马铃薯晚疫病等传播危害的实例，列举了美国、日本等国的植物检疫法令，提出了要对输入农产品进行检疫。邹秉文和朱凤美先生提出设立检疫机构，对进出境农产品进行检验，防范病虫害随农产品贸易传播的风险，是我国有害生物风险分析工作的起源。1981 年农业部植物检疫实验所的研究人员，开展了"危险性病虫杂草的检疫重要性评价"研究。对引进植物及植物产品可能传带的昆虫、真菌、细菌、线虫、病毒、杂草 6 类有害生物进行检疫重要性程度的评价研究，根据不同类群的有害生物特点，按照危害程度，受害作物的经济重要性，我国有无分布，传播和扩散的可能性和防治难易程度进行综合评估。研究制定了评价指标和分级办法，以分值大小排列出各类有害生物在检疫中的重要程度和位次，提出检疫对策。分析工作由定性逐步走向定性和定量分析相结合。在此项研究的基础上，建立了"有害生物疫情数据库"和"各国病虫草害名录数据库"，为 1986 年制定和修改进境植物危险性有害生物名单及有关检疫措施提供了科学依据。与此同时，还开展了以实验研究和信息分析为主的适生性分析研究工作，如 1981 年对甜菜锈病，1988 年对谷斑皮蠹，1990 年对小麦矮腥黑穗病的适生性研究。对适生性分析的研讨也促使了一些分析工作的开展。1990 年召开了亚太地区植物保护组织（APPPC）专家磋商会，我国开始接触到有害生物风险分析（PRA）这一概念。之后，国内组织专人对北美植物保护组织起草的"生物体的引入或扩散对植物和植物产品形成的危险性的分析步骤"进行了学习研究。

国内也积极开展了有害生物风险分析的研究，并积极与有关国际组织联系，了解关于 PRA 的新进展。

1992 年《中华人民共和国进出境动植物检疫法》的实施，使中国动植物检疫进入了新的发展历程。随着 FAO 和区域植物保护组织对有害生物风险分析工作的重视以及第 18 届亚太地区植物保护组织（APPPC）会议在北京的召开，农业部动植物检疫局高度重视有害生物风险分析工作在我国的发展，专门成立了有害生物风险分析工作组，广泛收集国外疫情数据，在学习其他国家的有害生物风险分析方法的基础上，研究探讨我国的有害生物风险分析工作程序。有害生物风险分析在我国进入了一个发展时期。1991 年，由农业部植物检疫实验所主持，国家动植物检疫局和上海动植物检疫局的专家和检疫官员参加的农业部"八五"重点课题"检疫性病虫害的危险性评估（PRA）研究"，主要取得了以下几项成果：①探讨建立了检疫性有害生物风险分析程序，分为以输入某类（种）植物及其产品风险为起点和以有害生物为起点的分析程序。②有害生物风险分析评价指标体系的建立和量化方法的研究，提出了具有中国特色的、建设性的量化方法。③对马铃薯甲虫、地中海实蝇、假高粱和梨火疫病等国家公布禁止进境的危险性病虫杂草在我国的适生潜能进行分析，为检疫的宏观预测提供了科学依据。④对输入小麦、棉花的有害生物风险初评估，收集、整理了国内尚未分布或分布未广的小麦、棉花有害生物名录，并就 PRA 有关的有害生物的名单建立与重要性排序的思路提出意见。对引进小麦的检疫对策提出了意见。1984 年建立的农业气候相似分析系统"农业气候相似距库"，开展有害生物在我国的适生性分析工作。如 1990 年对甜菜锈病，1994 年对假高粱，1995 年对小麦矮腥黑穗病的适生性分析。1989 年农业部植物检疫实验所引进澳大利亚的 CLIMEX 系统。利用此系统对美国白蛾（1990）、地中海实蝇（1993）、苹果蠹蛾（1994）和美洲斑潜蝇（1995）开展了适生性分析，积累了相关数据，为有关的有害生物的检疫决策提供了科学依据。在有害生物信息系统建立以前的数据库基础上，根据有害生物风险分析的需求，1995 年建立了"我国有害生物信息系统"。我国参与了联合国粮农组织国际植物保护公约秘书处关于 PRA 的国际标准起草的一系列工作组会议。一方面结合我国的 PRA 工作经验参与 PRA 的补充标准的起草，促进了我国的 PRA 工作。随着国际贸易迅猛发展，特别是我国加入 WTO 的谈判，对如何减少检疫对贸易的影响，及在此之前与美国、澳大利亚、欧洲共同体市场准入谈判以及关贸总协定乌拉圭回合最后文件的签署，都表明了我国政府十分重视这一问题。我国有害生物风险分析工作组对有关检疫政策和有关国家农产品如何进入我国的问题开展了大量研究分析。各国向我国输入新的植物及植物产品都要开展有害生物风险分析，有害生物风险分析已经成为目前我国检疫决策工作中必不可缺的环节。该工作组的成立成为我国 PRA 发展新的里程碑。从 1995 年到加入 WTO 前,我国就完成了约 40 个风险分析报告,这是历史上完成的风险分析报告最多的阶段,涉及美国苹果、泰国芒果果实、进口原木、阿根廷水果、法国葡萄苗、美国及巴西大豆等,对保护我国农业生产安全产生了积极的促进作用。加入 WTO 后,我国 PRA 工作得到了更大的重视,发展速度显著加快,进入了全面与国际接轨的快速发展时期。

有害生物风险分析分为三个阶段进行,第一阶段是开始或启动有害生物风险分析。有害生物风险分析可因以下三个方面的原因而启动。

① 对目标有害生物定性,确定其是否属于检疫性有害生物,是否需要采取检疫性措施,通常包含以下几种类型:当截获某一种有害生物种时,需要判断此有害生物能否成为划定的 PRA 地区的外来有害生物;在某一地区曾暴发疫情,并在进口商品中截获了来自该地区有害生物的紧急情况;新的、潜在的有害生物,已被科学研究证实存在风险;某一种外来有害生物被多次截获;因科研需要提出引进的某外来物种;可能成为有害生物的传播媒介的外来种;经遗传重组后的外来物种,已证明存在着有害生物的可能性。

② 确定检疫性有害生物是否存在潜在的传播途径,通常包括以下几种情形:拟进口新的某种植物或植物产品;进口新的原产国的植物或植物产品,包括转基因植物或植物产品;因科研需要申请引进的植物品种,包括转基因植物或植物产品;其他传播途径,查明除植物和植物产品外,其他入境渠道的潜在危险性,例如包装材料、旅客携带物(包括行李)、邮件、进境废旧植物产品(例如废纸)、垃圾等。

③ 因修订植物检疫政策而重新进行有害生物风险分析,通常包括以下情形:当修订或审议植物检疫政策法规时;审议有关国际组织(联合国粮农组织、区域性植保组织)提出的提案;因有关植物检疫措施而产生的争端;因有关国家政策变化,边界情况发生变化,或检疫政策发生变化的。

根据具体情况,无论是由有害生物,传播途径,或政策法规修订而启动有害生物风险分析,均可纳入因有害生物或传播途径而开始进行有害生物风险分析的范畴。也就是对某种或某些目标有害生物进行风险分析,从作为传播途径的植物或植物产品开始的风险分析,需通过信息资料归类列出名单,经进一步分析筛选,列出需要进行风险分析的有害生物名单,对这些有害生物进行风险分析,一旦确定有必要进行风险分析,应尽早划定需进行风险分析的地区,以确定信息范围,确定目标有害生物以后,应调查有无同类的风险分析,并核实其时效性,如不存在性质相同的有害生物风险分析或以前的风险分析尚存在一些问题,则考虑应进行下一步工作。第一阶段结束时,在信息收集,调查研究和划定有害生物风险分析地区的基础上,应做出对目标有害生物是否应进入第

二阶段的结论。

　　根据第一阶段的工作，如认为有必要进行有害生物风险评估，则进入第二阶段，即有害生物风险评估阶段，其内容主要包括三个部分。

　　① 有害生物分类。有害生物分类是"确定一种有害生物是否具有检疫性有害生物的特性或非检疫性有害生物的过程"（ISPMs 第 11 号，2003 年）。根据以下标准进行有害生物分类（ISPM 第 5 号，2003 年）：有害生物在确定的风险分析区内尚未发生，或在官方防控下仅有局限性发生；相关信息资料表明，有害生物具有外来入侵种的生物学特性；有关气候信息资料表明，有害生物在有关风险分析区内存在着潜在的定殖和扩散可能性，根除困难，防治代价极高；有害生物一旦传入和扩散，能造成重大损失，对国家经济和环境安全产生不利影响。符合以上标准的目标有害生物，应划为检疫性有害生物，并评估该检疫性有害生物传入潜在可能性。

　　② 评估检疫性有害生物的潜在传入可能性。由于传入潜在可能性是有害生物进入并形成定殖的潜在可能性，所以传入可能性包括潜在进入可能性和定殖可能性两个部分，首先评估有害生物进入可能性，如存在着进入可能性，则继续评估潜在的定殖可能性。进入潜在可能性评估，2003 版 ISPMs 第 5 号定义的"进入"是指"一种有害生物进入该有害生物尚不存在，或虽已存在但分布不广并正在进行官方防治的地区"。对第一阶段任何一种有害生物的可能进入情况，应进行进入潜在可能性评估。有害生物的进入潜在可能性取决于两个主要方面，首先是有害生物对随同任何一种传播途径（例如随同某种进口商品）而引起的环境异质性的耐受性，例如有害生物随同进口贸易商品而传播，其能否适应储存条件的改变、长途运输中的温湿度差异、进入地区的季节性气候变化、输出国采用的管理措施的影响、入境口岸的检疫处理效果、寄主的缺失等环境异质性因素所施加的选择压力。其次是有害生物随同传播途径而成功进入的概率。经由某种传播渠道进入的有害生物的入境频率，与作为商品的传播渠道的数量大小与入境频率和有害生物在该商品中的实际存在率通常呈正相关，而其存在率又受分布密度、分布位置、抽样比例、设备条件和检验技术等诸多因素的影响。因此，根据以上各种因素对目标有害生物随同传播途径的进入潜在可能性进行分析和评估，应获得以下重要信息并给出结论，其中最关键的是有害生物到达目的地时表现为存活率的生存状态，如目标有害生物到达入境口岸时，增加抽样比例和增查样品数量，其存活率为零，经查明如确属正常死亡，则表明有害生物随同作为传播途径的该商品的进入潜在可能性较低甚至无进入可能性。如存活率>0，作为传播介质的商品的入境数量和入境频率将起到重要作用，即使有害生物入境存活率非常低，根据有害生物的生物学特性，某些对环境异质性具有高度耐受能力，其传播体即休眠体，繁殖能力强，

善于夺取少量能源建立种群的有害生物，均具有较高的进入风险，商品数量越多，进口频率越高，有害生物潜在进入风险就越高，一旦确定有害生物存在进入可能性，就要继续进行有害生物的定殖可能性评估。2003 年版 ISPM 第 5 号指出：定殖是指"一种有害生物在可预见的将来进入 PRA 地区长期甚至永久性存在。"定殖潜在可能性评估是传入潜在可能性评估的核心部分，因为有害生物能否在风险分析地区危害，关键在于其是否具备潜在定殖的可能性，为此，进行定殖潜在可能性评估不仅需要具备大量的生物信息，相应的分析模型，对于某些极为重要的检疫性有害生物的关键性数据，应进行周密的实验分析，争取获得结论性的资料，提高有害生物风险评估的准确性和总体水平。影响定殖潜在可能性评估的主要因素：有害生物风险分析区的寄主可得性，寄主栽植面积和寄主植物丰盛度；有害生物适应风险分析区环境气候条件的程度，包括有害生物对环境异质性的耐受能力和遗传可塑性，其综合适应性表现为有害生物在新区经历越冬和存活等诸多选择压力后，能否具备建立稳定种群的繁殖能力；有害生物的生存对策，有害生物的生存对策取决于有害生物的生物学特性，r - 策略者的特点是繁殖速率高，潜育期短，无性型再循环周期次数多，能充分利用寄主资源，迅速扩大种群，对环境气候条件的变化极为敏感，气候适宜时繁殖迅速，侵染大片寄主植物，当寄主植物衰亡，环境条件等变化时，则改变对策成为休眠体，所以具有 r - 策略者的有害生物可以在短时期内造成大范围强度流行，破坏性强；另一类有害生物的生物学特性趋向于 K - 策略者，其繁殖速率相对较低，潜育期长，无再侵染循环或很少，对环境胁迫性因素耐受性强，而对气候条件变化敏感性差，其传播体即休眠体，虽然繁殖速率低，但病原体寿命长，能积年累积增长，每隔数年有一次流行，一旦定殖，极难根除。有害生物依靠媒介传播的，其流行可能性及流行程度通常取决于媒介体的增殖能力（猖獗度）。同时，在病害流行中起着关键性作用的媒介体，其本身也应视同有害生物。结合有害生物定殖潜在可能性，综合评估有害生物传入潜在可能性，如获得肯定性结论，则继续进行有害生物扩散潜在可能性评估。有害生物的扩散传播能力，也取决于有害生物的生物学特性，某些有害生物传播途径单一，有些具备多种传播途径，所以扩散潜在可能性评估主要是评估有害生物所具备的传播特点在其侵染循环或病害生活史中所占有的作用。适于气流传播的病原体，其繁殖能力强，寿命短，在短期内后代可大量增殖，再侵染次数多，侵染速率高，在环境条件适宜和存在大量寄主的情况下，可形成强度流行，造成毁灭性的损失。其休眠体既可耐受环境胁迫性的压力，也可作为初侵染源，对此类病害，通常实施禁止入境的检疫措施。依靠生物媒介传播的病原体，常与媒介体之间达成了某种程度的协生，其扩散传播速率取决于媒介生物的猖獗度，在环境条件适宜，存在大量易感寄主时，媒介生物繁殖迅速，增殖失控，导致流行并造成严重损失。适合土壤传播的有害生物，包括了存活于土壤中的病残体，此类有害生物潜育期长，对环境胁迫性因素耐受性强，其传播体即休眠体，虽然繁殖速率较低，通常没有再侵染循环或再侵染作用不大，但病原体寿命长能积年累积增长，定殖后非常难以根除。除种传外没有其他主要传播途径的病原体，其大范围扩散取决于人的活动和商品的最终用途，如有害生物随同种子等分散运销、产品加工、易地储存等，在装卸、运输、加工、储存过程中的散漏污染。某些病原物为适合其生活史各阶段的需要，具有多种传播途径相互结合的特性，以达到其耐受环境选择压力，保持并扩大种群的目的，此类病原体大多危害性大，难以根除。

根据以上分析，可知目标有害生物的扩散传播特性，如单独种传，则取决于商品的用途及与此有关的人类活动后果；如除种传外，还有其他多种传播途径，则其扩散能力的强弱和危害与各相关传播途径所形成的扩散速率呈正相关。当目标有害生物经综合评估，在风险分析区存在着传入和扩散的潜在可能性时，应考虑有害生物传入和扩散后的经济后果即进行潜在经济影响评估。关于潜在经济影响的评估，首先考虑的是有害生物传入和扩散后造成的直接影响。寄主作物产量、质量的损失是有害生物传入和扩散后最直接的经济影响，系统性侵染的有害生物，对寄主的损害是全株性的，所以通常其产量损失接近或等于全部损失。不同病害所造成的损失各异，估算损失时应参照相关资料。有害生物大范围强度流行时，对农业生态系统或森林生态系统都有一定的负面影响，尤以森林大面积受害后对群落生态系统的破坏影响最为重大且不易恢复，所以当有害生物强度流行时，造成原有生态系统大范围破坏，引起水土流失、旱涝、病虫等灾害，应进行相应的环境安全造成负面影响的潜在损害评估。其次考虑的是有害生物传入和扩散后所造成的间接影响，包括了经济影响、商业影响以及社会和环境的影响。经济影响包括有害生物传入后因减产而造成的以货币计算的经济损失、因防治等必需措施导致生产者的投入费用增加、根除或封锁的经济费用、增加有关研究所需的经费等。商业影响包括国际市场准入门槛、产品带来的负面效果导致的市场覆盖面缩减、因质量变化导致消费需求的变化等潜在影响。社会和环境影响包括有害生物对生物多样性和生态系统的破坏，导致当地环境气候条件的恶化，工业生产的结构性改变以及生态系统变化引起的环境安全问题等。根据评估，明确有害生物传入风险区后的直接及间接的潜在经济影响，应确定受威胁区，2003 年版 ISPM 第 5 号定义的受威胁区即"生态因素适合一种有害生物的定殖，该有害生物的发生将造成重大经济损失的地区"，基于有害生物的生物学特性和风险分析区的环境气候条件及寄主分布状况，风险分析区的全部或部分相应地成为受威胁地区。

③ 根据有害生物风险评估的结果，应给出第二阶段的结论，对具备传入

和扩散可能性并造成经济负面影响的有害生物，在划定的有害生物风险分析区的全部或部分成为与该有害生物相关的受威胁区时，进行有害生物的风险管理。

有害生物风险分析的第三阶段是有害生物风险管理阶段，此阶段是评价和选择备选方案，以减少有害生物传入和扩散的风险的过程，根据上一阶段评估的结论，确定是否需要进行风险管理以及采用管理措施的力度，一般不宜采取零风险的检疫措施，除非有特殊的情况要求。风险管理的指导原则在于减少或降低风险达到可接受的安全程度，这种安全程度应当合理，并在现有的备选方案和资源范围内可行，从生物学意义上，有害生物风险管理是根据有害生物的生活史和生物学特性，采取措施破坏其薄弱环节，达到降低或消除风险，评价最适宜、最有效和最可行（包括经济影响）的备选方案的过程。选取一种或多种备选方案，降低传入风险达到可接受的水平，有关备选方案一旦确定，必须有相应的配套措施来保证实施，并应建立必要的监督检查制度，在备选方案中，一般不采取零风险的备选方案。有害生物风险管理的结果有两种，第一种是由于有害生物的生物学特性和传入后导致的重大经济影响，未能确定任何可行的备选方案，通常此类情况较少发生；第二种情况是选择了适当的一种或数种备选方案，这些备选方案协同作用，达到降低风险至可接受水平，形成了植物检疫法规或有关规定的基础，因此在备选方案施行期间，应定期监测其实践效果，通过审查和分析，肯定有成效的备选措施，淘汰无效的备选措施，以确保备选方案的有效性。

第二节　抗病育种的应用

一、植物的抗病性

抗病性是植物病害防控的关键，其他的病害防治方法，包括化学干预技术、栽培管理方法和生物防治都能使作物的损失减到最小，但是这些方法从本质上都可看作是对植物抗病性的补充。对于生产者来说，植物的抗病性为病害防治提供了最经济的方法，因为抗病品种的使用几乎不改变已有的农业栽培耕作方式，这点在水稻生产上尤为明显。抗病性是寄主植物完全或部分克服病原体影响的一种能力，这种能力范围可能有变化，小到可能只是稍微抑制了病原体的生长，而大到能使致病性过程不完全，从而有效地抑制病害的发生。如果抗病性的效果足够大，病原体的繁殖率减慢到病原群体只是替代损失的个体，则其群体大小不能增加。如果抗病性作用小，病原体的增长速度仍然很快，就需要利用其他的防治方法。但是抗病性的利用并非完美无瑕，在植物群体中的遗传背景单一，可能会引起病原物群体中产生新毒性，或者会在有些农业生产

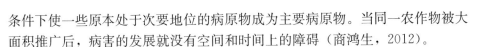

条件下使一些原本处于次要地位的病原物成为主要病原物。当同一农作物被大面积推广后，病害的发展就没有空间和时间上的障碍（商鸿生，2012）。

植物的抗病性可以分成两种可能的形式，这两种形式可以在同一品种中共存，称为水平抗病性和垂直抗病性。水平抗病性表达的是对一种病原物所有生理小种的抗性，即小种、致病型或生物型非专化的抗性。垂直抗病性（也称小种专化抗性或专化抗性）是专门针对某一生理小种或生物型的抗性。

（一）水平抗病性

植物抗病性类型之一。与垂直抗病性相对应。最早由植物病理学家范德普朗克（Van der Plank，1963）定义为："寄主品种针对病原物所有小种的抗病性"，即作物品种与病原物小种间无特异性相互关系。其流行学作用是降低流行速度。水平抗病性减缓了病原物在单株植物或单一植物群体中的增长速率，因此也称为减速抗病性。水平抗病性减缓病害流行发展的机制可能是主动的或被动的，抗性表达也可能是通过降低侵染、减少产孢量（这两者都会导致基本侵染率下降）、延长潜伏期或是更快地消除感染的组织而减短传染期来实现的。在田间检测中通常记录经选择的品种对特定病原物的单个水平抗病性组分的特性的数据（如病斑大小、数量等），将检测结果和田间同一品种受同一病原物侵染后的反应关联起来，这样就非常容易在诸如病斑扩展和田间病害反应之间建立一种联系。当培育新的植物品系时，人为设置一些控制条件进行最初的抗病性筛选，在有限的人为控制条件下，水平抗病性的一些因子相对来说评估较容易，但这些评估的方法和结论难以和大田中的实际情况进行一一对应比较。此外，到底是哪个抗性组分会和田间反应相关联，到目前为止仍然需要进一步的研究。所以，在人为控制条件下获得的每个抗性组分的价值难以都能在大田情况下表现出来。缺乏这种相关性部分是由环境条件及它们各自对抗病性表达的影响的差异造成的。由于水平抗病性在遗传方面的复杂性，且水平抗病性只能间接通过筛选连锁基因而获取，为了成功地鉴定水平抗病性，育种学家面临许多困难，需要对病害的发展、环境互作的影响、接种势（inoculum potential）、植株因处于不同生长期引起的生理状态的变化及由垂直抗病性导致的水平抗病性的不明朗进行适当而有价值的研究和评价。另外，在对抗性组分进行比较时，如果在人为控制的环境中进行初选，特别是如果抗性组分对环境波动敏感，育种品系表现的不一致就显示了这种方法的局限性。然而，一个环境可控的筛选系统与大面积的田间试验相比在时间和人力的成本效力方面具有较大的优势。

（二）垂直抗病性

与水平抗病性相对应。范德普朗克定义为："若作物品种只能抵抗病原物某些小种，而不抵抗其他小种，则其抗病性是垂直的。"此种抗病性由主效基因控制，符合寄主与病原物间"基因对基因"的假说关系，抗病机制多为过敏性坏死反应，抗病效能较高，对环境条件的变化较稳定，其流行学作用是减低初始菌量。在抗病育种中所利用的抗病性类型大多是垂直抗病性。

垂直抗病性指的是作用于某一种病原体特定的基因组分而不是所有病原体的一种抗性，符合"基因对基因"的假说。垂直抗病性大多是由单基因或少数基因控制，在寄主体内的这些基因与病原体相应的基因一一匹配。垂直抗病性可能是对于某一病原体的完全抗性，也可能是和某一病原体种群的不同成分作用的不完全抗性。目前对垂直抗病性的作用机制较为普遍的认识是减少病原体的侵染概率，达到阻断或是推迟病害流行的作用。

对育种者而言，垂直抗病性的优点是容易鉴定，易操作；其遗传简单，易于转育至品种中，且抗性水平高。然而，在筛选完全垂直抗病性的过程中，会使植物的抗病性遗传背景变窄，因为其他形式的抗病性会被屏蔽，甚至丢失。通常，对应于垂直抗病性的寄主，通过病原物群体的选择，最终可以导致病原物新致病型的产生。这种抗病性的鉴定、利用和丧失的循环被称为"兴衰循环"，虽然有一些垂直抗病性的持久性成功应用的案例，但是这种持久性可能会受到病原体种群的大小、寄主植物生长的环境、抗病性产生的机制和寄主遗传背景等因子的影响，而这些因子往往又是育种者难以掌控的。形式最简单的垂直抗病性的病害流行学效果是清楚的，当由致病性不同的小种构成的病原体种群形成初侵染时，植物的抗病性只对某些生理小种有效果，对于其他小种则没有抗病性，简而言之，就是导致病害的病原物数量快速地呈线性下降，就能导致病害发生推迟。传统的持久性模式主要是关注抗病性基因频率的动态变化，因此抗病性的持久性被重新定义为从开始引入一个抗病性品种到相应的毒性基因频率达到一个规定阈值（即松散定义的"兴衰循环"的"衰"）的时间，Van der Bosch 和 Gilligan（2003）主张利用更复杂的方法比较持久性的三个潜在方面：①毒性基因型通过突变或迁入进入群体，随后在群体中定殖所需的时间；②以毒性频率测定的毒性基因型取代原病原物群体所需的时间；③寄主植物在不受病原物侵染时生长天数增加可能获得的额外的产量。他们根据计算机模型显示了这些附加的抗病性持久性的测定方法如何在实质上依靠群体动态和群体遗传之间的互作，同时提出，这些互作对抗病性部署的结果可能有重要的影响。

提高寄主对病原物侵染的抗病性是病害防控的重要措施之一，寄主抗病性是一个决定病害流行发展的重要因素，能影响利用杀菌剂干预的必要性。一个新的病害或生理小种的流行发展取决于使用已被这个新致病型克服的抗病性基因的品种的普及程度，而大多数时候，品种的选择主要是基于农学性状，而不是病害感病性。尽管多样性的栽培可以减轻病害的发生和发展，但云南独特的地理气候环境，使得大部分种传病害如稻瘟病、白叶枯病和细菌性条斑病的生

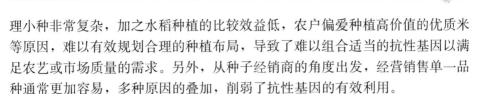

理小种非常复杂，加之水稻种植的比较效益低，农户偏爱种植高价值的优质米等原因，难以有效规划合理的种植布局，导致了难以组合适当的抗性基因以满足农艺或市场质量的需求。另外，从种子经销商的角度出发，经营销售单一品种通常更加容易，多种原因的叠加，削弱了抗性基因的有效利用。

二、水稻白叶枯病和稻瘟病的抗性育种

(一) 白叶枯病的抗性育种

20 世纪 90 年代后期，随着我国水稻中 $Xa3$、$Xa4$ 和 $Xa21$ 等抗性基因的引入，加之工业污染、水产和畜禽养殖中抗生素以及农田除草剂的大量使用，水稻白叶枯病曾一度在某些水稻种植区绝迹，全国的发生面积不足 34 万 hm^2。近年来随着生态环境的改善、杂交育种的应用以及水稻种子的南繁北调，白叶枯病呈逐年加重的趋势。2017 年据公益性行业植保专项项目统计，我国水稻白叶枯病发生面积超过 16 万 hm^2 次（陈功友，2019）。可能原因是大面积种植的抗白叶枯病品种抗源的来源比较单一，多为 $Xa4$ 基因控制的抗性（高杜鹃，2017），导致病原菌产生了新的毒性效应蛋白或者丧失了某些效应蛋白的无毒性（Avr）功能。

我国水稻栽培历史悠久，白叶枯病菌的 tal 基因和水稻的 R 基因在长期相互选择后均表现出多样性。这一现象表明了白叶枯病的防控是一项长期而艰巨的工作。根据白叶枯病的防控实践经验，以下几个方面在今后的水稻抗白叶枯病育种中应重点考虑。

1. 抗源的选择与抗病基因鉴定 由于水稻鉴别品种和抗性划定标准的不同等问题，20 世纪 80 年代以前，我国白叶枯病菌划分为 8 个小种，但小种的代表性不能有效反映 R 基因的反应型。利用 Nipc、IR24、IRBB3 等水稻品系划分出的 GZ－10、Japan－4、GZ299 等 24 个致病型菌株（陈功友，2019），基本上能够鉴别目前水稻 R 基因的抗（感）性。我国现阶段使用的白叶枯病抗源主要来源于 IR 系列（IR26、IR30、IR36、IR54 等），多含有 $Xa4$ 基因，该基因在我国水稻抗白叶枯病育种中应用广泛，但携带 $Xa4$ 的抗源，其后代表现不完全显性，在育种实践中应注意此问题。在云南稻区宜选用含有 $Xa22$、$Xa23$、$Xa7$ 和 $xa5$ 基因的抗源材料作为育种的亲本材料（高杜鹃，2017）。

2. 多抗白叶枯病基因聚合育种 由于抗性基因的激活需要匹配的无毒基因，因此将多个抗性基因聚合在 1 个水稻品种中，可有效降低其抗性被某些菌株克服的风险。多个抗性基因的聚合育种是目前白叶枯病抗性育种改良的重要策略，抗性基因聚合产生累加的抗性效应，不但提升了品种的抗性，也拓展了抗谱。例如，以携带抗稻瘟病主基因 $Pi9$ 的 C750 和抗白叶枯病主基因 $Xa23$

的 C682 为供体亲本，利用分子标记辅助选择和田间鉴定选择相结合的方法，经过多代回交、自交，获得导入 $Pi9$ 或 $Xa23$ 或 $Pi9+Xa23$ 的水稻恢复系分子改良系，明显提高了水稻恢复系分子改良系的稻瘟病或白叶枯病抗性（田大刚等，2014）。将抗稻瘟病基因 $Pi2$ 和抗白叶枯病基因 $Xa7$、$Xa21$ 和 $Xa23$ 渗入 3 个优良的水稻光温敏核不育系 C815S、广占 63-4S 和华 328S 背景中，创建出的光温敏核不育系新材料进行组配，新的组合对白叶枯病和稻瘟病都表现出较好的抗性（姜洁锋，2015）。

3. 抗白叶枯病育种的新思路 陈功友（2019）指出隐性抗病基因的利用可能会是将来抗白叶枯病育种的一个方向，隐性抗病基因如 $xa5$ 的利用需要在纯合状态下才能发挥更好的抗病作用，特别是三系杂交或者两系杂交的 F_1 代，需要 $xa5$ 处于纯合状态下才能发挥作用，否则显性基因 $Xa5$ 仍然能够保证 TALE 蛋白与水稻 TFⅡA 的 γ 亚基结合形成转录复合体，从而使水稻表现感病性。此外将水稻白叶枯病的主要感病基因启动子的 EBE 进行修饰，培育广谱抗白叶枯病的新种质，也可能是今后育种工作中努力的方向。

（二）稻瘟病的抗性育种

1. 明恢 63/汕优 63 的选育和应用 明恢 63/汕优 63 的选育和应用是我国水稻抗稻瘟病育种发展史上的里程碑，汕优 63 是 20 世纪中国推广面积最大、推广速度最快、使用时间最长、增产粮食最多的水稻品种。其选育的初衷是针对我国第一代杂交水稻对稻瘟病抗性较弱，在生产上经常受到稻瘟病危害而绝产，给粮食生产造成较大威胁等问题，解决了第一代杂交水稻稻瘟病抗性差并进一步提高了杂交水稻杂种优势。突出表现在不单纯依靠国外引进（IR24、IR26 等）的情况下，培育具有自主知识产权的强抗病恢复系。在此基础上，福建省三明市农业科学研究院谢华安院士带领团队选育出了高抗稻瘟病恢复系明恢 63。经室内人工接种（5 群 12 个小种 51 个致病菌株）鉴定，其抗菌株率达 96.1%，抗小种率达 83.3%。

明恢 63 的选育过程采用了同步四重筛选的技术流程，科学地将高产性、抗病性、适应性和恢复力等四个方面的筛选和鉴定有机结合，创立同步四重筛选、选育"强优势"优异种质的育种技术，提高育种效率。明恢 63 具有恢复力强、恢复谱广、配合力好、米质优、综合农艺性状优良、抗稻瘟病、耐低钾、耐盐、穗期耐高温、适应性广、再生力强、制种产量高及主要农艺性状遗传传递力强的优点。

应用复合生态选择，多年、多点、多代、多种逆境、大群体的逆境胁迫选择和不同生态环境的穿梭育种，实现创制品种的"广适应性"。杂交后代逐代分别在海南和福建等不同海拔、不同地区进行穿梭筛选，使中选的单株聚合适应各种环境条件的微效基因。利用生态远缘品种杂交，通过基因重组，实现优良多基因聚合。明恢 63 是用地理远缘的水稻品种 IR30（国际水稻研究所）与圭 630（南美洲的圭亚那）杂交，进行优良性状的互补和基因的重组，筛选综合农艺性状优良的单株，实现双亲优异基因的聚合。结合逆境胁迫，筛选结实率高的株系，提高育种效率。以不同生态条件下 F₁ 的结实率高为株系选择的主要指标；将抽穗期调节在高温时节（日最高温度 35～37 ℃）进行胁迫，筛选耐高温株系；采用多年多点试验对恢复力、抗稻瘟性、配合力、米质等农艺性状进行同步筛选，提高育种效率。

明恢 63 是我国配制杂交稻良种应用范围最广、应用持续时间最长、推广面积最大的恢复系，也是创制新恢复系的异种质，明恢 63 在分子育种方面，主要是导入了多个抗虫、抗除草剂、抗稻瘟病、抗白叶枯病、抗飞虱基因和产量 QTL 等。1984—2010 年，以明恢 63 配组的杂交水稻品种通过省级以上审定的达 34 个，累计推广 8 400 万 hm²，其中汕优 63 累计推广 6 286 万 hm²，增产粮食 700 多亿 kg。1990—2010 年，以明恢 63 为主体亲本选育的新恢复系达 543 个，配组的杂交水稻品种通过省级以上审定的达 922 个，国家级审定达 167 个，累计推广 8 733 万 hm²。从 1990 年开始近 30 年的时间里，明恢 63 衍生的恢复系配制的组合累计推广面积 8 100 万 hm²，占我国杂交水稻推广面积的 28.22%。衍生的 CDR22、辐恢 838、明恢 77 和绵恢 725 等 4 个恢复系累计推广面积在 667 万 hm² 以上；衍生的多系 1 号、晚 3、广恢 998、绵恢 501、盐恢 559、明恢 86、R80、恩恢 58 等 14 个恢复系累计推广面积在 67 万 hm² 以上。汕优 63 连续 16 年（1986—2001 年）成为我国种植面积最大的水稻良种，具有极强的广适性，在我国 16 个省份大面积推广，范围从东经 100°36′（云南）至东经 121°56′（上海），从北纬 17°36′（海南）至北纬 37°49′（山东胜利油田农场），跨越 21.3 个经度、20.3 个纬度。在世界四大洲的 13 个国家均有推广种植，包括印度、越南、孟加拉国、菲律宾、西班牙、马达加斯加、马里、墨西哥等（谢华安，2020）。

2. 水稻抗稻瘟病基因的抗性鉴定　水稻的抗性基因分主效抗性基因和微效抗性基因两类，水稻大部分的抗性是由主效抗性基因控制。时克等（2009）研究结果表明，主效抗稻瘟病基因 *Pib* 和 *Pita* 在中国很多稻区表现出高水平的稻瘟病抗性，被广泛应用于水稻育种和生产。Khallaf 等（2011）研究证明，*Pi9* 基因对水稻抗稻瘟病特别重要，建议在生产中大力推广种植携带有 *Pi9* 基因的水稻品种，*Pi9* 基因位点是一个多基因家族，定位于 6 号染色体上。

抗稻瘟病基因的抗性有两种。一种是完全抗性和部分抗性，完全抗性由主效抗性基因控制，属于质量性状，有小种特异性；部分抗性是由多个微效基因控制的数量性状，部分抗性在一定程度上可以避免稻瘟病的发生，因此具有持久抗病性。另一种是广谱抗性和普遍抗性，广谱抗性是指对多个稻瘟病菌菌株都含有抗性；普遍抗性是指抗性基因为非特异性，对不同稻瘟病菌菌株都有抗性。完全抗性的植株接种不同的稻瘟病菌后表型调查无病斑症状，部分抗性的植株接种不同的稻瘟病菌后表型调查，性状表现为叶片受到病原菌侵染后导致部分叶片症状明显。李进斌等（2008）根据各稻区采集的菌株在水稻单基因系上的侵染率，分析出各垂直抗病性基因在云南省各稻区的利用价值，$Pi9$、$Pi1$、Piz^5、Piz、$Pita^2$、Pik^h、Piz^t 7 个垂直抗病性单基因系的侵染率分别为 1.22%、3.21%、2.40%、5.95%、4.82%、7.23%、9.04%；采集、分离自云南省 3 个稻区的 282 个稻瘟病菌菌株表现出的抗性具有显著差异，抗性较强的分别为 $Pi9$、$Pi1$、Piz^5、Piz、$Pita^2$、Pik^h、Piz^t，抗性分别为 96.42%、91.89%、89.04%、84.60%、90.68%、81.83%、81.69%；抗性较弱的有 $Pi19$、$Pish$、Pia、Pit、Pik、$Piks$ 等水稻单基因系，抗性分别为 24.07%、27.36%、34.44%、36.38%、39.42%、43.40%。目前，对稻瘟病抗性基因的鉴定已经超过 100 个，对稻瘟病抗性基因建立起了紧密连锁的分子标记。Ashkani 等（2016）研究表明，已鉴定的抗稻瘟病基因主要来源于不同的野生稻资源和水稻品种。超过半数的稻瘟病抗性基因定位于 6 号、11 号和 12 号染色体上，约 14% 的抗性基因定位于 6 号染色体上；约 24% 的抗性基因定位于 11 号染色体上；约 15% 的抗性基因定位于 12 号染色体上（Sharma，2012）。其中稻瘟病的主效抗性基因较多定位在 12 号染色体上，一个大的抗性基因簇也在 12 号染色体着丝粒附近的区域。已经定位的主效基因有 $Pita$、$Pita^2$、$Pi6$、$Pi19$、$Pi20$、$Pi24$、$Pi39$、$Pi41$、$Pi42$、$Pih1$、$Pitq6$ 等，且成簇分布。而这些主效抗性基因均集中分布于 12 号染色体的着丝粒附近，与 $Pita$ 基因或者紧密连锁，采用基于 PCR 技术的电子图位克隆法已经成功从水稻中克隆了 $Pid2$、$Pi36$ 和 $Pi37$ 等 3 个稻瘟病抗性基因（Tabien，2000；Yu，1996；Chen，2006；Lin，2007；Liu，2007）。已经定位的抗病基因为分子育种奠定了良好的基础。并且随着分子标记辅助选择、水稻基因组学和科研技术的发展，越来越多的稻瘟病抗性基因将会被鉴定出来，稻瘟病抗性基因的鉴定数量还将不断被发掘，克隆基因的数量也会不断地增加，与此同时，也为水稻抗性育种提供了前所未有的机遇。

3. 稻瘟病抗性资源的筛选与利用　　稻瘟病在我国乃至全世界各个稻区均有分布，发病率高、危害性大，并且生理小种构成情况复杂，寄生适合度较强的生理小种种群上升为新的优势生理小种后，在大田生产中导致水稻抗性品种通常使用 3 年左右抗性就会丧失，引发稻瘟病的新一轮暴发和流行（Ming，2003）。因此，世界各国均十分重视水稻抗稻瘟病的育种工作。抗性种质资源的广泛发掘、筛选与利用是研究水稻抗稻瘟病育种的重要基础和重要任务，培育和种植抗性种质资源是防治稻瘟病最经济有效的方法，对加快抗性基因的筛

选利用和指导新的抗性基因挖掘具有重要意义。

在抗病育种中首要工作是稻瘟病抗源的收集和鉴定。一是收集已定位抗病基因的抗源，便于使用已有的分子标记开展分子标记辅助选择，缩短育种周期，提高育种效率；二是收集在常年发病区长期自然选择所保留下来的品种，这些品种可以作为很好的抗源材料，包括选育品种、地方品种，以及野生近源种。三是在水稻生产中，注意品种多样性布局。生物多样性原理表明，利用生物多样性持续控制作物病害能减轻作物病害发生和作物产量损失（Zhu，2000）。抗病品种跟感病品种混植可以有效抑制叶瘟、穗颈瘟的发生，随着抗病品种比例的提高，发病率明显下降。对稻瘟病生理小种的研究可以很好地指导水稻抗病育种。水稻抗病育种中一项很重要的工作就是多年、多点（特别是稻瘟病常发、高发地区）抗病性鉴定，云南省自主选育的岫粳系列品种在这一方面表现得尤为突出。除多试验点鉴定外，室内抗性的鉴定工作也非常必要，室内稻瘟病抗性鉴定工作必须广泛收集病原物进行单孢分离，筛选优势小种，采用优势小种或者强毒力小种对供试材料进行接种鉴定，才能筛选出优质抗源，并进一步培育出广谱抗病性品种，适应水稻生产的需要。

梁曼玲（2005）将稻瘟病的抗源主要分为3个方面，来自己定位抗病基因的抗源、病区长期自然选择后所保留的抗源以及栽培稻资源与野生稻资源中优异的稻瘟病抗性材料。全国各地的育种专家根据各自稻区的实际情况大力开展了水稻抗性种质资源的筛选鉴定和利用研究。为了挖掘丰富的水稻种质资源，彭国亮等（1995）收集了从1979年以来对包括5 178份四川地方品种资源在内的4万多份国内外种质资源和育种材料，并进行了系统、完善的抗瘟性鉴定评价，筛选出了200多份抗稻瘟病材料，且育成了一批在生产中发挥了重要作用的抗病品种。此外，发掘和利用具有广谱、持久抗性的新抗源和抗性基因，是解决抗源单一化问题的主要途径。孙国昌（1997）为研究中国稻瘟病菌对育成的部分水稻新品种、新品系、新组合的致病力，从来自浙江、四川、湖北、广东、云南、吉林、北京等7个省（直辖市）的92个稻瘟病菌菌株中测定了39个水稻新品种（系）或新组合的抗性，分析了稻瘟病菌的致病力和品种的抗病性。研究表明，不同地区水稻稻瘟病菌菌株对不同稻种的致病力存在显著差异。鉴定筛选出一批抗性较好的籼稻、粳稻新品种、新品系和杂交稻新组合。这一鉴定也为水稻抗稻瘟病和选育抗性新品种（组合）提供了科学依据。因此，应该大力加强各学科之间的交流及各地区之间的协作，从而广泛地筛选抗性种质资源和适应于各稻区的抗性种质资源。陆贤军等（1996）对四川3 255份水稻地方品种抗稻瘟病鉴定和筛选得出：四川地方稻区品种中有各种抗性资源，但从目前鉴定的情况来看，抗苗瘟资源多于抗叶瘟和穗颈瘟资源；高抗或抗叶瘟和穗颈瘟或抗（中抗）"三瘟"的资源以粳糯型品种居多。对抗性资源的地理分布研究发现，抗苗瘟资源分布广，抗苗瘟和穗颈瘟资源主要分布于四川盆地边缘地区，其次为川西南山区，这一点对品种合理布局具有指导意义。

以上研究表明，地方品种中含有丰富的抗性资源，存在较多抗性基因，云南省地方稻种资源丰富多样，且有珍惜的野生稻种资源，这些资源的挖掘和高效合理运用将为选育稻瘟病抗性新品种提供坚实的抗源基础。

4. 分子标记辅助选择技术的应用　分子标记辅助选择（MAS）是利用与目标性状基因型紧密连锁的分子标记，进行的目标性状基因辅助选择。MAS具有高可靠性、高效率、抗病持久以及位点丰富等优点，可进行前景选择和背景选择。前景选择主要针对目标性状基因，可采用一侧标记，也可采用两侧标记，一侧标记对分子标记与目标性状基因的紧密连锁程度要求更高；背景选择是对除目标基因之外的全基因组进行选择，可采用分子图谱图示基因型方法进行分析。

MAS技术应用主要包括基因渗入和基因聚合，基因渗入主要是利用与抗病基因紧密连锁的分子标记，将供体（含有抗病基因的品系）与轮回亲本（需改善性状的品系）进行回交育种，使轮回亲本基因型更加理想，可采用前景选择和背景选择；基因聚合是将不同种质中分散的目标基因聚合到一种物种中，主要采用前景选择。利用分子标记辅助选择技术对水稻进行抗病育种，能够有效防治水稻病害。

抗稻瘟病MAS技术既可以采用基因渗入方法也可以采用基因聚合方法。目前，被定位的水稻抗稻瘟病的基因至少有 60 个以上，包括从 $Pi1$ 到 $Pi63$ 的基因以及 Pib、Piz^t、Pid-2、$Pikm$ 和 $Pigm$ 等，这些基因广泛分布在水稻的 1～2 号、4～6 号和 8～12 号等染色体上。用基因渗入进行研究的有：陈志伟等（2005）利用 $Pi1$ 基因以及分子标记 RM224 和 MRG4766，将金山 S-1、金山 B-1 以及珍汕 97B 作为受体亲本进行 MAS，具有 100％的准确率；李信（2004）将 $Pi1$、$Pi2$ 以及 $Pi4$ 进行基因聚合，效果较好；金素娟等（2007）利用 $Pi1$ 基因以及分子标记 RM144，以 GD-8S 不育系为受体进行改良，效果较好；杨丰宇（2017）利用 $Pigm$ 基因，以谷梅 4 号为供体，对超过 20 份的不同受体材料进行了回交育种，具有较好效果，并培育出新抗稻瘟病品系1701-$Pigm$；陈志伟等（2019）采用多基因渗入，以金恢 1059 为供体，将$Pi1$、$Pi9$ 以及 Pi-kh 3 个基因聚合通过回交育种渗入福恢 673 中，具有 95％左右的遗传背景恢复率，并且抗病性较好。利用基因聚合方法研究分子育种的主要包括：孙立亭等（2019）将 $Pita$、Pib、$Pi54$、$Pikm$ 以及 Piz^t 等基因分组聚合进行分子育种，当所含抗病基因数≥4 个时，随着含抗病基因数的增加，对应的材料数量、出现频率和综合指数≤5.0 的材料数量均明显降低。抗病基因数越多，抗病频率越高，当抗病基因数达 6 个时，抗病频率达 100%，说明聚合的抗病基因数与抗病频率呈正相关。$Pita$、Pib、$Pikm$ 以及 Piz^t 聚合，$Pita$、Pib、$Pi54$ 与 $Pib1$ 聚合，其效果较好。将不同品种中的有利基因聚合到同一品种中，克服了回交育种只改良单一性状的限制。

第三节 种传病害的化学防治

一、植物病害化学防治原理及策略

植物病害化学防治的含义：使用化学药剂处理植物及其生长环境，以减少或消灭病原菌或改变植物代谢过程，提高植物抗病能力而达到预防或阻止病害的发生和发展。使用化学药剂防治植物病害的方法很多，但防治原理可分为以下三类：

（一）化学保护

使用药剂在植物感病之前来杀灭病原或防止病原物侵入，使植物免受危害而得到保护。化学保护一般有 3 种方式，第一种是在接种体源头施药，对病原菌越冬、越夏场所，中间寄主或带菌土壤进行消毒处理，还可在翻地时使用药剂进行土壤处理防治一些土传病害；第二种是对种子种苗进行处理，防止病原物侵染种子种苗；第三种是对田间发病中心进行消毒处理，田间发病中心既是危害中心也是传播中心，如水稻苗瘟的田间发病中心，及时使用药剂处理，降低病原物群体数量，对于减轻此类病害的流行和发展具有良好的效果。在接种体源头施药的目的是消灭侵染田间植株的病原体，防止和减轻病害的发生。而对大多数植物病害而言，化学保护最有效的途径是在可能被侵染的植物体表面或农产品表面施药，达到防治病害和减少施药的双重作用。

（二）化学治疗

在感病的植物体上施药，使药剂直接杀灭病原体，从而改变病原体的致病过程，达到消除或减轻病害的目的，对于大多数真菌性的病害来说，根据病原菌的种类和特性，侵入植物体组织的深度，可分为外部化学治疗和内部化学治疗等方式。对于主要附着在植物表面或外部的病原菌，用渗透性不太强的杀菌剂就可以杀灭表面病原菌。对于侵入植物体内的病原菌，使用具有内吸活性的药剂进行处理，直接或间接作用于病原菌，使病害得以控制。如用井冈霉素防治水稻纹枯病，使用三唑类药剂防治稻瘟病就是内部化学治疗的典型案例。

（三）化学免疫

生物体固有的抗病性称为免疫，免疫与生物体的基因有关，这种与免疫相关的抗病性可以遗传。利用化学物质可以诱导植物产生这种抗性，称为化学免疫，使植物免于发病，从而达到防治的目的，是一种间接的植物病害防治方法。有观点认为，抗病性的产生是植物体内潜在的抗病基因表达的结果，是一种高水平的抗性，这种基因的表达是通过生物的或非生物的诱导作用来实现的。非生物的诱导剂被视为一种新型作用机制的药剂。

植物病害化学防治策略就是要科学地使用杀菌剂，提高植物病害化学防治的效果和最大限度地发挥化学防治的经济、社会和生态效益。20世纪40年代，人工合成有机杀菌剂的出现，使化学防治成为防治植物病害的主要手段。化学防治方法具有使用方便、见效快、价格便宜、防治效果明显等优点，但也存在着污染环境，使病虫产生耐药性以及杀伤有益生物等诸多副作用。人们从历史的经验教训和现实中认识到单纯依赖化学防治解决植物病害的防治问题是不完善的，为了最大限度地减少防治有害生物对环境产生的不利影响，1975年全国植物保护会议上，植保工作者认真总结了病虫害防治工作中的经验和教训，制定了"预防为主，综合防治"的植保方针，并指出："预防为主应作为贯彻植保工作方针的指导思想，在综合防治中，要以农业防治为基础，因地制宜，全面运用化学防治、生物防治、物理防治等措施，达到经济、安全、有效控制病虫为害的目的。"1986年在四川成都召开的第二次全国农作物病虫综合防治学术讨论会上，又进一步总结了经验，重新修订了防治的概念。指出："综合防治是对有害生物进行科学管理的体系。它从农业生态系统总体出发，根据有害生物和环境之间的相互关系，充分发挥自然控制因素的作用，因地制宜协调应用必要的措施，将有害生物控制在经济受害允许水平以下，以获得最佳的经济、生态和社会效益。"

种子化学药剂处理技术是当前种传病害防治的重要方法，该技术具有环境污染小、防治效果好、农药利用率高、兼具化学保护和化学治疗等特点。与地面施药相比，药剂不易飘移、流失而避免造成面源污染（如种子处理剂中常用的咯菌腈具有在土壤中不易移动的特点），对天敌和使用者的伤害都比较小。种子包衣通过先进的成膜技术、缓释技术，使农药有效成分固定在衣膜和种子周围的区域，缓慢释放的药剂被作物逐渐吸收而充分利用，使农药利用率大大提高。种子处理对一些较难防治的土传、种传病虫害以及地下害虫的控制，是其他防治方式无法企及的。种子处理能够压低作物苗期病虫害发生的基数，减轻后期防控压力。种子处理药剂持效期较长，有些内吸性强的药剂能进入植物体内，并在幼苗出土后仍保持较长时间的药效。

我国的种子处理技术历史悠久，早在汉代就有关于谷物药剂拌种和浸种处理的记载。近20年来，随着对面源污染、农药残留、农业安全生产的重视，种子处理技术越来越受到植保部门的推崇，广泛应用于水稻、玉米、小麦、大豆、蔬菜、花生等作物，成为防控地下害虫，种传、土传病害及苗期病虫害，统筹推进农业生产布局区域化、经营规模化、生产标准化、发展产业化的关键措施。

二、种子处理剂中杀菌剂的分类和作用方式

（一）杀菌剂的分类

杀菌剂是用于防治由各种病原微生物引起的植物病害的一类农药，按作用方式分为保护性杀菌剂、内吸性杀菌剂等。按原料来源分为化学合成杀菌剂、农用抗生素（如井冈霉素、农抗 120）、植物杀菌素、植物防御素等。按作用方式分为喷布剂、种子处理剂、土壤处理剂、熏蒸和熏烟剂、保鲜剂等。按传导特性分为：内吸性杀菌剂，能被植物叶、茎、根、种子吸收进入植物体内，经植物体液输导、扩散、存留或产生代谢物，可防治一些深入植物体内或种子胚乳内的病害，以保护作物不受病原物的侵染或对已感病的植物进行治疗，具有治疗和保护作用；非内吸性杀菌剂，不能被植物内吸并传导、存留。大多数药剂都是非内吸性的杀菌剂，此类药剂不易使病原物产生抗药性，比较经济，但大多数只具有保护作用，不能防治深入植物体内的病害。按化学成分分为无机杀菌剂和有机杀菌剂。无机杀菌剂有硫素、铜素和汞素杀菌剂 3 类；有机杀菌剂分为有机硫类（如代森锰锌）、三氯甲硫基类（如克菌丹）、取代苯类（如百菌清）、吡咯类（如拌种咯）、有机磷类（如乙膦铝）、苯并咪唑类（如多菌灵）、三唑类（如三唑酮、三唑醇）、苯基酰胺类（如甲霜灵）等。

（二）杀菌剂的作用方式

杀菌剂在一定剂量或浓度下，能够直接杀灭或抑制植物病原菌生长和繁殖，或能诱导植物产生抗病性，控制植物病害发展与危害。杀菌剂的作用方式一般分为三大类：

1. 杀菌作用　杀菌剂能杀死病原真菌的孢子和菌丝体。从中毒症状来看，杀菌作用主要表现为使孢子不能萌发和菌丝体不能存活，这种作用是永久性的。从菌体内代谢的变化来看，起杀菌作用方式的杀菌剂是影响菌体内生物氧化，抑制能量产生。一般有机硫类、铜等重金属药剂类无机杀菌剂以杀菌作用为主要作用方式。

2. 抑菌作用　病原菌的孢子和菌丝没有被杀菌剂杀死，杀菌剂仅仅是抑制菌体生命活动的某一个过程。从中毒症状来看，抑菌作用表现为孢子萌发后的芽管或菌丝不能继续生长，使病原菌的孢子和菌丝体暂时处于静止状态，药剂被洗脱后，病菌又可恢复生理活动，其作用是暂时性的。从菌体内代谢的变化来看，起抑菌作用方式的杀菌剂影响菌体内的生物合成。大多数有机合成的杀菌剂，特别是内吸性杀菌剂主要起抑菌作用。在田间植物病害防治过程中，杀菌作用和抑菌作用并不是孤立的和绝对的，具体的作用方式主要取决于杀菌剂本身的性质，但也和使用浓度和作用时间有密切关系。

3. 增强寄主植物的抗病性　植物在长期进化过程中，与微生物形成了复

杂的共生关系。在这种长期相互影响的共进化过程中，植物逐渐形成一系列复杂而有效的保护机制来抵御病原微生物的侵染，这种特性称为植物诱导抗病性，又称为系统获得抗性（SAR）。植物抗病诱导剂是一类新型药剂，它本身并无杀菌或抑菌活性，但可以通过启动植物机体的抵御与适应机制，来获得提高植物抗病、抗旱、抗寒、抗盐碱等抗逆能力，提高植物的抗病性，使植物减少病害发生。在种子处理剂中应用较多的是氨基寡糖素，是由微生物发酵提取的低毒杀菌剂。氨基寡糖素（农业级壳寡糖）能对一些病菌的生长产生抑制作用，影响真菌孢子萌发，诱发菌丝形态发生变异、孢内生化发生改变等。能激发植物体内基因，产生具有抗病作用的几丁质酶、葡聚糖酶、植保素及 PR 蛋白等，并具有细胞活化作用，有助于受害植株的恢复，促根壮苗，增强作物的抗逆性，促进植物生长发育。可广泛用于稻瘟病、青枯病等病害。由于植物抗病诱导剂具有全新的作用机制，在今后有良好的应用前景。

（三）种子处理剂中常用的杀菌剂

1. 保护性杀菌剂　保护性杀菌剂是杀菌剂中最早出现、使用时间最长的一类化学物质。其中无机杀菌剂是指以无机物为原料加工制成的具有杀菌作用的元素或无机化合物。目前，种子处理剂中仍在使用的包括含硫和含铜的两类无机物。除此之外，目前使用的有机保护性杀菌剂主要有二硫代氨基甲酯类和取代苯类。

（1）无机铜杀菌剂。18 世纪 60 年代，人们开始用硫酸铜处理小麦种子防治腥黑穗病。1882 年，发现波尔多液对葡萄霜霉病具有防治效果，至今铜制剂的使用历史已有 200 多年。在化学合成的有机杀菌剂进入市场之前，无机铜在防治植物病害的领域中占优势地位达 50 多年，目前无机铜杀菌剂仍在许多国家和地区的多种作物上使用。生产中具有代表性的无机铜制剂包括波尔多液和硫酸铜、氢氧化铜、氧化亚铜和其他各种含铜制剂。

（2）无机硫杀菌剂。硫黄是已知最早的杀菌剂。早在公元前约 1000 年古希腊人就有使用硫黄防治植物病害的记载，到 19 世纪已逐渐有意识地利用硫黄。1802 年就有石硫合剂的记载，后来在 1833 年和 1888 年，进一步明确了石硫合剂对植物白粉病的防治效果，1850 年由于硫黄的大量使用，促使了喷粉法的创立。以硫黄为主体的无机硫杀菌剂，由于原料易得、加工工艺简单、价格便宜和防病效果稳定，至今仍在一定程度地使用。

（3）有机硫杀菌剂。有机硫杀菌剂于 20 世纪 30～40 年代问世，是杀菌剂发展史上最早而广泛应用于植物病害防治的一类有机化合物。有机硫杀菌剂在替代铜、砷、汞制剂方面起到重要作用。先后开发成功的有"福美"类和"代森"类。主要品种包括福美双、福美铁、代森钠、代森锰、代森锌和代森锰锌。它们都是二硫代氨基甲酸的衍生物。该类杀菌剂因作用广谱、防效稳定和价格低廉，长期处于有机杀菌剂的主导地位，目前主要与高效的内吸性杀菌剂复配，以延缓抗药性产生，降低药剂使用成本。种子处理剂中具有代表性的有机硫杀菌剂是二甲基二硫代氨基甲酸盐类的福美双。

福美双（thiram）

【化学名称】双（二甲基硫代氨基甲酰基）二硫化物

【主要理化性质】无色结晶，熔点 155～156 ℃，蒸气压 2.3 mPa（25 ℃），相对密度 1.29（20 ℃）。溶解性：水中 18 mg/L（室温），乙醇＜10 g/L（室温），丙酮 80 g/L（室温），氯仿 230 g/L（室温），己烷 0.04 g/L（20 ℃），二氯甲烷 170 g/L（20 ℃），甲苯 18 g/L（20 ℃），异丙醇 0.7 g/L（20 ℃）。在酸介质中分解，长期暴露在空气、热或潮湿环境下易变质；半衰期（22 ℃）128 d（pH 4），18 d（pH 7），9 h（pH 9）。

【生物活性】福美双属于广谱保护性有机硫杀菌剂。对种传、土传病害有较好的防治作用。主要用于种子、球茎和土壤处理，用于防治水稻、麦类、玉米、豌豆、甘蓝和瓜类等多种作物上的疫病、黑穗病、黄枯病和苗期立枯病等，也可用于喷洒防治果树、蔬菜的一些病害。大鼠急性经口 LD_{50} 为 865 mg/kg。

【注意事项】不能与铜、汞剂及碱性药剂混用或前后紧接使用。

（4）取代苯类杀菌剂。该类杀菌剂的分子结构特征是以苯环作为母体，多数为非内吸性杀菌剂，个别品种具有一定的内吸性，如杀菌磺胺等。这类杀菌剂中的一些品种，如五氯硝基苯等是利用杀虫剂六六六的无毒体作为原料生产的，随着杀虫剂六六六的禁用，同时新的高效杀菌剂的不断涌现，这类药剂的发展受到限制，代表性品种有百菌清。百菌清能与真菌细胞中的 3-磷酸甘油醛脱氢酶发生作用，使真菌细胞的呼吸代谢受到破坏而丧失生命力，目前在云南省部分地区仍有使用百菌清浸种的习惯。

百菌清（chlorothalonil）

【化学名称】2,4,5,6-四氯-1,3-苯二甲腈

【主要理化性质】无色无臭结晶体（工业品有点刺激气味），熔点 252.1 ℃，沸点 350 ℃，蒸气压 0.076 mPa（25 ℃）。溶解性：水中 0.81 mg/L（25 ℃），二甲苯 80 g/kg（20 ℃），环己酮、N，N-二甲基甲酰胺 30 g/kg（20 ℃），煤油＜10 g/kg（20 ℃）。常温下稳定，其水溶液及结晶体对紫外线稳定，在酸性及中等浓度碱性溶液中稳定，pH＞9 时慢慢分解。

【生物活性】能与真菌细胞中 3-磷酸甘油醛脱氢酶中的半胱氨酸结合，破坏细胞的新陈代谢而丧失生命力。其主要作用是预防真菌侵染，没有内吸传导作用，但在植物表面有良好的黏着性，不易受雨水冲刷，有较长的药效期。大鼠急性经口 LD_{50}＞10 000 mg/kg，对鱼毒性大。

【注意事项】不能与石硫合剂、波尔多液等碱性农药混用。

（5）苯吡咯类杀菌剂。吡咯类杀菌剂是非内吸性广谱杀菌剂，与其他杀菌剂无交互抗性，对灰霉病有特效，用作叶面杀菌剂和种子处理剂效果显著，每公顷只需几十克。其作用机制独特，是通过抑制葡萄糖磷酰化有关的转移，并抑制真菌菌丝体的生长，从而导致病菌死亡，达到杀菌效果。目前主要品种有拌种咯和咯菌腈，均由瑞士诺华公司开发。咯菌腈既可作为叶面杀菌剂，也可作为种子处理剂，且活性高于拌种咯，拌种咯多用作种子处理。拌种咯和咯菌腈都具广谱性，且活性较为相似，咯菌腈适宜作物如大麦、小麦、玉米、豌豆、油菜、水稻、观赏作物、果树、蔬菜和草坪等，作为叶面杀菌剂用于防治雪腐镰刀菌、小麦网腥黑腐菌、立枯病菌等，对灰霉病有特效，作为种子处理剂主要用于谷物和非谷物类作物中防治种传和土传病菌，如链格孢属、壳二孢属、曲霉属、镰孢属、长蠕孢属、丝核菌属及青霉属病菌等（刘少春，2011）。在土壤中几乎不移行，在种子周围形成一个稳定而持久的保护层，对作物根部能够提供长期保护，持效期长，可以长达4个月以上。

咯菌腈（fludioxonil，适乐时）

【化学名称】4-（2,2-二氟-1,3-苯并间二氧杂环戊烯-4-基）-1-氢-吡咯-3-腈

【主要理化性质】原药为浅橄榄绿色粉末，熔点199.8 ℃，蒸气压 3.9×10^{-7} Pa（25 ℃），难溶于水，易溶于乙醇、丙酮等。

【生物活性】咯菌腈为广谱触杀性杀菌剂，广泛用于种子处理，可防治大部分种子带菌及土壤传播的真菌病害，在土壤中稳定且不易移动，在种子及幼苗根际形成保护区，防止病菌入侵。大小鼠急性经口 $LD_{50} > 5\ 000$ mg/kg。

2. 内吸性杀菌剂 内吸性杀菌剂在整个杀菌剂的发展过程中占有非常重要的地位，大多数药剂品种内吸传导性强，生物活性优异，可以被植物的叶片和根系吸收，并在植物组织中通过木质部输导而在植株体内达到系统分布。内吸性杀菌剂的出现，改变了以往人类对于已经发生或流行的植物病害无能为力的被动状况，在植物罹病之后施用仍能起到有效防治作用，根据其内吸传导的作用方式，很多内吸性杀菌剂可以采用种子处理、苗木浸根、土壤处理、地上部分喷施、直接注射等多种方式，有效地防治植物病害。同时，由于大多内吸性杀菌剂均为位点专化性杀菌剂。很多靶标病原菌只要通过简单的突变，可能在几年内就对频繁使用的各种杀菌剂产生抗药性。因此，人类制定了相应的抗药性治理策略来延长内吸性杀菌剂的使用寿命，与广谱保护性杀菌剂复配使用就是其中一种重要方法，在种子处理剂中则表现得更为明显。目前使用的内吸性杀菌剂种类很多，根据其化学结构和作用机制主要分为以下几种：

（1）羧酰替苯胺类。萎锈灵的研发和应用，被认为是开启了内吸性杀菌剂研发和应用的序幕。在20世纪60年代，大麦、小麦的散黑穗病和锈病发生后

难以防治。萎锈灵的使用改变了该情况，优异的防治效果使得萎锈灵至今仍在广泛使用。萎锈灵的研发成功，不仅促进了该类杀菌剂的研发，也推动了其他类型内吸性杀菌剂的研究和开发，在种子处理剂中代表性的品种有萎锈灵和拌种灵。在生产中萎锈灵通常与其他杀菌剂混用，卫福200是萎锈灵和福美双最具代表性的复配产品，在世界领域广泛用于多种作物的种子处理。

萎锈灵 （carboxin）

【化学名称】5,6-二氢-2-甲基-1,4-氧硫杂环己二烯-3-甲酰苯胺

【主要理化性质】无色结晶（工业品为白色固体），熔点 91.5～92.5 ℃和 98～100 ℃（决定于结晶结构），蒸气压 0.025 mPa（25 ℃），相对密度 1.36。溶解性：水中 199 mg/L（25 ℃），丙酮 177 mg/L（25 ℃），二氯甲烷 353 mg/L（25 ℃），甲醇 88 mg/L（25 ℃），乙酸乙酯 93 mg/L（25 ℃）。稳定性：pH 5、pH 7、pH 9（25 ℃）时稳定不水解，水溶液暴露在日光下时半衰期<3 h。

【生物活性】羧酰替苯胺类杀菌剂为呼吸抑制剂，可在真菌细胞中有选择性地积累，最终抑制线粒体呼吸中重要的琥珀酸脱氢酶的活性。用于多种作物的种子处理，对担子菌引起的真菌病害有特效，对作物出苗安全，具有促进种子萌发和生长的作用，大鼠急性经口 LD_{50} 为 3 820 mg/kg。

拌种灵 （amicarthiazol）

【化学名称】2-氨基-4-甲基-5-苯基氨基甲酰基噻唑

【主要理化性质】白色粉末状结晶（工业品为米黄色固体），熔点 222～224 ℃。溶解性：不溶于水，溶于甲醇、乙醇，易溶于 N,N-二甲基甲酰胺。碱性条件下稳定，与酸反应生成相应的盐，270～285 ℃分解。

【生物活性】内吸性杀菌剂，大鼠急性经口 LD_{50} 为 820 mg/kg，急性经皮 LD_{50} 为 3 200 mg/kg。

（2）苯并咪唑类。自 1968 年发现苯菌灵具有防治植物真菌病害的优良特性以后，其他苯并咪唑类杀菌剂也被开发并广泛应用于各种植物真菌病害的防治。如 1969 年开发的多菌灵和 1971 年开发的甲基硫菌灵，以及噻菌灵和麦穗宁，苯并咪唑类杀菌剂的母体结构式含有苯并咪唑环的活性部分。该类杀菌剂系列产品先后问世，标志着采用化学药剂控制植物病害取得重大突破，自此内吸性杀菌剂的研发取得了突破性进展。

该类杀菌剂中的硫菌灵和甲基硫菌灵从化学结构上不含苯并咪唑类环，但它们在植物体内的代谢过程中经过环化后转化成多菌灵而起作用。苯并咪唑类杀菌剂都有共同的衍生物多菌灵或它的乙基同系物乙基多菌灵，这是病菌相互作用的最终化合物。因此，它们具有相同的作用机制和抑菌谱。

苯并咪唑类杀菌剂在生产上广泛使用后不久，就出现了抗药性问题，抗药性产生的速率与药剂的选择以及植物病害类型密切相关。抗性菌株也常表现出

对这类化合物具有交互抗药性。目前病原菌抗药性已成为制约这类杀菌剂使用的最主要因素。这类杀菌剂中一些品种在欧盟已被限用或禁用，大多数国家仍然按照抗性治理措施的要求，对其进行合理而广泛地使用。

苯并咪唑类杀菌剂的分子中都含有 1,3 -苯并咪唑母核，根据咪唑环中 C-2 原子上取代基的不同，分为两种类型：第一类为杂环取代基，如呋喃基取代后开发的麦穗宁等；第二类为氨基甲酸酯基取代或经过降解可以形成该种形式的化合物，包括种子处理剂中常用的多菌灵等。由于该类化合物的大多数品种都能转化成共同的衍生物多菌灵或它的乙基同系物乙基多菌灵，因而具有相似的作用机制和防治谱，而咪唑环中 N-1 原子上侧链的存在，也赋予不同药剂品种在渗透性、生物活性等方面的差别。苯并咪唑类杀菌剂的作用方式与秋水仙素的十分相似，在病原物细胞分裂过程中，药剂可与纺锤丝的 β-微管蛋白相结合，干扰细胞核的有丝分裂，导致真菌细胞内染色体加倍，从而达到防治病害的目的。这类药剂选择性较强，且作用位点单一，长期使用容易使病原菌对其产生抗药性。

苯并咪唑类杀菌剂为安全广谱内吸性杀菌剂，对大多数子囊菌、半知菌、担子菌引起的植物病害有特效。但对半知菌中的交链孢属、蠕形分生孢子中的长蠕孢属和轮枝孢属引起的植物病害效果很差，对细菌和卵菌无效。由于其具有内吸并向顶输导性能，在种子处理中应用较多，特别在云南水稻生产中，多菌灵是常用药剂之一，目前大部分地区在旱育秧时，仍使用多菌灵进行拌种处理。该类杀菌剂常与福美双、百菌清、代森锰锌、异菌脲、甲霜灵、丁苯吗啉、戊唑醇、烯唑醇、乙烯菌核利以及咪鲜胺等混用，对人、畜低毒。

多菌灵 （carbendazim，苯并咪唑 44 号）

【化学名称】N-苯并咪唑-2-氨基甲酸甲酯

【主要理化性质】结晶型粉末，熔点 302～307 ℃（分解），蒸气压 0.09 mPa（20 ℃），相对密度 1.45（20 ℃）。溶解性：水中 29 mg/L（pH 4），二甲基甲酰胺 5 g/L（24 ℃），丙酮 0.3 g/L（24 ℃），乙醚 0.3 g/L（24 ℃），氯仿 0.1 g/L（24 ℃），乙酸乙酯 0.135 g/L（24 ℃），二氯甲烷 0.068 g/L（24 ℃），苯 0.036 g/L（24 ℃），环己烷＜0.01 g/L（24 ℃），乙醚＜0.01 g/L（24 ℃），己烷 0.0005 g/L（24 ℃）。在熔点温度分解，低于 50 ℃稳定性至少有 2 年，在 20 000 lx 下光照 7 d 后稳定，在碱性溶液中（22 ℃）慢慢水解；半衰期＞350 d（pH 5、pH 7）、124 d（pH 9），在酸性介质中稳定，形成水溶性盐。

【生物活性】对子囊菌和半知菌有效，对鞭毛菌和细菌引起的病害无效，具有保护和治疗作用。大鼠急性经口 LD_{50}＞15 000 mg/kg。

（3）有机磷类。有机磷农药的发展始于 20 世纪 40 年代，早期开发的系列产品主要是作为神经毒剂的有机磷杀虫剂，50 年代，荷兰苏利浦-杜发公司发现威菌磷的内吸性杀菌活性，并进行了探索研究。到 60 年代末和 70 年代中期，有机磷农药迎来了大发展，除了大量有机磷杀虫剂出现外，在杀菌剂、杀线虫剂、除草剂和植物生长调节剂等方面也都研制出了相关品种，并实现了工业化生产。有机磷杀菌剂主要品种包括 1965 年日本 Ihara 公司和 1968 年日本组合化学公司分别开发的稻瘟净和异稻瘟净，1966 年道化学（Dow Chemical）公司开发的灭菌磷，1968 年拜耳（Bayer）公司推广的敌瘟磷（克瘟散）以及 70 年代 Agrochimie 公司开发的三乙膦酸铝（乙膦铝），80 年代日本住友化学公司和英国 FBC 公司开发的甲基立枯磷、定菌磷等十几个品种。但有机磷杀菌剂品种不如有机磷杀虫剂那样多而重要，有些化合物也因应用范围小等原因未商品化或者不再作为杀菌剂使用，而稻瘟净、异稻瘟净、敌瘟磷、甲基立枯磷和乙膦铝等品种则在全球的植物病害防治中发挥了重要作用。有些品种至今仍在全世界范围内广泛使用，如稻瘟净、异稻瘟净在云南水稻生产中作为叶面喷施剂被广泛使用。有机磷杀菌剂毒性一般为低毒到中等毒性，不同于大多数有机磷杀虫剂那样具有高毒的特征，但因为其一般具有难闻的气味，化学稳定性差，在保护性方面不如百菌清等品种，在内吸性方面又不如三唑类杀菌剂的性能优越，因此，在种子处理领域很少用到该类药剂，其主要应用方式是叶面喷施。

（4）酰苯胺类。酰苯胺类杀菌剂是 1973 年汽巴-嘉基（Ciba‐Geigy）公司筛选除草剂时意外发现的一种优良的内吸性杀菌剂，其对卵菌特效。甲霜灵作为酰苯胺类杀菌剂的第一个产品，1978 年被商品化，随后系列产品得到开发。该类药剂的共同特点是低毒，选择性强，只对卵菌有效，施用后对植物有保护及治疗作用，持效期长，可达 24 周。代表性品种有苯霜灵、呋霜灵、甲霜灵、精甲霜灵等。大多数品种在植物体内可向顶传导，甲呋酰胺则具有向顶、向基及侧向传导的特性。

酰苯胺类杀菌剂的分子结构特征是含有一个酰苯胺基的骨架，根据化学结构的差异将该类杀菌剂分为氨基丙酸甲酯类、噁唑烷酮类和丁内酯类三类。其中苯霜灵、呋霜灵、甲霜灵和精甲霜灵几个品种为氨基丙酸甲酯类，噁霜灵为噁唑烷基类，甲呋酰胺为丁内酯类。这三类酰苯胺杀菌剂均具有相近的作用方式和生物活性，其作用机制为抑制 rRNA 聚合酶的活性，从而抑制 rRNA 的生物合成，表现出菌体细胞壁加厚，影响病原菌侵入后菌丝在寄主植物体内的发育，而对孢子囊的萌发没有影响。精甲霜灵是原瑞士诺华农化有限公司开发的第一个旋光活性杀菌剂，是外消旋体甲霜灵中的 R 体。研究表明，R 体较外消旋体具有更高的杀菌活性、更快的土壤降解速度等特点，有利于减少施药次数，延长施药周期，并增加对使用者的安全性及与环境的相容性。R 体可用于种子、土壤处理和茎叶喷雾，用以防治疫霉属、腐霉属和霜霉菌等引起的病害，在对病害获得同等防效的情况下，其用量远低于甲霜灵。

酰苯胺杀菌剂为广谱内吸性杀菌剂，安全、高效、持效期长。具有优良的保护、治疗、铲除活性。对卵菌中的腐霉属、疫霉属和许多霜霉菌有特效，而对大多数真菌无效。其中大多数品种向顶传导能力强，甲呋酰胺具有双向传导的活性，在病原物侵染以后施用，仍能显示出优良的治疗作用。因其低毒而被广泛用于种子和土壤处理，用于防治腐霉属和疫霉属病菌引起的种子腐烂和猝倒病。目前，由于甲霜灵的长期使用，卵菌病害都对其产生了严重的抗药性，但在与其他广谱性杀菌剂如百菌清、代森锰锌和铜盐等复配或混合使用后，以精甲霜灵为代表的酰苯胺类杀菌剂在种子处理剂市场中仍然占有相当重要的地位，如先正达公司生产的亮盾种衣剂（62.5 g/L 精甲·咯菌腈）在水稻、花生等大宗作物上被广泛应用。

甲霜灵 （metalaxyl）

【化学名称】 N -（2-甲氧基乙酰基）- N -（2,6-二甲苯基）- DL - α -氨基丙酸甲酯

【主要理化性质】白色细粉，熔点 63.5～72.3 ℃ （工业品），沸点 295.9 ℃（101 kPa），蒸气压 0.75 mPa （25 ℃），相对密度 1.20 （20 ℃）。溶解性：水中 8.4 g/L （22 ℃），乙醇 400 g/L （25 ℃），丙酮 450 g/L （25 ℃），甲苯 340 g/L （25 ℃），正己烷 11 g/L （25 ℃），正辛醇 68 g/L （25 ℃）。稳定性：稳定至 300 ℃，室温下在中性、酸性介质中稳定；水解半衰期（20 ℃）＞200 d （pH 1）、115 d·(pH 9)、12 d （pH 10）。

【生物活性】内吸性杀菌剂，具有保护和治疗作用，大鼠急性经口 LD_{50} 为 633 mg/kg。

（5）三唑类。三唑类杀菌剂是继苯并咪唑类之后，发展最快、品种最多的一类杀菌剂，其大多数品种的化学活性基团为 1,2,4-三唑，也是麦角甾醇合成抑制剂中最重要的一类化合物。具有高效、广谱、持效期长等特点。该类杀菌剂的研发可追溯到 20 世纪 60 年代末，拜耳公司和比利时詹森公司首先报道了 1-取代唑类衍生物的杀菌活性。70 年代初，唑类化合物的高效杀菌活性逐渐引起国际农药界的高度重视。1976 年，拜耳上市了三唑酮（triadimefon；商品名为 Bayleton），叶面处理，用于谷物；1978 年，上市了三唑醇（triadimenol；商品名为 Bayfidan），叶面和种子处理，用于谷物和蔬菜。随后，很多公司投入巨资在三唑酮的基础上进行了优化和研究开发，三唑醇、双苯三唑醇、烯唑醇、戊唑醇和环唑醇等一系列产品逐步走向市场，显示出三唑类杀菌剂的巨大潜力。为了扩大防治谱，减低药剂施用量，减少药害发生，在丙环唑、戊唑醇、烯唑醇、戊环唑等杀菌剂研究基础上，保留了活性基团三唑环的同时，在结构中引入氟原子、硅原子和硫原子，其他一些品种还增加了杂

环结构。由于结构的变化，新开发的三唑类杀菌剂不仅对白粉病和锈病等具有活性，还对灰霉病等有效，由此形成了第二代三唑类杀菌剂。进入 90 年代后，随着甲氧基丙烯酸酯类药剂的抗药性迅速发生和发展，三唑类杀菌剂吸引了大量的研究力量，许多产品被引入市场。但从此之后，杀菌剂的研究转向了更新的化学类型。近些年来没有新的三唑类杀菌剂上市，也没有正在开发的三唑类杀菌剂。

三唑类杀菌剂化学结构共同特点是主链上含有羟基，取代苯基和 1,2,4 - 三唑基团化合物。早期的三唑类杀菌剂三唑环上支链以脂肪支链为主。脂肪链上的羟基或羰基部分变成环氧基团，主要防治对象以白粉病和锈病为主。如三唑酮、三唑醇、烯唑醇和戊唑醇等。随后为了扩展防治对象和提高生物活性，通过在支链上进一步改进，将脂肪链上的羟基或羰基部分变成环氧基团或引入氟原子、氰基等，或在脂肪链中掺入 S、N、P 等杂原子或由 S、N 构成的噻唑环，由此形成含有硫醚或烯胺等新三唑类化合物，使三唑类杀菌剂的防治谱、药效具有不同程度的扩大和提高。基于三唑类化合物对受体的专一性与空间作用的稳定性，三唑类化合物在构效关系上往往表现出结构相似的化合物，不同取代基导致化合物活性的显著差异。结构相同的化合物，不同的 Z - E 异构体，光学异构体活性也明显不同。因此，对构效关系的研究，是设计、合成高活性三唑类化合物的有效途径之一。

三唑类杀菌剂内吸性强，大多数品种具有较强的向顶性传导活性，以及显著的保护和治疗作用。其作用机制是抑制细胞麦角甾醇生物合成过程中 α - ^{14}C 去甲基-氧化物酶（细胞色素 P - 450 加单氧酶）催化的脱甲基反应，导致麦角甾醇合成受阻，从而破坏生物膜透性，使菌丝体表现出畸形，抑制其生长，从而达到抑菌作用，因此，该类药剂也称为麦角甾醇生物合成抑制剂。与此同时，三唑类化合物影响植物中赤霉素的合成，具有植物生长调节剂的作用。由于三唑类药剂作用位点单一，长期单独使用该类药剂，会使病原菌产生低水平至中等水平的抗药性，特别是其主要应用作物已对该类产品产生抗性，如谷物等。在这类产品中，最初上市的产品由于广泛使用，导致抗性发展较快，特别是对谷物上的白粉病抗性水平较高，因此，传统的防治这类病害的三唑类药剂市场已被吗啉类杀菌剂逐步替代。

随着三唑类杀菌剂研究的不断深入，该类产品的活性不断提高，第二、三、四代产品陆续进入市场。先正达公司开发的丙环唑曾领导三唑类杀菌剂市场多年，但该产品目前已被最近上市的产品所超越。由于三唑类杀菌剂的活性谱广，该类产品曾经是水稻等作物真菌病害防治的支柱产品，生产上常与其他触杀型杀菌剂复配使用，也与吗啉类、甲氧基丙烯酸酯类以及琥珀酸脱氢酶抑制剂（SDHI）类杀菌剂复配。在种子处理剂领域，三唑类杀菌剂也非常重要。

其广谱活性也使该类产品进入许多作物领域。目前种子处理剂中三唑类杀菌剂还占有重要地位，主要品种有戊唑醇、苯醚甲环唑、三唑酮、三唑醇和腈菌唑等。

戊唑醇由拜耳公司 1988 年引入市场，登记用于许多作物。其主要市场来自谷物，既可叶面喷雾，也可用于种子处理。戊唑醇用作水稻、玉米、小麦等种子处理剂时，可有效防治多种重要的种传病害。戊唑醇以许多商品名在市场销售，也拥有许多复配产品，如与其他专用杀菌剂和触杀型杀菌剂复配，也与杀虫剂复配用于种子处理。由于收购安万特，所以拜耳将 Folicur 在德国市场的权利剥离给了马克西姆（安道麦），与三唑醇复配产品的权利剥离给了 Stähler 公司。戊唑醇的专利虽早已过期，但其销售额仍持续增长，2014 年时曾达到 5.70 亿美元。苯醚甲环唑由先正达公司首先推入市场，商品名为 Score、Dragon，其主要用于谷物、水稻、果树和蔬菜，既可叶面喷雾，也可用作种子处理，曾是先正达在果蔬市场及种子处理业务领域的重要组成部分。自 2009 年以来，苯醚甲环唑的全球销售额逐年递增。

腈菌唑由罗姆-哈斯公司开发，1988 年上市，开始是专用于果蔬的产品。陶氏益农公司收购罗姆-哈斯公司后，腈菌唑也归于陶氏益农公司旗下，使陶氏益农公司开始进入三唑类杀菌剂市场。2004 年，腈菌唑产品 Laredo 在美国上市，用于果树和坚果作物，并用作棉花种子处理剂。

戊唑醇（tebuconazole，立克秀）

【化学名称】1-（4-氯苯基）-3-（1H）-1,2,4-三唑-1-基甲基-4,4-二甲基戊-3-醇

【主要理化性质】无色晶体，熔点 105 ℃，蒸气压 $1.7×10^{-3}$ mPa（20 ℃），相对密度 1.25（26 ℃）。溶解性：水中 36 mg/L（pH 5～9，20 ℃），二氯甲烷＞200 g/L（20 ℃），异丙醇、甲苯 50～100 g/L（20 ℃），己烷＜0.1 g/L（20 ℃）。稳定性：在纯水中对光、温度稳定，水解半衰期＞1 年（pH 4～9，22 ℃）。

【生物活性】戊唑醇具有保护、治疗和铲除作用。防病谱广，用于防治锈病和白粉病等多种植物的各种高等真菌病害，作为种衣剂对禾谷类作物的黑穗病有很高的活性。大鼠急性经口 LD_{50} 为 4 000 mg/kg，急性经皮 LD_{50} ＞5 000 mg/kg。

苯醚甲环唑（difenoconazole，世高）

【化学名称】顺，反-3-氯-4［4-甲基-2-（1H-1,2,4-三唑-1-基甲基）-1,3-二噁戊烷-2-基］苯基-4-氯苯基醚

【主要理化性质】白色至浅褐色结晶，熔点 78.6 ℃，蒸气压 $3.3×10^{-5}$ mPa（25 ℃），相对密度 1.40（20 ℃）。溶解性：水中 15 mg/L（25 ℃），乙醇 330 g/L（25 ℃），丙酮 610 g/L（25 ℃），甲苯 490 g/L（25 ℃），正己烷 3.4 g/L（25 ℃），正辛醇 95 g/L（25 ℃）。稳定性：稳定至 150 ℃，对水解稳定。

【生物活性】苯醚甲环唑是一种广谱内吸性杀菌剂，可叶面喷雾或进行种子处理，对水稻、小麦、大豆、蔬菜、油菜、马铃薯、果树等作物，由子囊菌、半知菌和担子菌引起的病害具有很强的保护和治疗性。大鼠急性经口 LD_{50} 为 1 453 mg/kg。

三唑酮（triadimefon，粉锈宁）

【化学名称】1-（4-氯苯氧基）-3,3-二甲基-1-（1,2,4-三唑-1-基)-2-丁酮

【主要理化性质】有特殊气味的无色结晶，熔点 78 ℃（变体1）、82 ℃（变体2），蒸气压 $2×10^{-2}$ mPa（20 ℃），相对密度 1.283（21.5 ℃）。溶解性：水中 64 mg/L（20 ℃），中等溶于除脂肪族外的大多数有机溶剂，二氯甲烷、甲苯＞200 g/L（20 ℃），异丙醇 99 g/L（20 ℃），乙烷 6.3 g/L（20 ℃）。稳定性：对水解稳定，半衰期（22 ℃）＞1 年（pH 3、pH 6、pH 9）。

【生物活性】三唑酮是一种高效、低毒、低残留、持效期长、内吸性强的三唑类杀菌剂。被植物吸收后，能在植物体内传导，具有预防、治疗、铲除和熏蒸等作用。对多种作物的病害如玉米圆斑病、小麦叶枯病、玉米丝黑穗病等有效，对鱼类和鸟类较为安全，对蜜蜂和天敌基本无害。大鼠急性经口 LD_{50} 为 1 000 mg/kg，急性经皮 LD_{50}＞5 000 mg/kg。

三唑醇（triadimenol）

【化学名称】（1RS，2RS；1RS，2SR）-1-（4-氯苯氧基）-3,3-二甲基-1-（1H-1,2,4-三唑-1-基）丁-2-醇；A 为（1RS，2RS）非对映异构体，B 为（1RS，2SR）非对映异构体，A∶B 约为 7∶3

【主要理化性质】有特殊气味的无色结晶，熔点 138.2 ℃（A）、133.5 ℃（B）、110 ℃（A+B 的共熔物），蒸气压 $6×10^{-4}$ mPa（A）、$4×10^{-4}$ mPa（B）（20 ℃）。溶解性：水中 62 mg/L（A）、33 mg/L（B），二氯甲烷 200～500 g/L（20 ℃），异丙醇 50～100 g/L（20 ℃），己烷 0.1～1.0 g/L（20 ℃），甲苯 20～50 g/L（20 ℃）。稳定性：两非对映异构体对水解均稳定，半衰期(20 ℃)＞1 年（pH 4、pH 7、pH 9）。

【生物活性】广谱内吸性杀菌剂，具有保护、治疗作用。可作为拌种剂，用于防治禾谷类作物的黑粉病、黑穗病、叶斑病、根腐病等病害。大鼠急性经口 LD_{50} 为 700 mg/kg，急性经皮 LD_{50}＞5 000 mg/kg。

腈菌唑（myclobutanil）

【化学名称】2-（4-氯苯基）-2（1H-1,2,4-三唑-1-基甲基）乙腈

【主要理化性质】浅黄色固体，熔点 63～68 ℃（工业品），沸点 202～208 ℃（$1.33×10^2$ Pa），蒸气压 0.213 mPa（25 ℃）。溶解性：水中 142 mg/L（25 ℃），溶于常用有机溶剂，如酮、酯、醇和芳烃溶剂，不溶于脂肪烃溶剂。稳定性：

在通常储存条件下稳定，水溶液暴露在日光下分解。

【生物活性】广谱内吸性杀菌剂，甾醇脱甲基化抑制剂，用于禾谷类作物的白粉病、锈病、黑粉病等病害防治，可叶面喷施或种子处理。

除三唑类杀菌剂之外，杀菌剂中还有积累麦角甾醇合成抑制剂。根据作用的主要靶标位点，可以分为脱甲基抑制剂（DMIs）、吗啉类和哌啶类化合物。其中脱甲基抑制剂包括三唑类、咪唑类、吡啶类、嘧啶类。这些化合物在结构上有一个共同特点，就是至少具有一个含 1 对自由电子的氮原子杂环。它们的作用机制也被证实是抑制真菌麦角甾醇生物合成中细胞色素 P-450 加单氧酶催化的脱甲基反应。因此，这几类杀菌剂都被称为脱甲基化抑制剂。其中吡啶类杀菌剂的代表品种有丁赛特、啶斑肟，咪唑类杀菌剂的代表品种有抑霉唑、咪鲜胺、菌灭腈和氟菌唑，抑霉唑和咪鲜胺被广泛用于繁殖生产中由长蠕孢属、镰刀菌和壳针孢属等引起的真菌病害，在云南水稻生产中，咪鲜胺在播种前被广泛用于浸种处理。

咪鲜胺（prochloraz，施保克）

【化学名称】N-丙基-N-［2-（2,4,6-三氯苯氧基）乙基］咪唑-1-甲酰胺

【主要理化性质】无色无臭结晶（工业品为有轻微芳香气味的黄棕色液体，冷却后固化），熔点 46.5～49.3 ℃（纯度＞99％），沸点 208～210 ℃（26.7 Pa），蒸气压 0.15 mPa（25 ℃），相对密度 1.42（20 ℃）。溶解性：水中 34.4 mg/L（25 ℃），易溶于许多有机溶剂，如氯仿 2.5 kg/L（25 ℃），乙醚 2.5 kg/L（25 ℃），甲苯 2.5 kg/L（25 ℃），二甲苯 2.5 kg/L（25 ℃），丙酮 3.5 kg/L（25 ℃），己烷约为 7.5×10^{-3} kg/L（25 ℃）。稳定性：30 d 后无降解（pH 5～7，22 ℃），日光下或持续高温（200 ℃）加热或在浓酸、浓碱介质中分解。

【生物活性】广谱保护性杀菌剂，脱甲基甾醇抑制剂，对子囊菌和半知菌引起的多种作物病害有特效，具有良好的渗透性，具有保护和铲除作用。大鼠急性经口 LD_{50} 为 1 600 mg/kg，急性经皮 LD_{50}＞2 100 mg/kg。

（6）嗜球果伞素类或 QoI 杀菌剂。QoI 类杀菌剂是 20 世纪 90 年代末开发成功的一类新型杀菌剂，该类药剂始于 strobilurin 类抗生素为先导物的仿生合成，并在结构上含有甲氧基丙烯酸酯基团的一类杀菌剂，这类杀菌剂是至今发现抗菌谱最广、多具内吸性的杀菌剂。属于线粒体呼吸抑制剂，药剂与线粒体电子传递链中复合物Ⅲ（$Cytbc1$ 复合物）结合，阻断电子从 $Cytbc1$ 复合物流向 $Cytc$，阻止 ATP 合成，干扰真菌细胞的呼吸作用，破坏能量形成，从而抑制病原菌生长或杀死病原菌。该类杀菌剂是线粒体膜外壁 Qo 位点（CoQ 的氧化位点）的 $Cytb$ 低势能血红素结合的抑制剂，为此这类杀菌剂也称为 Qo 位

点抑制剂。因其具有广谱、高效、环境友好、作用方式新颖、与目前使用的杀菌剂不存在交互抗性等特点，上市伊始即引起了全世界的关注。其中，日本盐野义公司（Shionogi）开发的苯氧菌胺主要用以防治稻瘟病。已有的研究表明，该药剂对稻瘟病菌孢子萌发和菌丝扩展都有一定的抑制作用，兼有良好的预防和治疗作用。我国继 1997 年自主开发了第一个甲氧基丙烯酸酯类杀菌剂烯肟菌酯之后，又陆续研发了烯肟菌胺、丁香菌酯、氯啶菌酯、唑菌酯和苯醚菌酯等一批高活性、具有广阔应用前景的 QoI 类杀菌剂新品种。其中，烯肟菌酯、苯醚菌酯、烯肟菌胺等杀菌剂目前已取得农药登记许可。由于该类杀菌剂为仿生合成，具有良好的环境相容性和广泛的抑菌活性，继在我国果树、蔬菜、花卉等经济作物上大面积使用之后，近年来其在水稻等粮食作物上也开始了示范应用，在水稻种子处理剂中常用的是嘧菌酯。

嘧菌酯（azoxystrobin，阿米西达）

【化学名称】（E）- 2 {2-[6-（2-氰基苯氧基）嘧啶]- 4 -基氧基}- 3 -甲氧丙烯酸甲酯

【主要理化性质】白色固体，熔点 116 ℃，蒸气压 1.1×10^{-7} mPa（20 ℃），相对密度 1.34（20 ℃）。溶解性：水中 6 mg/L（20 ℃），在己烷、正辛醇中溶解度较低，中等溶于甲醇、甲苯、丙醇，易溶于乙酸乙酯、乙腈、二氯甲烷。稳定性：水溶液光降解半衰期 2 周，对水解稳定。

【生物活性】嘧菌酯具有保护、治疗和抗产孢作用，具有内吸和跨层转移作用。高效、广谱，对几乎所有的子囊菌、担子菌、鞭毛菌和半知菌都有很高的杀菌活性。大小鼠急性经口 $LD_{50} > 5\ 000$ mg/kg，大鼠急性经皮 $LD_{50} > 2\ 000$ mg/kg。

（7）其他类杀菌剂。在种子处理剂中，常用的是噻唑酰胺类杀菌剂噻呋酰胺。

噻呋酰胺（thifluzamide，满穗）

【化学名称】2,6-二溴-2-甲基-4-三氟甲氧基-4-三氟甲基-1,3 噻唑-羰酰代苯胺

【主要理化性质】纯品为白色至浅棕色粉状固体，熔点 177.9～178.6 ℃，蒸气压 1.06×10^{-8} Pa（25 ℃）。溶解性：水中 1.6 mg/L（20 ℃）。pH 5～9 时稳定。

【生物活性】具有较强的内吸作用，持效期长，可防治多种植物病害，特别是丝核菌属引起的真菌病害。大鼠急性经口 $LD_{50} > 5\ 000$ mg/kg。

（8）生物源杀菌剂和植物诱导抗病激活剂。生物源杀菌剂的活性成分主要由 C、H、O 等元素组成，是自然界存在的物质，与环境相容性好。在长期的进化过程中已形成了其顺畅的代谢途径，对环境不会造成污染。其不仅具有杀

菌作用，还兼有调节植物生长、诱导免疫等作用，且作用方式多样。利用天然生物资源开发的对细菌和真菌有毒杀或抑制作用的药剂，包括农用抗生素类杀菌剂和植物源杀菌剂。农用抗生素类杀菌剂，指在微生物的代谢物中所产生的抑制或杀死其他有害生物的物质，如井冈霉素、春雷霉素、链霉素等；植物源杀菌剂，指从植物中提取某些杀菌成分，作为保护作物免受病原侵害的药剂，如大蒜素等。种子处理剂中常用的生物源杀菌剂有井冈霉素、链霉素等。

井冈霉素（jinggangmycin，有效霉素）

【化学名称】N-［（1S）-（1,4,6/5）-3-羟甲基-4,5,6-三羟基-2-环己烯基］［O-β-D-吡喃葡萄糖基-（1→3）］-1S-（1,2,4/3,5）-2,3,4-三羟基-5-羟甲基-环己基胺

【主要理化性质】井冈霉素是由吸水链霉菌井冈变种产生的水溶性抗生素——葡萄糖苷类化合物。共有6个组分，主要活性物质为井冈霉素A和井冈霉素B。纯品为无色无味吸湿性粉末，熔点130～135 ℃（分解），易溶于水，溶于甲醇、二甲基甲酰胺，微溶于乙醇和丙酮，难溶于乙醚和乙酸乙酯，室温下中性和碱性介质中稳定，酸性介质中不太稳定。

【生物活性】井冈霉素内吸作用强，当水稻纹枯病菌的菌丝接触到井冈霉素后，能很快被菌体细胞吸收并在菌体内传导，干扰和抑制菌体细胞正常生长发育，从而起到治疗作用，井冈霉素也可用于防治小麦纹枯病、稻曲病等。小鼠急性经口 LD_{50}＞20 000 mg/kg。

链霉素（streptomycin，农用硫酸链霉素）

【化学名称】2,4-二胍基-3,5,6-三羟基环己基-5-脱氧-2-脱氧-2-甲氨基-2-L-吡喃葡萄基-3-C-甲酰-β-L-来苏戊呋喃糖苷

【主要理化性质】有三盐酸盐或三硫酸盐。三盐酸盐为白色不定形粉末，有吸湿性，易溶于水，不溶于有机溶剂，单斜结晶稍溶于水、甲醇和乙醇。三硫酸盐为白色粉末，熔点225～265 ℃，易溶于水，稍溶于甲醇，不溶于乙醇、氯仿和乙醚。pH 3～7时稳定。

【生物活性】杀菌农用抗生素，对细菌性病害有效。通过抑制细菌蛋白质生物合成而致效，具内吸和传导作用。对一些真菌病害也有一定的防治作用。大鼠急性经口 LD_{50}＞9 000 mg/kg。

植物诱导抗病激活剂本身并无杀菌或抑菌活性。但可以作为植物免疫系统的激活剂，能在 DNA 转录水平上调控特殊代谢相关基因的表达及 PR 蛋白的产生，激发植物启动自身的防御系统，以抵抗病原菌的侵染。这种现象通常称为植物诱导抗病性，包括局部诱导抗病性和系统获得抗性（SAR），其中系统获得抗性一直是植物病害防治研究中的热点，它是指植物体经局部诱导后，在侵染点产生的抗性信号可传播至其他非诱导部位而使植物产生抗病性的现象。

　　植物诱导抗病激活剂防治谱较广，对多种病原生物有效。其作用机制为诱导植物自身免疫系统对病原菌产生抗性，不会对病原菌构成选择压力，较难产生抗药性。内吸传导活性强，对人、畜和环境安全，此外有一些化合物显示出对难以防治的病害，如维管束病害的防治潜力，因而受到国内外广泛关注。但因其特殊的防病机制，该类杀菌剂必须在发病前使用才能起到防治病害、保护植物的效果。通常其诱导效果与植物种类、生长时期和栽培措施等因素密切相关。因此，田间实际使用中，大多数产品表现为防效不稳定。目前还有诸多探索性的研究工作需要深入开展，但植物诱导抗病激活剂的发现和应用，对杀菌剂的应用技术和植保学科的发展，产生了重要的推动作用。在种子处理剂中，常用的植物诱导抗病激活剂是氨基寡糖素（壳寡糖）和葡聚寡糖等。

　　氨基寡糖素（壳寡糖）是指 D-氨基葡萄糖以 β-1,4-糖苷键连接的低聚糖，由几丁质降解得到壳聚糖后再降解制得，或由微生物发酵提取制得。氨基寡糖素能对一些病菌的生长产生抑制作用，影响真菌孢子萌发，诱发菌丝形态发生变异、孢内生化发生改变等。能激发植物体内基因，产生具有抗病作用的几丁质酶、葡聚糖酶、植保素及 PR 蛋白等，并具有细胞活化作用，有助于受害植株的恢复，促根壮苗，增强作物的抗逆性，促进植物生长发育。

三、植物病原菌的抗药性监测

　　植物病原菌的抗药性监测对于药剂的科学合理使用、复配的种子处理剂生产和推广具有重要的指导意义。病原菌抗药性监测是指测定自然界病原物群体对使用药剂敏感性的变化，包括在各地定点连年系统测定和对怀疑有抗药性发生的地方临时采集标本测定。开展病原菌对杀菌剂的抗药性监测，对于合理用药和及时调整抗药性治理策略具有重要作用。目前，抗药性监测主要有传统抗药性检测和现代分子检测方法。传统抗药性检测方法主要有敏感性测定法、MIC（minimum inhibitory concentration）测定法和区分剂量法。敏感性测定法主要是采用菌丝生长速率法测定各菌株对药剂的敏感性，通过建立敏感性基线，划分抗性水平，计算抗性频率，从而判断其抗性发生情况；MIC 法是通过测定各菌株 MIC 值，计算所测菌株平均 MIC 值，并通过建立频率分布图来判断所测菌株是否产生抗药性；区分剂量法是通过设定一个区分剂量值，以菌株能否在含这一区分剂量浓度的培养基上生长，以判断所测菌株是否产生了抗药性。三种传统的抗药性监测方法，敏感性测定法检测灵敏度最高，但其人力物力消耗较大，且比较耗时，不适合大面积进行抗药性监测；区分剂量法最为简单，工作量最小，耗时也最短，但灵敏度相当较低，比较适合大面积抗药性监测；MIC 测定法在人力物力、耗时和灵敏度上均介于另两种方法之间，可以作为其他两种方法的补充。

分子检测方法是基于核酸水平的分子检测技术，目前的检测技术主要有：等位基因特异性扩增（ASA）、等位基因特异性寡核苷酸杂交（ASOH）、碱基切割序列扫描（BESS）、毛细管电泳（CE）、变性梯度凝胶电泳（DGGE）、变性高效液相色谱分析（DHPLC）、直接测序法（DS）、单链构象多态性（SSCP）、实时定量 PCR（quantitative real - time PCR）、异源杂合双链技术（HTX）、单核苷酸引物延伸（SNuPEX）等技术，这些方法能够快速、灵敏地检测田间早期出现的抗药性或抗药性种群的发展动态，在病害的可持续管理系统科学使用杀菌剂方面发挥着重要作用。分子检测技术相对于传统抗药性检测方法，主要优点是快速、准确、灵敏地检测出田间早期出现的抗药性菌株，但分子检测法成本较高，且仅适用于具有靶标抗性的菌株群体和已知与抗药性相关的基因、明确了突变位点及突变类型的菌株（李红霞，2004；马琳，2010）。

（一）水稻恶苗病菌抗药性研究进展

现代农业的发展依靠现代化的生产方式、遗传育种和大量使用化肥、农药来提高作物产量，不仅给人类的生存环境带来了不可逆转的负面影响，也对人类的食品安全造成威胁，使作物主要病害发生、流行趋势发生变化。一些过去次要的或零星的病害逐步上升为新的重要病害，如稻曲病成为中国新的三大病害之一；同时原先次要的恶苗病发生严重，成为生产上一个重要问题。水稻恶苗病、稻瘟病和稻曲病发生面积大，流行性强，危害严重，病原菌易发生变异，种群结构易发生变化，在杀菌剂抗药性问题突出的形势下，水稻产业面临的病害压力依然巨大。水稻恶苗病近年来发生加重主要有两个原因：一是浸种处理不当。水稻育秧时集中大批量浸种很难有效贯彻药剂浸泡技术要求，导致浸种不透，水量过多，药剂浓度达不到要求，而浸种催芽环节又正是病菌侵染与扩散的时机。二是单一使用药剂导致抗药性增加。

由于缺乏有效的抗病品种，水稻恶苗病的防治一直以化学药剂进行种子处理为主。20 世纪 70 年代，中国开始使用苯并咪唑类杀菌剂多菌灵防治水稻恶苗病，取得了理想的防效，并在生产中广泛应用。由于多菌灵作用位点单一，病菌容易对其产生抗药性，且抗性稳定遗传。70 年代后期，我国已有多菌灵防效下降的报道，1982 年，日本报道了藤仓镰孢对多菌灵的抗药性。由于藤仓镰孢对多菌灵抗药性的发生与蔓延，多菌灵逐渐被咪鲜胺取代，但长期使用咪鲜胺后，其抗药性也发展迅速。

多菌灵及其混配药剂被大力推广应用于多种病原真菌引起的作物病害。多菌灵主要作用于 β-微管蛋白，干扰破坏真菌细胞的有丝分裂过程。藤仓镰孢对苯并咪唑类杀菌剂的抗药性机制主要是其 β-微管蛋白氨基酸突变使得其三维构象改变，从而阻止了药剂与之结合，病菌产生抗药性。随着长期单一用药，多菌灵的防治效果已明显下降。陈夕军（2007）从江苏 13 个地区采样分离获得 548 株藤仓镰孢，检测结果表明多菌灵抗性菌株的频率为 95.8％，其中高抗菌株（MIC＞100 μg/mL）占 82.7％。虽然浸种灵和咪鲜胺等杀菌剂逐步代替了多菌灵，但是藤仓镰孢对多菌灵的抗性频率和抗性水平仍稳定在较高水平。

从 20 世纪 90 年代中期，咪鲜胺取代多菌灵成为防治恶苗病的主要药剂，目前使用时间已超过 20 年。长期单一过度使用咪鲜胺已导致防效下降，多个国家的研究者相继报道了藤仓镰孢对咪鲜胺的抗性。郑睿（2014）采集自江苏省的 77 株水稻恶苗病菌均为咪鲜胺中高抗菌株，其中中抗和高抗菌株分别占 23.38％和 76.62％，表明在咪鲜胺的选择作用下，高抗菌株已经成为优势致病群体。杨红福等（2014）使用 MIC 法测定了 33 株藤仓镰孢对咪鲜胺的敏感性，结果发现藤仓镰孢对咪鲜胺的抗性频率已达 82.14％。

咪鲜胺属于甾醇脱甲基抑制剂（DMIs），通过阻碍细胞色素 P－450 中第 6 对位上的亚铁离子与羊毛甾醇等结合，导致功能性甾醇类物质的短缺和羊毛甾醇等 14α-甲基甾醇类物质的过多积累，使细胞膜的流动性发生改变，破坏了细胞膜的功能，最终引起真菌细胞死亡。目前病原菌对 DMIs 产生抗性的原因主要包括以下 4 个方面：①CYP51（脱甲基酶）基因氨基酸发生点突变，靶标酶空间结构改变，导致 DMIs 与靶标结合能力降低，引起病原菌对 DMIs 的抗性。②CYP51A 基因过量表达，产生过量的甾醇 14α-脱甲基化酶，需要更高浓度的药剂才能对病原菌起到抑制作用。③细胞自身的降解机制启动，将 DMIs 杀菌剂降解为对病原菌无毒的物质。④细胞自身的外排机制启动，在 ABC 运输体参与下，将菌丝体内咪鲜胺排出，不能与靶标位点结合。

氰烯菌酯（phenamacril）在 2007 年推向市场，首先登记用于赤霉病的防治，2012 年开始登记用于水稻种子处理。由于该药剂对镰刀菌引起的病害具有较高的抑制活性和良好的田间防效，氰烯菌酯及其复配药剂成为防治水稻恶苗病的重要药剂。Chen 等（2008）研究表明禾谷镰孢在药剂驯化处理下，很容易产生对氰烯菌酯的抗性，且大部分抗药性菌株都属于中等抗性水平或高等抗性水平，抗药性遗传稳定性、致病性、适合度并无明显下降，禾谷镰孢对氰烯菌酯的抗性具有高等至中等风险。

目前，中国有 135 个杀菌剂产品（包括单剂和复配制剂）登记用于防治水稻恶苗病，这些产品的有效成分有咪鲜胺、咪鲜胺锰盐、多菌灵、甲基硫菌灵、戊唑醇、氟环唑、三唑酮、溴硝醇、福美双、咯菌腈、甲霜灵、精甲霜灵、种菌唑、嘧菌酯、氰烯菌酯、噁霉灵、乙蒜素、萎锈灵、代森锌和氟唑菌苯胺等 20 多种，其中约 85％的产品成分为咪鲜胺、多菌灵或咯菌腈，并且大多为咪鲜胺和咯菌腈单剂。值得关注的是，近年来随着咯菌腈的大量、广泛尤其是单一使用，病菌对该药剂的抗药性问题也不容忽视，水稻恶苗病的有效防治形势依然十分严峻。

（二）水稻白叶枯病菌抗药性研究进展

在植物病原细菌的抗药性监测方面，我国研究较多的主要植物病原细菌是水稻白叶枯病菌和柑橘溃疡病菌。在水稻上重复使用噻枯唑后，水稻白叶枯病菌对其敏感性明显下降。在已有多年用药历史的水稻白叶枯病老病区，病菌对噻枯唑的抗药性已经形成，已经在生产上造成了很大损失。马忠华等（1996）分别在离体和活体上测定水稻白叶枯病菌对噻枯唑的敏感性，结果显示田间的水稻白叶枯病菌已对噻枯唑产生抗药性，抗性菌株占所测菌株的7.69％。沈光斌等（2002）分别在离体和活体上测定水稻白叶枯病菌对噻枯唑的敏感性，结果显示活体上对噻枯唑产生抗性的突变比例约为67.65％；而离体条件下没有监测到抗性突变体。徐颖（2010）通过监测安徽、江苏、湖北、湖南、广东、海南及云南等地2007年的水稻白叶枯病菌对噻枯唑的抗药性，发现抗性菌株约占11.21％；比例最高的是江苏，约占18.09％，其次是云南，约占14.08％，而海南、湖北两省没有监测到抗性菌株。2008年，对江苏和云南两省的水稻白叶枯病菌进行抗药性监测，抗性菌株约占20％。其中比例最高的仍然是江苏，约占21.05％，云南约占15.38％。对上述7个省份2009年的水稻白叶枯病菌进行抗药性监测，抗性菌株约占10.42％，其中比例最高的是广东，约占19.57％，而江苏的抗性比例降低至2.00％（祝晓芬，2010）。

植物病原细菌对杀菌剂的抗性机制包括抗性生理机制和抗性遗传机制。从水稻白叶枯病菌对噻唑类杀菌剂的抗性机制研究发现，完全失去致病性的无毒菌株对噻唑类杀菌剂均表现出敏感度下降。说明这类药剂最初作用靶点可能与致病性相关因子有关，特别是有可能作用于病菌早期侵染阶段的相互识别过程，或者是菌体结构、生理功能发生变化，从而降低了对药剂的吸收或在菌体内的积累。

胞外多糖（EPS）是细菌在生长代谢中由胞内分泌到胞外的一类大分子碳水化合物，又叫黄原胶，黄原胶分子的侧链中含有羟羧基团，所以在水溶液中呈多聚阴离子，并且高度亲水，能够很好地保护细菌，防止细胞干燥，避免细菌受到脱水、高盐高碱、有毒物质等外界环境压力的胁迫。同时胞外多糖黏度高，可以使细菌更易于附着在寄主植物表面，破坏植物细胞的保护结构，有利于病原细菌的侵入并在植物维管束组织中繁殖生长，引起寄主堵塞、坏死。胞外多糖与致病性的关系已经进行了比较深入的研究，胞外多糖不仅是病原细菌抵抗外界不良条件的屏障，也是病原细菌的重要毒力因子之一。但是目前对于胞外多糖的具体作用机制还不是很清楚，对不同细菌致病性作用主要有3种：

①水稻白叶枯病菌产生的胞外多糖黏度高，容易阻塞维管束系统，从而影响营养物质和水分上下运输，造成寄主叶片枯萎发黄、局部组织坏死；②使病原细菌抵抗寄主植物产生的抗菌物质和外界不良条件，干扰寄主的免疫识别；③有些病原细菌产生的胞外多糖起毒素的作用（董文霞，2015）。

植物病原菌的抗药性可以由染色体基因或胞质遗传基因的突变产生。因此，可以将植物病原菌的抗药性分为核基因控制的抗药性和胞质基因控制的抗药性。对于真菌而言大多数杀菌剂的抗性属于核基因控制，而存在于细胞质中的抗药基因，目前已知的主要位于真菌的线粒体和细菌的质粒中，真菌对少数药剂和细菌对大多数药剂的抗药基因属于胞质基因控制。铜制剂防治细菌性病害报道较早，但尽管在室内可以获得染色体基因发生突变的抗药突变体，可是田间抗药菌株大多是由质粒 DNA 控制。已报道有两种类型的质粒与植物病原细菌对铜制剂的抗药性有关。链霉素抗性基因主要存在于质粒中，链霉素抗性也是由胞质遗传因子决定的，属母性遗传。目前已报道的植物病原细菌对链霉素的抗药性机制有两种，其中最主要的机制是由于高度保守的 $strA - strB$ 基因的存在，$strA$ 和 $strB$ 基因分别编码氨基糖苷 - 3 - 磷酸转移酶和氨基糖苷 - 6 - 磷酸转移酶，这两种酶通过对链霉素的修饰，使其与作用靶标的结合减弱，从而导致抗药性的产生。多数植物病原细菌对链霉素的抗药性机制属于此类。第二种抗性机制是由于 $rpsL$ 基因突变引起核糖体蛋白 S12 发生变化，使得 30S 核糖体与链霉素的亲和性下降，从而导致病原细菌抗药性的产生。这种抗药性机制在水稻白叶枯病菌、水稻细菌性条斑病菌中普遍存在（徐颖，2013）。

（三）稻瘟病菌抗药性研究进展

关于稻瘟病菌抗药性发生的机制较多，但目前普遍接受的观点是由于在用药过程中某些个体靶标位点基因发生突变和自然界中本身存在着抗药性个体而导致抗药性的产生。由于一些选择性强的农药往往只对病原物所具有的特殊生化位点发生作用，如果该生化位点是由单基因调节的，稻瘟病菌群体中则可能存在随机的这种单基因遗传变异，药剂对变异的病原物毒力下降或完全丧失，表现抗药性。当稻瘟病菌群体中存在抗药性个体或抗源基因个体时，这些抗药性个体在药剂选择压力作用下仍然可以继续生长繁殖、侵染寄主，从而在群体中逐步积累形成抗药病原菌，使药剂的防治效果下降。

从 1969 年发现稻瘟病菌对春雷霉素和灭瘟素的敏感性在菌株间差别近 100 倍，1971 年、1972 年在日本出现使用春雷霉素防病失败，同时在田间监测到大量的抗性群体开始（Butler，2001），稻瘟病菌的抗药性研究对稻瘟病防治技术的改进和优化起到了重要作用。我国首先在云南发现少数地区稻瘟病开始对稻瘟净和异稻瘟净产生抗药性（沈嘉祥，1988）。1993 年我国南方双季稻已形成稻瘟病菌对异稻瘟净的抗药亚群体，并且其比例较大，在广西部分地区抗药菌出现频率高达 91.67％，同时部分菌株对稻瘟灵也表现交互抗性（彭云良，1993）。据彭丽年等（1998）报道，四川省稻瘟菌株对异稻瘟净产生了较为严重的抗药性，具体表现为用药浓度比最初增加 3～4 倍，施药次数增多 2～3 次，防效下降 50％～70％；同样，对存在交互抗性的稻瘟灵也表现出抗药性，药剂使用浓度比最初增加 0.5～1 倍，施药次数增多 0.5～1 次，防效降低 10％～20％（彭丽年，1998）。

稻瘟病菌对 QoI 类杀菌剂的抗药性机制分为两种，第一种是细胞色素 b 基因的突变，导致氨基酸序列改变而降低与杀菌剂的亲和力，主要有 143 位甘氨酸被丙氨酸取代（G143A）和 129 位苯丙氨酸被亮氨酸取代（F129L）两种情况，第二种抗药性机制是通过旁路呼吸途径减少甚至消除 QoI 类杀菌剂对病菌电子传递的抑制作用。

对抗异稻瘟净菌株生物学相关特性的研究结果表明，该群体菌株的菌丝生长速率、产孢能力、侵染力、病斑症状等方面均与敏感菌株无明显差异（彭云良，1993）。对三环唑诱导抗药性菌株的生物学特性研究表明，随着诱导代次的增加，发病症状随之发生显著变化，抗药型病斑（1～3 级）的数量随代次增多而减少，但敏感型病斑（5 级以上）则逐代增多。对同代诱导菌株试验中，其抗药型病斑随药液浓度的提高而增多，敏感型病斑数量则相反。中间型病斑数则未随代次和浓度变化而变化。诱导菌株的产孢能力与施药浓度呈负相关（黄春艳，1995）。

四、种子处理剂中常用的杀虫剂

种子处理剂中常用的杀虫剂包含有机磷杀虫剂、氨基甲酸酯类杀虫剂、拟除虫菊酯类杀虫剂、烟碱类杀虫剂、吡唑类杀虫剂和生物源杀虫剂等。

（一）有机磷杀虫剂

有机磷原药多为油状液体，少数为固体，一般气味较大，颜色略深，密度通常比水略重，沸点高（少数例外），常温下蒸汽压力低，不同品种农药挥发度差别很大。有机磷农药大多数不溶于水或微溶于水，而溶于有机溶剂。大多数杀虫效果好的有机磷农药在人畜体内能够转化成无毒的磷酸化合物，但其中不少品种对哺乳动物急性毒性较大，它们的作用机制对哺乳动物及对害虫没有本质上的区别。有机磷杀虫剂的持效期品种间差异大，有的施药后数小时至两三天完全分解失效。有的因植物的内吸作用可维持较长时间的药效，甚至可长达 1～2 个月。种子处理剂中常用的有机磷杀虫剂有辛硫磷、毒死蜱。

辛硫磷（phoxim，倍腈松）

【化学名称】O,O-二乙基-O-α-氰基亚苯基氨基硫代磷酸酯

【主要理化性质】黄色液体（原药为红棕色油），熔点 6.1 ℃，蒸气压

2.1 mPa（20 ℃）。水中溶解度 1.5 mg/L（20 ℃），易溶于多种有机溶剂。在中性和酸性介质中稳定，见光易分解，在碱性介质中易分解。

【生物活性】广谱，具有强烈的触杀和胃毒作用。主要用于防治地下害虫，对为害水稻、小麦、玉米、花生、棉花等作物的多种鳞翅目害虫的幼虫也有良好的防效，对虫卵也有一定的杀伤作用，也适于防治仓储和卫生害虫。对哺乳动物的毒性很低，雌、雄大鼠急性经口 LD_{50} 分别为 2 170 mg/kg 和 1 976 mg/kg，雄大鼠急性经皮 LD_{50} 为 1 000 mg/kg。

【注意事项】该药要随配随用，不能与碱性药剂混用，在光照条件下易分解，作为种子处理时，拌闷过的种子要避光晾干，储存时放在暗处。

毒死蜱（chlorpyrifos，乐斯本）

【化学名称】O,O-二乙基-O-（3,5,6-三氯-2-吡啶基）硫代磷酸酯

【主要理化性质】纯品为白色结晶，稍有硫醇气味，熔点 42～43.5 ℃，蒸气压 2.7 mPa（25 ℃），水中溶解度约 1.4 mg/L（25 ℃），可溶于苯、丙酮、氯仿等大多数有机溶剂。在碱性介质中易分解，可与非碱性农药混用。

【生物活性】广谱，具有触杀、胃毒和熏蒸作用，在土壤中残留期较长，对地下害虫的防效好。适用于防治水稻、玉米、棉花、花生、大豆等多种作物的害虫和螨类，也可用于防治卫生害虫和家畜的体外寄生虫。毒死蜱对大鼠急性经口 LD_{50} 为 135～163 mg/kg，急性经皮 LD_{50}＞2 000 mg/kg。

（二）氨基甲酸酯类杀虫剂

氨基甲酸酯类杀虫剂的防治谱较窄，不同结构类型品种的毒力和防治对象差别很大，大多数品种的速效性好，持效期短，选择性强，对天敌安全。可有效防治叶蝉、飞虱、蓟马、棉蚜、棉铃虫、玉米螟以及对有机磷杀虫剂产生抗性的一些害虫，有些品种如克百威还有内吸作用。此外，氨基甲酸酯类杀虫剂可以作为某些有机磷杀虫剂的增效剂。大部分氨基甲酸酯类比有机磷杀虫剂毒性低，对鱼类比较安全，但对蜜蜂有较高毒性，对人畜的毒性比较小。由于分子结构与天然产物接近，在自然界中易分解，残留量低。种子处理剂中常用的是克百威。

克百威（carbofuran，呋喃丹）

【化学名称】2,3-二氢-2,2-二甲基-7-苯并呋喃基甲氨基甲酸酯

【主要理化性质】纯品为无色结晶，熔点 153～154 ℃（纯品），蒸气压 0.031 mPa（20 ℃）。25 ℃水中的溶解度为 700 mg/L，难溶于二甲苯和石油醚，遇碱不稳定。

【生物活性】克百威是广谱性的杀虫和杀线虫剂，具有胃毒、触杀和内吸等杀虫作用，持效期长，内吸传导在叶片部位积聚最多，对水稻、棉花有明显的刺激生长作用。主要用于防治作物的蚜虫、飞虱、叶蝉类、食叶性和钻蛀性

害虫及线虫，对稻瘿蚊也有较好的防治效果。对大鼠急性经口 LD_{50} 为 8～14 mg/kg。

（三）拟除虫菊酯类杀虫剂

拟除虫菊酯类杀虫剂是一类根据天然除虫菊素化学结构而仿生合成的杀虫剂。由于杀虫活性高、击倒作用强、对高等动物低毒及在环境中易生物降解的特点，已经发展成为一类重要的杀虫剂。

第一代拟除虫菊酯是在天然除虫菊酯化学结构的基础上发展起来的，第一个人工合成的拟除虫菊酯类是丙烯菊酯，此外，苄菊酯、苄呋菊酯、胺菊酯、苯醚菊酯和氰苯醚菊酯都属于第一代除虫菊酯类药剂。第一代除虫菊酯类药剂的最大缺点是光不稳定性。20 世纪 70 年代初，开发的苯醚菊酯杀虫活性并不是很强，但由于比较稳定的苯环结构（苯氧基苄醇）代替了醇部分的不饱和结构，光稳定性有了改进。日本住友公司又在此基础上在分子中引入了氰基，毒力大为提高，这一改造既改善了光稳定性，又使毒力提高，住友公司特将这个化合物称为"住友醇"，这是此后发展起来的一系列光稳定性拟除虫菊酯的基本组成部分。第二代光稳定性拟除虫菊酯类杀虫剂对昆虫具有很强的触杀和胃毒作用，其中有些品种对螨类也有很好的防治效果，对光、热稳定，对植物安全，缺点是大部分有害生物对其易产生耐药性。

高效氯氰菊酯（beta - cypermethrin，高灭灵）

【化学名称】2,2-二甲基-3-（2,2-二氯乙烯基）环丙烷羧酸-α-氰基-（3-苯氧基）-苄酯。

【主要理化性质】原药为无色或浅黄色晶体，熔点 64～71 ℃，在 150 ℃下稳定，对空气、阳光稳定，在中性和弱酸性介质中稳定，在碱存在下会异构化，在强碱条件下水解。

【生物活性】高效氯氰菊酯具有触杀和胃毒作用，无内吸性。可用于防治卫生害虫和牲畜体外寄生虫，在农业上用于禾谷类作物、棉花、大豆、马铃薯、烟草和蔬菜上的鞘翅目、鳞翅目、直翅目、双翅目、半翅目和同翅目等害虫。原药对大鼠急性经口 LD_{50} 为 649 mg/kg，急性经皮 LD_{50}＞1 830 mg/kg。

高效氟氯氰菊酯（beta - cyfluthrin，保得）

【化学名称】氰基-（4-氟-3-苯氧苄基）-甲基-（2,2-二氯乙烯基）-2,2-二甲基环丙烷羧酸酯

【主要理化性质】纯品为无色无臭结晶体，制剂外观为淡黄色液体，相对密度约 0.89，54 ℃储存 14 d 或 40 ℃储存 6 个月分解率小于 5%，常温储存稳定性大于 2 年。可与多数农药相混。

【生物活性】高效氟氯氰菊酯具有触杀和胃毒作用，无内吸作用和渗透性。杀虫谱广，击倒迅速，持效期长，除对咀嚼式口器害虫如鳞翅目幼虫或鞘翅目

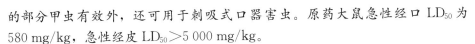

的部分甲虫有效外，还可用于刺吸式口器害虫。原药大鼠急性经口 LD_{50} 为 580 mg/kg，急性经皮 $LD_{50}>5\,000$ mg/kg。

【注意事项】不能与碱性农药混用，可与其他杀虫剂轮换使用，增加药效。

（四）新烟碱类杀虫剂

烟碱作为杀虫剂使用的历史可以追溯到 17 世纪，20 世纪 90 年代为将吡虫啉等源自对天然生物碱结构优化得到的杀虫剂区别以前的烟碱类杀虫剂，提出了"新烟碱类"概念，新烟碱类和烟碱类杀虫剂的区别在于两者的选择性差异大，前者杀虫活性高、对哺乳动物低毒，后者杀虫活性有限、对哺乳动物毒性高。新烟碱类杀虫剂的作用机制，主要是通过选择性控制昆虫神经系统烟碱型乙酰胆碱酯酶受体，阻断昆虫中枢神经系统的正常传导，从而导致害虫出现麻痹进而死亡。具有良好的内吸性，对于传统杀虫剂防治产生抗药性的害虫有良好活性，该类药剂既可用于茎叶处理，也可用于种子处理。

吡虫啉（imidacloprid，咪蚜胺）

【化学名称】1-（6-氯吡啶-3-吡啶基甲基）-N-硝基亚咪唑烷-2-基胺

【主要理化性质】纯品为无色晶体，有微弱气味。蒸气压 0.2×10^{-7} Pa（20 ℃），水中溶解度 0.51 g/L（20 ℃），pH 5～11 时稳定。

【生物活性】吡虫啉是一种具有内吸、触杀和胃毒作用的广谱、高效、低残留，害虫不易产生抗性的杀虫剂。用于防治刺吸式口器害虫，如蚜虫、叶蝉、飞虱、蓟马等，对鞘翅目害虫也有效，但对鳞翅目害虫的幼虫效果较差。大鼠急性经口 LD_{50} 为 1 260 mg/kg，急性经皮 $LD_{50}>100$ mg/kg。

噻虫嗪（thiamethoxam，阿克泰）

【化学名称】3-（2-氯-1,3-噻唑-5-基甲基）-5-甲基-1,3,5-噁二嗪-4-亚基（硝基）胺

【主要理化性质】纯品为白色或淡黄色结晶粉末，熔点 139.1 ℃，蒸气压 6.6×10^{-9} Pa（25 ℃），水中溶解度 4.1 g/L（25 ℃），pH 2～12 时稳定。

【生物活性】噻虫嗪是第二代新烟碱类杀虫剂，具有内吸、触杀和胃毒作用。适用于水稻、玉米、马铃薯、豆类、棉花等作物上蚜虫、叶蝉、蓟马、灰飞虱、蚁类、跳甲、象甲等的防治，且不易与其他杀虫剂发生交互抗性。大鼠急性经口 LD_{50} 为 1 563 mg/kg，急性经皮 $LD_{50}>2\,000$ mg/kg。

噻虫胺（clothianidin）

【化学名称】（E）-1-（2-氯-1,3-噻唑-5-基甲基）-3-甲基-2-硝基胍

【主要理化性质】原药外观为结晶固体粉末，无臭，熔点 176.8 ℃。蒸气压 1.3×10^{-10} Pa（25 ℃），水中溶解度 0.327 g/L。

【生物活性】具有触杀、胃毒和内吸活性。是主要用于水稻、蔬菜、果树及其他作物上防治蚜虫、叶蝉、蓟马、飞虱和某些鳞翅目类害虫的杀虫剂，具有高效、广谱、用量少、毒性低、药效持效期长、对作物无药害、使用安全、与常规农药无交互抗性等优点，有内吸和渗透作用，大鼠急性经口 $LD_{50}>$ 5 000 mg/kg，急性经皮 $LD_{50}>$ 2 000 mg/kg。

（五）吡唑类杀虫剂

从新烟碱类、吡咯类等杀虫剂结构得知，杂环化合物的结构变化多，开发的潜力较大，一直是农药开发的重点。此外，由于氟原子具有模拟效应、电子效应、阻碍效应和渗透效应等特殊性质，在农药分子中引入氟原子，其理化性质变化较小，但可使农药增添活性，且对环境影响小。1989 年，法国罗纳普朗克公司将吡唑杂环与氟元素结合，开发出了氟虫腈，氟虫腈通过 γ-氨基丁酸调节的氯通道干扰氯离子的通路，破坏正常中枢神经系统的活性，并在足够剂量下引起个体死亡。由于这种独特的作用机制，氟虫腈具有与其他杀虫剂不同的特点，即与其他类杀虫剂间不存在交互抗药性，具有长效性、高活性，并有促进植物生长的功能。

氟虫腈（fipronil，锐劲特）

【化学名称】（±）-5-氨基-1-（2,6-二氯-α,α,α-三氟对甲苯基）-4-三氟甲基亚磺酰基吡唑-3-腈

【主要理化性质】原药为白色固体，熔点200～201 ℃，蒸气压 3.7×10^{-7} Pa（25 ℃），水中溶解度1.9 mg/L（pH 5），pH 5 和 pH 7 时在水中稳定，pH 9 时缓慢水解（半衰期约为 28 d），对热稳定，在阳光下缓慢分解（连续 12 d 光照后损失 3%），水溶液中快速光解（半衰期约为 0.33 d），在土壤中的半衰期为 1～3 个月。

【生物活性】氟虫腈以胃毒作用为主，兼有触杀和一定的内吸作用，杀虫谱广，对蚜虫、叶蝉、飞虱、鳞翅目幼虫、蝇类和鞘翅目等重要害虫有很高的杀虫活性，药害小。大鼠急性经口 LD_{50} 为 100 mg/kg，急性经皮 $LD_{50}>$ 2 000 mg/kg。

（六）生物源类杀虫剂

生物源类杀虫剂是指以植物、动物、微生物等产生的次生代谢产物开发的杀虫剂，大多数生物源杀虫剂对哺乳动物的毒性较低，使用中对人畜比较安全；防治谱较窄，甚至有明显的选择性；对环境压力较小，对非靶标生物比较安全；作用速度慢，在遇到有害生物大量发生、迅速蔓延时，往往不能及时控制危害。化学合成杀虫剂和天然产物杀虫剂的本质区别不在于前者是通过人工化学反应合成，后者是生物自身通过一系列生化反应合成的，而在于前者的分子结构是人为设计的，后者的分子结构是生物在长期进化过程中形成的。20

世纪 80 年代成功开发阿维菌素，被认为是微生物源天然产物研究的划时代进展，阿维菌素是一组结构相似的十六元大环内酯类化合物，以胃毒作用为主，兼有触杀作用，并有微弱的熏蒸作用，其作用机制与其他杀虫剂不同的是，阿维菌素的靶标是外周神经系统内的 γ-氨基丁酸受体，γ-氨基丁酸与受体结合力增加的结果是使进入细胞的氯离子增加，细胞膜超极化，消除信号传导，导致神经信号传递的抑制，引起昆虫神经麻痹。

阿维菌素（abamectin，齐螨素）

【主要理化性质】原药为白色或淡黄色白色结晶粉，熔点 155～157 ℃，蒸气压 $1.5×10^{-9}$ Pa。21 ℃时溶解度：水中 7.8 mg/L，丙酮 100 mg/mL，乙醇 20 mg/mL。常温下不易分解，pH 5～9 时不会水解。

【生物活性】阿维菌素对螨类和昆虫具有胃毒和触杀作用，不能杀卵。螨类成虫、若虫和昆虫幼虫与阿维菌素接触后即出现麻痹症状，不活动、不取食，2～4 d 后死亡。因不引起昆虫迅速脱水，所以致死作用较慢。阿维菌素对捕食性昆虫和寄生天敌虽有直接触杀作用，但因其对叶片有很强的渗透作用，在植物表面残留少，因此对益虫的损伤小。大鼠急性经口 LD_{50} 为 10 mg/kg，急性经皮 LD_{50} 为 380 mg/kg。

【注意事项】阿维菌素对鱼类高毒，也不要在蜜蜂采蜜期施药。

五、种子处理药剂的剂型

种子处理剂主要用于种子表面处理，对防治作物苗期病虫鼠害、提高幼苗成活率等有显著的作用。与用来对茎叶进行喷施处理的常规剂型相比，种子处理剂可有效降低农药施用量并减少施用次数，在目前农药使用量零增长行动方案的要求下，种子处理剂在减少环境污染，减少田间操作工序，省工、节本、增效等方面具有明显优势。

我国种子处理剂研发和生产起步较晚，但近年来已成为我国农药企业争相研发和推出的产品。常见的种子处理剂剂型有如下几种：

（一）种子处理固体制剂

1. 种子处理干粉剂（DS）　是可直接用于种子处理的干燥粉状制剂。是由农药原药与适宜的填料和必要的助剂包括着色剂等组成的均匀混合物。该混合物应是精细的、可流动的粉末，无可见的外来物质及硬块。

2. 种子处理可分散粉剂（WS）　是指用水分散成高浓度浆状物的种子处理粉状制剂。是由农药原药与适宜的填料和必要的助剂包括着色剂等组成的均匀混合物。该混合物是一种无其他可见外来物质及硬块的粉末。

3. 种子处理可溶粉剂（SS）　是指用水溶解后用于种子处理的粉末。是由农药原药与适宜的填料和必要的助剂包括着色剂等组成的均匀混合物。该混合物是一种无其他可见外来物质及硬块的粉末，是以粉状的形式把有效成分溶解在水中配制成溶液使用，可含有不溶的惰性成分。

（二）种子处理液体制剂

1. 种子处理液剂（LS） 是指可直接或稀释后形成有效成分真溶液用于种子处理的透明或半透明液体制剂，其中可能含有不溶于水的助剂。种子处理液剂（LS）是由农药原药溶解在合适的溶剂中，与适宜的助剂包括着色剂在内制成的透明或乳白色的液体，无可见的悬浮物和沉淀。

2. 种子处理乳剂（ES） 是指直接或稀释后，用于种子处理的稳定乳状液制剂。它是由农药原药溶解在适宜的溶剂中，与适宜的助剂包括着色剂在内制成的水乳剂。应当是均匀的，必要时可用水稀释。

3. 种子处理悬浮剂（FS） 是指直接或稀释后，用于种子处理的稳定悬浮液制剂。经缓慢搅拌或摇动应当是均匀的，必要时可用水进一步稀释。

4. 悬浮种衣剂（FSC） 是指含有成膜剂，以水为介质，直接或稀释后用于种子包衣的稳定悬浮液种子处理剂。特指我国开发的含成膜剂的种子处理悬浮剂。它是由农药原药精细颗粒，与适宜的助剂包括着色剂、成膜剂等在内制成的水悬浮剂。它应是可流动的均匀悬浮液，长期存放可有少量沉淀或分层，但置于室温下用手摇动应能恢复原状，不应有结块。

成膜剂是高品质的种子处理悬浮剂的关键组分，高品质的成膜剂有助于包衣后的种子外观均匀，在种子上的覆盖度广。对于水稻种子而言，经包衣后的种子还须具有优异的耐水性，衣膜脱落率低，并且具有很好的流动性。目前常用的成膜剂产品包括聚乙烯醇、羧甲基纤维素、聚丙烯酸酯等具有黏结性和成膜性的高分子聚合物。然而，高分子聚合物本身的特性决定了黏结性能较高的品种成膜强度一般较低，种子流动性差，成膜不均匀，反之成膜强度高的品种黏结性差，膜与种子附着力差，容易成片脱落；亲水性强的品种遇水溶解，反之疏水性强的品种影响种子萌发，这导致了目前市场上的一些种子处理悬浮剂还存在着一些性能方面的缺陷，比如脱落率高、耐水性差等问题。针对这些问题目前开发的聚合物分散体，如陶氏益农的 POWERBLOX™ Filmer‐17 成膜剂，具备相对平衡的亲疏水性，可赋予包衣优异的耐水性，又不影响种子的发芽。

悬浮种衣剂的微囊化是种衣剂的重要发展方向。将微胶囊加工成种子处理剂型，不仅可以提高对种子的安全性，还可以提高农药有效成分在土壤中的稳定性，延长有效成分的释放时间，达到长期控制病虫害发生的目的，显著提高农药的使用效率和安全性。采用微胶囊技术，解决了有效成分在土壤中容易降解，拌种容易产生药害的问题，并通过微囊的包裹，达到了长效缓释的目的。

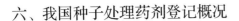

六、我国种子处理药剂登记概况

20世纪90年代，我国开始逐步推广种子处理技术，主要是将悬浮剂、乳油、可湿性粉剂等剂型的农药兑水稀释后进行拌种，成分以有机磷、氨基甲酸酯类、三唑类为主，应用于花生、玉米、小麦等作物。随着种衣剂的出现及包衣技术的发展，加速了种子处理技术的推广。药剂有效成分种类越来越多，涉及杀虫剂、杀菌剂和杀线虫剂，新烟碱类及目前大宗作物上使用的种子处理剂中咯菌腈、噻虫嗪、戊唑醇、精甲霜灵等药剂成为主要成分，并且多以二元复配、三元复配出现。近年来，嘧菌酯用于种子处理，其用量呈快速增长趋势。应用作物由花生、玉米、小麦扩展到大豆、蔬菜、水稻等。目前，由单一成分向多元复配发展已成为种子处理剂发展的重要方向；活性低使用剂量大的药剂逐渐被活性高使用剂量小的药剂替代；中、低毒药剂的使用量明显上升，高毒药剂使用的越来越少；与生长调节剂、微量元素等配合使用。

自1985年我国首个种子处理剂产品（35％甲霜灵拌种剂，防治谷子白发病）取得正式登记以来，我国的种子处理剂已经发展了30多年。截至2017年底，我国共有762个（其中，单剂393个，混剂369个）种子处理剂取得登记，约占登记产品总数的2％。在2000年以前，种子处理剂发展非常缓慢，到2000年仅有5个种子处理剂产品获得登记。2000年以后登记产品的数量逐渐增加，2010年前后开始快速发展。2012年新增登记种子处理剂35个，与2010年相比增加了近1倍。此后，种子处理剂的登记数量总体上呈现持续增加的趋势。在2016年登记产品数量显著下降的情况下，仍有近70个种子处理剂登记。农业绿色发展，农村劳动力相对不足，机械化的使用，为种子处理剂的发展提供了机遇（张楠，2019）。

截至2017年底，取得登记的种子处理剂共涉及45种有效成分（表4-1），前5位有效成分为福美双、克百威、吡虫啉、噻虫嗪、戊唑醇，含有这5种有效成分的产品总和占登记总量的50％以上；共有登记配方164个（包括38种单剂产品），登记数量前20位的配方见表4-2。

现有登记的种子处理剂中，含有福美双、吡虫啉、戊唑醇等药剂的产品占有较大比例，且含有克百威等毒性级别较高有效成分的产品也占有一席之地，产品结构急需优化调整。另外，种子处理剂以混剂登记为主，登记数量在前20位的配方中，复配配方13个，包括9个二元复配、4个三元复配。随着近年来新引入有效成分的逐渐增多，如新型琥珀酸脱氢酶抑制剂（SDHI）、酰胺类杀虫剂、微生物制剂以及植物生长调节剂等，为种子处理剂的优化升级提供了更多的选择。

表 4-1   现有登记种子处理剂涉及的有效成分（按产品数量排序）

（张楠，2019）

排序	有效成分	排序	有效成分	排序	有效成分
1	福美双	16	三唑酮	31	阿维菌素
2	克百威	17	萎锈灵	32	噻虫胺
3	吡虫啉	18	毒死蜱	33	硅噻菌胺
4	噻虫嗪	19	拌种灵	34	腈菌唑
5	戊唑醇	20	甲基异柳磷	35	高效氯氟氰菊酯
6	咯菌腈	21	氟环唑菌胺	36	高效氟氯氰菊酯
7	多菌灵	22	三唑醇	37	呋虫胺
8	苯醚甲环唑	23	氯氰菊酯	38	溴氰虫酰胺
9	甲霜灵	24	五氯硝基苯	39	苏云金杆菌
10	精甲霜灵	25	噁霉灵	40	顺式氯氰菊酯
11	氟虫腈	26	吡唑醚菌酯	41	氯虫苯甲酰胺
12	嘧菌酯	27	辛硫磷	42	克菌丹
13	丁硫克百威	28	噻呋酰胺	43	几丁聚糖
14	咪鲜胺	29	灭菌唑	44	吡蚜酮
15	甲拌磷	30	硫双威	45	氨基寡糖素

表 4-2   登记前 20 位的种子处理剂配方及产品数量（个）

（张楠，2019）

排序	配方名称	登记数量	排序	配方名称	登记数量
1	吡虫啉	90	11	精甲·咯·嘧菌	14
2	噻虫嗪	74	12	戊唑·福美双	11
3	戊唑醇	61	13	噻虫·咯·霜灵	11
4	苯醚甲环唑	51	14	苯醚·咯·噻虫	11
5	福·克	44	15	克百·多菌灵	9
6	氟虫腈	31	16	萎锈·福美双	9
7	多·福·克	28	17	甲·克	8
8	咯菌腈	23	18	精甲·咯菌腈	8
9	多·福	19	19	苯甲·吡虫啉	7
10	丁硫克百威	15	20	福美·拌种灵	7

目前，我国共有 15 个剂型的种子处理剂登记，且登记产品的剂型集中度

较高。其中，悬浮种衣剂登记数量约占登记总数的80％，其次是种子处理可分散粉剂、种子处理悬浮剂，占比均约7％（图4-1）。

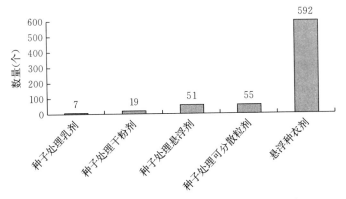

图4-1　不同剂型种子处理产品登记数量（前5位）
（张楠，2019）

我国现有的种子处理剂共在15种作物上取得登记，使用量最大的是玉米、小麦、棉花和水稻4种作物，涉及防治对象40多种，主要是蚜虫、地下害虫及土传/种传病害和苗期病害等（图4-2）。

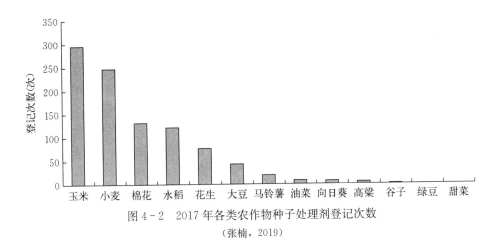

图4-2　2017年各类农作物种子处理剂登记次数
（张楠，2019）

我国目前种子处理剂登记主要有以下特点：一是产品数量少。虽然2010年以来种子处理剂登记数量持续增加，但在农药产品总数中占比仅约2％，未来还有广阔的发展空间。二是产品结构亟待优化。国内农药企业仍使用噻虫嗪、吡虫啉、苯醚甲环唑等药剂制备复配药剂并作为登记的热点。近年来，随着新型杀虫剂、杀菌剂的不断开发，种子处理剂制备技术的不断发展，含有的产品登记数量不断增加，使得种子处理剂的产品结构得到了一定程度的优化，促进了我国农药减量增效工作的有序推进。三是悬浮种衣剂产品占绝对优势，占比约80%。缓释持效的微囊悬浮剂类产品正在不断增加。四是登记使用范围较窄。使用范围集中在玉米、小麦、棉花、水稻、大豆、花生等6类作物，占比95%。2017年新增登记的种子处理剂共涉及27种有效成分（表4-3），新型琥珀酸脱氢酶抑制剂类（SDHI）的逐步登记和使用，以及一些新型药剂如氟唑环菌胺、氯虫苯甲酰胺等已逐步被农药企业使用到种子处理剂产品中，优化了目前市售的种子处理剂产品结构。

表4-3 2017年按登记数量排序的种子处理剂中涉及的有效成分

排序	有效成分	排序	有效成分	排序	有效成分
1	噻虫嗪	10	吡唑醚菌酯	19	噁霉灵
2	咯菌腈	11	噻呋酰胺	20	烯肟菌胺
3	苯醚甲环唑	12	硅唑菌胺	21	高效氯氟氰菊酯
4	吡虫啉	13	萎锈灵	22	氯虫苯甲酰胺
5	精甲霜灵	14	硫双威	23	噻虫胺
6	戊唑醇	15	多菌灵	24	灭菌唑
7	嘧菌酯	16	氟唑环菌胺	25	氟虫腈
8	丁硫克百威	17	福美双	26	种菌唑
9	咪鲜胺	18	呋虫胺	27	甲基硫菌灵

2017年共有登记配方50个（包括12个单剂产品），前10位的配方及其具体登记数量见表4-4，混配产品所占比重明显增加，此外，毒性级别较高的农药品种已基本退出了舞台。2017年新增登记的种子处理剂涉及悬浮种衣剂、种子处理悬浮剂、种子处理可分散粉剂、种子处理微囊悬浮剂、种子处理乳剂和种子处理干粉剂等6个剂型。其中悬浮种衣剂产品112个，种子处理悬浮剂产品23个，种子处理可分散粉剂产品13个。

至2017年登记的种子处理剂主要集中于小麦、水稻、玉米这些大宗粮食作物上，占比约74.8%。与总的登记情况相比，随着我国种植业结构的调整，小麦、水稻上登记的种子处理剂数量逐步增加，传统的玉米、棉花种子处理剂登记数量逐渐下降。截至2017年新增登记种子处理剂的产品结构有了一定的调整，虽然目前吡虫啉、苯醚甲环唑、咯菌腈等药剂仍然是种子处理剂产品中的主力成分，但随着新作用机制的药剂的加入，种子处理剂市场发展增加了新的动力。

表 4 - 4 2017 年登记前 10 位的种子处理剂配方及产品数量（个）

排序	配方名称	登记数量	排序	配方名称	登记数量
1	噻虫嗪	31	6	戊唑醇	7
2	吡虫啉	16	7	噻虫·咯·霜灵	6
3	苯醚甲环唑	12	8	精甲·咯·嘧菌	6
4	咯菌腈	7	9	精甲·咯	4
5	苯醚·咯·噻虫	7	10	噻虫·咯菌腈	4

随着种子处理剂登记产品逐年增加，在药效资料登记评审中还存在一些问题，一种情况是有效成分含量不符合要求，如某些成分的含量过高。另一种情况是二元或三元复配中，某一种成分没有对应防治的靶标。此外还存在着诸如：室内作物安全性测定的试验设计中药剂的剂量问题、室内活性测定试验靶标选择的合理性问题、配方筛选试验设计中药剂混配合理性的问题、田间药效试验中对照药剂及试验剂量设置不能满足评价需要等问题。尽管目前种子处理剂在各方面还存在一定的缺陷，但并不影响其成为当今世界盛行的作物保护手段和发展趋势。有研究表明种子处理的用药量仅为大田用量的 1/3（张一宾，2017），对环境影响小，效率亦高，对人畜比较安全，持效期相对较长，无论经济上、健康上、药效上均优于大田喷施，可为种植者带来极大的效益，因此，种子处理剂还有巨大的发展潜力。

七、种子处理药剂产业的现状和发展趋势

近年来，种子处理剂发展势头良好，在如今我国农药应用零增长的大环境下，由于其自身可以减少污染、减少工序、降低农药用量和施药次数等优势，备受行业内外关注。种子处理剂能够有效控制病虫害，进行种子处理的药剂还可促进种子的萌发与生长。在病虫害多发、施药人工成本逐年增加的大环境下，种子处理剂逐步被越来越多的种植者所接受、认可和欢迎。种子处理剂的研发力度显著增加，推广力度不断加大，使该产业快速发展。

目前国内种子处理剂的产量远不及需求量，按照每年大约 1 亿 hm² 良种进行包衣统计，需要种子处理剂 15 万～20 万 t，由此判断，种子处理剂市场前景光明。国内种子处理剂市场飞速增长，多种活性组分被开发成种子处理剂，且在大豆、玉米等大田作物中占有相当份额。

种子处理剂的应用，对加快农业发展方式转变、确保粮食有效供给具有重要的意义。此外，如何全链条有序地发展种子处理剂技术，也是目前该产业面临的关键问题。针对种子处理剂技术全链条发展，包括种子处理剂农药品种、

靶标作物应用范围确定、新配方制剂技术研制、产业化工艺技术提升、安全性关注及药害避免、市场专业应用推广、种业客户及农户认可接受等方面的探究，对进一步推广促进种子处理剂行业有重要意义。

（一）活性组分的合理复配

种子处理剂的农药活性组分，既可以通过不断研究摸索，从旧药、老品种中引进；也可选择加大新药、新组合、新品种的研究投入，开发出全新的种子处理剂品种。然而，当前面临的问题是农药活性组分研发成本持续增加，将传统农药改变剂型等予以新用，已经成为非常流行的使用方式。针对农药活性成分新用途和使用方法的研究，是农药产业化发展的一个重要方向。有不少农药品种的使用方式不断开发，用于种子处理。几十年来，全球种子处理剂发生了很大的变化，不断向高效、安全的方向发展，新颖的药剂不断问世，尤其是杀虫剂、杀菌剂以及杀虫剂与杀菌剂的混。这些种子处理剂对作物病虫害的防治以及农业稳产、丰产做出了很大贡献。作为种子处理剂应用的杀菌剂较多，一些毒性高、对环境有害的品种逐步被淘汰，逐渐退出市场。一些新开发的安全、高效杀菌剂类别和品种不断被开发作为种子处理剂。尤其是近些年新开发的杀虫剂，如新烟碱类、苯基吡咯类和双酰胺类正成为杀虫种子处理剂的主力军（伍振毅，2015）。众所周知，土壤中既有害虫，还有多种多样的病原菌存在，它们共存于土壤中，危害作物种子的生长发育。通过复配制成杀虫杀菌种子处理剂，是种子处理剂发展的一个新方向。

（二）拓展应用范围

在全球的种子处理剂市场中，主要应用作物品种占据80％的市场，包括玉米、小麦、水稻等最主要的应用作物品种。当前，国内种子处理剂包衣技术的研究主要集中在玉米、小麦、棉花、水稻、花生等作物上，而对于其他作物应用的延伸推广，尚存在挖掘的潜力。在应用范围方面，存在问题主要是某些作物已经全覆盖推广，而有些作物尚处于空白，缺失专用的种子处理剂产品和药剂，例如高附加值的经济作物油菜、烟草、蔬菜等，这些靶标作物的扩大，包衣应用技术的升级，正是需要深入研究的方向。此外，一些有特色作物的种子处理包衣技术，也是全链条发展中至关重要的问题。比如，目前水稻种子处理剂品种逐年增加，水稻包衣行为在行业中不断提升。在杀菌方面，目前水稻种子处理剂主要集中用于防治立枯病、恶苗病等苗期病害，而用于防治水稻纹枯病及稻瘟病的品种较少甚至存在空白状态。在杀虫方面，登记的药剂品种非常单一，主要集中在对蜜蜂毒性高的新烟碱类杀虫剂吡虫啉、噻虫嗪等活性组分上。当前种子处理产品登记作物范围，应逐渐由大田作物向特色、小宗作物发展，同时要加大力度研究新型肥料在种子处理领域的应用。整体来看，国内各类靶标作物的种子处理剂应用范围还有待进一步系统规划拓展。

（三）制剂技术的研究

种子处理剂的配方研究是全链条中技术需求度最高的环节，国内种子处理剂与跨国公司产品的主要技术差距也体现于此。事实上，种子处理剂的配方开发与应用靶标作物种类、种子自身特性、制剂制备工艺、应用技术推广、市场需求发展息息相关。新配方制剂技术的研究需要安全、低毒的有效成分和性能良好的关键助剂成膜剂。种子处理剂制备加工过程中助剂体系的优化筛选，尤其是某些结构类型的助剂虽然对制剂产品的物理化学性能有不可或缺的作用，但是该助剂对种子的发芽是否有影响，助剂体系的复配应用是否有增效作用，助剂的来源厂家是否稳定，批次稳定性是否合格，这些错综复杂的因素对种子处理剂制剂配方技术的研究都是极其重要的。种子处理剂的制备过程中需要提高设备的效率，通过助剂体系的优化以及工艺过程的摸索，才可保证制备产品包衣时有效成分能够分布均匀。种子处理剂的制剂配方技术难度不同于一般产品，其包括种子高效、全方位的安全性检测，如储存安全性试验、大田安全性测试等，还需要包衣方法和程序的严格控制、包衣设备的匹配程度、包衣过程中加水量的控制等。从种子处理剂的相关标准来看，除了重点关注对种子的安全性外，种子处理剂产品的物理稳定性和其他应用性能如干燥性能、包衣流动性、脱落率和耐磨性能也是质量控制的关键点。我国现行的产品标准编写规范无论是相关质量控制指标还是规定的检测方法都已经不适应当今技术条件下开发的产品。因此，在开发配方技术中，各项指标性能的评判，更需要行业内相关技术人员加快拟定标准的步伐，推动种子处理剂技术的提升与改进。

（四）提升产业化工艺技术

目前，种子处理剂已然成为农药制剂产品发展的重要方向，而种子处理剂的产业化技术更是当今开发种子处理剂的重中之重，也是行业内种子处理剂发展关键期的瓶颈问题。种子处理剂制剂配方技术的先进程度，直接体现在产业化技术是否能够实现，即所开发的最终产品是否可以真正实现先进的配方技术，否则，就无法供应产品，而且还会增大或放大风险，使小试成果难以实现。种子处理剂产业化技术的关键点包括对粒度分布的控制，做到粒度合理分布是确保产品安全性的前提。当工艺放大后，应保证每一粒包衣种子都能被活性组分所覆盖，如果种子负载的组分过多，势必影响发芽；但药剂负载过少，则会因为剂量不够而影响药效，因此，在产业化放大中，对制剂粒度大小及分布的控制至关重要。除此之外，生产过程中温度、压力的控制、产品的黏度控制、流变性的研究以及警色剂的选择，都是需要相关技术人员在产业化研究中多加关注的。在种子处理剂的产业化过程中，防止生产交叉污染更为关键。在生产过程中，要采取最严格的防止交叉污染措施，比如在选择种子处理剂车间时，最好设在工厂的上风向，且预设车间不允许制备除草剂或植物生长调节剂产品；此外，其他车间尤其除草剂车间的工作人员不可以进到种子处理制剂车间，相关生产设备、物料、零部件、工具的使用不得交叉互换。在种子处理剂生产切换品种时，需要多次清洗，确认清洗用水务必符合要求，且经过生物测定后确认。总之，在种子处理剂开发时，必须充实专业的产业化技术，这样才能更加有效、安全地发挥种子处理剂活性组分作用，确保产品真正为农民所用（冷阳，2016）。

（五）药剂的安全性问题

近些年，种子处理剂药害事故在全国各地每年都有发生，特别是在春季发生较多。除去种子本身的缺陷（陈种、劣种等）、气候的多变（如倒春寒），与种子处理剂技术直接相关的主要有两个方面的原因，首先是种子处理剂本身的质量缺陷，不同品种、不同发育程度的种子都在销售；其次，相关技术指导的严重缺位。正是因为种子处理剂是一种高风险剂型，所以产品的质量和制剂配方技术水平格外重要，在制剂配方技术开发研究过程中，控制把握好影响种子处理剂因素如粒径分布、黏度、流变性、成膜性等，才能从根本上保证种子处理剂的质量（刘敬民，2016）。

种子处理剂虽然在本质上是一种农药产品、一种化学产品，而且在农户的种植成本中占比很小，但如果使用不当，最终颗粒无收的教训也十分惨痛。种子处理剂安全性的关键影响因素，包括种子自身的质量、种子处理剂产品物理化学性能、包衣均匀度、包衣脱落率、包衣附着性等。谈及安全性药害问题，影响最大的是 2015 年 10 月 26 日在黑龙江地区发生的一起种子处理剂的典型药害事件，由于使用南北 7 号包衣玉米种子造成 8 万 hm^2 玉米减产。种子生产商丰泽种业提供的产品检测结果表明，拜耳公司的包衣产品脱落率为 24％，远远高于行业脱落率标准 5％。而拜耳公司相关人员则表示，种子问题是由于有关种子产品缺少关键种衣剂"顶苗新"，难以对抗种子腐烂及苗期根腐病，才对玉米种子出苗生长造成影响，与拜耳公司产品无关。其实，优秀的种子处理剂产品，还是需要优良的种子相辅相成，种子的发芽势、发芽率以及含水量等指标对包衣后种子出苗有很大影响。只有种子处理剂技术产品和种子本身的质量双管齐下，相关技术人员加强专业指导，才能避免药害事件重演。实际上，用户在正常条件下使用种子处理剂产品是非常安全的，但如果随意增加成分、应用不合理的制剂剂型、活性组分使用量超标，则会引起药害风险。从现有情况来看，对于相关风险的防范措施，需要注意以下几点：质量合格的产品；新研发种子处理剂制剂要尽可能避免或降低对有机溶剂的使用；使用时剂量要准确，合规不超限使用；经过种子处理剂处理的种子要正确播种，农机部门需要加强指导；要有正规标准要求来规范市场，保证让农民用上放心种子（余晓江，2017）。

（六）市场专业应用推广

近年来，以"一药多效、省工省时、事半功倍、隐藏施药、环境安全"作为特点的种子处理剂技术已经成为各个企业进行登记的热门，也成了农化行业的新增长点。种子处理剂的市场除现有的技术产品和登记产品外，一些具有自身特殊个性化的种子处理剂产品，有希望成为市场的生力军。例如先正达推出的酷拉斯产品，用于小麦包衣，可以显著减少纹枯病和蚜虫的发生；沈阳中化农药化工研发有限公司研制的杀虫杀菌种子处理混剂专利新产品45％烯肟菌胺·苯醚甲环唑·噻虫嗪悬浮种衣剂，可以通过种子处理从根本上解决小麦种期、苗期及生长期病虫害有效防治的问题，同时具有显著的壮苗促发育作用。在水稻种子处理剂方面，由于存在移栽、直播等技术，且育秧还分为旱育秧、水育秧、工厂化育秧等多种方式，对"一药多效、省工省时、隐藏施药、环境安全"的要求更为多样化，特别是在云南有多种稻作区划分的情况下，需要根据不同稻作区的生态条件和市场的需求开展专业化的应用推广工作。据专业人士预测，在全球范围内，基于对种子处理剂技术的不断认识和接受，将来会有75％的种子和种子处理剂捆绑销售，在剂型方面，相当长的一段时期内种子处理悬浮剂会一直占据主导地位，这就要求进一步增强技术的推广以满足市场需求。

（七）客户的认可接受程度

种子处理剂的使命，不是仅仅帮助生产企业挣取更多利润，更重要的是在研发人员、产业单位、市场销售、种业客户共同努力下，将好的产品、好的技术带给农户，呵护每一粒种子健康成长。因此，对种业客户和农户传授专业知识，让他们接受优秀产品，接受正确使用方式，接受先进新技术，最终受益的将是整个种子处理剂产业。在种子处理剂的使用上，还存在作物的差异性。例如近几年，在花生的种植上，农民受到地下害虫的严重困扰，基本上全部花生种子采用种子处理剂拌种。即便每 $667 m^2$ 成本要增加至 40 元左右，但农民如果放弃使用种子处理剂包衣的花生种植，那么势必会减产甚至绝产，在是否使用种子处理剂上，农民的选择正是基于这种使用效果而定。但是在某些作物，例如水稻、小麦上，只要能保证种子正常萌发，是否使用包衣种子的效果和效益并不像某些作物，如花生那样明显。在特殊天气条件下，使用种子处理剂的水稻种子，当遭遇干旱、倒春寒等，造成不同程度的减产，削弱了种子处理剂的使用效果。农民就会不愿意加大投资，放弃使用种子处理剂。

在玉米播种方面，使用包衣种子已经成为普遍的选择。所以，如何制定政策，帮助和引导农民更有利、更合理地使用种子处理剂产品，是种子处理剂产业相关工作者以及政府部门互相协力合作、大力推动的重要工作。综上，种子处理剂作为当今行业内众人推崇的一种从作物萌发期着手的保护手段，对于种植农户来说，都会获得巨大的利益和较高的收益（熊远福，2004）。尽管种子处理剂的发展很快，但前述的种种问题必须引起注意，弥补其尚存的这些不足，全链条不遗余力地开发全新、高效、安全、环保品种，尽早替代目前还在使用的一些高毒、高残留品种，努力提升种子处理剂制剂能力，有的放矢地不断深入研究和发展技术，保证种子处理剂品种和应用的健康发展。

八、水稻种子处理剂的现状和发展趋势

目前我国种子处理剂应用主要集中在北方，特别是东北、华北等地的小麦、玉米、大豆、花生、棉花等作物上应用普遍。相比之下，种子处理剂在水稻上的使用范围和接受程度还很有限。

我国水稻种子处理剂的现状主要表现为：第一，品类单一，剂型偏少。目前，我国种子处理剂生产企业已达 127 家，登记产品 700 多个。但是，大部分产品集中登记在玉米、小麦和棉花等作物上，在水稻及蔬菜等作物上登记的产品数量较少或尚为空白，与国内农业产业结构调整的要求还有很大距离。农业农村部农药检定所提供的数据显示，截至 2018 年 4 月 30 日，国内共有种子处理剂产品 758 个，产品登记数量前三位的作物为玉米（284 个）、小麦（244个）、棉花（125 个），登记在水稻上的产品仅有 118 个。国家统计局公布的数据显示，2017 年全国粮食播种面积 1.122 亿 hm²。其中，玉米 0.355 亿 hm²，水稻 0.302 亿 hm²。在水稻上的种子处理剂数量不到登记在玉米数量上的一半，还没有登记在棉花上的产品数量多，与水稻种植面积居国内第二的地位很不匹配。除了数量少，国内登记的水稻种子处理剂在成分、剂型等方面也存在不足。产品种类少，国内现有的 118 个水稻种子处理剂中，杀虫剂有 50 个，杀菌剂为 61 个，兼具杀虫杀菌效果的复配产品只有 7 个，占比约 5%，多功能的种子处理剂明显不足。第二，有效成分单一。现有的 50 个杀虫剂种子处理剂主要集中在丁硫克百威、噻虫嗪、吡虫啉、吡蚜酮等 4 种有效成分上。其中，含有丁硫克百威、噻虫嗪的产品分别为 15 个、28 个。此外，61 个杀菌剂种子处理剂中，以多菌灵和福美双为主要成分的产品达 17 个，占比约27%。而长期过量使用多菌灵和福美双容易产生抗性，面对日益复杂严重的病虫害发生情况，种子处理效果不佳。第三，产品毒性有待进一步降低。118 个种子处理剂中，含丁硫克百威、吡虫啉等中等毒性的产品达 20 个，约占17%，含有生物源农药成分的产品为数不多。第四，剂型开发需要提速，目前登记在水稻上的种子处理剂以悬浮种衣剂为主，数量多达 71 个，而种子处理微囊悬浮剂、种子处理可溶粉剂等新剂型上的登记处于空白。症结是操作烦

琐，效果不佳。使用水稻种子处理剂，可以减少水稻种子播后烂种死苗率，有效防治恶苗病、立枯病、稻飞虱、稻蓟马等苗期病虫害，减少苗后农药用量、用药次数，还有助于促进种子商品化、标准化等，但其一直不温不火，主要归结为以下几点：一是农户习惯浸种，认识有偏差。从 20 世纪 90 年代至今，经过近 30 年的推广，玉米是目前商品种子中包衣率最高的作物。玉米种子主要由制种企业包衣，农户购买后直接播种。与旱地作物种子处理剂相比，水田作物种子处理剂发展相对较慢，国内应用最早的水稻种子处理技术是药剂浸种。在北方移栽稻田生产上，农户习惯播种前用福美双、多菌灵、咪鲜胺等药剂浸种，这种方式可以有效解决种传病害问题，使用方便，用药成本低。多年形成的浸种防治恶苗病的习惯，使不少农户简单地将浸种剂等同于种子处理剂，实际上，浸种剂只是种子处理剂产品中的一种而已。二是水稻包衣烦琐，成本高。与玉米种子不同，目前市场上销售的大多数水稻种子没有进行包衣处理，农户一般得自己想办法包衣。此外，刚刚包衣的水稻种子不能立刻浸种，需要放入编织袋等容器中妥善保存，否则种子表面的药膜在浸种过程中极易脱落。一旦药剂脱落，农户在苗期还要再次喷施农药进行补救。与玉米、小麦等旱地作物不同，水稻种子处理剂对耐水性、药效持久性等要求更高。水稻种子包衣后要存放在有水的环境中，成膜时间较长。水稻种子处理剂使用起来显得有些烦琐。三是药剂成分老化，持效期短。由于表面药剂可能溶解淋失，水稻种子处理剂的效果不如玉米种子处理剂的明显。目前市场上销售的大多数水稻种子处理剂的活性成分比较老，其对病虫草害已经产生了一定的抗药性。此外，一些产品播种后，衣膜中的有效成分在短时间内就会挥发出来，有效成分无法稳定释放，其对病虫害防治时期短、防治效果不佳，因此农民的使用积极性也不高。第四，担心出现药害。近几年国内发生的几起关于使用种子处理剂后农户绝收的事件令业界唏嘘不已，其中不乏一些知名跨国公司的产品。萌发中的种子是生长过程中最脆弱的阶段，易受机械伤害、病害、低温冻害等影响，此时的种子对药剂非常敏感；其次，一般农药使用前要进行上百倍甚至上千倍的稀释，但种子处理剂的稀释倍数很低，单位面积要承载浓度较高的药剂；最后，种子处理剂的使用相对复杂，操作不当易出现有效成分分布不均匀等问题，有时难免发生药害。地面施用农药出现问题，农户还可以用植物生长调节剂、叶面肥等措施补救，但种子处理剂直接与种子表面接触，一旦出现问题将对种子萌发、出苗产生致命影响。技术方向：多功能化、智能化。目前，国际上种子处理剂正在向多功能化、智能化方向发展，研发人员希望未来的产品具有一药多能、按时按需给药的性能，为此，有效成分多元复合、药剂智能控释技术等新方案被广泛采用。就价格和品种而言，与国外产品相比，国内水稻种子处理剂有一定优势，但从质量上看，虽然国内研发的产品符合水稻种植户原有的浸种习惯，但药剂活性成分在使用过程中易损失的问题还有待研究解决。而在水稻种子处理剂的开发过程中，成膜剂及配套助剂的研究是重点，并是各大公司的技术机密，这就是为什么国内外种子处理剂生产企业对其商品的活性组分基本公开，但相关助剂、生产工艺等关键技术则采用登记专利等方法进行保护的原因。解决问题的关键在于：首先加强顶层设计，清除发展障碍。不仅技术上要获得突破，在产品登记等顶层设计环节上，应不断清除水稻种子处理剂的发展障碍。种子处理剂多功能化一般通过多元药剂复配实现，智能化要采用微囊剂、纳米剂等控释技术实现。但目前中国的农药登记政策对三元以及三元以上有效成分复配有严格限制，严重制约了一些新产品配方的研发和应用。很多种子处理剂生产企业或种子生产企业不进行桶混试验，在包衣前直接现混现用，给种子处理的安全性带来了极大隐患，需要进行政策创新，使种子处理剂发展适应国际潮流。其次是剂型问题，2003 年颁布的国家标准《农药剂型名称及代码》（GB/T 19378—2003）将种子处理剂划分为种子处理固体制剂和种子处理液体制剂两大类，分别包含了种子处理干粉剂、种子处理可分散粉剂、种子处理可溶粉剂、种子处理液剂、种子处理乳剂、种子处理悬浮剂、悬浮种衣剂、种子处理微囊悬浮剂等 8 种不同剂型。随着行业的进步以及种子处理剂型的发展，有些剂型已不适合种子处理标准化使用，或与国际上通用的种子处理剂的相关剂型表述不一，造成企业或用户在种子处理过程中出现混乱。应组织专家和企业对种子处理剂的剂型名称等相关标准进行修订，以保证标准兼有通用性、实用性。

水稻种衣剂市场潜力大，增速高于其他作物。据不完全统计，中国农作物包衣良种推广面积已达 0.4 亿多 hm²，有力地促进了种子产业化。经测算，目前国内各类已包衣作物的面积不足总面积的 50%。在水稻上种子处理剂新产品开发及推广潜力很大。随着农村劳动力大量转移和规模经济的发展，费时耗力的手工插秧方式将逐步被直播方式取代。直播稻的出现，使得水稻种植机械化、标准化程度越来越高，但直播后的水稻种子除对出苗率和成秧率有要求外，还需要防治鼠、鸟、土传/种传病害等自然胁迫，对水稻种子处理剂产品的需求也越来越大，在今后一段时期内，适于直播用的种子处理剂有可能成为一个新的发展方向。

第四节　种子保健处理技术的新发展方向

种子处理作为作物保护领域里关键的一环，其对种子健康和营养，以及作物后期的正常生长和收获具有重要的意义。尽管种子保健处理这个概念已经流行了很多年，但是行业里的领先企业和众多科研人员却始终都在孜孜不倦地对

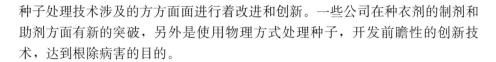

种子处理技术涉及的方方面面进行着改进和创新。一些公司在种衣剂的制剂和助剂方面有新的突破，另外是使用物理方式处理种子，开发前瞻性的创新技术，达到根除病害的目的。

一、种子干热处理

为了克服种子传播病菌的问题，干热处理成为一种广泛应用的物理处理方法，采用适宜的处理温度和时间可以钝化、杀死种子上的病原菌（Shi，2016）。干热处理不仅可以杀死种子表面附着的病菌，还可以杀死潜伏在种子内部的病菌，起到药剂处理所达不到的效果。研究表明在禾本科作物中，用70 ℃、80 ℃对小麦和大麦种子进行不同时段的处理后，可以对种子寄藏镰孢属真菌进行灭杀（Cesar，2016）。通过80～90 ℃干热处理后，对水稻种传稻瘟病和细菌性褐条病的防治效果极为明显（叶世青，2018）。但高温处理种子，容易使种子内部营养物质发生氧化反应从而使种子变质（张雨潇，2018），因此需要对干热处理的条件进行优化，以达到在灭菌的同时保证种子活力。

二、种子电处理

种子电处理的原理是利用低能量电子处理种子，可杀死种子传播的病原体，如孢子，甚至真菌、病毒和细菌。这种对种子无害的纯物理消毒方法是基于加速电子的杀生物作用。电子是工业各领域中应用众多的万能工具。除了医学和制药学中已知和已建立的应用外，种子的电子处理也变得越来越重要。该技术可以通过撞击电子的动能来调整电子进入每个种子的渗透深度，因此可以控制将杀菌作用限制在表面，而不会影响种子内部的种子胚芽。适宜的静电场短时间处理作物种子后，提高了种子的活化能，萌发过程中的吸水强度、呼吸强度、电导率及 ATP 含量都有所提高；蛋白质发生分散凝聚，种子内脱氢酶、淀粉酶和酸性磷酸酶的活性提高，而过氧化物酶的活性则下降。静电处理改善了种子萌发过程的生理生化反应水平，促进了种子的新陈代谢，提高了种子活力（黄洪云，2017）。

第五节　云南省水稻种传病害防治及种子保健处理研究进展

一、云南省水稻种子处理技术的发展

（一）云南省水稻种子处理技术的开端

云南省在水稻种传病害防治方面的系统研究始于 20 世纪 90 年代，由云南省农业科学院农作物原种繁育中心（以下简称：原繁中心）与中国农业大学种衣剂研究发展中心合作，执行云南省省院省校合作项目"云南省主要粮食作物种衣剂研究开发和中试示范"，主要开展以下研究：筛选适合滇中、滇东北中、高海拔种植区的常规稻、玉米、小麦作物的种衣剂和适合滇西、滇西南和滇南杂交稻种植区使用的种衣剂产品新配方研制；云南省种衣剂专用产品的中试研究；种衣剂田间应用效果及使用技术；水稻种衣剂中新型成膜剂的筛选和合成；防治鼠害药剂的筛选；悬浮型种衣剂稳定理化性状的突破；水稻种衣剂中新型成膜剂的研究，解决包被在水稻种子表面的药肥种衣剂溶解于水的问题；玉米种衣剂中防治鼠害药剂和新配方筛选及使用技术研究；拟根据胶体稳定原理和界面活性物质以及高分子聚合物的浮化、悬浮、成膜原理，利用胶体分散剂的疏水基和羧基的离解平衡而形成的以水为载体的胶体分散系，将杀菌剂、杀虫剂等农药原药及植物生长调节剂、微量元素等有效组分经初磨、超微研磨、产品调制和质检计量包装四步全湿法生产流程研制开发适合云南的种衣剂专用产品。种衣剂加工采取典型的密闭生产工艺，没有废水、废气、废渣等排出和外泄，无"三废"、无粉尘、无环境污染等问题。根据滇中、滇东北、滇西、滇西南和滇南不同生态区气候结合农作物病虫害发生规律以及土壤营养状况设计相对通用的种衣剂药肥复合型系列产品配方，选用国内外广谱、高效、低毒、低残留杀虫剂、杀菌剂和植物生长调节剂及微量元素，进行种衣剂新产品小试、中试、田间试验和大面积示范，同时进行应用技术研究和人员培训。

通过该项目的实施，研究开发的5.6％克·腈悬浮种衣剂（小麦种衣剂）、15％克·福·萎悬浮种衣剂（玉米种衣剂）和15％克·多·福悬浮种衣剂（水稻种衣剂）配方活性组分及配套助剂系统构建组成，为药肥复合型，具有综合防治云南省小麦、玉米和水稻苗期主要病虫害的作用，配方合理，适用性强。筛选出了水稻、玉米、小麦种衣剂产品的安全有效药种比及配套良种包衣应用技术（见技术资料）。其中水稻和小麦种衣剂产品的安全有效药种比为1：40，玉米种衣剂产品的安全有效药种比为1：50。上述三个种衣剂配方产品采用高分子成膜和缓释技术解决了种衣剂包被在种子表面透气、透水和正常吸水、吸胀以及生根发芽难的问题。经过两年多点田间试验证明，适合云南省小麦、玉米和水稻良种包衣，能够确保药剂缓慢释放，综合防治苗期多种病虫害，与国内同类产品相比较具有明显的优势（如19号种衣剂），特别是成功研究出适合中国南方浸种育秧专用的水稻种衣剂，填补了我国水稻浸种型种子包衣处理剂空白，为云南省主要作物种子工程中良种包衣技术推广提供了技术和物质保障。种衣剂技术资料达到了农业农村部农药检定所种衣剂产品登记要求，产品质量达到国内领先水平，接近国际水平。种衣剂质量标准主要项目和指标为（符合正在审定的种衣剂国家标准）：外观可流动的均匀的悬浮液；有效组分含量≥15％～25％；pH 3～7；悬浮率≥90％；筛析，即通过 4 μm 实验筛≥98％；黏度（25 ℃）≤800 mPa·s；包衣均匀度≥90％；脱落率≤1％；低温稳定性、热储稳定性（合格）。研究和确定了上述三个种衣剂产品的 HPLC 分析方法，简便准确，可以满足批量生产的要求，产品质量经有关部门检测符合国家行业标准。研究成功封闭全湿法复合动态研磨新工艺，建立了完善的废水处理、循环再生系统，实现了无污染、环保型生产，该工艺系当时国内首次报道。

产品生产成本：玉米种衣剂少于 1.502 5 万元/t、小麦种衣剂少于 1.427 4 万元/t、水稻种衣剂少于 2.010 4 万元/t。分别生产水稻、小麦、玉米 1 t、2 t、5 t，共 8 t。在玉米、小麦和水稻上累计试验和示范良种包衣技术 7.095 万 hm²（其中小麦 0.897 万 hm²、水稻 0.821 万 hm²、玉米 5.377 万 hm²）。新增粮食 3 639.36 万 kg，新增产值 4 055.845 万元，新增利税 383.502 万元，节支 524.73 万元。供试的小麦、玉米、水稻新型种衣剂对供试作物全苗壮苗、防治作物种传病害、提高相应作物的产量作用明显，其中，小麦种子包衣使小麦增产 7.3％～16.0％，玉米种子包衣使玉米增产 8.2％～18.9％。水稻种衣剂的作用主要体现在苗期，经种子包衣的水稻苗期鲜重提高 3.5％～22.2％，为丰产奠定了良好基础。研究的种衣剂与当时生产上常用的药剂相比，在处理种子方面的优势十分明显。其中，小麦种子包衣出苗率比粉锈宁拌种高 3.31～7.91 个百分点，产量比粉锈宁拌种处理增产 2.7％～11.2％；水稻种子包衣出苗率最高可比浸种灵处理提高 5.22 个百分点，秧苗百株鲜重比浸种灵处理提高 13.6％～34.1％。另外，本试验中供试的 4 个玉米种衣剂不同处理（除 1＃1∶50 和 1∶30）的效果普遍优于在云南省玉米生产中已经应用多年的种衣剂 19 号（20％克·福悬浮种衣剂），以产量平均值分析，最高可比种衣剂 19 号增产 8.6％。说明本试验设计和研制的玉米种衣剂新配方对云南省不同生态区玉米种子包衣更具有针对性和明显的防病、治虫、增产等综合效果。

该项目培养了能独立研制和开发种衣剂的技术人才 7 人，其中研究生 2 人。培训种衣剂应用技术人员 100 人。

通过该项目的实施，云南派人到美国密苏里州立大学接受了种衣剂技术的培训与合作交流。项目期间邀请了印度种子健康检测及病理学家 Agarwal 教授访问中国和云南，并对云南省农业科学院农作物原种繁育中心的技术人员进行了培训，还就本项目的意义和阶段性成果提出了文字评述。此外，2001 年 3 月项目组召开协作会对八个地州协作点的 30 名技术人员进行了技术培训，2001 年 8 月在云南主办了"全国第二届种子病理学学术研讨会"，50 多名来自全国部分省市的同行参观了项目主持单位云南省农业科学院农作物原种繁育中心的种子加工和包衣处理设备，交流种衣剂处理方面的有关内容。

（二）云南省水稻种子处理技术的发展

云南省委、省政府一贯重视云南种业的发展，省科技厅等部门高瞻远瞩，提前布局和谋划产业工程化及技术创新研发体系建设，在这样的背景下，云南省主要农作物种子加工工程技术研究中心（以下简称工程中心），依托云南省农业科学院粮食作物研究所农作物原种繁育中心，联合农业部植物新品种测试（昆明）分中心以及云南农科产业管理有限公司进行筹建，于2012年通过省科技厅考核认定，该工程中心的认定和发展是云南省水稻种子处理技术发展第二阶段的里程碑，通过该工程中心的建设和相关研究，突破了一批粮食作物种子质量控制、质量检测的新技术，培养了一支服务种业的科研创新团队，实现了研究水平与服务能力的提升，使得云南省水稻种子处理技术跃上了一个新的台阶。2018年工程中心第二轮建设验收时，创新产出成效突出，获得省级以上科技奖励2项，鉴定科技成果1项，获得国家专利授权9项，其中发明专利7项，获得植物新品种保护权3项，制定国家标准3项，行业标准14项，出版专著3部，发表论文33篇，其中SCI或EI收录16篇。建成种子检验实验室50 m²，拥有设备7种共12台（套）。研发的"低纬高原水稻种子质量控制集成技术"，改变了以往只以检验结果为指标，只管结果不管过程，只重面上不重根本，只管种子不管秧苗的传统做法。制定品种审定标准1项，雄性不育系鉴定办法1项；提出繁制种规程3项，种子保健处理规程1项，集成了"四位一体、三级联动"的种子质量控制技术体系1套，首次建立了覆盖云南省的省、州（市）、县（区）种子质量检测体系，研究成果出版专著3部，获得专利5项（发明专利3项，实用新型专利2项）、申请发明专利1项，形成技术规范及标准7项（其中以著作主要内容向生产者、应用者推广使用1项），推动出台与水稻种子质量控制技术密切相关的文件和指导性意见2份。发表论文11篇，其中SCI收录3篇。研究成果在种子管理部门、企业和农业生产上得到广泛应用，使得云南省水稻种子质量全面提升。2013—2016年抽检的水稻种子样品纯度由97.5%提升到99.3%，发芽率由80%提升到84.8%，净度稳定在99%以上，水分稳定在11.6%～13.0%。

2016—2017年，企业应用项目成果繁制种子3 296 hm²（繁种840 hm²、制种2 456 hm²），累计生产加工成品水稻种子1 474万kg，新增种子184万kg，新增销售额5 670万元；生产上推广应用种子质量控制技术194.27万hm²（常规稻59.67万hm²、杂交稻134.6万hm²），秧苗素质明显提升，用种量大幅下降，常规稻平均播种量由以往的99 kg/hm²下降到73.5 kg/hm²，下降25%；杂交稻平均播种量由以往的27 kg/hm²下降到19.5 kg/hm²，下降30%。累计减少用种2 514万kg（常规稻种1 472万kg，杂交稻种1 042万

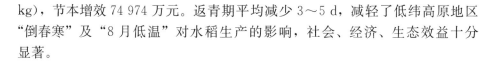

kg），节本增效 74 974 万元。返青期平均减少 3～5 d，减轻了低纬高原地区"倒春寒"及"8 月低温"对水稻生产的影响，社会、经济、生态效益十分显著。

二、种衣剂筛选及处理效果研究

在种子健康检测基础上，开展种子处理效果评价及其在集中育秧、机插秧育秧中的应用效果研究，明确了镰刀菌对咪鲜胺的室内抗药性机制。水稻苗期病害的防治一直是水稻生产中的重要环节，水稻种子包衣技术作为作物栽培和植保结合、农业和工艺结合的重要手段，具有省种、省工、省药的特点，可促进发芽和幼苗生长，防控苗期病虫害；同时种衣剂处理属于地下隐蔽施药和精准用药，具有保护环境和加速农药无公害进程等多重功效。

（一）不同种衣剂对水稻种子的消毒处理效果研究

采用系列悬浮种衣剂，研究了种衣剂处理对水稻的消毒效果，以及对种子发芽和生长的生物学效应，旨在为水稻良种包衣技术的推广应用提供依据。

1. 有机硫类、生物源杀菌剂复配种衣剂处理效果研究　选用 20％咪·苯·福悬浮种衣剂（5.5％咪酰胺，0.5％苯醚甲环唑，14％福美双），12％噻·井悬浮种衣剂（2％噻氟菌胺，10％井冈霉素）；对照药剂采用 50％福美双可湿性粉剂及 50％多菌灵可湿性粉剂。均由中国农业大学种子病理学和杀菌剂药理学研究室提供。

水稻品种：选择云南水稻生产中常用的三个杂交稻品种：Ⅱ优 63、滇杂36、冈优 827，均由云南省农业科学院粮食作物研究所提供。药种比选择：药种比按 1∶40、1∶50、1∶60 设计，每个品种选取 1 000 粒种子后称重，计算药剂量后用手工包衣的方法进行包衣。用 50％多菌灵、50％福美双作为对照药剂，药种比选择为 1∶200。先加入 17％的水在容器中摇动湿润种子表面，然后加入称取的药剂，将药剂和湿润种子摇动拌匀，设置一个不加药剂的空白对照。详细信息见表 4 - 5。将药剂处理后的种子分成两部分，一部分用于测定室内种子消毒效果、种子发芽势及种子发芽率，另一部分用于温室测定种子出苗率及秧苗素质。

每个药种比取 100 粒种子做发芽试验，设 4 个重复，共 400 粒种子。将种子置于垫有湿润滤纸的 15 cm 培养皿中，每皿摆放 100 粒种子。自种子摆放之日开始，4 d 后第一次调查种子发芽数，计算种子发芽势，7 d 后第二次统计种子发芽数，计算发芽率。同时，统计发霉种子数，计算种子消毒效果。

表4-5　药剂处理种子剂量

样品编号	品种	种子重量(g)	20%咪·苯·福悬浮种衣剂			12%噻·井悬浮种衣剂			50%福美双1:200(g)	50%多菌灵1:200(g)
			1:40(mL)	1:50(mL)	1:60(mL)	1:40(mL)	1:50(mL)	1:60(mL)		
1	Ⅱ优63	28.12	0.70	0.59	0.59	0.70	0.59	0.59	0.14	0.14
2	滇杂36	23.65	0.56	0.47	0.48	0.56	0.47	0.48	0.12	0.12
3	冈优827	23.79	0.47	0.39	0.40	0.47	0.39	0.40	0.12	0.12

温室试验设计与室内发芽试验类似，每个药种比处理播种200粒种子，从播种开始后第14天第一次调查出苗率，第21天第二次调查出苗率，并调查秧苗素质。

秧苗素质调查方法：取各处理具有代表性的水稻秧苗100株，冈优827空白对照及50%福美双可湿性粉剂处理分别只有98株、96株苗，滇杂36空白对照由于只有96株苗，故全部用于统计，进行室内考苗，测定叶片数、百株鲜重、百株干重、根数、苗高等数据。

通过种衣剂包衣处理的种子，培养7 d后调查种子霉变数量，由表4-6可以看出经过种衣剂包衣处理后，能有效抑制种子携带的真菌和细菌病害对种子的侵染，未使用种衣剂包衣处理的种子都出现了霉变及腐烂的现象，在3个

表4-6　药剂处理后种子霉变数（粒）和防霉变、消毒效果

药剂	药种比	冈优827			Ⅱ优63			滇杂36		
		霉变数(粒)	防霉变效果(%)	消毒效果(%)	霉变数(粒)	防霉变效果(%)	消毒效果(%)	霉变数(粒)	防霉变效果(%)	消毒效果(%)
20%咪·苯·福	1:40	0	100	100	0	100	100	4	96.6	99.0
	1:50	0	100	100	1	94.2	99.8	1	95.8	99.8
	1:60	0	100	100	0	100	100	4	96.6	99.0
	空白对照	19	—	—	23	—	—	17	—	—
	平均	—	100	100	—	98.07	99.92	—	96.33	99.25
12%噻·井	1:40	0	100	100	0	100	100	2	96.1	99.5
	1:50	1	95.2	99.8	0	100	100	0	100	100
	1:60	0	100	100	2	94.4	99.5	2	95.8	99.5
	空白对照	19	—	—	23	—	—	17	—	—
	平均	—	98.4	99.91	—	98.13	99.83	—	97.3	99.67

注：一为不统计项目。

供试品种中，滇杂 36 的种子包衣处理后，发芽试验中出现发霉的种子，可能与该批种子携带病原物种类及数量有关，由于种子包衣采用手工包衣的方式，也有可能是人为操作的原因，药剂未能完全覆盖种子表面，从而导致种子霉变。两个悬浮种衣剂包衣处理后，各处理的种子消毒处理效果均达到 99％以上，结果见表 4-6。其中 20％咪·苯·福为 100％、99.92％及 99.25％，防霉变效果为 100％、98.07％和 96.33％；12％噻·井对 3 个水稻品种种子消毒处理效果分别为 99.91％、99.83％及 99.67％，防霉变效果分别为 98.4％、98.13％和 97.3％。

种子发芽势以播种后 4 d 萌发露白及出芽的种子数占播种种子数的百分比计算得出。药剂处理的种子发芽势结果见表 4-7。

表 4-7　药剂处理的水稻种子发芽势（％）

品种	20％咪·苯·福			12％噻·井			50％多菌灵	50％福美双	空白对照
	1：40	1：50	1：60	1：40	1：50	1：60			
冈优 827	83.8	82.3	86.8	83.0	86.5	79.3	84.0	81.3	76.3
Ⅱ优 63	89.3	81.0	88.3	82.5	84.3	83.0	88.8	82.3	72.8
滇杂 36	66.5	81.5	66.5	55.5	53.8	65.0	66.0	48.5	48.0
平均	79.9	81.6	80.5	73.7	74.8	75.8	79.6	70.7	65.7

注：50％多菌灵、50％福美双处理的药种比为 1：200，下同。

种子发芽率的测定以播种后 7 d 统计发芽种子数，以发芽种子数占播种种子数的百分比作为种子发芽率，结果见表 4-8。

表 4-8　药剂处理的水稻种子发芽率（％）

品种	20％咪·苯·福			12％噻·井			50％多菌灵	50％福美双	空白对照
	1：40	1：50	1：60	1：40	1：50	1：60			
冈优 827	89.3	90.3	90.0	94.5	90.0	90.3	85.8	80.3	80.0
Ⅱ优 63	90.3	85.8	92.3	87.8	87.8	83.0	89.5	84.8	75.3
滇杂 36	77.3	87.0	82.0	86.8	87.0	83.5	87.0	86.8	70.0
平均	85.6	87.7	88.3	89.7	88.3	85.6	87.4	83.9	75.1

为了更接近田间生产的实际应用，将 3 个品种各处理的种子以及对照药剂 50％多菌灵可湿性粉剂、50％福美双可湿性粉剂处理的种子分别取 200 粒，播种于温室中，14 d 后调查出苗率，21 d 后调查成苗株数、保苗率及秧苗素质，结果见表 4-9 和表 4-10。

表4-9 药剂处理对水稻种子成苗的影响

药剂	药种比	冈优827			Ⅱ优63			滇杂36		
		成苗数(株)	出芽率(%)	保苗率(%)	成苗数(株)	出芽率(%)	保苗率(%)	成苗数(株)	出芽率(%)	保苗率(%)
20%咪·苯·福	1:40	127	63.5	63.5	123	61.5	61.5	136	36.5	68
	1:50	131	65.5	65.5	128	64	64	117	36	58.5
	1:60	126	63	63	131	65.5	65.5	124	38	62
	平均	128	64	64	127.3	63.7	63.7	125.7	36.8	62.8
12%噻·井	1:40	146	60.5	73	115	63	57.5	126	39.5	63
	1:50	106	58	53	111	59	55.5	118	39	59
	1:60	137	58.5	68.5	129	60.5	64.5	121	41.5	60.5
	平均	129.7	59	64.8	118.3	60.8	59.2	121.7	40	60.8
50%多菌灵		113	56.5	56.5	101	55.5	50.5	113	41.5	56.5
50%福美双		96	53	48	116	58	58	104	48	52
空白对照		98	28.5	49	102	49	51	96	26.5	48

表4-10 药剂处理对水稻秧苗素质的影响

药剂	药种比	冈优827					Ⅱ优63					滇杂36				
		苗高(cm)	叶数(片)	百株干重(g)	百株鲜重(g)	根数(条)	苗高(cm)	叶数(片)	百株干重(g)	百株鲜重(g)	根数(条)	苗高(cm)	叶数(片)	百株干重(g)	百株鲜重(g)	根数(条)
20%咪·苯·福	1:40	12.15	2.15	2.33	10.07	2.06	12.20	2.48	2.12	9.19	2.64	12.59	2.14	2.73	11.81	4.50
	1:50	13.58	2.27	2.31	10.01	2.63	14.07	2.57	2.15	10.24	3.54	14.13	2.67	2.96	12.35	3.77
	1:60	13.33	2.18	2.39	10.36	2.92	13.32	2.65	2.38	10.30	4.35	14.50	2.46	2.28	11.64	4.2
	平均	13.02	2.2	2.34	10.15	2.54	13.20	2.57	2.22	9.91	3.51	13.74	2.42	2.66	11.93	4.16
12%噻·井	1:40	12.70	2.43	2.58	10.75	2.70	12.53	2.80	2.35	11.11	3.54	12.63	2.48	2.86	12.48	3.72
	1:50	13.16	2.75	2.86	10.89	3.63	12.29	2.73	2.26	10.47	3.29	14.09	2.4	2.74	11.10	3.53
	1:60	13.75	2.28	2.77	12.02	3.61	10.91	2.78	2.51	10.88	2.88	13.80	2.41	2.62	11.35	2.99
	平均	13.20	2.47	2.74	11.22	3.31	11.91	2.77	2.37	10.82	3.24	13.51	2.43	2.74	11.64	3.41
50%多菌灵		14.92	2.35	2.38	10.30	2.77	14.70	2.78	2.63	11.88	3.33	15.40	2.56	2.75	12.56	3.25
50%福美双		15.23	2.45	2.59	12.78	3.48	16.23	2.83	2.55	11.60	3.48	14.60	2.55	2.58	12.05	3.72
空白对照		15.01	2.27	2.27	10.16	2.52	14.92	2.53	2.06	9.54	2.98	14.12	2.44	2.29	11.45	3.61

20％咪·苯·福与12％噻·井两种悬浮种衣剂对水稻种子都具有优异的杀菌效果，分别达到99.72％、99.83％。使用种衣剂包衣处理，能显著提高水稻种子的发芽势及发芽率，经20％咪·苯·福处理后3个水稻品种的平均发芽势为80.7％，发芽率为87.2％；12％噻·井处理后的3个水稻品种平均发芽势为74.8％，发芽率为87.9％；对照药剂50％多菌灵处理的平均发芽势为79.6％，发芽率为87.4％；50％福美双处理后的种子平均发芽势为70.7％，发芽率为83.9％；空白对照的平均发芽势为65.7％，发芽率为75.1％。咪鲜胺与其他药剂混配后制成的种衣剂具有较好的效果，且对种子发芽安全，发芽势和发芽率均高于其他混配药剂或单一药剂，能达到安全生产的目的。

2. 苯吡咯类杀菌剂及苯并咪唑类、羧酰替苯胺类杀菌剂复配种衣剂处理效果研究　选用18％咪·多·福、13％萎·福、2.5％适乐时作为供试药剂，其中18％咪·多·福、13％萎·福由中国农业大学提供，2.5％适乐时为先正达公司市售产品。

供试水稻品种：D优202、云光14、傣黎406、楚粳26、靖粳16。

将供试的5个品种的水稻种子分别用以下药剂处理：13％萎·福（以1：50药种比拌种）、18％咪·多·福（按照1：40药种比包衣）、2.5％适乐时（以1：350药种比包衣），以不做任何处理的整粒种子做空白对照。

用无菌水将已灭菌的9 cm滤纸润湿，置于已灭菌的9 cm培养皿中，每一皿中叠放三层湿润滤纸，每一培养皿里按同心圆形式摆放25粒处理的种子，每一处理设4个重复。先置于25℃温箱中12 h光照/12 h黑暗交替培养24 h，置于−20℃冰箱中培养12 h（抑制种子发芽），后再置于25℃温箱中12 h光照/12 h黑暗交替培养5～7 d后观察，记录种子带菌情况。试验过程中保持滤纸湿润。

处理后的种子用滤纸保湿法培养7 d后，并未出现可见的真菌菌落。但有的种子上出现了细菌（表4 - 11）。

表4 - 11　药剂处理效果统计

品种	出现细菌的次数（粒数）			合计
	13％萎·福	18％咪·多·福	2.5％适乐时	
D优202	—	—	15	15
云光14	1	13	21	35
傣黎406	—	—	3	3
楚粳26	2	—	—	2
靖粳16	—	—	4	4
合计	3	13	43	59

注：—为未检出。每个品种调查100粒包衣或拌种后的种子。

另外，尽管将种子置于−20 ℃冰箱中12 h，以抑制种子发芽，但用2.5%适乐时包衣的楚粳26品种供试的100粒种子中，仍有2粒发芽；用18%咪·多·福包衣的靖粳16品种供试的100粒种子中，有12粒发芽。未经任何药剂处理的相同品种的种子，经过相同的处理和培养后，未见发芽。

18%咪·多·福、13%菱·福和2.5%适乐时对供试水稻品种种子的消毒效果（主要针对真菌）均为100%。由于供试品种为所有20个品种中带菌情况较为严重的，故可以推测，此3种种衣剂亦可适用于对其他水稻品种种子的消毒处理。

13%菱·福对细菌的抑制效果最好；18%咪·多·福对细菌的抑制效果次之；2.5%适乐时在三者之中最差。由包衣种子发芽的现象可以推测，2.5%适乐时和18%咪·多·福可以促使水稻种子萌发。基于实验室检测结果所选用的进行水稻种子包衣处理的药剂，在实际生产环境中的效果可能与在实验室中的效果有差异，需要进一步探索研究。

（二）冷胁迫下不同种衣剂对杂交粳稻苗期生长的应用效果

云贵低纬高原粳稻区主要分布在云南省海拔1 400～2 400 m的区域，是中国乃至世界特殊稻作区之一。水稻生长对温度变化极为敏感，低纬高原地区"两头"低温对水稻生产的影响极大，特别是播种期低温极大地影响了低纬高原地区单季稻区水稻生产，其发生可降低发芽率及抑制幼苗生长，导致秧苗失绿、发僵、分蘖减少，形成弱小苗和缺苗，影响适期插秧。同时易发生绵腐病、烂秧、立枯病和青枯病，并能诱导稻瘟病的大面积流行，给水稻生产造成损失。

供试种子：云光109（云南金瑞种业有限公司提供）。供试药剂：2.5%咪鲜·吡虫啉悬浮种衣剂（北农海利涿州种衣剂有限公司提供），17%多·福悬浮种衣剂（北农海利涿州种衣剂有限公司提供），3%噁·咪悬浮种衣剂（北农海利涿州种衣剂有限公司提供），15%多·福悬浮种衣剂（重庆种衣剂厂提供），50%多菌灵可湿性粉剂（市场购买），98%复硝基酚钠（市场购买）。

试验设6个处理，详细信息见表4－12。试验采用的蒸馏水、红土、镊子等均在121 ℃灭菌30 min后使用。发芽期冷胁迫处理，设4个重复，每个重复随机选取各处理的种子100粒，放入盛有3 cm厚红土层的塑料发芽盒中（规格20.5 cm×14.5 cm×10 cm，红土湿度保持在20%～30%，下同），放置于10 ℃人工气候箱中，光照度20 000 lx，光照时间12 h/d，处理15 d，常温下恢复6 d后进行调查取样。

苗期冷胁迫处理，设4个重复，每个重复随机选取各处理的种子100粒，放入发芽盒中，放置于25 ℃光照培养箱培养，光照度20 000 lx，光照时间12 h/d，待幼苗生长到3叶秧龄，放置于10 ℃人工气候箱，光照度20 000 lx，光照时间 12 h/d，处理 7 d，常温下恢复 6 d 后进行调查取样。

常温对照处理设 4 个重复，每个重复随机选取各处理的种子 100 粒，放入发芽盒中，放置于 25 ℃光照培养箱培养，光照度 20 000 lx，光照时间 12 h/d，调查时间与冷胁迫处理同步。种子发芽后测定发芽率、苗高、根数、苗重、病苗率等指标。各测定结果数据均用 Excel2013、SPSS19 软件进行统计分析。

表 4 - 12　试验处理信息

处理编号	供试药剂	预处理方法
1	2.5%咪鲜·吡虫啉悬浮种衣剂＋0.06%复硝基酚钠	按照 1：50 药种比进行包衣处理后，在阴凉干燥处晾干；常温下浸种 24 h 后换清水再浸种 12 h，滤干后 48 ℃催芽 12 h，备用
2	17%多·福悬浮种衣剂＋0.06%复硝基酚钠	按照 1：50 药种比进行包衣处理后，其他操作同上
3	3%噁·咪悬浮种衣剂＋0.06%复硝基酚钠	按照 1：100 药种比进行包衣处理后，其他操作同上
4	15%多·福悬浮种衣剂＋0.06%复硝基酚钠	按照 1：50 药种比进行包衣处理后，其他操作同上
5	50%多菌灵可湿性粉剂	用蒸馏水稀释至 500 倍液，常温下浸种 24 h 后洗净，换清水再浸种 12 h，滤干后 48 ℃催芽 12 h，备用
6	空白对照	常温下浸种 24 h 后换清水再浸种 12 h，滤干后 48 ℃催芽 12 h，备用

试验结果显示，水稻发芽期受到低温冷害，可降低其发芽率（表 4 - 13）。发芽期冷胁迫各处理的发芽率均明显低于常温处理，各处理发芽率较常温处理降低 15.3%～34.8%。水稻苗期冷胁迫处理，因处理是在常温下发芽，然后从 3 叶期开始冷胁迫处理的，所以苗期冷胁迫各处理发芽率与常温处理基本相同。

在发芽期冷胁迫下，各药剂处理对提高种子的发芽率均有一定作用，其中处理 1、2、3、4 与对照的差异均达极显著水平。处理 3 在发芽期冷胁迫条件下对发芽率促进作用最高，处理 1 次之，处理 5 与对照差异不显著。在苗期冷胁迫和常温下，各药剂处理种子发芽率与对照相比没有显著差异。

水稻发芽期和苗期受到冷胁迫，可降低其苗高（表 4 - 14）。发芽期冷胁迫及苗期冷胁迫各处理的苗高均明显低于常温处理，各处理苗高分别较常温处理降低 3.94～5.96 cm 和 2.62～4.34 cm；发芽期冷胁迫对苗高的抑制作用大于苗期，各处理苗高降低 0.03～2.64 cm。

在发芽期冷胁迫条件下，各药剂处理对提高苗高作用明显，各处理苗高与对照处理的差异均达极显著水平。其中处理 3 对促进苗高的作用最大，处理 1 次之。

在苗期冷胁迫下，处理 1、处理 3 促进苗高作用明显，与对照的差异均达极显著水平。处理 4 与对照相同，处理 5 苗高略有降低，但与对照相比没有显著差异。

在常温下，处理 5 的苗高高于空白对照，其余各处理苗高均较空白对照略有降低，但差异不显著。

表 4-13　冷胁迫下不同种衣剂处理对杂交粳稻种子发芽率的影响

处理	种子发芽率（%）		
	发芽期冷胁迫处理	苗期冷胁迫处理	常温处理
1	79.1 abA	95.3 aA	95.2 aA
2	75.7 bA	95.4 aA	95.4 aA
3	79.9 aA	95.9 aA	95.8 aA
4	75.7 bA	95.2 aA	95.3 aA
5	62.3 cB	95.3 aA	95.3 aA
6	61.0 cB	96.5 aA	95.8 aA

注：表中数据为 4 个重复试验平均值，采用 Duncan 新复极差多重比较，同一列大小写英文字母分别表示不同药剂处理与对照相比差异达 0.01 和 0.05 显著水平，下同。

表 4-14　冷胁迫下不同种衣剂对杂交粳稻苗高的影响

处理	苗高（cm）		
	发芽期冷胁迫处理	苗期冷胁迫处理	常温处理
1	5.13 bB	6.36 bB	9.63 abA
2	4.59 cC	5.94 cC	9.45 bA
3	5.50 aA	6.82 aA	9.62 abA
4	4.34 dD	5.58 dC	9.44 bA
5	4.23 eE	5.53 dC	9.87 aA
6	4.18 fF	5.58 dC	9.85 aA

水稻发芽期和苗期受冷胁迫，幼苗根数减少（表 4-15）。发芽期及苗期冷胁迫各处理的幼苗根数均明显少于常温处理，分别减少 8.8~10.6 条/株和 3.9~5.2 条/株；发芽期冷胁迫对根数的影响大于苗期，各处理根数减少 4.3~6.0 条/株。

在发芽期冷胁迫下，各药剂幼苗根数较对照均有增加，其中处理 1、处理 2、处理 3 对增加幼苗根数有明显作用，与对照的差异均达极显著水平，其他

处理与对照的差异均达显著水平。

在苗期冷胁迫下，除处理5外其他各处理根数均有一定增加，其中处理3最多，与对照的差异达显著水平，其他处理与对照的差异不显著。

在常温下，除处理5与对照相同外，其他各处理幼苗根数较对照有一定增加，其中处理3增加最多，与对照的差异达显著水平，其他处理与对照的差异不显著。

表4-15 冷胁迫下不同种衣剂对杂交粳稻根数的影响

处理	根数（条/株）		
	发芽期冷胁迫处理	苗期冷胁迫处理	常温处理
1	2.7 aA	7.4 abA	12 abA
2	2.5 abA	7.4 abA	11.8 abA
3	2.8 aA	7.7 aA	12.3 aA
4	2.2 bAB	7.3 abA	11.8 abA
5	2.2 bAB	7.1 bA	11.6 bA
6	1.7 cB	7.2 bA	11.6 bA

水稻发芽期和苗期受冷胁迫，可降低苗鲜重（表4-16）。发芽期及苗期冷胁迫各处理的百苗鲜重均明显低于常温处理，分别降低2.80~4.23 g和0.71~2.51 g；发芽期冷胁迫对百苗鲜重的影响比苗期严重，各处理百苗鲜重降低1.07~2.74 g。

表4-16 冷胁迫下不同种衣剂对杂交粳稻百苗鲜重的影响

处理	百苗鲜重（g）		
	发芽期冷胁迫处理	苗期冷胁迫处理	常温处理
1	5.07 aAB	6.94 abA	8.56 aA
2	4.68 bBC	6.91 abA	8.45 aAB
3	5.11 aA	7.20 aA	8.69 aA
4	4.68 bBC	6.88 bA	8.12 bBC
5	4.56 bC	6.18 cB	7.91 bC
6	4.46 bC	6.19 cB	7.93 bC

在发芽期冷胁迫处理下，各药剂处理苗鲜重均高于对照，其中处理1、处理3苗鲜重与对照的差异均达极显著水平，其他处理苗鲜重与对照差异不显著。处理3效果最佳，与处理2、处理4、处理5的差异均达极显著水平，与处理1差异不显著。

在苗期冷胁迫处理下，除处理5外，其他各处理对提高苗鲜重均有明显效果，与对照的差异均达极显著水平。其中处理 3 效果最显著，与处理 4、处理 5 差异均达显著水平，与处理 1、处理 2 差异不显著。处理 5 苗鲜重较对照降低，但差异不显著。

在常温下，除处理 5 外，其他各处理苗鲜重均高于对照，其中处理 1、处理 2、处理 3 与对照的差异均达极显著水平，其中处理 3 苗鲜重最重，与处理 4 及对照的差异极显著，表明处理 3 具有促进幼苗生长及干物质积累的作用。处理 5 苗鲜重较对照降低，但差异不显著。

水稻发芽期冷胁迫使病苗率增加。发芽期冷胁迫各处理的病苗率均明显高于常温处理，分别增加 15.4%～59.2%；发芽期冷胁迫对病苗率的影响大于苗期，各药剂处理病苗率增加 1.9%～51.6%。

在发芽期冷胁迫下，处理 1 至处理 4 对降低幼苗病苗率有显著作用，各处理病苗率与处理 5 和对照的差异均达极显著水平，处理 3 病苗率最低，但与处理 1、处理 2、处理 4 的差异不显著。

各药剂在苗期冷胁迫和常温下，对降低病苗率均有显著作用（表 4 - 17），病苗率与对照的差异均达到极显著水平，种衣剂与浸种剂处理相比，降低幼苗病苗率的作用明显，处理 1 至处理 4 与处理 5 病苗率的差异均达到极显著水平。

处理 1 至处理 4 在苗期冷胁迫下的病苗率与常温下基本相同，对照的病苗率最高，与药剂处理相比达极显著水平，表明种衣剂及浸种剂处理可降低幼苗发病率。

表 4 - 17　冷胁迫下不同种衣剂对杂交粳稻病苗率的影响

处理	病苗率（%）		
	发芽期冷胁迫处理	苗期冷胁迫处理	常温处理
1	21.3 cB	4.0 cC	4.1 cC
2	25.2 cB	4.8 cC	4.8 cC
3	20.5 cB	4.4 cC	4.3 cC
4	24.9 cB	5.1 cC	5.0 cC
5	55.6 bA	18.6 bB	8.1 bB
6	63.3 aA	51.3 aA	15.4 aA

本研究表明，在发芽期和苗期冷胁迫下，利用添加植物生长调节剂的种衣剂处理杂交粳稻种子对提高种子的发芽率和幼苗高、根数、苗鲜重，降低病苗率均有促进作用。相比传统浸种剂、拌种剂，水稻种衣剂除具有防治多种病虫害的作用外，还能促进幼苗生长及干物质的积累，从而提高苗期抗寒性，云贵高原粳稻区受"倒春寒"的影响巨大，每年水稻育秧时受低温冷害影响严重，

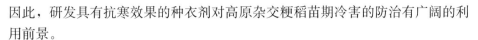

因此，研发具有抗寒效果的种衣剂对高原杂交粳稻苗期冷害的防治有广阔的利用前景。

综合本研究结果，3%噁·咪悬浮种衣剂＋0.06%复硝基酚钠对提高冷胁迫下杂交粳稻的秧苗素质效果最好，经其处理的种子，在发芽期冷胁迫下，其发芽率、苗高、根数、苗鲜重分别较对照提高 30.98%、31.58%、64.71%、14.57%，病苗率降低 67.61%；在苗期冷胁迫下，其苗高、根数、苗鲜重分别较对照提高 22.22%、6.94%、16.32%，病苗率降低 91.42%。

（三）水稻种子处理技术在机插秧育秧中的应用效果研究

目前，云南省在水稻插秧方面主要靠人工进行。与常规人工徒手插秧技术相比，水稻机插秧技术有用秧苗少、用水少、用肥少、用工少、节约成本等优势。随着城市化进程加快，农村劳动力大量向第二、三产业转移，在土地流转以及人口老龄化的背景下，要保障粮食安全、稳定农业发展，必须提高云南省水稻综合生产水平，加快水稻生产机械化，特别是机插秧技术的发展。

1. 供试水稻品种　两优 2186（景洪市农业技术推广中心提供）。

2. 供试药剂　2.5%咪鲜·吡虫啉悬浮种衣剂（北农海利涿州种衣剂有限公司提供），15%多·福悬浮种衣剂（重庆种衣剂厂提供），自制种衣剂（主成分为咪鲜胺、噁霉灵、噻虫嗪和多效唑），旱育保姆（籼稻型，登记成分为多菌灵 0.75%、多效唑 0.03%，云南省农业技术推广总站提供）。

3. 试验设计　试验共设 11 个处理（表 4 - 18）。

表 4 - 18　试验处理

处理编号	供试药剂（药种比）
1	2.5%咪鲜·吡虫啉悬浮种衣剂（1∶40）
2	2.5%咪鲜·吡虫啉悬浮种衣剂（1∶50）
3	2.5%咪鲜·吡虫啉悬浮种衣剂（1∶60）
4	15%多·福悬浮种衣剂（1∶40）
5	15%多·福悬浮种衣剂（1∶50）
6	15%多·福悬浮种衣剂（1∶60）
7	自制种衣剂（1∶40）
8	自制种衣剂（1∶50）
9	自制种衣剂（1∶60）
CK1	生产上常用药剂对照旱育保姆（1∶12.86）
CK2	空白对照

采用 2.5%咪鲜·吡虫啉悬浮种衣剂、15%多·福悬浮种衣剂、自制种衣

剂按照药种比 1：40、1：50、1：60 对稻种进行包衣。包衣后在阴凉干燥处晾干。CK1（对照药剂处理）：按景洪当地机插秧育秧习惯，用旱育保姆按照药种比 1：12.86 对浸种催芽后的稻种进行拌种处理。CK2（空白对照）：加清水。

本研究分室内发芽试验、田间育秧试验、插秧机机插效果试验和人工模拟机插秧栽插密度产量试验 4 个部分。

（1）室内发芽试验。设 4 个重复，采用完全随机区组设计，选取每处理饱满种子 50 粒放入铺有湿润滤纸的培养皿内（滤纸湿度保持在 20%～30%），放置于 30 ℃±2 ℃光照培养室培养，光照度≥4 000 lx，光照时间 12 h/d。试验均采用蒸馏水，所有试验用水、滤纸、发芽盒、镊子等均在 121 ℃灭菌30 min 后使用。

（2）田间育秧试验。每处理随机选择 90 g 种子均匀播入规格为 58 cm×27.5 cm×3 cm 的盛有 2.5 cm 厚育秧土（育秧土按当地方法施肥、调酸）的硬塑料育秧盘内，覆土后浇水，设 4 个重复，采用随机区组设计，放入育秧温室内，于 5 d 后按室内排放顺序将秧苗移至室外，每天定时喷水，保持秧盘湿润。整个育秧过程中不施用任何杀菌剂和杀虫剂。

（3）插秧机机插效果试验。设 2 个重复，随机排列。使用田间育秧试验中育成秧苗，每个处理取同一处理秧块 6 块（每个秧盘从中间取样平均分为 2块，每个处理每个重复随机用其中 6 块），用洋马 VP6 高速插秧机按 14 cm×30 cm 株行距机插 20 m 以上，机插完毕后，在垂直于机插方向的中心位置统一划定调查小区，每个处理小区规格 150 cm×686 cm。

（4）人工模拟机插秧栽插密度产量试验。设 3 个重复，采用随机区组设计。使用插秧机机插效果试验中剩余的秧苗，与插秧机机插效果试验同日进行。每个处理随机取同一药剂药种比处理秧块，用洋马 VP6 高速插秧机按14 cm×30 cm 株行距进行人工模拟栽插，每个处理小区规格 150 cm×686 cm，每穴插 2～3 苗。处理周围设 60 cm 宽走道，重复间设 60 cm 宽走道，周围设100 cm 宽保护行。移栽后 35 d 内不做病虫害防治处理，其他管理按当地常规方法进行。

4. 试验结果

（1）不同种衣剂处理对种子发芽势及发芽率的影响。如表 4-19 所示，各处理的种子发芽势，CK1 最高，为 88%，CK2 次之，为 87%。各种衣剂处理发芽势比 CK1 低 6.5%～15%，比 CK2 低 5.5%～14%，且比 CK1、CK2 的差异均达到极显著水平，说明种衣剂处理水稻种子后对种子的发芽具有一定的抑制作用。

各处理的种子发芽率为 98%～100%，处理 6、处理 9 最高，均为 100%，处理1最低，为98%，与处理6、处理8的差异达到显著水平，但与CK1、CK2的差异不显著。其他处理间差异均不显著。各种衣剂处理种子发芽率达98%或以上，高于国家标准的要求，各种衣剂处理种子后对种子发芽安全。

表4-19 各处理种子的发芽势及发芽率

处理	发芽势（%）	发芽率（%）
1	74.25±2.36 deC	98.00±0.82 bA
2	80.00±1.63 bcB	99.00±1.15 abA
3	81.25±1.25 bB	99.00±1.41 abA
4	74.50±1.91 deC	99.50±0.58 abA
5	77.00±2.58 cdBC	99.00±1.15 abA
6	81.50±1.29 bB	100.00±0.00 aA
7	73.00±3.46 eC	99.50±1.00 abA
8	80.00±1.63 bcB	99.50±1.00 abA
9	81.00±2.16 bB	100.00±0.00 aA
CK1	88.00±2.16 aA	99.5±0.58 abA
CK2	87.00±1.83 aA	99.00±1.41 abA

注：表中数据为4个重复平均值±标准差。采用Duncan新复极差多重比较，同列不同大写英文字母表示差异达0.01极显著水平，同列不同小写英文字母表示差异达0.05显著水平，下同。

（2）不同种衣剂处理对机插秧成秧率、病苗率及健苗率的影响。如表4-20所示，各处理的成秧率为54.39%～83.38%。各种衣剂处理及CK1的成秧率均高于CK2，高11.47%～28.99%，与CK2的差异均达到极显著水平。其中处理8最高，为83.38%；处理4次之，为82.93%；两个处理与CK1的差异均达到极显著水平。种衣剂处理中，处理1的成秧率最低，为65.86%，与CK1的差异达到极显著水平；处理2、处理3、处理6、处理7的成秧率也低于CK1，其中，处理2、处理6与CK1的差异达到极显著水平，处理3、处理7与CK1的差异不显著。

各处理的病苗率为11.93%～36.61%。各种衣剂处理及CK1的病苗率均低于CK2，低0.65%～24.68%，除处理1外，其他处理与CK2的差异均达到极显著水平。其中处理8最低，为11.93%，与CK1的差异达到极显著水平；处理4次之，为17.07%，与CK1的差异达到显著水平。种衣剂处理中，处理1病苗率最高，为35.96%，与CK1的差异达到极显著水平；此外处理2、处理3、处理6、处理7的病苗率也高于CK1，但除处理2与CK1的差异达到极显著水平外，其他处理与 CK1 的差异均不显著。

各处理的健苗率为 63.4%～88.07%。各种衣剂处理及 CK1 的健苗率均高于 CK2，高 0.65%～24.67%，除处理 1 外，其他处理与 CK2 的差异均达到极显著水平。其中处理 8 最高，为 88.07%，与 CK1 的差异达到极显著水平；处理 4 次之，为 82.94%，与 CK1 的差异达到显著水平。种衣剂处理中，处理 1 健苗率最低，为 64.05%，与 CK1 的差异达到极显著水平；此外处理 2、处理 3、处理 6、处理 7 的健苗率也低于 CK1，但除处理 2 与 CK1 的差异达到极显著水平外，其他处理与 CK1 的差异均不显著。

表 4 - 20　各处理的成秧率、病苗率及健苗率

处理	成秧率（%）	病苗率（%）	健苗率（%）
1	65.86±1.35 eD	35.96±1.81 aA	64.05±1.81 eE
2	68.32±1.78 eD	29.04±2.23 bB	70.96±2.23 dD
3	75.48±1.78 bcBCD	22.75±1.49 cC	77.26±1.49 cC
4	82.93±2.34 aA	17.07±2.19 dD	82.94±2.19 bB
5	77.78±1.73 bB	19.74±3.12 cdCD	80.26±3.12 bcBC
6	72.06±1.77 dD	23.36±3.07 cC	76.64±3.07 cC
7	73.84±1.15 cdBCD	23.27±2.10 cC	76.74±2.10 cC
8	83.38±1.75 aA	11.93±2.88 eE	88.07±2.88 aA
9	76.38±1.26 bcBC	20.63±2.27 cdCD	79.37±2.27 bcBC
CK1	75.81±1.09 bcBC	21.07±2.46 cCD	78.94±2.46 cBC
CK2	54.39±1.66 fF	36.61±2.44 aA	63.40±2.44 eE

不同种衣剂及药剂处理对机插秧秧苗素质的影响如表 4 - 21 所示，各处理的苗高为 14.74～23.06 cm。CK2 最高，与处理 1、处理 2、处理 3、处理 7 的差异均达到极显著水平；与处理 8、CK1 的差异达显著水平；与处理 4、处理 5、处理 6、处理 9 的差异不显著。处理 6 的苗高是各种衣剂处理中最高的，仅次于 CK2 处理，为 20.69 cm，比 CK2 矮 2.37 cm，比 CK1 高 2.13 cm，但与 CK1、CK2 的差异均不显著。种衣剂处理中，苗高比 CK1 处理高的还有处理 4、处理 5、处理 8、处理 9，但与 CK1 的差异均不显著。

各处理的根长为 6.17～8.84 cm。处理 3 最长，比其他各处理长 1.46～2.67 cm，与其他各处理的差异均达到极显著水平；处理 1 和 CK2 次之，均为 7.38 cm，与处理 6 的差异达极显著水平，与处理 3 和处理 6 外的各处理差异均不显著。处理 6 最短，比 CK1 和 CK2 分别短 0.36 cm 和 1.21 cm，与 CK1 的差异不显著，与 CK2 的差异达到极显著水平。处理 2、处理 4、处理 5、处

理 7、处理 8、处理 9 和 CK1 之间的差异不显著。

各处理的茎基宽为 0.23～0.4 cm。各种衣剂处理及 CK1 的茎基宽均宽于 CK2，除处理 3、处理 6 外，其他各处理与 CK2 的差异均达到极显著水平，处理 3 与 CK2 的差异达到显著水平，处理 6 与 CK2 的差异不显著。各处理的茎基宽，处理 8 最宽，比其他各处理宽 0.01～0.17 cm，处理 4 和处理 9 次之，均为 0.39 cm。3 个处理的茎基宽与处理 6、CK2 的差异均达到极显著水平，与 CK1 的差异不显著。处理 6 的茎基宽是各种衣剂处理中最窄的，仅宽于 CK2 处理，为 0.27 cm，比 CK2 宽 0.04 cm，比 CK1 窄 0.09 cm，与 CK2 的差异不显著，与 CK1 的差异达到显著水平。种衣剂处理中，茎基宽比 CK1 窄的还有处理 2、处理 3、处理 7，但与 CK1 的差异均不显著。

表 4 - 21　各处理的苗高、根长和茎基宽

处理	苗高（cm）	根长（cm）	茎基宽（cm）
1	14.74±2.20 eC	7.38±0.38 bB	0.36±0.05 abAB
2	15.92±2.22 cdeBC	7.21±0.49 bcBC	0.34±0.04 abcAB
3	17.26±2.19 bcdeBC	8.84±0.33 aA	0.31±0.03 bcABC
4	19.43±2.36 abcABC	6.84±0.47 bcdBC	0.39±0.04 aA
5	19.80±2.41 abABC	6.63±0.71 bcdBC	0.37±0.06 abA
6	20.69±3.10 abAB	6.17±0.15 dC	0.27±0.03 cdBC
7	15.55±1.74 deBC	7.17±0.47 bcBC	0.34±0.05 abcAB
8	19.06±2.32 bcdABC	7.23±0.65 bcBC	0.40±0.04 aA
9	19.44±1.51 abcABC	7.05±0.54 bcBC	0.39±0.04 aA
CK1	18.56±2.20 bcdABC	6.53±0.38 cdBC	0.36±0.06 abAB
CK2	23.06±2.91 aA	7.38±0.64 bB	0.23±0.04 dC

如表 4 - 22 所示，各处理的叶龄为 3.46～4.19 叶。处理 7 的叶龄最大，比其他各处理大 0.02～0.73 叶，处理 1 次之，为 4.17 叶。两个处理的叶龄与处理 6、CK1、CK2 的差异均达到极显著水平，与处理 3、处理 4、处理 9 的差异均达到显著水平，与处理 2、处理 8 的差异不显著。

各处理的白根数为 11.48～14.64 条/株。处理 8 的白根数最多，比其他各处理多 1～3.16 条/株，处理 6 次之，为 13.64 条/株，处理 8 与处理 6 的差异不显著；处理 8 的白根数与处理 4、处理 5 和处理 9 的差异均达到显著水平，与处理 1、处理 2、处理 3、处理 7、CK1、CK2 的差异均达到极显著水平。

各处理的百苗鲜重为 25.57～34.37 g。处理 8 最重，比其他各处理重 0.9～8.8 g，处理 4 次之，为 33.47 g，处理 8 与处理 4 的差异不显著；处理 8

的百苗鲜重与处理5的差异达到显著水平；处理8、处理4、处理5的百苗鲜重与处理1、处理2、处理3、处理6、处理7、处理9、CK1、CK2的差异均达到极显著水平。

表4-22　各处理的叶龄、白根数和百苗鲜重

处理	叶龄（叶）	白根数（条/株）	百苗鲜重（g）
1	4.17±0.16 aA	11.48±0.26 eD	25.57±0.37 gE
2	4.06±0.18 abAB	12.31±0.49 cdeBCD	26.23±0.58 gE
3	3.90±0.16 bcABC	12.87±0.51 bcdBCD	29.13±0.42 efCD
4	3.87±0.15 bcABC	13.47±0.77 bAB	33.47±1.08 abA
5	3.61±0.18 deCD	13.22±0.76 bcABC	32.63±1.07 bcAB
6	3.54±0.14 deCD	13.64±0.74 abAB	28.70±1.06 fD
7	4.19±0.18 aA	12.73±0.58 bcdBCD	28.90±1.72 fCD
8	3.99±0.17 abcAB	14.64±0.93 aA	34.37±1.70 aA
9	3.89±0.13 bcABC	13.32±0.84 bcABC	31.07±1.25 cdBC
CK1	3.77±0.17 cdBCD	12.80±0.72 bcdBCD	30.70±0.58 deBCD
CK2	3.46±0.16 dD	11.85±0.34 deCD	25.63±0.34 gE

插秧机机插效果试验调查结果显示，在划定区域内各处理的成行漏插率和零星漏插率均为0%，而漏插主要发生在换秧的起始阶段，由此证明机插秧的漏插率主要与播种密度、田块平整情况和机插手操作技术有关。在播种密度等相同的情况下，种子药剂处理对机插秧机插效果无影响。

不同种衣剂处理对水稻机插秧产量的影响如表4-23所示，各处理的丛有效穗为9.11～12.33穗，处理8最多，处理2最少；各处理的穗长为19.77～22.91 cm，CK2最长，处理6最短；各处理的穗总粒数为95.51～116.18粒，处理2最多，处理5最少；各处理的结实率为79.08%～92.75%，处理4最高，处理3最低；各处理的病粒率为0.71%～1.53%，CK1最高，处理5最低；各处理的千粒重为34.48～36.87 g，处理4最重，处理3最轻。

表4-23　各处理的产量性状汇总

处理	丛有效穗（穗）	穗长（cm）	穗总粒数（粒）	结实率（%）	病粒率（%）	千粒重（g）
1	10.11	20.12	98.35	88.55	0.96	35.28
2	9.11	19.84	116.18	79.77	1.04	35.11
3	10.33	20.31	105.01	79.08	1.06	34.48
4	10.56	20.45	101.60	92.75	0.94	36.87

（续）

处理	丛有效穗（穗）	穗长（cm）	穗总粒数（粒）	结实率（%）	病粒率（%）	千粒重（g）
5	9.66	21.46	95.51	87.87	0.71	35.12
6	10.56	19.77	96.43	92.33	1.33	35.88
7	10.22	20.42	109.40	83.39	0.96	35.33
8	12.33	20.12	106.31	90.04	1.15	34.79
9	10.11	20.13	96.39	85.09	0.90	34.63
CK1	11.00	20.37	95.63	89.09	1.53	35.42
CK2	9.78	22.91	96.49	90.59	1.30	35.85

注：表中数据为 3 个重复平均值。

如表 4-24 所示，试验中各处理的理论产量均高于实际产量。处理 8 的理论产量和实际产量最高，分别为 9 766.79 kg/hm² 和 9 483.22 kg/hm²，处理 4 次之，理论产量和实际产量分别为 8 724.95 kg/hm² 和 8 313.86 kg/hm²；处理 5 最低，理论产量和实际产量分别为 6 749.73 kg/hm² 和 6 455.65 kg/hm²；CK1 的理论产量和实际产量分别为 7 814.75 kg/hm² 和 7 465.19 kg/hm²，产量居第四位；CK2 的理论产量和实际产量分别为 7 285.22 kg/hm² 和 6 962.7 kg/hm²，产量居第七位。处理 8 的理论产量与处理 5、处理 9 的差异均达到显著水平，与其他各处理的差异均不显著。处理 8 的实际产量与处理 2、处理 3、处理 5、处理 9 的差异均达到显著水平，与其他各处理的差异均不显著。

表 4-24　各处理的产量

处理	理论产量（kg/hm²）	实际产量（kg/hm²）
1	7 559.12±3 048.97 abA	7 179.59±1 624.71 abA
2	7 055.76±1 152.62 abA	6 734.72±1 275.76 bA
3	6 993.75±609.88 abA	6 699.70±1 063.66 bA
4	8 724.95±1 027.00 abA	8 313.86±1 162.94 abA
5	6 749.73±782.94 bA	6 455.65±1 372.28 bA
6	7 933.84±2 258.89 abA	7 744.83±2 022.11 abA
7	7 719.75±692.72 abA	7 469.20±1 231.68 abA
8	9 766.79±1 195.85 aA	9 483.22±1 296.49 aA
9	6 863.50±1 494.12 bA	6 567.97±1 558.39 bA
CK1	7 814.75±766.93 abA	7 465.19±1 219.24 abA
CK2	7 285.22±1 257.58 abA	6 962.70±1 394.36 abA

注：表中数据为 3 个重复平均值±标准差；采用 Duncan 新复极差多重比较，同列不同大写英文字母表示差异达 0.01 极显著水平，同列不同小写英文字母表示差异达 0.05 显著水平。

综上所述，参试水稻种衣剂 2.5％咪鲜·吡虫啉悬浮种衣剂、17％多·福悬浮种衣剂以及自制种衣剂（主成分为咪鲜胺、噁霉灵、噻虫嗪和多效唑），在本配比下虽然对种子萌发有抑制作用，但不影响种子发芽安全，各种衣剂对提高机插秧的成秧率、健苗率，对降低病苗率均有积极促进作用。在机插秧对苗高、叶龄要求相对严格的条件下，部分参试种衣剂可以通过提高秧苗的根数和苗重来促进秧苗素质的提高。

自制种衣剂 1∶50 药种比和 15％ 多·福悬浮种衣剂 1∶40 药种比包衣处理水稻种子后，可有效提高机插秧的成秧率和秧苗素质，降低病苗率，其效果较景洪市目前机插秧生产中普遍采用的旱育保姆 1∶12.86 药种比拌种进行种子处理的方法有显著提高。两个种衣剂具有可实现工厂化包衣的优势，便于药剂标准化投放，减少了机插秧育秧过程中的人工投入，并简化了机插秧育秧过程中的部分工序，在机插秧生产上具有一定的应用价值。

（四）新型种子处理药剂的研发和筛选

1. 种子处理药剂的筛选　筛选的药剂分别为 11％精甲霜灵·咯菌腈·嘧菌酯悬浮种衣剂、22％噻虫嗪·咯菌腈悬浮种衣剂、25 g/L 咯菌腈悬浮种衣剂，以苗期病害防效、秧苗素质为筛选标准进行药剂筛选，结果表明以精甲霜灵·咯菌腈·嘧菌酯配组的悬浮种衣剂较为适应当地气候条件，具有防烂种，预防苗期种传和土传病害的作用。同时在西南大学开展了种子微胶囊处理药剂的研发工作，研发的水稻微胶囊缓释种衣剂，是利用界面聚合法包裹戊唑醇·噻霉酮·吡虫啉，可对水稻苗期绵腐病、立枯病、飞虱、蓟马等危害起到长期有效的防治。其效果与现有的常用剂型相比，在相同剂量下不仅能同时防治病虫害，还可延长戊唑醇·噻霉酮·吡虫啉的持效期，进一步减少对环境的压力。全程（25％噻虫·咯·霜灵）、润苗（11％精甲·咯·嘧菌）、苗舒宝（4％精甲·咯），先正达公司的 3 个种衣剂产品亮盾（62.5 g/L 精甲·咯菌腈）、迈舒平（25％噻虫·咯·霜灵）、利农（11％氟环·咯·精甲），江苏省农药研究所生产的亮地（25％氰烯菌酯），富美实公司生产的施保克（45％咪鲜胺）在保山、文山、景洪以当地主栽品种（岫粳 22、文稻 11、兆优 6319）为试验对象开展了种衣剂筛选试验和直播试验，结果表明，全程（25％噻虫·咯·霜灵，包衣膜带抗淋失成分）、迈舒平（25％噻虫·咯·霜灵）和利农（11％氟环·咯·精甲）三个种衣剂处理后的种子成秧率高（秧田播种后成秧率达80％）、出苗整齐、根系发达，可防治种传、土传病害。结合种衣剂的筛选，探索了水稻干籽直播的全苗技术，全程、迈舒平和利农 3 个种衣剂处理后的种子，干籽直播的成苗率均达 40％以上。

2. 微胶囊种子处理药剂的研发　微胶囊是一种以天然或人工合成的高分子或某些合适的材料作为载体通过化学、物理或物理化学的方法将作为芯材具有活性的物质（农药中为原药）包裹起来，形成一种具有半透性囊膜的微型胶囊。农药微胶囊加工完成后，还需要它们以一定的浓度分散悬浮于流动的连续相中，一般以水为主，称为微胶囊悬浮剂，再对作物施药。农药微胶囊主要由两部分组成，即载体材料和芯材原药，载体是影响芯材活性的关键。通常微胶囊的粒径为 $1\sim100\ \mu m$，从外观上看，农药微胶囊很像水悬浮剂和水乳剂，都是分散在水或其他连续相中的非均相体系。

农药微胶囊剂的优点主要有：由于缓释剂减少了环境中光、空气、水和微生物对农药的分解，并改变了释放性能，从而使持效期延长、用药量减少、施药间隔时间拉大、省工省药；由于缓释剂的控制释放措施使高毒农药低毒化，降低了原药对人、畜、鱼等的毒性和刺激性，减轻了对环境的污染和对农作物的药害，从而扩大了农药的应用范围；通过控制释放技术处理，改善了药剂的物理性能，提高了原药的稳定性，提高了抗紫外线辐射的能力，且液体农药固型化，保存、运输、使用和后处理都很简便；减少了因原药挥发而导致的损失，解蔽药物的刺激性气味；提高与平常不相配农药的复配能力，由于可以将多种农药的微胶囊剂混合使用，农药之间的相互作用而导致的药效减弱的问题得以改善，从而相对减轻了害虫抗药性的产生（李北兴，2014）。

国际上，早在 20 世纪 70 年代微胶囊化技术已开始应用于农药剂型加工，但是目前，微胶囊化的产品数量相当有限。第一个推出的农药微胶囊剂是甲基对硫磷微胶囊，作为农药微胶囊剂的最初典型代表走向了实用化，它使高毒短效的甲基对硫磷显著降低了毒性，延长了残效。此后微胶囊的研发在农业方面进行了大量的基础研究，并取得了一定的进展。目前约有多家农化公司在微胶囊剂的开发和应用领域进行研究，但是与医药微胶囊领域相比，发展相对缓慢，目前商品化的农药微胶囊品种还很少。国内的农药微胶囊研究起步较晚，工业化进程较慢，投放市场的产品较少，与国际上相比工程化技术水平还很落后。

微胶囊的制备方法有很多，根据系统的分类方法，大致将其分为物理法、物理机械法和物理化学法。它们主要依据微胶囊的壁材和芯料的理化性质、应用场所、粒子的平均粒径、控制释放的机制、生产成本和规模等作出选择。根据具体制备体系主要分为界面聚合法、复凝聚法、原位聚合法和溶剂挥发法等。

界面聚合法是一种在相界面上生成缩合聚合物类反应的技术。这种界面聚合技术与其他的聚合方法不同之处是它利用在两个非互溶相的界面上而并非在某一个单相区内进行的反应技术，是一种工艺较为简单、加工农药有效活性成分常用的微胶囊制备方法。界面聚合法的优点：反应单体存在于不同相中，反应在相的界面发生，使用这种方法来制备微胶囊，工艺简单、方便，反应速度快，常温下就可以反应，所以在工业生产上应用较多。以水包油型为例，根据囊芯的溶解性选择水相和油相的相对比例，将含量较少的一种溶剂作为分散剂，含量较多的作为连续相。将水溶性囊芯溶于分散相，囊壁单体溶于连续相。为保持分散体系均匀稳定，通常加入一定量的乳化剂（如吐温、甲基纤维素）并加以机械搅拌，使两种聚合物反应单体分别从两相向乳化液滴界面移动，并迅速在相界面上发生聚合反应生成聚合物将囊芯包裹起来，从而形成微胶囊（李明伟，2018）。

微胶囊载体材料的选择对于微胶囊产品的性能起到了决定性作用。到目前为止，随着新材料不断出现，微胶囊合成的选择性也不断多样化，一般要求其成膜性好，并且与囊芯不能发生化学反应，还要具有一定的机械强度、稳定性、渗透性，对活性成分的释放速率有一定的影响。因此，载体材料的选材成为微胶囊的制备、表征及性能测试的一个重要方面。不同的应用，对于微胶囊载体材料有不同的要求。

选择微胶囊载体材料的出发点主要是考虑被包囊物质的性质和产品的应用性能要求，成囊后对被包囊物质以及对于周围介质的溶解能力，聚合物的弹性、渗透性、韧性、熔点及玻璃化温度、可降解性、溶解性等性质。目前，可以作为微胶囊囊壁材料的物质有天然高分子材料、全合成高分子材料、半合成高分子材料。

天然高分子材料，如明胶、阿拉伯胶、壳聚糖、海藻酸钠、淀粉、松脂、虫胶等，具有无毒、成膜性好的优点。全合成高分子材料，如聚甲基丙烯酸甲酯、聚丁二烯、聚脲、聚乳酸、聚乙烯醇、脲醛树脂、聚碳酸亚丙酯、环氧树脂等，部分新型高分子合成材料还具有一定的降解性能，且成膜性好，稳定性高，对环境不会造成污染。半合成高分子材料，如甲基纤维素、羧甲基纤维素、乙基纤维素等，毒性小、黏性小，缺点是容易水解，不耐高温。综合各类因素，其中以无毒可降解的全合成高分子材料作为农药微胶囊载体的前景最为看好（王俊钦，2020）。

鉴于目前水稻种子处理剂的剂型较为落后，本研究团队研发出使用界面聚合法，利用油相单体和水相单体在引发剂的作用下，对有效成分进行包裹的水稻微胶囊缓释剂的制备方法。在研究制备方法的同时，开展了微胶囊制剂及其对有害生物（螨）的穿透性能的研究。结果表明纳米乳剂具有稳定性高、接触较小、黏附力强等特点，在有效成分相同的情况下，其控制效果优于乳油制剂，还具有更高的渗透性能，对螨具有更高的生物活性。与传统乳油相比，纳米乳剂中的有机溶剂用料更少，可以减少污染，有助于改善生态环境，大大降低对生产者和使用者的毒性，且生产成本低，对环境友好，研究结果为下一步完善水稻微胶囊缓释种衣剂的性能奠定了技术基础，以便于研究成果尽快应用到实际生产中。

参 考 文 献

陈功友，等，2004. 水稻白叶枯病菌致病性分子遗传学基础 [J]. 中国农业科学，37（9）：1301-1307.

陈夕军，等，2007. 水稻恶苗病菌对三种浸种剂的抗性及抗药菌株的竞争力 [J]. 植物保护学报，34（4）：425-430.

陈志伟，等，2005. 稻瘟病抗性基因 *Pi-1* 连锁 SSR 标记的筛选和应用 [J]. 福建农业大学学报（1）：74-77.

陈志伟，等，2019. 三基因聚合改良恢复系福恢 673 的稻瘟病抗性 [J]. 生物工程学报，35（5）：837-846.

程芳艳，等，2015. 黑龙江省稻瘟病菌生理小种演变与抗瘟育种对策 [J]. 现代化农业（7）：31-33.

邓世峰，等，2019. 分子标记辅助选择在我国水稻抗病育种中的研究进展 [J]. 江西农业（22）：40，46.

董文霞，2015. 噻枯唑对水稻白叶枯病菌（*Xanthomonas oryzae* pv. *oryzae*）胞外多糖的影响研究 [D]. 南京：南京农业大学.

方中达，等，1990. 中国水稻白叶枯病菌致病型的研究 [J]. 植物病理学报（2）：3-10.

高杜鹃，等，2017. 近 30 年国家和湖南省审定的水稻品种白叶枯病抗性分析 [J]. 中国稻米，23（1）：65-68.

韩熹莱，1995. 农药概论 [M]. 北京：北京农业大学出版社.

黄春艳，1995. 国内稻瘟病菌抗药性研究概况 [J]. 黑龙江农业科学（6）：33-34.

黄大辉，等，2008. 野生稻细菌性条斑病抗性资源筛选及遗传分析 [J]. 植物遗传资源学报，9（1）：11-14.

黄洪云，等，2017. 高压静电处理对种子萌发的生理生化影响 [J]. 种子，36（12）：74-76.

姜洁锋，2015. 分子标记辅助选择培育抗稻瘟病和白叶枯病水稻光温敏核不育系 [D]. 武汉：华中农业大学.

金敏忠，等，1990. 我国稻瘟病菌生理小种研究的进展 [J]. 植物保护，16（3）：37-40.

金素娟，等，2007. 利用分子标记辅助选择改良温敏核不育系 GD-8S 的稻瘟病抗性 [J]. 中国水稻科学（6）：599-604.

冷阳，2016. 种衣剂（FS）的产业化技术开发 [J]. 世界农药，38（2）：1-5.

李北兴，等，2014. 微囊化技术研究进展及其在农药领域的应用 [J]. 农药学学报，16（5）：483-496.

李进斌，等，2008. 22 个垂抗稻瘟病基因在云南的利用价值评价 [J]. 云南大学学报（自然科学版）（S1）：12-20.

李红霞，等，2004. 杀菌剂抗性分子检测技术的研究进展 [J]. 农药学报，6（4）：1-6.

李明伟，2018. 精甲霜灵·嘧菌酯·咯菌腈等农药环保制剂研制 [D]. 贵阳：贵州大学.

李信，2004. 应用分子标记辅助选择改良水稻对稻瘟病、稻褐飞虱的抗性［D］.武汉：华中农业大学.

梁曼玲，2005. 水稻抗稻瘟病的遗传与育种研究进展［J］.中国农学通报，21（7）：341-345.

梁文斌，等，2001. 云南地方稻种资源的抗瘟性研究［J］.中国水稻科学，15（2）：147-150.

刘敬民，2016. 影响悬浮种衣剂产品质量的几个因素［J］.农药研究（4）：14-15.

刘少春，2011. 吡咯类杀菌剂咯菌腈的合成工艺研究［D］.上海：华东理工大学.

凌忠专，1995. 国际通用的水稻稻瘟病菌生理小种鉴别体系创建成功［J］.中国农业科学（4）：94-95.

凌忠专，等，2000. 中国水稻近等基因系的育成及其稻瘟病菌生理小种鉴别能力［J］.中国农业科学（4）：1-8.

陆贤军，等，1996. 四川地方稻种资源抗稻瘟病鉴定及抗源的地理分布［J］.西南农业学报（S1）：50-57.

卢颖，2009. 植物化学保护［M］.北京：化学工业出版社.

马琳，等，2010. 杀菌剂抗性监测研究进展［J］.农药科学与管理，31（8）：24-28.

马忠华，等，1996. 水稻白叶枯病菌对噻枯唑的抗药性［J］.南京农业大学学报，19（2）：22-25.

彭国亮，等，1997. 稻瘟病抗源筛选和病菌生理小种监测及应用［J］.西南农业学报（S1）：7-11.

彭丽年，等，1998. 四川省稻瘟病菌的抗药性研究［M］//中国植物病害化学防治研究：第一卷.北京：中国农业出版社：74-78.

彭云良，等，1993. 稻瘟病菌对稻瘟灵耐药性研究［J］.植物保护学报，2（1）：77-81.

商鸿生，2012. 现代植物免疫学［M］.北京：中国农业出版社.

沈嘉祥，1988. 云南稻瘟病菌抗药性初步研究［J］.植物保护学报，15（1）：49-34.

沈光斌，等，2002. 水稻白叶枯病菌对噻枯唑抗药性监测［J］.植物保护，28（1）：9-11.

石得中，2007. 中国农药大辞典［M］.北京：化学工业出版社.

时培建，2019. 互利的不对等原理及其对生物入侵的启示［J］.安徽农业科学，47（11）：7-9，30.

孙国昌，等，1997. 我国稻瘟病菌对水稻新品种（系）、新组合的致病性评价［J］.中国水稻科学（4）：222-226.

孙恢鸿，2003. 我国水稻白叶枯病菌致病力分化研究［J］.植物保护（3）：5-8.

孙立亭，等，2019. 江苏省多基因聚合对水稻稻瘟病抗性的效应分析及 *Pb1* 基因功能标记开发［J］.南方农业学报，50（5）：913-923.

田大刚，等，2014. 分子标记辅助选育聚合抗稻瘟病基因和抗白叶枯病基因的水稻改良新恢复系［J］.分子植物育种，12（5）：843-852.

王俊钦，等，2020. 天然高分子材料在农药控释剂中的应用研究进展［J/OL］.农药学学报，https：//doi.org/10.16801/j.issn.1008-7303.2020.0072.

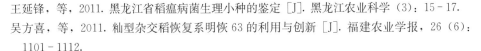

王延锋，等，2011. 黑龙江省稻瘟病菌生理小种的鉴定 [J]. 黑龙江农业科学 (3)：15-17.

吴方喜，等，2011. 籼型杂交稻恢复系明恢 63 的利用与创新 [J]. 福建农业学报，26 (6)：1101-1112.

吴文君，等，2008. 农药学 [M]. 北京：中国农业出版社.

伍振毅，等，2015. 种子处理剂的现状、品种及发展趋向 [J]. 世界农药，37 (3)：29-32.

谢华安，1998. 明恢 63 的选育与利用 [J]. 福建农业学报，13 (4)：2-5.

谢华安，2020. 杂交水稻抗病虫育种实践与思考 [J]. 中国水稻，26 (1)：1-5.

谢华安，等，1987. 籼型杂交水稻汕优 63 及其恢复系明恢 63 的选育研究 [J]. 福建农业学报，2 (1)：32-38.

谢华安，等，1996. 中国种植面积最大的水稻良种"汕优 63"培育的理论与实践 [J]. 福建省农科院学报，11 (4)：1-6.

熊远福，等，2004. 农作物种衣剂研究进展 [J]. 湖南农业大学学报，30 (2)：187-191.

徐颖，2010. 水稻白叶枯病菌 (*Xanthomonas oryzae* pv. *oryzae*) 对链霉素和噻枯唑的抗药性监测和抗药性机制研究 [D]. 南京：南京农业大学.

徐颖，等，2013. 水稻白叶枯病菌室内链霉素抗性菌株的诱导及其抗性分子机制和风险评价 [J]. 农药学学报，15 (1)：43-51.

许志刚，孙启明，郭亚辉，等，2002. 中国水稻白叶枯病菌小种分化研究 (简报) [C] // 中国植物病理学会第七届代表大会暨学术研讨会论文摘要集：85.

许志刚，孙启明，刘凤权，等，2004. 水稻白叶枯病菌小种分化的监测 [J]. 中国水稻科学，18 (5)：469-472.

杨丰宇，2017. 利用 *Pigm* 基因分子标记辅助选择培育抗稻瘟病水稻新品系 [D]. 长沙：湖南农业大学.

杨红福，等，2014. 江苏省防控小麦赤霉病主要药剂及其复配剂药效评价 [J]. 中国农学通报，30 (28)：264-269.

叶世青，2018. 水稻超干种子的耐热性及灭杀种传病害研究 [J]. 农业科技通讯 (9)：118-121.

余晓江，等，2017. 种子处理剂现状及存在问题分析 [J]. 农药科学与管理，38 (5)：11-14.

邹寿发，等，2005. 广东省稻瘟菌生理小种变化研究 [J]. 仲恺农业技术学院学报 (4)：36-41.

赵夏夏，等，2019. 水稻稻瘟病抗性研究与展望 [J]. 湖北农业科学，58 (11)：5-9.

张楠，等，2019. 最新数据解读我国种子处理剂登记概况及常见问题 [J]. 农药市场信息 (1)：34-35，62.

张一宾，2017. SDHI 类杀菌剂将成为全球杀菌剂市场主体之必然 [J]. 营销界 (农资与市场) (21)：89.

郑睿，等，2014. 江苏省水稻恶苗病菌对咪鲜胺和氰烯菌酯的敏感性 [J]. 农药学学报，16 (6)：693-698.

周江鸿，等，2003. 我国稻瘟病菌毒力基因的组成及其地理分布 [J]. 作物学报 (5)：646-651.

祝晓芬，2010. 水稻白叶枯病菌 (*Xanthomonas oryzae* pv. *oryzae*) 和条斑病菌 (*X. oryzae* pv. *oryzicola*) 对噻枯唑和链霉素的抗药性监测及室内抗药性风险评估 [D]. 南京：南京农业大学.

张雨潇，2018. 水稻脂肪氧化酶3 (LOX3) 互作蛋白的筛选及蛋白组学分析结果验证 [D]. 福州：福建农林大学.

Khallaf A，等，2011. 江苏省水稻品种抗稻瘟病基因型的鉴定与分析 [J]. 南京农业大学学报，34 (6)：65-70.

B. M. 库克，等，2009. 植物病害流行学 [M]. 王海光，马占鸿，主译. 北京：科学出版社.

Antony G，et al.，2010. Rice *xa*13 recessive resistance to bacterial blight is defeated by induction of the disease susceptibility gene *Os* - 11*N*3 [J]. Plant Cell，22 (11)：3864-3876.

Ashkani S，et al.，2016. Molecular progress on the mapping and cloning of functional genes for blast disease in rice (*Oryza sativa* L.)：Current status and future considerations [J]. Critical reviews in biotechnology，36 (2)：353-367.

Boch J，et al.，2010. *Xanthomonas AvrBs*3 family-type Ⅲ effectors：discovery and function [J]. Annual Review of Phytopathology，48 (1)：419-436.

Bonas U，et al.，1989. Genetic and structural characterization of the avirulence gene *avrBs*3 from *Xanthomonas campestris* pv. *vesicatoria* [J]. Molecular and General Genetics，218 (1)：127-136.

Booher N J，et al.，2015. Single molecule real-time sequencing of *Xanthomonas oryzae* genomes reveals a dynamic structure and complex TAL (transcription activator-like) effector gene relationship [J]. Microbial Genomics，1 (4)：1-22.

Butler M J，et al.，2001. Pathogenic properties of fungai melanins [J]. Mycologia，93 (1)：1-8.

Cernadas R，et al.，2014. Code-assisted discovery of TAL effector targets in bacterial leaf streak of rice reveals constract with bacterial blight and a novel susceptibility gene [J]. PLoS Pathogens，10 (2)：e1003972.

Cesar E F，et al.，2016. Dry heat treatment of *Andean lupin* seed to reduce anthracnose infection [J]. Crop Protection，89：178-183.

Chen L，et al.，2010. Sugar transporters for intercellular exchange and nutrition of pathogens [J]. Nature，468：527-532.

Chen X，et al.，2006. A B-lectin receptor kinase gene conferring rice blast resistance [J]. Plant journal，46 (5)：794-804.

Chen Y，et al.，2008. Sensitivity of *Fusarium graminearum* to fungicide JS399-19：In vitro determination of baseline sensitivity and the risk of developing fungicide resistance [J]. Phytoparasitica，36 (4)：326-337.

Chu Z，et al.，2006. Promoter mutations of an essential gene for pollen development result in disease resistance in rice [J]. Gene & Development，20（10）：1250－1255.

Constantine B，et al.，2016. Identification and linkage analysis of a new rice bacterial blight resistance gene form *XM*14，a mutant line from IR24 [J]. Breeding Science，66（4）：636－645.

Deng D，et al.，2012. Structural basis for sequence－specific recognition of DNA by TAL effectors [J]. Science，335（6069）：720－723.

Dixit A，2011. The map－based sequence of the rice genome [J]. Nature，436（7052）：793－800.

Gu K，et al.，2005. R gene expression induced by a type－Ⅲ effector triggers disease resistance in rice [J]. Nature，435：1122－1125.

Gonzalez C，et al.，2007. Molecular and pathotypic characterization of new *Xanthomonas oryzae* strains form West Africa [J]. Molecular Plant－Microbe Interactions，20（5）：534－546.

Hengeveld R，2002. Macarthur，r. h. and e. o. wilson（1967，reprinted 2001）：The theory of island biogeography [J]. Acta Biotheoretica，50（2）：133－136.

Hu K，et al.，2017. Improvement of multiple agromomic traits by a disease resistance gene via cell wall reinforcement [J]. Nature Plant，3：17009.

Hu Y，et al.，2014. *Lateral organ boundaries* 1 is a disease susceptibility gene for citrus bacterial canker disease [J]. Proceedings of the National Academy of Sciences，111（4）：E521－E529.

Hutin M，et al.，2005. Mor－TAL kombat：The story of defense against TAL effectors through loss－of－susceptiility [J]. Nucleic Acids Research，33（2）：577－586.

Hutin M，et al.，2015. A knowledge based molecular screen uncovers a broad－spectrum *OsSWEET*14 resistance allele to bacterial blight from wild rice [J]. Plant Journal，84（4）：694－703.

Iyerpascuzzi A S，et al.，2008. Genetic and functional characterization of the rice bacterial blight disease resistance gene *xa*5 [J]. Phytopathology，98（3）：289－295.

Ji Z，et al.，2016. Interfering TAL effectors of *Xanthomonas oryzae* neutralize R－gene－mediated plant disease resistance [J]. Nature Communications，7：13435.

Jiang G，et al.，2006. Testifying the rice bacterial blight resistance gene *xa*5 by genetic complementation and further analyzing *xa*5（*Xa*5）in comparison with its homolog *TF* Ⅱ *Aγ*1 [J]. Molecular Genetics and Genomics，275（4）：354－366.

Lee B M，et al.，2005. The genome sequence of *Xanthomonas oryzae* pathovar *oryzae* KACC10331，the bacterial blight pathogen of rice [J]. Nucleic Acids Research，33（2）：577－586.

Li Z，et al.，2014. A potential disease susceptibility gene *CsLOB* of citrus is targeted by a major virulence effector *PthA* of *Xanthomonas citri* subsp. *citri* [J]. Molecular Plant，7

(5)：912 – 915.

Liu Q，et al.，2011. A paralog of the MtN3/saliva family recessively confers race – specific resistance to *Xanthomonas oryzae* in rice ［J］. Plant Cell & Environment，34 (11)：1958 – 1969.

Liu X Q，et al.，2007. The in silico map – based cloning of Pi36，a rice CC – NBS – LRR gene which confers race specific resistance to the blast fungus ［J］. Genetics，176：2541 – 2549.

Lin F，et al.，2007. The blast resistance gene Pi37 encodes a nucleotide binding site – leucine rich protein and is a member of a resistance gene cluster on rice chromosome ［J］. Genetics，177：1871 – 1880.

Mark A N S，et al.，2012. The crystal structure of TAL effector PthXo1 bound to its DNA target ［J］. Science，335 (6069)：716 – 719.

Ming X Z，et al.，2003. Genetic analysis and breeding use of blast resistance in a japonica rice mutant R917 ［J］. Euphytica，130 (1)：71 – 76.

Moscou M J，et al.，2009. A simple cipher governs DNA recognition by TAL effectors ［J］. Science，326 (5959)：1501.

Pruitt R N，et al.，2015. The rice immune receptor *XA*21 recognizes a tyrosine – sulfated protein from a Gram – negative bacterium ［J］. Science Advances，1 (6)：e1500245.

Porter B，et al.，2003. Development and mapping of markers linked to the rice bacterial blight resistance gene ［J］. Crop Science，43 (4)：1484 – 1492.

Quibod I L，et al.，2016. Effector diversification contributes to *Xanthomonas oryzae* pv. *oryzae* phenotypic adaptation in a semi – isolated environment ［J］. Scientific Reports，6：34137.

Read A C，et al.，2016. Suppression of *Xo*1 – mediated disease resistance in rice by a truncated，non – DNA – binding TAL effector of *Xanthomonas oryzae* ［J］. Frontiers in Plant Science，7：1516.

Salzberg S，et al.，2008. Genome sequence and rapid evolution of the rice pathogen *Xanthomonas oryzae* pv. *oryzae* PXO99^A ［J］. BMC Genomics，9：204.

Sharma T R，et al.，2012. Rice blast management through host – plant resistance：Retrospect and prospect ［J］. Agricultural research (1)：37 – 52.

Shi Y，et al.，2016. Dry heat treatment reduces the occurrence of *Cladosporium cucumerinum*，*Ascochyta citrullina*，and *Colletotrichum orbiculare* on the surface and interior of cucumber seeds ［J］. Horticultural Plant Journal，2 (1)：35 – 40.

Song W，et al.，1995. A receptor kinase – like protein encoded by the rice disease resistance gene，*Xa*21 ［J］. Science，270：1804 – 1806.

Streubel J，et al.，2013. Five phylogenetically close rice *SWEET* genes confer TAL effector mediated susceptibility to *Xanthomonas oryzae* pv. *oryzae* ［J］. New Phytologist，200 (3)：808 – 819.

Sugio A，et al. ，2007. Two type Ⅲ effector genes of *Xanthomonas oryzae* pv. *oryzae* control the induction of the host genes *OsTFⅡAγ1* and *OsTFX*1 during bacterial blight of rice [J]. Proceedings of the National Academy of Sciences，104（25）：10720 - 10725.

Tabien R E，et al. ，2000. Mapping of four major rice blast resistance genes from 'Lemont' and 'Teqing' and evaluation of their combinatorial effect for field resistance [J]. Theoretical and applied genetics，101（8）：1215 - 1225.

Tian D，et al. ，2014. The rice TAL effector dependent resistance protein *XA*10 triggers cell death and calcium depletion in the endoplasmic reticulum [J]. Plant Cell，26（1）：497 - 515.

Van den B F，et al. ，2003. Measures of durability of resistance [J]. Phytopathology，93：616 - 625.

Wang C，et al. ，2015. *XA*23 is an executor R protein and confers broad - spectrum disease resistance in rice [J]. Molecular Plant，8（2）：290 - 302.

Xiang Y，et al. ，2006. *Xa*3，conferring resistance for rice bacterial blight and encoding a receptor kinase - like protein，is the same as *Xa26* [J]. Theoretical & Applied Genetics，113（7）：1347 - 1355.

Xu Z，et al. ，2017. Action modes of transcription activator - like effectors（TALEs）of *Xanthomonas* in plant [J]. Journal of Integrative Agriculture，16（12）：2736 - 2745.

Yang B，et al. ，2000. The virulence factor *AvrXa7* of *Xanthomonas oryzae* pv. *oryzae* is a type Ⅲ secretion pathway - dependent nuclear - localized double - stranded DNA - binding protein [J]. Proceedings of the National Academy of Sciences，97（17）：9807 - 9812.

Yang Y，et al. ，1995. *Xanthomonas* avirulence/pathogenicity gene family encodes functional plant nuclear targeting signals [J]. Molecular Plant - Microbe Interactions，8（4）：627 - 631.

Yoshimura S，et al. ，1998. Expression of *Xa*1，a bacterial blight - resistance gene in rice，is induced by bacterial inoculation [J]. Proceedings of the National Academy of Sciences，95（4）：1663 - 1668.

Yu Y，et al. ，2011. Colonization of rice leaf blades by an African strain of *Xanthomonas oryzae* pv. *oryzae* depends on a new TAL effector that induces the rice nodulin - 3*Os*11*N*3 gene [J]. Molecular Plant - Microbe Interactions，24（9）：1102 - 1113.

Yu Z H，et al. ，1996. Molecularmapping of genes for resistance to rice blast（*Pyricularia grisea* Sacc）[J]. Theor Appl Genet，93：859 - 863.

Yuan M，et al. ，2010. The bacterial pathogen *Xanthomonas oryzae* overcames rice defenses by regulating host copper redistribution [J]. Plant Cell，22（9）：3164 - 3176.

Yuan M，et al. ，2016. A host basal transcription factor is a key component for infection of rice by TALE - carrying bacteria [J]. Elife，5：e19605.

Zhang H，et al. ，2013. Rice versus *Xanthomonas oryzae* pv. *oryzae*：A unique pathosystem [J]. Current Opinion in Plant Biology，16（2）：188 - 195.

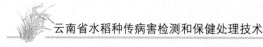
Zhang J，et al.，2015. White F. TAL effectors and the executor R genes ［J］. Frontiers in Plant Science，6：641.

Zhou J，et al.，2015. Gene targeting by the TAL effector PthXo2 reveals cryptic resistance gene for bacterial blight of rice ［J］. The Plant Journal，82 (4)：632 - 643.

Zhu W，et al.，1998. AvrXa10 contains an acidic transcriptional activation domain in the functionally conserved C terminus ［J］. Molecular Plant - Microbe Interactions，11 (8)：824 - 832.

Zhu Y，et al.，2000. Genetic diversity and disease control in rice. ［J］. Nature，406 (6797).

第五章　云南省水稻种传病害面临的形式、任务及防治策略

第一节　云南省水稻种传病害防控面临的形式和任务

一、近年来云南省水稻主要病害发生情况

据云南省植保植检站通报，2018—2020 年云南省稻瘟病发生情况均为中等，个别年份偏重，发生面积 13.33 万～16.33 万 hm² 次，优质稻种植区、杂交稻感病品种种植区发生偏重，叶瘟发生盛期在分蘖至抽穗期，穗颈瘟在 7～8 月抽穗至灌浆期，在云南曲靖、保山、楚雄、德宏、文山、玉溪、迪庆、红河、丽江、昭通、普洱、临沧等的 76 个县（市、区）发生。2018—2020 年云南省水稻白叶枯病、细菌性条斑病发生程度中等，其中白叶枯病发生面积 4.33 万 hm² 次，细菌性条斑病发生面积 6.67 万 hm² 次。主要在低海拔杂交稻种植区如临沧、保山、德宏、红河等的 40 个县（市、区）发生。云南省进入 6 月以后，降水增多，高温多湿天气加快了病害的发生蔓延。

据国家统计局云南调查总队统计，云南省 2018 年粮食总产量达到 1 860.54 万 t。粮食单产从 1949 年的 1 529.1 kg/hm²，提高到 2018 年的 4 456.8 kg/hm²。初步实现了丰收之年粮食有余，一般年份则呈现紧张平衡状态。但产消缺口依然较大，口粮仍需外调弥补，其中稻谷产消缺口较大。2003—2017 年，云南省粮食消费量从 1 741.8 万 t 增加到 2 223.14 万 t，粮食产消平均缺口在 300 万 t 左右。其中，稻谷产量一直在 650 万 t 上下波动，而稻谷消费量逐年递增，已从 700 万 t 增长到 850 万 t 左右，2010—2017 年共调入稻谷 1 981 万 t，平均年调入量在 248 万 t 左右，稻谷缺口量占全省粮食缺口量的一半以上。但在种植业结构调整的背景下，近五年来，云南省水稻种植面积在 80 万 hm² 上下波动，且有逐步下滑的趋势。种植的主栽品种有德优系列、宜香系列、楚粳系列、滇杂系列、两优系列、冈优系列、合系、岫粳系列、保粳杂系列等，其中，杂交稻种子 95% 以上均为省外调入或在省外生产，导致了全省水稻种植、口粮粮源对外依存度高，且主栽系列中均存在对稻瘟病、白叶枯病抗性差的品种，增大了种传病害随种子流通带来的风险。

二、跨境农业对种传病害防控的要求

云南属低纬度高原，地貌类型多样，山地、丘陵、盆地、河谷皆有。气候类型丰富，有热带、亚热带、温带和高原气候区不同的气候类型。同时，与越南、老挝、缅甸三国相邻，有利于发展外向型农业。自然资源丰富，使得云南高原特色农业拥有独特的"四张名片"：丰富多样、生态环保、安全优质、四季飘香。《云南省沿边地区开发开放规划（2016—2020 年）》明确要求，要把握开发开放节奏和次序，分步推进开发开放平台建设，为构建滇缅、滇老、滇越国际经济合作圈提供强有力的支撑。云南高原特色农业的发展利用了口岸的作用，把高原特色农业与口岸经济有机结合，解决省内、国内农业发展中遇到的土地、劳力及市场等瓶颈性问题，把高原特色农业提升到国际或国际次区域的高度，为农业发展提供外部拉力。云南高原特色农业有潜力、有卖点。好资源变成好产品，好产品开辟大市场。以产销对接为抓手，推进云南农业产品高品质、高品位"走出去"。近年来，云南立足高原丰富多样的资源优势，大力开发名特优产品，瞄准境外市场，通过举办农博会、农交会、茶博会，赴中东、东南亚专场推介，全面开拓国内外市场，使云南高原特色农业整体品牌越来越受国内外认可。在国家"一带一路"倡议和加强农业供给侧结构性改革以及"走出去"战略推动下，越来越多的农业企业通过绿地投资、并购投资等方式走出了国门。据不完全统计，2016 年，云南省在国（境）外投资设立的农业企业数量达到 123 家，名列全国第一，累计投资额达 7.4 亿美元，资产总额 8.67 亿美元；对外农业开发土地及水域面积共 495 200 hm²；对外投资企业共有中方员工 2 551 人，东道国员工 1.62 万人，向东道国缴纳税金达 570.48 万美元，培训当地农民达 18.21 万人次。同时，进一步加强对外农业论坛的平台作用和国际合作项目的带动作用，成功举办首届澜沧江-湄公河农业合作暨中柬老缅泰村长论坛，国际农发基金农业和农村发展项目等，为促进对外合作、造福基层农民起到了积极助推作用，受到了国际国内社会广泛赞誉。

正因为云南独特的地理环境，跨境农业和高原特色农业面临着种传病害防控的巨大压力，云南区位优势明显，在自身发展与国家"一带一路"倡议中的地位非常突出，周边国家耕地宽广，闲置土地多，自然条件优越，农业技术水平低，与我国互补性强。近年来，随着云南实施农业"走出去"战略，境外租地种植、替代种植发展迅速。通过引导企业利用境内外两个市场、两种资源，以租地种植、替代种植为切入点的跨境农业合作规模日益扩大。面对快速发展的跨境农业合作，种传病害的防控面临如下问题：

（一）云南边境有边难防

云南地处祖国西南边陲，独具"一省对三国"的地域优势，陆地直接与缅

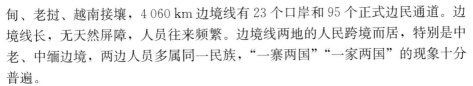

甸、老挝、越南接壤，4 060 km 边境线有 23 个口岸和 95 个正式边民通道。边境线长，无天然屏障，人员往来频繁。边境线两地的人民跨境而居，特别是中老、中缅边境，两边人员多属同一民族，"一寨两国""一家两国"的现象十分普遍。

（二）点多面广，小批次农副产品交易频繁，种传病害难以及时监控

边境地区经济相对落后，边境口岸贸易以边贸为主，出入境货物种类繁多，以农副产品为主，而且批次多、批量少、货值低。除了正规通道外，还有众多的非正式通道和边民互市贸易点，加大了检疫工作的难度和风险压力。往来人员的构成比较复杂，有边境城市的居民、进行货物贸易的商人，还有来自全国各地出境旅游的游客。往来人员在入境时往往携带有在国外购买的土特产品，甚至是动植物活体等，且这些物品体积小，较为隐蔽，难以及时监管，导致种传病害随着人员的跨境流动进入我国的风险大增。

云南省检验检疫系统检验检测技术机构共有 12 个，覆盖云南边境地区及具有批量出口的原产地区，检验检疫机构实验室的业务来源主要是配合相对应检验检疫行政机构把关执法而进行的监督检验，加上与云南接壤的国家对商品质量、动植物检疫和传染病要求几乎没有，导致企业真正自愿送检的很少。云南检验检疫机构实验室主要依托检验检疫行政执法把关需求设立，所以其技术性服务项目也服从于检验检疫行政执法把关，服务项目较少，业务比较单一。许多云南市县级检验检疫机构检测实验室的设施落后，设备老化，以及设备更新较慢，大型先进设备缺乏，从而又进一步导致市场热点产品无法检验，现有的检测能力已逐渐不能满足检验检疫行政执法把关需求，更无法满足市场经济发展的需要。由于检验检疫机构检测实验室人员属于事业编制，受着编制制约，检验人员的技术能力参差不齐，技术能力较低或者非专业出身的检验人员只能进行一些简单的、低级的检验；而专业素质较高的检验人员，也存在知识面窄、缺乏外出交流学习机会等问题，不能适应跨境农业快速发展的要求。综上可以看出，目前云南省对于种传病害的检验检疫从技术、装备、人员等方面还较为缺乏，难以及时准确监测为数众多的种传病害，也难以有效服务跨境农业、高原特色农业发展的需求。

三、"一带一路"倡议对高原特色农业的要求

中国是四大文明古国之一，以"四大发明"为代表之一的世界古代文明曾经引领人类进步与繁荣。在这个过程中，陆上和海上两条"丝绸之路"创造了中华民族长期的强盛与繁荣，也把世界文明凝结在一起，构筑起人类文明的基石。在全球化、地球村概念越来越被广泛接受，中国经济总量排名世界第二位的今天，中国需要持续、强大的新动力保持中华民族的持续繁荣与发展，把更

多的发展经验、文明成果惠及世界人民，在此背景下提出了"一带一路"倡议，以加强各国间政策、设施、贸易、资金、民心等连通、相通，促进世界繁荣与共同发展。"一带一路"涵盖了六大经济走廊，其中，孟中印缅经济走廊、中国-中南半岛经济走廊突出了云南的地位与作用，对云南省和沿线国家、地区的发展具有极大的促进作用。在"十二五"规划建设时期，云南省的经济得到了跨越式的发展，"一带一路"倡议是新时期我国建设提出的一项发展战略。云南高原特色农业如何针对现有发展条件和"一带一路"倡议要求，通过进一步深化、细化、优化发展，体现出国家赋予的地位和作用，助推"一带一路"倡议，惠及云南和世界人民，对增强云南地区农业竞争力、探索云南现代农业发展的新路子、促进农民增收和社会建设、推动云南省实现跨越式发展有重要的意义。

在云南社会经济发展中，农业一直处于主导地位，其优势和缺点都非常明显。一方面，由于多山的地理条件制约着规模化、机械化发展，一直处于小、散、弱、差的状况；另一方面，资源禀赋、自然气候优势突出，非常适于发展特色农业。基于明显的优势和缺点，云南省在国家相关战略和政策方针基础上提出了高原特色农业发展政策体系，着重打出"丰富多样、生态环保、安全优质、四季飘香"四张名片，推进"高原粮仓、特色经作、山地牧业、淡水渔业、高效林业、开放农业"等六大特色农业。高原特色农业政策实施以来成就显著，据云南省统计局《云南省2015年国民经济和社会发展统计公报》，2015年全省农业总产值达到3 383.1亿元，比2010年增长86.9%，农业增加值达到2 098.2亿元，同比增加89.3%，粮食总产量达到1 876.4万t，同比增加13.7%。

《农作物病虫害防治条例》（以下简称《条例》），自2020年5月1日起施行。农作物病虫害防治是重要的防灾减灾措施，为保障国家粮食安全和农业生产安全发挥了不可替代的重要作用。过去我国病虫害防治手段单一，主要依赖化学农药防治，不仅导致农药残留超标引起的食品安全事件时有发生，造成农业面源污染严重，影响生态环境安全，还导致病虫害抗药性上升、生物多样性下降、防治效果降低，引起社会广泛关注。

为解决过度依赖化学农药防治问题，2006年以来，我国提出了"公共植保、绿色植保"新理念，开启了农作物病虫害绿色防控的新征程。2011年，农业部印发《关于推进农作物病虫害绿色防控的意见》，随后将绿色防控作为推进现代植保体系建设、实施农药和化肥"双减行动"的重要内容。党的十八届五中全会提出了绿色发展新理念，2017年，中共中央办公厅、国务院办公厅印发《关于创新体制机制推进农业绿色发展的意见》，提出要强化病虫害全程绿色防控，有力推动绿色防控技术的应用。2019年，农业农村部、国家发展改革委、财政部等 7 部（委、局）联合印发《国家质量兴农战略规划（2018—2022 年)》，提出实施绿色防控替代化学防治行动，建设绿色防控示范县，推动农业绿色发展快速提升。在新发展理念和一系列政策的推动下，农作物病虫害绿色防控技术示范和推广面积不断扩大，到 2019 年底，我国绿色防控应用面积超过 0.53 亿 hm²，绿色防控技术覆盖率超过 37％，为促进农业绿色高质量发展发挥了重要作用。

尽管绿色防控取得了长足发展，但由于受资金保障不足、生产经营规模小、技术要求高、前期投入大等因素的影响，绿色防控主要依靠项目推动、以示范展示为主的状况难以突破，进一步发展遇到瓶颈。新颁布实施的《农作物病虫害防治条例》充分贯彻绿色发展新理念，落实绿色兴农、质量兴农新要求，坚持绿色防控原则，具有划时代的里程碑意义，病虫害绿色防控将迎来大发展的春天，该条例重点体现了以下几方面：

一是明确提出坚持预防为主的方针。《条例》提出农作物病虫害防治实行"预防为主、综合防治"的方针，将我国实行了 45 年的植保方针上升到法规层面，这是开展绿色防控的重要指导思想，有利于改变我国病虫害防治长期重治轻防的局面，有利于推进标本兼治、降低病虫害发生程度，为开展绿色防控创造有利条件。

二是明确提出坚持绿色防控的原则。《条例》明确提出坚持政府主导、属地负责、分类管理、科技支撑、绿色防控。将绿色防控作为病虫害防治必须坚持的原则之一，这是鲜明的法律导向，有利于推动病虫害绿色防控由点上示范向面上推广、普遍应用转变。

三是明确要求重视生态治理技术。《条例》提出县级以上人民政府农业农村主管部门应当在农作物病虫害滋生地、源头区组织开展作物改种、植被改造、环境整治等生态治理工作，调整种植结构，防止农作物病虫害滋生和蔓延，有利于从源头上预防病虫害大面积扩散和暴发。

四是明确强调健康栽培预防措施。《条例》规定县级以上人民政府农业农村主管部门应当指导农业生产经营者选用抗病、抗虫品种，采用包衣、拌种、消毒等种子处理措施，采取合理轮作、深耕除草、覆盖除草、土壤消毒、清除农作物病残体等健康栽培管理措施，预防农作物病虫害。在使用农药防治时，应当遵守农药安全、合理使用制度，严格按照农药标签使用农药。

五是明确提出鼓励绿色防控科技创新。创新是推动绿色防控技术不断转型升级的重要前提。《条例》指明国家鼓励和支持开展农作物病虫害防治科技创新、成果转化和依法推广应用，普及应用信息技术、生物技术，推进农作物病虫害防治的智能化、专业化、绿色化，有利于推动绿色防控技术的可持续发展。

六是明确支持推广绿色防控技术。绿色防控的生命力在于大力推广并推动农业生产经营者使用该技术。《条例》明确提出国家鼓励和支持使用生态治理、健康栽培、生物防治、物理防治等绿色防控技术和先进施药机械以及安全、高效、经济的农药；鼓励和支持科研单位、有关院校、农民专业合作社、企业、行业协会等单位和个人研究依法推广绿色防控技术。特别是鼓励专业化病虫害防治服务组织使用绿色防控技术，有利于改变目前专业化防治组织普遍采用化学农药防治的局面。

云南处于古代南方丝绸之路要冲，是我国南北可贯通亚洲，东西可连接亚、非、欧三大洲，贯通三大洋的省份，区位独特、优势突出，是"一带一路"倡议的国内核心省份之一。国家发展改革委、外交部、商务部 2015 年发布的《推动共建丝绸之路经济带和 21 世纪海上丝绸之路的愿景与行动》中明确提出，要发挥云南区位优势，推进国际运输通道建设，打造大湄公河次区域经济合作新高地，建设成为面向南亚、东南亚的辐射中心。"一带一路"倡议涵盖了云南省在内的国内和国际区域，是涵盖了农业在内的所有领域的综合性发展倡议，为云南高原特色农业提供政策、市场空间和地域范围等生产要素及动力；云南省高原特色农业发展是经国务院批准、适用于云南省的农业专项性政策，是"一带一路"倡议的重要组成部分和内容，可为前者提供资源、产业、空间等能形成竞争优势和强大国力的支持。

随着"一带一路"倡议深入，高原特色农业发展逐步表现出由时间、区域、层次造成的不完全协调，暴露出一些局限性和不足。在"一带一路"倡议背景下，云南高原特色农业的优势体现不足，品种或品牌与区域特征还没有完全结合，还没有形成融合后的综合竞争力，还没有完全适应市场对区域及其产品的市场化需求。高原特色农业是国内的响亮品牌与名片，与云南实际条件非常契合，但由于高原特色农业产业发展内容还没有完全细化，还不能完全把政策中的"六大特色"和"四张名片"的内容通过具体的产品或品牌充分体现出来。高原特色农业产业内部还没有完全形成从政策措施到生产基地之间的"全天候"畅通管理渠道，在市场、技术、信息、规划衔接等方面不能完全有效管理到位，导致总体政策与生产基地及相关措施之间不可避免的不完全协调。高原特色农业是云南省服务和配合国家"一带一路"倡议的坚强后盾和重要支撑力量，特别是随着农业"走出去"与国际合作深化，其在"一带一路"倡议惠及的、以农业产业为主导产业的东南亚等周边区域表现出明显的客观适用性和优势，导致最初的层次定位已经不能完全满足发展趋势和现实需要，客观上要求把基于国内省域的发展层次提升到合作发展的国际次区域层次，区域范围也相应从省域扩展到涵盖云南省及"一带一路"惠及的、以农业为主导产业的东南亚等周边区域。

加强政策支撑，有效疏通渠道。围绕我国急需或者短缺的战略性农业资源，制定鼓励境外农业开发、引导企业"走出去"的支持政策。创新跨境农业合作模式，疏通境外资源性农产品进口渠道，形成配套的保障机制，激发跨境农业合作活力。开展周边国家输华农产品风险分析，制定返销农产品特别是稻谷检疫准入技术解决方案，促成与周边国家签署输华农产品植物检验检疫要求议定书，开辟农业合作返销品贸易新渠道，保障跨境农业合作健康发展。

加强标准引导，有效控制源头。制定跨境农业合作负面清单、标准化种植基地规范，制定返销产品进口检验检疫监管措施，建立跨境农业合作标准体系。加强双边合作，实行注册准入管理，建立境外预检模式，确保返销进口粮食符合质量安全要求，有效保护当地农业生态环境，实现双边互利共赢。支持和指导有规模的种植企业开展标准化建设，争取建成境外农业种植示范区。加强与周边国家的国际认证合作，推行良好农业规范认证、有机产品认证，帮助企业打造知名品牌，鼓励优质粮食回运，扶强扶壮龙头企业。

加强区域试点，有效保障安全。以口岸动植物检验检疫规范化建设为抓手，加大口岸基础设施投入，推进入境粮食等农产品指定口岸建设和隔离、处理、存放等监管场所建设，建立海关、检验检疫一体的"关检监管区"，实行进口原粮在特定区域仓储、定点加工的区域化管理模式，构建起防御有害生物入侵的人工屏障，实现粮食安全和国门生物安全的双保障。

加强资源利用，有效促进发展。以境外种植返销产品为基础，完善口岸仓储设施，发展农产品加工业，延长产业链条，提升跨境农业合作效益。结合扶贫攻坚，开展跨境种植扶贫。争取境外耕地资源利用试点，探索建立境内退耕休耕与境外开发补偿有机衔接的土地占补机制，助推云南与周边国家共同实现绿色发展。

随着国家"一带一路"建设和云南面向南亚东南亚辐射中心建设的推进，跨境农业合作的重要意义和独特作用进一步凸显，需要有关部门针对存在的问题，加强规划、管理和疏导，保障跨境农业合作又好又快发展，造福云南与周边国家。

加强边境整治，有效堵截走私。加强综合整治，营造跨境农业合作的良好贸易环境。联合建立一线"打"、二线"堵"常态化治理机制，遏制非法入境。其中，强化二线查验监管，在交通要道设立检查站点，有效堵截粮食跨境、跨区非法流通，严厉查处逃避进口监管的行为。

第二节　云南省水稻生产中种传病害防治的应对策略

一、跨境农业产品加强检疫

为防止传染病和外来有害生物在国际间的传播和扩散，并保证经济贸易顺利进行而采取的有效手段和措施，一直是世界贸易组织成员普遍认同的一种政府授权的强制性的行为，必须按照进口国家法律法规所规定的范围和技术要求来实施。出入境检验检疫，是作为政府的一个行政部门，以保护国家整体利益和社会效益为衡量标准，相关要求为准则，对出入境货物、交通工具、人员及其事项等进行检验检疫、管理及认证，并提供官方检验检疫证明、居间检验检疫公证和鉴定证明的全部活动。

随着进出口贸易的迅速发展，口岸出入境货物、交通工具吞吐量不断提高，种传病害的传播概率和检疫难度急剧增加，需加强检疫从业单位的法人资格管理，固定办公场所，取得公安、生产安全、卫生、交通等有关主管部门核发的相关许可证，危险品有专用的储存场所，使用的处理药剂和器械符合国家有关规定，具有必要的安全防护装备，建立有效的质量管理体系和安全保障体系等管理制度，有业务档案和职工职业健康监护档案的监管等，严格把握标准，严格审核和考核程序，做到每个从业单位都符合检疫处理的标准和要求。加强从业人员的年龄、所掌握的检疫处理基本知识和检疫处理操作技能监管。加强检疫处理药械采购、运输和储存制度的监管。加强日常监督检查，特别是要严格检查执法依据、单位资质、现场操作、效果评价、安全防护、药品储存、监管记录以及仪器设备等，对执行落实情况进行评价。应急处置一要准确，二要快捷，准确是对症下药、方法正确；快捷要求决策果断、行动迅速，二者都需要切实的预案来支撑。严格按照事先的预案行事，更好地应对检疫处理工作中出现的突发事件。

二、国内引种加强主要病害生理小种的监测

鉴于云南省每年都大量向省外调种的现状，一旦抗病品种大面积推广，寄主的定向选择压力往往促使病原菌群体出现新的致病类型和生理小种，使抗病育种工作难以适应新小种的迅速变化，导致品种抗性在3～5年内减弱或消失。为了防止由于种子寄藏病原物生理小种变化而带来现有品种抗性丧失的情况，必须切实做到主要病害的系统监测、普查和品种抗性的调查工作，及时了解病原物小种的组成和分布及其变化动态，对不同生理小种的遗传背景进行系统分析，对优势生理小种及时监测，做好重要病害的发生区划、发生流行规律和成灾机制的研究，建立不同生育期病害发生和预测的数学模型，对重要病害的发生程度做出中、长期的科学定量预报，为生产上调整品种布局提供科学依据。

三、主要使用的种子处理药剂老化，使用积极性不高，急需更新换代，药剂科学使用方法有待加强

目前云南省水稻生产中，多菌灵、咪鲜胺是主要的药剂，在使用方式上长期单一使用，病原菌已经产生了抗药性，导致防治效果日趋式微。在剂型上多

以拌种剂、浸种剂为主，处理方式主要为浸种或拌种，农户自己使用药剂处理种子时，药剂的配比往往很随意，导致种子处理质量不高，苗期病害频发的状况也时常可见。对于普通农户来说，基本没有使用种衣剂包衣处理种子的习惯，在生产大户中，尽管知道种衣剂好处多，但由于使用成本的问题，悬浮剂等剂型也难以大量推广，大量使用的情况也不多见。为了改变这一现状，需要政府增加补贴资金，科研部门积极研发高效、低毒、低残留种衣剂，加强抗药性风险评估与监测，评估其突变频率，制定合理使用方法、次数及抗性管理策略和抗性监测体系，为之后工作的安排提供参考意见。

农业部门选择优质种子积极推广种衣剂包衣技术，如抗冷、抗旱、耐淋失、含新作用机制有效成分等专用型水稻种衣剂，具体运用时，应将具有不同作用机制的多种杀菌剂混用，或者交替使用。这样既可以有效减少具有抗药性风险类杀菌剂的选择压力，又能抑制抗药性病原物的出现。可选择具有低抗药性风险的多作用位点的杀菌剂，也可选择与主配成分无交互抗药性或作用机制不同的杀菌剂做复配药剂。复配药剂不仅可以延长药剂的使用寿命，还可以拓宽防治谱，也能通过增加持效期来延长防治时间。采用综合防治的策略防治病害，病害的综合防治是对病害进行科学管理的体系，不仅是环境和经济发展的需要，也是避免和延缓抗药性产生的重要措施。抗病品种、生防因子的应用和科学的农作技术均可以有效抑制病害发生，从而减少杀菌剂的使用频率。良种良法的配套示范推广使农户认识到种子处理是农药减施、提质增效、绿色兴农的重要手段，能够进一步保障云南省的粮食安全。

参 考 文 献

陈洁，2015. 云南检验检疫技术中心检测实验室发展研究 [D]. 昆明：云南大学.

鞠娅，2013. 提高云南检疫处理工作质量探讨 [J]. 云南农业（10）：58-59.

李志云，等，2016. 对当前云南高原特色农业发展的探讨和建议 [J]. 热带农业科技，39（4）：41-44.

田壮，2017. 走好跨境农业合作之路 [N]. 云南日报，01-11（008）.

附录　水稻种传病害检测相关标准及规范

附录1　ISTA 7-010：水稻种子中稻平脐蠕孢的检测方法

[ISTA 标准：7-010：Detection of *Bipolaris oryzae* in *Oryza sativa* (rice) seed]

1　宿主

水稻（*Oryza sativa* L.）。

2　病原物

Bipolaris oryzae（Breda de Haan）Shoem.（同物异名：*Drechelera oryzae*＝*Helminthosporium oryzae* Breda de Haan）。

有性世代：*Cochlibolus miyabeauns*（Ito & Kurib）Drechsler ex Dastur [同物异名：*Ophiobolus miyabeanus*（Ito & Kuribayashi）]。

3　编者

国际种子检验协会病害检验委员会方法验证分会。

4　修订历程

2000 年 7 月 13 日 1.0 版；2001 年 11 月 20 日 J. Sheppard 修订；2003 年再印刷；2008 年 1 月 1 日 1.1 版修订种子处理；2014 年 1 月 1 日 1.2 版修订吸墨纸制备和培养解释，增加阳性对照；2016 年 1 月 1 日 1.3 版，增加图；2017 年 1 月 1 日 1.4 版，修订报告结果；2018 年 1.5 版调整真菌分类名。

5　背景

本方法最初于 1964 年发表在 ISTA《种子健康检验手册》第 11 号 S.3。这一方法于 2002 年被录入《国际种子检验规程》附件 7。ISTA 种子健康委员会评估了该方法并建议在未来 5 年内采纳。

6 种子处理

本方法为评估种子处理对稻平脐蠕孢检测的影响。种子处理可能会影响本方法的检测结果（此处的种子处理包括：任何物理的、生物的、化学的加工过程，包括种衣剂处理）。

7 材料

7.1 参照物

参照菌株或其他适宜的参照物。

7.2 培养基

吸水纸（滤纸），例如 Whatman No.1 滤纸或类似产品。

7.3 培养皿

如果每个培养皿的种子数量是给定的，采用直径 90 mm 的培养皿。

7.4 培养箱

工作温度 22 ℃±2 ℃。为促进产生孢子，推荐 12 h 的黑暗与近紫外线（NUV）交替照射。推荐光源为黑光灯（峰值 360 nm），但日光灯亦可。

8 样品准备

该检测需种子 400 粒。

9 检测方法

9.1 预处理

无。

9.2 吸水纸法

每个培养皿上铺 3 层无菌水浸湿的直径 90 mm 的滤纸，倒掉多余的水；在每个培养皿表面均匀分散放置 25 粒种子。

9.3 培养

12 h 黑暗和 12 h NUV 交替照射，22 ℃下培养 7 d。如果培养过程中滤纸干燥可适量加入无菌水，加水时避免触碰种子造成交叉污染。

9.4 检测

用 12～50 倍显微镜检测每粒种子上的分生孢子。该病菌的分生孢子梗是从种子表面产生的，或是从其上的浅灰色气生菌丝上产生，呈绒毛状，也可能扩散到吸水纸上。如果无法确认，可用 200 倍显微镜检查分生孢子。分生孢子呈弯月形，（35～107）μm×（11～17）μm（附图 1-1、附图 1-2），浅褐色到褐色，中间或中间稍下部最宽，向两端渐尖，两端钝圆。与阳性对照进行比对。

10　通用方法

容许差距检查：容许差距是评价每个或多个检测之间的结果差异是否显著，足以对结果的准确性质疑的方法。适用于大多数种子健康的直接检测，可查阅 ISTA 手册第 5 章第 1 部分表 5B 或 Miles 表 G1。

11　结果报告

种子健康检测的结果应该注明病原物的学名和检测方法。采用 ISTA 的证书时，结果应填在"其他测定"栏中。报告须注明检测的种子数量。如果未检出病原物，结果须注明"未检出"。如果检出病原物，报告应注明被侵染种子的占比。

12　质量保证

关键控制点未列出。

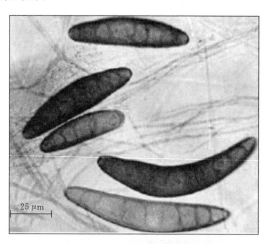

附图 1-1　分生孢子

附图 1-2　水稻种子上的分生孢子和分生孢子梗

附录 2 ISTA 7-011：水稻种子中稻梨孢的检测方法

[ISTA 7-011：Detection of *Pyricularia oryzae* in *Oryza sativa*（rice）seed]

1 宿主

水稻（*Oryza sativa* L.）。

2 病原物

Magnaporthe grisea（Hebert）Barr（有性世代）；*Pyricularia oryzae* Cavara（无性世代）（同物异名：*P. grisea*）。

3 编者

国际种子检验协会病害检验委员会方法验证分会。

4 修订历程

2000 年 7 月 13 日 1.0 版；2001 年 11 月 20 日 J. Sheppard 和 V. Cockerell 修订；2003 年再印刷；2008 年 1 月 1 日 1.1 版修订种子处理、结果报告；2014 年 1 月 1 日 1.2 版修订吸墨纸制备和培养解释，增加阳性对照；2016 年 1 月 1 日 1.3 版，增加附图 2-1；2017 年 1 月 1 日 1.4 版，修订报告结果。

5 背景

本方法最初于 1964 年发表在 ISTA《种子健康检验手册》第 12 号 S.3。1981 年由丹麦哥本哈根国家种子病理学研究所 S. B. Mathur 修订。这一方法于 2002 年被录入《国际种子检验规程》附件 7。ISTA 种子健康委员会评估了该方法并建议在未来 5 年内采纳。

6 种子处理

本方法为评估种子处理对稻梨孢检测的影响。种子处理可能会影响本方法的检测结果（此处的种子处理包括：任何物理的、生物的、化学的加工过程，包括种衣剂处理）。

7 材料

7.1 参照物

参照菌株或其他适宜的参照物。

7.2 培养基

吸水纸（滤纸），例如 Whatman No. 1 滤纸或类似产品。

7.3 培养皿

如果每个培养皿的种子数量是给定的，采用直径 90 mm 的培养皿。

7.4 培养箱

工作温度 22 ℃±2 ℃。为促进产生孢子，推荐 12 h 的黑暗与近紫外线（NUV）交替照射。推荐光源为黑光灯（峰值 360 nm），但日光灯亦可。

8 样品准备

该检测需种子 400 粒。

9 检测方法

9.1 预处理

无。

9.2 吸水纸法

每个培养皿上铺 3 层无菌水浸湿的直径 90 mm 的滤纸，倒掉多余的水；在每个培养皿表面均匀分散放置 25 粒种子。

9.3 培养

12 h 黑暗和 12 h NUV 交替照射，22 ℃下培养 7 d。如果培养过程中滤纸干燥可适量加入无菌水，加水时避免触碰种子造成交叉污染。

9.4 检测

用 12～50 倍显微镜检测每粒种子上的分生孢子。通常病原真菌在颖壳上生成小的、不明显的、灰色到绿色的菌落（附图 2-1），菌落上，从短而柔软的分生孢子梗顶端产生分生孢子团。菌丝很少长满将整粒种子覆盖。如果无法确认，可用 200 倍显微镜检查分生孢子。分生孢子为典型的倒梨形（附图 2-2、附图 2-3），无色透明，基部截形有短牙状凸出，2 个隔膜，通常顶端细胞尖锐，（20～25）μm×（9～12）μm。

注意：为正确鉴定稻梨孢，需用 25～50 倍显微镜仔细检查。注意不要混淆腐生的枝孢霉和梨孢霉。在显微镜下，分生孢子梗短、灰色、顶端尖锐，其上产生的分生孢子成团但不多，就是梨孢霉；枝孢霉的分生孢子则是成团且

多，呈刷子状且相对较长，分生孢子梗为深色。无法确认时，应用更高倍的如
200～400 倍显微镜检测。与阳性对照进行对比。

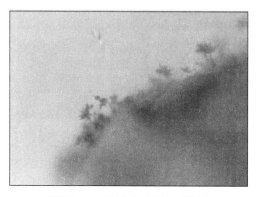

附图 2-1　颖壳上生长的稻梨孢

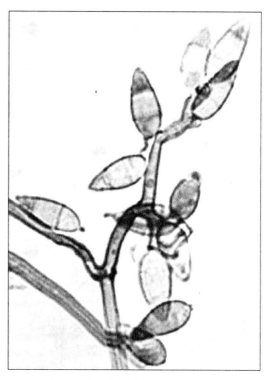

附图 2-2　分生孢子和分生孢子梗（750×）

附图 2-3　分生孢子和分生孢子梗

10　通用方法

容许差距检查：容许差距是评价每个或多个检测之间的结果差异是否显著，足以对结果的准确性质疑的方法。适用于大多数种子健康的直接检测，可查阅 ISTA 手册第 5 章第 1 部分表 5B 或 Miles 表 G1。

11　结果报告

种子健康检测的结果应该注明病原物的学名和检测方法。采用 ISTA 的证书时，结果应填在"其他测定"栏中。报告须注明检测的种子数量。如果未检出病原物，结果须注明"未检出"。如果检出病原物，报告应注明被侵染种子的占比。

12　质量保证

关键控制点未列出。

附录 3　ISTA 7－012：水稻种子中帕氏毛孢子菌的检测方法

［ISTA：7－012：Detection of *Trichoconiella padwickii* in *Oryza sativa* （rice） seed］

1　宿主

水稻（*Oryza sativa* L.）。

2　病原物

Trichoconiella padwickii Ganguly ［同物异名：*Alternaria padwickii* （Ganguly） Jain］。

3　编者

国际种子检验协会病害检验委员会方法验证分会。

4　修订历程

2000 年 7 月 13 日 1.0 版；2001 年 11 月 20 日 J. Sheppard 和 V. Cockerell 修订；2003 年再印刷；2008 年 1 月 1 日 1.1 版修订种子处理、结果报告；2014 年 1 月 1 日 1.2 版修订吸墨纸制备和培养解释，增加阳性对照；2016 年 1 月 1 日 1.3 版，增加附图 3－1、附图 3－2；2017 年 1 月 1 日 1.4 版，修订报告结果。2018 年 1 月 1 日 1.5 版，调整病原物学名。

5　背景

本方法最初于 1964 年发表在 ISTA《种子健康检验手册》第 13 号 S.3。这一方法于 2002 年被录入《国际种子检验规程》附件 7。2006 年 ISTA 种子健康委员会评估了该方法并建议在未来 5 年内采纳。

6　种子处理

本方法为评估种子处理对帕氏毛孢子菌检测的影响。种子处理可能会影响本方法的检测结果（此处的种子处理包括：任何物理的、生物的、化学的加工过程，包括种衣剂处理）。

7 材料

7.1 参照物

参照菌株或其他适宜的参照物。

7.2 培养基

吸水纸（滤纸），例如 Whatman No. 1 滤纸或类似产品。

7.3 培养皿

如果每个培养皿的种子数量是给定的，采用直径 90 mm 的培养皿。

7.4 培养箱

工作温度 22 ℃±2 ℃。为促进产生孢子，推荐 12 h 的黑暗与近紫外线（NUV）交替照射。推荐光源为黑光灯（峰值 360 nm），但日光灯亦可。

8 样品准备

该检测需种子 400 粒。

9 检测方法

9.1 预处理

无。

9.2 吸水纸法

每个培养皿上铺 3 层无菌水浸湿的直径 90 mm 的滤纸，倒掉多余的水；在每个培养皿表面均匀分散放置 25 粒种子。

9.3 培养

12 h 黑暗和 12 h NUV 交替照射，22 ℃下培养 7 d。如果培养过程中滤纸干燥可适量加入无菌水，加水时避免触碰种子造成交叉污染。

9.4 检测

用 12～50 倍显微镜检测每粒种子上的帕氏毛孢子菌的分生孢子。分生孢子呈纺锤状，初为半透明，后为淡黄色到金褐色，有一长喙。单生，直接从种子表面长出或从白色至灰色、绒毛状的气生菌丝体上产生短的分生孢子梗。如果无法确认，可用 200 倍显微镜检查分生孢子。分生孢子具 3～5 个隔膜，分隔处常缢缩（附图 3－1、附图 3－2）。肌细胞为典型的圆锥形，具长喙，(95～170)μm×(11～20)μm。被侵染的种子或小苗常密布特征性粉红色斑点，并且扩散到滤纸上，7 d 后更密集。与阳性对照进行对比。

10 通用方法

容许差距检查：容许差距是评价每个或多个检测之间的结果差异是否显

著，足以对结果的准确性质疑的方法。适用于大多数种子健康的直接检测，可查阅 ISTA 手册第 5 章第 1 部分表 5B 或 Miles 表 G1。

11 结果报告

种子健康检测的结果应该注明病原物的学名和检测方法。采用 ISTA 的证书时，结果应填在"其他测定"栏中。报告须注明检测的种子数量。如果未检出病原物，结果须注明"未检出"。如果检出病原物，报告应注明被侵染种子的占比。

12 质量保证

关键控制点未列出。

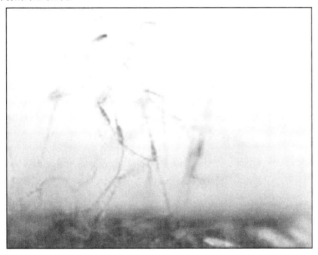

附图 3-1　水稻种子上的分生孢子

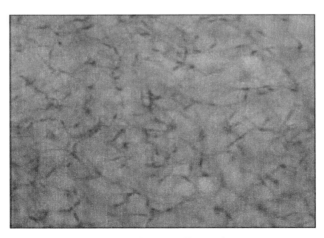

附图 3-2　吸水纸上的菌丝和分生孢子

附录 4　GB/T 28078—2011：水稻白叶枯病菌、
水稻细菌性条斑病菌检疫鉴定方法

1　范围

本标准规定了水稻种子和其他水稻材料的水稻白叶枯病菌 *Xanthomonas oryzae* pv. *oryzae*（*Xoo*）和水稻细菌性条斑病菌 *Xanthomonas oryzae* pv. *oryzicola*（*Xcola*）的检疫鉴定以植物的形态学特征、生理生化特性、分子生物学和酶联免疫学技术作为依据，明确了田间观察、分离鉴定、样品保存的方法。

本标准适用于水稻材料和相关环境中水稻白叶枯病菌、水稻细菌性条斑病菌的检测。

2　规范性引用文件

下列文件对于本文件的应用是必不可少的。凡是注日期的引用文件，仅注日期的版本适用于本文件。凡是不注日期的引用文件，其最新版本（包括所有的修改单）适用于本文件。

GB 15569—1995　农业植物调运检疫规程

ISTA 国际种子检验规程

3　方法原理

根据水稻植株的形态学特征进行田间观察，并采用分离培养、分子生物学和酶联免疫学筛选、生理生化鉴定以及致病性测定对植株材料上的水稻白叶枯病菌、水稻细菌性条斑病菌进行判定。

4　设备和材料

4.1　冷冻高速离心机：转速≤15 000 r/min。

4.2　PCR 扩增仪。

4.3　恒温培养箱：28 ℃±1 ℃。

4.4　显微镜：物镜头 10×～100×。

4.5　天平：精度 0.001 g。

4.6　高压灭菌器。

4.7 均质器：转速 4 000～8 000 r/min。

4.8 可调移液器：0.2～1 μL，1～10 μL，10～100 μL，100～1 000 μL。

4.9 器具：灭菌的镊子、剪刀、称量勺。

4.10 吸管：1 mL、10 mL。

4.11 灭菌平皿：直径 90 mm，玻璃或一次性塑料平皿。

4.12 三角瓶：100 mL。

5 培养基和试剂

5.1 SPA 培养基：见 A.1。

5.2 0.001% 吐温 20 -磷酸盐缓冲液。

5.3 革兰氏染色试剂：见 A.2。

5.4 鞭毛染色试剂：见 A.3。

5.5 明胶液化培养基：见 A.4。

5.6 氧化酶试剂：见 A.5。

5.7 硝酸盐培养基：见 A.6。

5.8 过氧化氢酶试验试剂：见 A.7。

5.9 石蕊牛乳试剂：见 A.8。

5.10 糖氧化和发酵测定培养基：见 A.9。

5.11 碳源利用试验培养基：见 A.10。

5.12 水杨苷产酸试验培养基：见 A.11。

5.13 2,3,5 -三苯基氯化四氮唑（TTC）。

6 田间检验

水稻在整个生育期的叶片均可受害，在苗期、分蘖期受害最重，通过田间观察可直接对水稻受害情况进行判断，水稻细菌性条斑病菌和水稻白叶枯病菌田间症状及相关资料参见附件 B 和附件 C。对田间检验有病害发生的植株，按以下操作进行抽样及实验室检验。

7 抽样

水稻种子抽样可参照 ISTA《国际种子检验规程》或者 GB 15569—1995 6.1方法进行。

8 样品处理

8.1 水稻种子

大量种子样品通常需先用蒸馏水冲洗以除去残片和表面的污染杂菌，以避免杂菌太多产生干扰。清洗后称取 10 g 或 400 粒种子，放入 0.001％吐温-磷酸缓冲液中低温（5～15 ℃）浸泡 4～6 h，用均质器打碎，制备样品提取液。如果是检测少量的种子样品，取 20 粒种子加入 10 mL 灭菌的磷酸缓冲液，用灭菌槌和研钵或是搅拌器将种子完全压碎制成提取液。

将样品提取液于 22～25 ℃环境中放置 4～6 h。旋涡混匀悬浮液 5 min，制备 10×，100×和 1 000× 3 个稀释度的悬浮液，从原液及每个梯度稀释液中取 0.3 mL，分别放入 3 个 SPA 的平皿中（每个平皿加入 0.1 mL）。用 L-型玻璃棒将液体均匀涂布在 SPA 琼脂的表面。

若提取液杂菌较多，可考虑增加稀释梯度和接种平板的数量以提高检出率。

8.2　植物组织材料

8.2.1　无症状的组织

可将 10 g 左右样品直接放入 90 mL 0.001％吐温-磷酸盐缓冲液中，均质 1 min 制备成样品提取液。按 8.1 方法进行稀释与涂布。

8.2.2　未显症的可疑组织

用灭菌的剪刀剪成小块，将其置入 SPA 分离平板中，滴入 2～3 滴（约 0.2 mL）的生理盐水，放置 5～10 min，让细菌从这些组织中渗出，用灭菌的接种环蘸取渗出液，在 SPA 培养基上进行分离培养。

8.2.3　受感染组织

从叶片损伤部位的前端切下 2 mm×7 mm 片段。将其放入 70％的乙醇中消毒 15～30 s，然后在试管中用灭菌蒸馏水清洗叶片 2～3 次，最后将其置于 SPA 分离平板上。如植物组织材料上出现菌脓或菌痂，直接用接种工具取菌脓或菌痂于 SPA 分离平板上涂布。

9　分离

接种后每天观察 SPA 平板的菌株生长状况。水稻白叶枯病菌（*Xoo*）生长速度较慢，一般要在 72～96 h 才形成可见菌落。菌落呈圆形，光滑、表面凸起、黏稠，由黄白色逐渐变成淡黄色，在发射光下不透明。菌落在第三天或第四天时只有小圆点般大小，在第五天至第七天时直径有 1～2 mm。水稻细菌性条斑病菌（*Xcola*）菌株则在 48～72 h 后出现，生长速度比 *Xoo* 快，菌落圆形、光滑、凸起、黏质，先为白色，成熟后变浅黄色。菌落在第三天直径达到 1 mm。

培养 24 h 后开始观察菌落生长情况，标记并排除 48 h 之内平板中出现的亮黄色菌落。选择浅黄色且黏液样的单个菌落接种于 SPA 培养基中，每个平皿挑取 5 个以上典型或疑似菌落进一步培养纯化，以进行进一步生化鉴定试验。对疑似菌落也可以采用 PCR 方法进行初筛，或者采用水稻白叶枯病菌和水稻细菌性条斑病菌的 ELISA 试剂盒进行初步筛选（具体检测方法参照试剂盒说明手册），阳性结果再继续通过生化鉴定做进一步证实。

10　PCR 筛选试验

从分离培养的细菌菌株中提取 DNA 作为模板，进行 PCR 检测和电泳分析。用水稻白叶枯标准菌株或水稻细菌性条斑标准菌株基因组 DNA 作为阳性对照，用不含有水稻白叶枯菌株或水稻细菌性条斑菌株的植物组织材料或其他植物病原菌基因组 DNA 为阴性对照，用双蒸水做空白对照，进行 PCR 扩增，将扩增产物进行琼脂糖电泳分析。

将分离得到的可疑菌落接种至 SPA 斜面，培养 48～72 h 后用无菌水洗下斜面上生长的菌苔，制成菌悬液。使用制备好的菌悬液按照附件 D 进行分子生物学鉴定。若测试菌株的 PCR 产物与阳性对照相对分子质量一致，继续进行生化鉴定试验。

11　生化鉴定

11.1　初步鉴定

挑取分离培养得到的符合特征的可疑菌落分别进行氧化酶试验、过氧化氢酶试验、革兰氏染色和鞭毛染色观察。黄单胞菌属菌为氧化酶阴性或延迟反应（15～16 s），过氧化氢酶阳性，革兰氏染色阴性，单生极鞭杆菌。符合以上试验结果的菌落则初步鉴定为疑似黄单胞菌属（*Xanthomonas*）。

11.2　硝酸盐还原试验

于 28 ℃ 培养后的菌悬液中加入硝酸盐还原试剂，观察颜色反应，黄单胞菌不利用硝酸盐，为不变色的阴性反应。

11.3　明胶液化

挑取纯化后菌落穿刺接种营养明胶琼脂后，28 ℃±1 ℃ 培养 7～14 d。每天观察结果，不加摇动，静置冰箱中待其凝固后，再观察其是否被液化，如确被液化，即为试验阳性。

11.4　石蕊牛乳反应

将纯化后菌接种于石蕊牛乳培养基中，置 28 ℃±1 ℃ 孵育 3 d、7 d 和 14 d，定时观察结果。水稻细菌性条斑病菌能够陈化牛乳中的酪蛋白，使培养基上层液体变澄清，而水稻白叶枯病菌没有陈化作用。

11.5 葡萄糖氧化和发酵测定

挑取纯化后菌落刺接种到底部，厌氧培养的需加 1 cm 厚的灭菌凡士林油（石蜡油与凡士林等量混合）或 3 mL 的 3％琼脂封管。每种细菌接种 4 管，2 管封管，2 管不封，另设置 2 管不加菌进行对照，28 ℃±1 ℃培养 5 d，观察结果。

葡萄糖氧化产酸只在开管的上部产酸，指示剂的颜色由橄榄绿色转黄；发酵产酸则在开管和闭管中都可产生酸，如果同时还产生气体，则培养基内可以看到气泡。

好氧性细菌，只在开管的上部生长；兼性厌氧性细菌，则在开管的上下部都能生长；厌氧性细菌，则只能在开管的下部和闭管中生长。

黄单胞菌为严格好氧性，属于氧化型（O）。

11.6 阿拉伯糖发酵

步骤同葡萄糖发酵步骤。阳性菌产酸，培养基变黄色，阴性细菌不利用阿拉伯糖，培养基不变色。

11.7 利用天冬酰胺为唯一碳源和氮源试验

挑取纯化培养后菌落接种天冬酰胺为唯一碳源和氮源的培养基，28 ℃±1 ℃培养 3 d、7 d 和 14 d 后，观察生长情况，有菌落生长者为阳性。

11.8 利用丙氨酸为唯一碳源试验

挑取纯化培养后菌落接种丙氨酸为唯一碳源和氮源的培养基，28 ℃±1 ℃培养 3 d、7 d 和 14 d 后，观察生长情况，有菌落生长者为阳性。

11.9 水杨苷产酸试验

挑取纯化后菌落接种至含有 1％水杨苷的培养基上，28 ℃±1 ℃培养 5 d，观察培养基颜色变化情况。产酸培养基变为黄色，产碱则变为蓝色。

11.10 青霉素敏感试验

挑取纯化后菌落接种至含有 20 μg/mL 青霉素的 SPA 蛋白胨培养基上，28 ℃培养 3～5 d，观察菌落生长情况，有菌落生长者为阳性。

11.11 TTC 生长试验

挑取纯化后菌落接种至含有 0.1％TTC 的 SPA 培养基上，28 ℃±1 ℃培养 3～5 d，观察菌落生长情况，有菌落生长者为阳性。

11.12 0.001％Cu(NO$_3$)$_2$ 生长试验

挑取纯化后菌落接种至含有 0.001％Cu(NO$_3$)$_2$ 的 SPA 培养基上，28 ℃±1 ℃培养 3～5 d，观察菌落生长情况，有菌落生长者为阳性。

11.13 黄单胞菌主要生化特征及 *Xoo* 和 *Xcola* 主要生化差别

见附表 4－1，表中部分结果相同的生化试验用以区分黄单胞菌属和假单胞菌属（参见附件 E）。

附表 4-1 黄单胞菌主要生化特征及 *Xoo* 和 *Xcola* 主要生化差别

生化反应	白叶枯病细菌	细菌性条斑病细菌
氧化酶反应	—（延迟反应）	—（延迟反应）
在 0.1%TTC 上生长	—	—
利用天冬酰胺为唯一碳源和氮源	—	—
自水杨苷产酸	—	—
黄单胞色素	＋	＋
生长速度	慢	快
硝酸盐还原	—	—
水解淀粉	不水解	水解
液化明胶	不能液化	液化
牛乳培养	不能胨化	可以胨化
葡萄糖氧化和发酵	0	0
阿拉伯糖发酵	不能利用，不产酸	可以利用而产酸
青霉素	敏感	不敏感
丙氨酸为唯一碳源	不生长	生长
0.001%Cu(NO$_3$)$_2$ 生长	生长	不生长

注："＋"为阳性反应，"—"为阴性反应。

12 致病性测定

如有需要，可进一步进行致病性测试。

用灭菌棉签蘸取 SPA 培养基上新鲜的菌落，转接于灭菌水中制备成 $10^7 \sim 10^9$ CFU/mL 的菌悬液，接种 0.5 mL 于金刚 30 等易感水稻品种的水稻叶片，接种 3～5 株，同时接种阳性菌液和灭菌水作为阳性和阴性对照，2～4 周后观察叶片，水稻细菌性条斑病菌和水稻白叶枯病菌典型病征参见 B.6 和 C.6。

13 结果报告

SPA 未生长典型或疑似菌落，PCR 结果阴性或 ELISA 检测阴性，相关生化鉴定不符合水稻细菌性条斑病菌或水稻白叶枯病菌的生理及生化特征的，报告为未检出水稻细菌性条斑病菌或未检出水稻白叶枯病菌。

分离出的典型或疑似菌株 PCR 检测阳性或 ELISA 检测结果阳性，并通过生化鉴定符合水稻细菌性条斑病菌或水稻白叶枯病菌的生理及生化特征，报告为检出水稻细菌性条斑病菌或检出水稻白叶枯病菌。

必要时可进行致病性测定。

14　样品及分离物的保存

保存样品由鉴定人标识确认、样品管理员登记，进行防虫处理后，阴性样品于阴凉干燥、防虫防鼠处妥善保存 6 个月。对检出水稻细菌性条斑病菌或水稻白叶枯病菌的样本和分离菌株应在生物安全措施下至少保存 1 年，有特殊需求保存期可适当延长。保存期满，经灭活后妥善处理。

分离菌株接种于 SPA 斜面上培养，4 ℃下可保存几周。菌株在 10％～20％甘油中或冻干，在－80 ℃条件下可长期保存。

15　处理及生物安全措施

对检出水稻细菌性条斑病菌或水稻白叶枯病菌的样品及其分离菌株、检测过程中的废弃物，需经有效的除害处理方式处理，以防止对环境的扩散。

附　件　A
（规范性附件）

培养基及试验方法

A.1　SPA 培养基及配制方法

A.1.1　成分

蛋白胨	5.0 g
蔗糖	20.0 g
K_2HPO_4	0.5 g
$MgSO_4 \cdot 7H_2O$	0.25 g
琼脂	17.0 g

A.1.2　配制方法

pH 7.2～7.4，121 ℃高压灭菌 20 min。

A.2　革兰氏染色法

A.2.1　结晶紫染色液

结晶紫	1.0 g

| 95％乙醇 | 20.0 mL |
| 1％草酸铵水溶液 | 80.0 mL |

将结晶紫溶解于乙醇中，然后与草酸铵溶液混合。

A.2.2　革兰氏碘液

碘	1.0 g
碘化钾	2.0 g
蒸馏水	300.0 mL

将碘与碘化钾先进行混合，加入蒸馏水少许，充分振摇，待完全溶解后，再加蒸馏水至 300 mL。

A.2.3　沙黄复染液

沙黄	0.25 g
95％乙醇	10.0 mL
蒸馏水	90.0 mL

将沙黄溶解于乙醇中，然后用蒸馏水稀释。

A.2.4　染色法

A.2.4.1　将涂片在火焰上固定，滴加结晶紫染色液，染 1 min，水洗。

A.2.4.2　滴加革兰氏染液，作用 1 min，水洗。

A.2.4.3　滴加 95％乙醇脱色，约 30 s；或将乙醇滴满整个涂片，立即倾去，再用乙醇滴满整个涂片，脱色 10 s。

A.3　鞭毛染色法

A.3.1　染色液的配制

A.3.1.1　甲液：称单宁酸 5 g、氯化铁（$FeCl_3$）1.5 g，溶于 100 mL 蒸馏水中，待溶解后加入 1％的氢氧化钠溶液 1 mL 和 15％的甲醛溶液 2 mL。

A.3.1.2　乙液：称 2 g 硝酸银溶于 100.0 mL 蒸馏水中。在 90.0 mL 乙液中滴加浓氢氧化铵溶液，到出现沉淀后，再滴加使其变为澄清，然后用其余 10 mL 乙液小心滴加至澄清液中，至出现轻微雾状为止（此为关键性操作，应特别小心）。滴加氢氧化铵和用剩余乙液回滴时，要边滴边充分摇荡，染液当天配，当天使用，2～3 d 基本无效。

A.3.2　染色法

在风干的载玻片上滴加甲液，4～6 min 后，用蒸馏水轻轻冲净。再加乙液，缓缓加热至冒汽，维持约半分钟（加热时注意勿使出现干燥面）。在菌体多的部位可呈深褐色到黑色，停止加热，用水冲净，干后镜检，菌体及鞭毛为深褐色到黑色。

A.4　明胶液化

A.4.1　培养基

蛋白胨	5.0 g
牛肉膏	3.0 g
明胶	120.0 g
蒸馏水	1 000.0 mL

A.4.2　制法

加热溶解、校正 pH 7.4～7.6，分装小管，121 ℃高压灭菌 10 min，取出后迅速冷却，使其凝固。复查最终应为 pH 6.8～7.0。

A.4.3　试验方法

用琼脂培养物穿刺接种，放在 28 ℃±1 ℃培养，每天取出，放冰箱内 30 min 后再观察结果，记录液化时间。

A.5　氧化酶试验

A.5.1　试剂

A.5.1.1　1% 盐酸二甲基对苯二胺溶液：少量新鲜配制，于冰箱内避光保存。

A.5.1.2　1% α-萘酚-乙醇溶液。

A.5.2　试验方法

取白色洁净滤纸沾取菌落。加盐酸二甲基对苯二胺溶液一滴，阳性者呈现粉红色，并逐渐加深；再加 α-萘酚溶液一滴，阳性者 30 s 内呈现鲜蓝色。阴性于 2 min 内不变色。

以毛细吸管吸取试剂，直接滴加于菌落上，其显色反应与以上相同。

A.6　硝酸盐培养基

A.6.1　成分

KNO_3	0.2 g
蛋白胨	5.0 g
蒸馏水	1 000.0 mL
pH 7.4	

A.6.2　制法

溶解，校正 pH，分装试管，每管约 5 mL，121 ℃高压灭菌 15 min。

A.6.3　硝酸盐还原试剂

A.6.3.1　甲液：将对氨基苯磺酸 0.8 g 溶解于 100 mL 2.5 mol/L 乙酸溶

液中。

A.6.3.2 乙液：将甲萘胺 0.5 g 溶解于 100 mL 2.5 mol/L 乙酸溶液中。

A.6.4 试验方法

接种后在 28℃±1℃培养 3～5 d，加入甲液和乙液各一滴，观察结果。硝酸盐还原为亚硝酸盐时立刻或于数分钟内显红色。

A.7 过氧化氢酶试验

A.7.1 试剂

3％过氧化氢溶液：临用时配制。

A.7.2 试验方法

挑取固体培养基上菌落一接种环，置于洁净试管内，滴加 3％过氧化氢溶液 2 mL，观察结果。

A.7.3 结果

于 30 s 内发生气泡者为阳性，不发生气泡者为阴性。

A.8 石蕊牛乳培养基、配制方法及反应结果

A.8.1 培养基

脱脂牛乳	1 000.0 mL
石蕊液（4％）	15.0～20.0 mL

A.8.2 配制方法

间歇灭菌 3 次，每次通气 20～30 min。

石蕊液的制备是将石蕊浸泡在蒸馏水中过夜或更长的时间，溶解后过滤。

A.8.3 反应结果

产酸：发酵乳糖产酸，使指示剂变为粉红色。

产气：发酵乳糖而同时产气，可冲开上面的凡士林。

凝固：因产酸太多而使牛乳中的酪蛋白凝固。

胨化：将凝固的酪蛋白继续水解为胨，培养基上层液体变清，底部可留有未被完全胨化的酪蛋白。

产碱：乳糖未发酵，因分解含氮物质，生成胺及氨，培养基变碱，指示剂变为蓝色。

A.9 糖氧化和发酵培养基及配制方法

A.9.1 Hayward（1964）培养基

蛋白胨	1.0 g
$NH_4H_2PO_4$	1.0 g

MgSO$_4$ · 7H$_2$O	0.2 g
KCl	0.2 g
溴百里酚蓝（1.6％乙醇溶液）	1.5 mL
H$_2$O	1 000.0 mL
pH 7.1	

A.9.2　配制方法

每支管分装 9 mL 灭菌，然后用无菌技术加入过滤灭菌，或 115 ℃ 10 min 高压灭菌的 10％糖溶液。

A.10　碳源利用培养基及配制方法

A.10.1　SMB 培养基

Na$_2$HPO$_4$ · 2H$_2$O	4.75 g
KH$_2$PO$_4$	0.5 g
NH$_4$Cl	1.0 g
K$_2$HPO$_4$	4.53 g
MgSO$_4$ · 7H$_2$O	0.5 g
5％柠檬酸铁铵	1.0 mL
0.5％CaCl$_2$	1.0 mL
琼脂	17.0 g
蒸馏水	900.0 mL
pH 7.0	

A.10.2　配制方法

121 ℃灭菌 20 min，在基本培养基中加入过滤除菌，或 115 ℃ 20 min 灭菌的氨基酸，使其终浓度为 0.2％。

A.11　水杨苷产酸试验培养基及配制方法

A.11.1　Ayers 培养基及配制方法

A.11.1.1　培养基

NH$_4$H$_2$PO$_4$	1.0 g
MgSO$_4$ · 2H$_2$O	0.2 g
KCl	5 g
NaCl	5.0 g
蒸馏水	1 000.0 mL

A.11.1.2　配制方法

必要时可补充 0.2 g 酵母膏以促进细菌生长。

A.11.2 Dye 培养基 C 及配制方法

A.11.2.1 培养基

$NH_4H_2PO_4$	0.5 g
$MgSO_4 \cdot 7H_2O$	0.2 g
K_2HPO_4	0.5 g
NaCl	5.0 g
酵母膏	1.0 g
琼脂	17.0 g
溴百里酚蓝（1.6％乙醇溶液）	1.5 mL

A.11.2.2 配制方法

pH 7.0，121℃灭菌 20 min，待测定的水杨苷单独灭菌或过滤除菌，在培养基中的最终添加浓度为 1％。产酸培养基变为黄色，产碱则变为蓝色。

附　件　B
（资料性附件）

水稻细菌性条斑病菌基本信息

B.1 中文名

水稻细菌性条斑病菌（水稻黄单胞菌水稻生致病变种；黄单胞菌条斑致病变种）。

B.2 学名

Xanthomonas oryzae pv. *oryzicola*（Fang et al.）Swings et al.

异名：*Xanthomona scampestris* pv. *oryzicola*（Fang et al.）Dye；*Xanthomonas transtranslucen* sf. sp. *oryzicola*（Fang et al.）Bradbury

B.3 病害英文名

bacterial leaf streak of rice

B.4 分布

亚洲：孟加拉国、柬埔寨、中国、印度、印度尼西亚、老挝、马来西亚、缅甸、尼泊尔、巴基斯坦、菲律宾、泰国、越南。

非洲：马达加斯加、尼日利亚、塞内加尔。

大洋洲：澳大利亚。

B. 5　寄主范围

水稻（*Oryza sativa*）、蚯子草（*Leptochloa panicea*）、雀稗（*Paspalum scrobiculatum*）、沼生菰（*Zizania palustris*）、结缕草（*Zoysia japonica*）、假稻属（*Leersia*）、稻属（*Oryza*）。

B. 6　症状

病斑在叶尖、叶缘发生。也可在中肋两侧发生，叶鞘发生较少。病斑初呈暗绿色水渍状半透明的小点，沿叶脉扩大成为宽 1/4～1/3、长 1～4 mm 的水渍状条斑。以后还可继续扩大，颜色由黄褐转橙褐色，但两端仍呈暗绿色，对光观察叶片，条斑呈半透明状。病斑上常泌出许多露珠状的蜜黄色菌脓。严重时，许多条斑融合、连接在一起，成为不规则的黄褐色至枯白色大斑块，外形与白叶枯有点相似。病情严重时叶片卷曲，远望呈现一片黄白色。

B. 7　分类地位及生理生化特性

水稻细菌性条斑病是由黄单胞菌条斑致病变种（*Xanthomonas oryzae* pv. *oryzicola*）病原菌引起，该菌属原核生物界（Procaryotae）变形菌门（Proteobacteria）丙型变形菌纲（Gammaproteobacteria）黄单胞菌目（Xanthomonadales）黄单胞菌科（Xanthomonadaceae）黄单胞菌属（*Xanthomonas*）。

病原菌菌体单生，短杆状，大小（1.0～2.0）$\mu m \times$（0.3～0.5）μm，少数成对但不成链状，不形成芽孢荚膜，极生鞭毛一根。革兰氏染色阴性，在 NA 培养基上菌落呈蜜黄色，圆形，边缘整齐，光滑发亮，黏稠，好气。最适生长温度 28～30 ℃，生理生化反应与白叶枯病菌相似，不同之处该菌能使明胶液化，使牛乳胨化，使阿拉伯糖产酸，对青霉素、葡萄糖反应不敏感，可产生 3-羟基丁酮，以 L-丙氨酸为唯一碳源，在 0.2% 无维生素酪蛋白水解物上生长，以及对 0.001% $Cu(NO_3)_2$ 有抗性，这些特点可与白叶枯病菌相区别。该菌与水稻白叶枯病菌的致病性和表现性状虽有很大不同，但其遗传性及生理生化性状又有很大相似性。

B. 8　传播途径和发病条件

病田收获的种子、病残株带病菌，为下季初侵染的主要来源。病粒播种后，病菌侵害幼苗的芽鞘和叶梢，插秧时又将病秧带入本田，主要通过气孔侵染。在夜间潮湿条件下，病斑表面溢出菌脓。干燥后成小的黄色珠状物，可借

风、雨、露水、泌水叶片接触和昆虫等蔓延传播，也可通过灌溉水和雨水传到其他田块。远距离传播通过种子调运。

附　件　C
（资料性附件）

水稻白叶枯病菌基本信息

C.1　中文名

水稻白叶枯病菌（稻生黄单胞菌：水稻黄单胞菌白叶枯致病变种）。

C.2　学名

Xanthomonas oryzae pv. *oryzae*（Ishiyama）Swings et al.

异名：*Pseudomonas oryzae* Ishiyama；*Xanthomonas campestris* pv. *oryzae*（Ishiyama）Dye；*Xanthomonas itoana*（Tochinai）Dowson；*Xanthomonas kresek* Schure；*Xanthomonas translucens* f. sp. *oryzae*（Ishiyama）Pordesimo

C.3　英文名

bacterial blight of rice；bacterial leaf blight of rice

C.4　分布

亚洲：孟加拉国、柬埔寨、中国、印度、印度尼西亚、伊朗、日本、朝鲜、韩国、老挝、马来西亚、缅甸、尼泊尔、巴基斯坦、菲律宾、斯里兰卡、泰国、越南。

非洲：布基纳法索、喀麦隆、加蓬、马里、尼日尔、塞内加尔、多哥、西非。

美洲：玻利维亚、中美洲、哥伦比亚、哥斯达黎加、厄瓜多尔、萨尔瓦多、洪都拉斯、墨西哥、巴拿马、美国、委内瑞拉。

大洋洲：澳大利亚。

C.5　寄主范围

水稻（*Oryza sativa*）、蓉草（*Leersia oryzoides*）、蚘子草（*Leptochloa panicea*）、雀稗（*Paspalum scrobiculatum*）、沼生菰（*Zizania palustris*）、结

娄草（*Zoysia japonica*）、稻属（*Oryza*）、假稻属（*Leersia*）、千金子属（*Leptochloa*）、菰属（*Zizania*）。

C.6 症状

水稻各个器官均可染病，叶片最易染病。其症状因病菌侵入部位、品种抗病性、环境条件有较大差异，常见分3种类型。

叶枯型：主要为害叶片，严重时也为害叶鞘，发病先从叶尖或叶缘开始，先出现暗绿色水渍状线状斑，很快沿线状斑形成黄白色病斑，然后沿叶缘两侧或中肋扩展，变成黄褐色，最后呈枯白色，病斑边缘界限明显。在抗病品种上病斑边缘呈不规则波纹状。感病品种上病叶灰绿色，失水快，内卷呈青枯状，多表现在叶片上部。

急性凋萎型：苗期至分蘖期，病菌从根系或茎基部伤口侵入维管束时易发病。主茎或2个以上分蘖同时发病，心叶失水青枯，凋萎死亡，其余叶片也先后青枯卷曲，然后全株枯死，也有仅心叶枯死。病株茎内腔有大量菌脓，有的叶鞘基部发病呈黄褐或褐色，折断用手挤压溢出大量黄色菌脓。有的水稻自分蘖至孕穗阶段，剑叶或其下1～3叶中脉淡黄色，病斑沿中脉上下延伸，上可达叶尖，下达叶鞘，有时叶片折叠，病株未抽穗而死。

褐斑或褐变型：抗病品种上较多见，病菌通过剪叶或伤口侵入，在气温低或不利发病条件下，病斑外围出现褐色坏死反应带，病情扩展停滞。黄化型症状不多见，早期心叶不枯死，上有不规则褪绿斑，后发展为枯黄斑，病叶基部偶有水渍状断续小条斑。

天气潮湿或晨露未干时上述各类病叶上均可见乳白色小点，干后结成黄色小胶粒，很易脱落。水稻白叶枯病造成的枯心苗，在分蘖期开始出现，病株心叶或心叶以下1～2层叶出现失水、卷筒、青枯等症状，最后死亡。白叶枯病形成枯心苗后，其他叶片也逐渐青枯卷缩，最后全株枯死，剥开新青卷的心叶或折断的茎部，或切断病叶，用力挤压，可见有黄白色菌脓溢出，即病原菌菌脓，别于大螟、二化螟及三化螟为害造成的枯心苗。

C.7 分类地位及生理生化特性

水稻白叶枯病是由水稻黄单胞菌白叶枯致病变种（*Xanthomonas oryzae* pv. *oryzae*）病原菌引起。该病原菌属原核生物界（Procaryotae）变形菌门（Proteobacteria）丙型变形菌纲（Gammaproteobacteria）黄单胞菌目（Xanthomonadales）黄单胞菌科（Xanthomonadaceae）黄单胞菌属（*Xanthomonas*）。

病原菌菌体为短杆状，两端钝圆，大小为（1.0～2.0）μm×（0.8～1.0）μm；

单鞭毛极生，长 6～8 μm；不形成芽孢和荚膜，但在菌体表面有一层胶质分泌物。在琼脂培养基上生长缓慢，菌落呈蜜黄色或淡黄色，圆形，边缘整齐，质地均匀，表面隆起，光滑发亮，无荧光，有黏性。革兰氏染色阴性。好气性，代谢呼吸型。不水解淀粉和明胶；能使石蕊牛乳变红，但不凝固；不还原硝酸盐；产生氮和硫化氢，不产生吲哚；能利用蔗糖、葡萄糖、木糖和乳糖发酵产酸，但不产气。一般不利用无机氮和硝态氮，只能利用部分铵态氮。在含 3% 葡萄糖或 20 mg/kg 青霉素的培养基上不能生长。生长温度范围为 5～40 ℃，最适温度 26～30 ℃。致死温度在无胶膜保护下为 53 ℃ 10 min；在有胶膜保护下为 57 ℃ 10 min。病菌最适宜 pH 6.5～7.0。

C.8　传播途径和发病条件

带菌种子、带病稻草和残留田间的病株稻桩是主要初侵染源。李氏禾等田边杂草也能传病。细菌在种子内越冬，病粒播种后由叶片水孔、伤口侵入，形成中心病株，病株上分泌带菌的黄色小球，借风雨、露水、灌水、昆虫、人为等因素传播。病菌借灌溉水、风雨传播距离较远，低洼积水、雨涝以及漫灌可引起连片发病。晨露未干病田操作造成带菌扩散。高温高湿、多露、台风、暴雨是病害流行条件，稻区长期积水、氮肥过多、生长过旺、土壤酸性都有利于病害发生。

附　件　D
（规范性附件）

水稻白叶枯病菌、水稻细菌性条斑病菌的 PCR 检测方法

D.1　试剂及配方

D.1.1　DNA 抽提液配方

100 mmol/L Tris - HCl，pH 8.0　　　100 mmol/L EDTA
250 mmol/L NaCl　　　　　　　　　100 μg/mL 蛋白酶 K

D.1.2　CTAB 沉淀液配方

1%CTAB（质量分数）（十六烷基三乙基溴化铵）
50 mmol/L Tris - HCl，pH 8.0
10 mmol/L EDTA，pH 8.0

D.1.3　TE 缓冲液配方

10 mmol/L Tris - HCl，pH 8.0　　　1 mmol/L EDTA，pH 8.0

D.1.4 TAE 电泳缓冲液（pH 8.5）配方（50×）

Tris	242 g	冰醋酸	57.1 mL
$Na_2EDTA \cdot 2H_2O$	37.5 g	蒸馏水	1 000 mL

D.1.5 10×电泳上样缓冲液（pH 8.5）配方

20%（质量分数）Ficoll 400　　　　　0.1 mol/L Na_2EDTA（pH 8.0）

1.9%（质量分数）SDS　　　　　　　0.25%（质量分数）溴酚蓝

D.2 细菌 DNA 的提取

将制备好的菌悬液移至一干净灭菌的离心管中，12 000 r/min 离心 15 min，弃上清液。在沉淀中加入 TE 缓冲液 5 mL，10%SDS 溶液 300 mL，20 mg/mL 蛋白酶 K 30μL，混匀，37 ℃水浴孵育 1 h。加入等体积的三氯甲烷-异戊醇（24∶1），混匀。10 000 r/min 离心 5 min，将上清液移至一新离心管中。加入等体积酚-三氯甲烷-异戊醇（25∶24∶1），混匀，10 000 r/min 离心 5 min，将上清液移至一新离心管中。加入 0.6 倍体积的异丙醇，轻轻混匀，10 000 r/min 离心 5 min，弃上清液，管中加入 70%乙醇洗涤沉淀，晾干，加入 50 μL TE 缓冲液溶解 DNA 沉淀，−20 ℃长期保存。

注：此步骤可省略。可直接用培养的菌株稀释成≥10^5 CFU/mL 的菌悬液做模板进行定性 PCR 检测。

D.3 定性 PCR 检测

D.3.1 PCR 反应体系

D.3.1.1 检测水稻白叶枯病菌、水稻细菌性条斑病菌采用的 PCR 引物序列见附表 4-2。

附表 4-2 检测水稻白叶枯病菌和水稻细菌性条斑病菌的 PCR 引物

引物名称	引物序列	PCR 产物大小	含铁细胞接受因子基因
F1	正向引物：5′-GAATATCAGCATCGGCAACAG-3′	152 bp	含铁细胞接受因子基因
R1	反向引物：5′-TACCGGAGCTGCGCGTT-3′		

D.3.1.2 检测水稻白叶枯病菌、水稻细菌性条斑病菌采用的 PCR 反应体系见附表 4-3。

附表 4-3 检测水稻白叶枯病菌和水稻细菌性条斑病菌的 PCR 反应体系

组成	加样体积
10×PCR 缓冲液（Mg^{2+} free）	2.5 μL
氯化镁（25 mmol/μL）	2 μL

（续）

组成	加样体积
dNTP（10 mmol/μL）	0.5 μL
Taq 酶（1 U/μL）	0.7 μL
正向引物（10 pmol/μL）	1.5 μL
反向引物（10 pmol/μL）	1.5 μL
模板 DNA（1~10 ng/μL）	5 μL
双蒸水	11.3 μL
总体积	25 μL

D.3.2 PCR 反应循环参数

94 ℃预变性 3 min；94 ℃，30 s；59 ℃，30 s；72 ℃，20 s，进行 30 个循环；72 ℃延伸 5 min，并置于 4 保存。

D.3.3 PCR 扩增产物的检测

用 TAE 电泳缓冲液制备 2%的琼脂糖凝胶，按比例混匀电泳上样缓冲液和 PCR 产物，将混有上样缓冲液的 PCR 扩增产物加至样品孔中，用 DNA Maker 做相对分子质量的标记，进行电泳分析，电泳结束后，在凝胶成像分析仪下观察是否扩增出预期的特异性 DNA 电泳带，拍摄并记录实验结果。

附 件 E
（资料性附件）

黄单胞菌属（*Xanthomonas*）和假单胞菌属（*Pesudomonas*）主要生化差别（附表 4-4）

附表 4-4 *Xanthomonas* 和 *Pesudomonas* 之间的主要表型差异

主要特征	*Xanthomonas*	*Pesudomonas*
氧化酶反应	—（延迟反应）	+
在 0.1% TTC 上生长	—	+
利用天冬酰胺为唯一碳源和氮源	—	+
自水杨苷产酸	—	+
黄单胞色素	+	—